Bauobjektüberwachung

Falk Würfele · Bert Bielefeld · Mike Gralla

Bauobjektüberwachung

Kosten – Qualitäten – Termine –
Organisation – Leistungsinhalt –
Rechtsgrundlagen – Haftung –
Vergütung

3., überarbeitete und aktualisierte Auflage

 Springer Vieweg

Falk Würfele
Würfele – Kanzlei für Wirtschaftsrecht &
Strafverteidigung
Düsseldorf, Deutschland

Mike Gralla
TU Dortmund
Dortmund, Deutschland

Bert Bielefeld
Universität Siegen
Siegen, Deutschland
bertbielefeld&partner
Dortmund, Deutschland

ISBN 978-3-658-10038-4
DOI 10.1007/978-3-658-10039-1

ISBN 978-3-658-10039-1 (eBook)

Die Deutsche Nationalbibliothek verzeichnet diese Publikation in der Deutschen Nationalbibliografie; detaillierte bibliografische Daten sind im Internet über http://dnb.d-nb.de abrufbar.

Springer Vieweg
© Springer Fachmedien Wiesbaden GmbH 2007, 2012, 2017

Lektorat: Karina Danulat

Gedruckt auf säurefreiem und chlorfrei gebleichtem Papier

Springer Vieweg ist Teil von Springer Nature
Die eingetragene Gesellschaft ist Springer Fachmedien Wiesbaden GmbH
Die Anschrift der Gesellschaft ist: Abraham-Lincoln-Strasse 46, 65189 Wiesbaden, Germany

Vorwort

Um Bauobjektüberwachung auf der Baustelle erfolgreich betreiben zu können, sind zahlreiche bautechnische, baubetriebliche und juristische Kenntnisse notwendig. Hierbei beschränken sich die Kenntnisse nicht nur auf umfangreiches theoretisches Wissen, sondern erfordern vor allem praxisgerechtes Wissen.

Die zentrale Grundleistung im Rahmen der Leistungen der Objektüberwachung nach Anlage 10 HOAI ist die Überwachung der Ausführung des Objektes. Der Bauleiter als Objektüberwacher hat dafür Sorge zu tragen, dass das Objekt in Übereinstimmung mit den Bestimmungen der Baugenehmigung, der Landesbauordnungen und sonstigen baurechtlichen Vorschriften, den allgemein anerkannten Regeln der Technik sowie allen vertraglichen Vereinbarungen zu Qualitäten, Terminen, Kosten usw. frei von Mängeln entsteht. Dabei werden insbesondere an Umfang, Inhalt und Intensität der Objektüberwachung sowohl seitens der Technik als auch seitens der Rechtsprechung hohe Anforderungen gestellt, die es zu erfüllen gilt.

Dieses Buch ist insbesondere an diejenigen Leser gerichtet, die sich bereits in ihrem Beruf mit Fragen der Bauobjektüberwachung beschäftigen. Es bietet eine praktisch anwendbare, technisch und juristisch fundierte sowie detaillierte Darstellung der Aufgaben der Bauobjektüberwachung und darüber hinaus eine ausführliche Darstellung der zahlreichen Haftungs- und Vergütungsfragen. Das vorliegende Buch gibt in kompakter, leicht verständlicher Form einen praxisgerechten Einblick in das Thema Bauobjektüberwachung. Es kann als Einstieg oder zur Auffrischung bereits erlangter Kenntnisse sowie als Lehr- und Nachschlagewerk verwendet werden.

Danken möchten wir allen Autoren, die ihre spezifischen Kenntnisse der Bauobjektüberwachung, das entsprechende „Problembewusstsein" und ihre technische und juristische Erfahrung mit höchstem Engagement in dieses Buch eingebracht haben. Darüber hinaus möchten wir allen Fachkollegen danken, die durch anregende Diskussionen und Hinweise zur Entstehung dieses Buches beigetragen haben.

Abschließend bitten wir die Leser, uns Hinweise, Anregungen und konstruktive Kritik mitzuteilen.

Dortmund, im November 2016

Falk Würfele

Bert Bielefeld

Mike Gralla

Bearbeiter

Kap. 1: RA Prof. Dr. jur. Falk Würfele

Kap. 2: Prof. Dr.-Ing. Architekt Bert Bielefeld

Kap. 3: Dipl.-Ing. Architekt Lars-Phillip Rusch

Kap. 4: Dipl.-Ing. Architekt Volker Lembken

Kap. 5: RA Dr. jur. Karsten Prote

Kap. 6: Dipl.-Ing. Tim Brandt

Kap. 7: Dipl.-Ing. Architekt Roland Schneider

Kap. 8: RA Prof. Dr. jur. Falk Würfele

Kap. 9: Dipl.-Ing. Pecco Becker, Dipl.-Ing. (FH) Jürgen Palgen

Kap. 10: RA Dr. jur. Karsten Prote

Inhaltsverzeichnis

1	**Einleitung**	1
2	**Allgemeine Baustellenorganisation**	5
	2.1 Grundlagen der Bauaufsicht	5
	2.1.1 Allgemeine Aufsichtspflicht auf der Baustelle	5
	2.1.2 Tätigkeit als Bauleiter über LP 8 hinaus als Besondere Leistung	6
	2.2 Koordinationsaufgaben	6
	2.2.1 Koordination der Beteiligten	6
	2.2.2 Bautagebuch	8
	2.2.3 Baubesprechungen	11
	2.3 Schriftverkehr auf der Baustelle	13
	2.3.1 Protokolle	13
	2.3.2 Allgemeiner Schriftverkehr	14
	2.3.3 Nachweisbarkeit des Zugangs	15
	2.4 Dokumentation auf der Baustelle	16
	2.4.1 Ordnungsstrukturen	16
	2.4.2 Planverwaltung	18
	2.4.3 Fotodokumentation	19
	2.5 Sicherheit und Arbeitsschutz	21
	Literatur	24
3	**Terminplanung**	25
	3.1 Allgemeines	25
	3.1.1 Grundlagen der Terminplanung	25
	3.1.2 Notwendigkeit der Termin- und Ablaufplanung vor Beginn der Bauausführung	28
	3.1.3 Begriffe	31
	3.1.4 Terminplanarten	34
	3.1.5 Darstellungsarten von Terminplänen	37

3.2   Einzelne Leistungspflichten des Bauleiters   41
        3.2.1 Aufstellen eines Zeitplanes   41
        3.2.2 Ermittlung der Ausführungsdauern   51
        3.2.3 Überwachen eines Terminplans   61
        3.2.4 Differenzierte Zeit- und Kapazitätspläne
                als Besondere Leistung i. S. der HOAI   63
        Literatur   64

4   Qualitätssicherung   67
4.1   Qualitätsbegriff   67
4.2   EN ISO 9000 ff.   68
4.3   Objektüberwachung – Bauüberwachung und Dokumentation   69
        4.3.1 Überwachung der Ausführung des Objektes
                auf Übereinstimmung mit der öffentlich-rechtlichen
                Genehmigung oder Zustimmung   70
        4.3.2 Überwachung der Ausführung des Objektes
                auf Übereinstimmung mit den Verträgen
                mit den ausführenden Unternehmen   71
        4.3.3 Überwachung der Ausführung des Objektes
                auf Übereinstimmung mit den Ausführungsunterlagen   71
        4.3.4 Überwachung der Ausführung des Objektes
                auf Übereinstimmung mit den einschlägigen Vorschriften
                sowie mit den allgemein anerkannten Regeln der Technik   72
4.4   Überwachen der Ausführung von Tragwerken mit sehr geringen
        und geringen Planungsanforderungen auf Übereinstimmung
        mit dem Standsicherheitsnachweis   76
4.5   Koordinierung der an der Objektüberwachung fachlich Beteiligten   77
4.6   Überwachung der verwendeten Baustoffe   78
        4.6.1 Allgemeine bauaufsichtliche Zulassung   79
        4.6.2 Allgemeines bauaufsichtliches Prüfzeugnis   81
        4.6.3 Nachweis der Verwendbarkeit von Bauprodukten im Einzelfall . .   81
4.7   Toleranzen im Hochbau nach DIN 18202   82
        Literatur   83

5   Abnahme von Bauleistungen   85
5.1   Allgemeines   85
5.2   Begriff und Bedeutung der Abnahme   86
5.3   Rechtsfolgen der Abnahme   87
        5.3.1 Erfüllungswirkung   87
        5.3.2 Fälligkeitsvoraussetzung für die Vergütung   88
        5.3.3 Verzinsung der Vergütung   89
        5.3.4 Übergang der Leistungs- und der Vergütungsgefahr   91

5.3.5 Entfall der Schutzpflicht nach § 4 Abs. 5 VOB/B 92
5.3.6 Beginn der Verjährungsfrist für Mängelansprüche 92
5.3.7 Beweislastumkehr bezüglich Mängel 94
5.4 Verschiedene Arten der Abnahme 94
5.4.1 Technische Abnahme 94
5.4.2 Behördliche Abnahme 95
5.4.3 Rechtsgeschäftliche Abnahme beim BGB-Vertrag 96
5.4.4 Rechtsgeschäftliche Abnahme bei einem VOB/B-Vertrag,
§ 12 VOB/B 108
5.4.5 Abnahme und Zustandsfeststellung von Teilleistungen 112
5.4.6 Besonderheiten bei der Abnahme von Wohnungseigentum 113
5.5 Allgemeine Geschäftsbedingungen zur Abnahme 114
5.5.1 AGB und VOB/B 114
5.5.2 Wirksamkeit einzelner Klauseln 115
5.6 Abnahmeverweigerung 122
5.6.1 Formale und inhaltliche Anforderungen 123
5.6.2 Rechtsfolgen der Abnahmeverweigerung 124
5.7 Vorbehalt bekannter Mängel bei der Abnahme 125
5.7.1 Kenntnis des Mangels 126
5.7.2 Formale Anforderungen 126
5.7.3 Rechtsfolgen bei fehlendem Vorbehalt 128
5.8 Vorbehalt der Vertragsstrafe bei der Abnahme 129
5.9 Kündigung des Bauvertrages und Abnahme 130
Literatur 131

6   Aufmaß und Abrechnung 133
6.1 Allgemeines 133
6.2 Grundlagen der Abrechnung 134
6.2.1 Allgemeines 134
6.2.2 Rechnungsarten 135
6.2.3 Abrechnung verschiedener Vertragstypen 140
6.2.4 Grundlegende Abrechnungsregeln und -techniken 143
6.3 Aufmaß 152
6.3.1 Allgemeines 152
6.3.2 Gemeinsames Aufmaß 154
6.4 Rechnungsprüfung 157
6.4.1 Allgemeines 157
6.4.2 Stellung des auftraggeberseitigen Bauleiters 157
6.4.3 Pflichten des auftraggeberseitigen Bauleiters 158

        6.4.4 Anforderungen an die Prüfbarkeit einer Rechnung 159
        6.4.5 Ergebnis und Folgen der Rechnungsprüfung 163
   6.5 Abrechnung bei Vertragsabweichungen 165
   Literatur 165

7 **Kostenmanagement** 167
   7.1 Allgemeines 167
        7.1.1 Grundpflichten des Objektplaners 168
        7.1.2 Grundlagen aus vorhergehenden Leistungsphasen 168
   7.2 Bestandteile und Werkzeuge des Kostenmanagements 169
        7.2.1 Kostenfeststellung 170
        7.2.2 Kostenkontrolle 171
        7.2.3 Gesamtkostenprognose durch stetige Kostenfortschreibung 176
        7.2.4 Mittelbedarfsplanung als Besondere Leistung 177
   7.3 Kostensteuerung 180
        7.3.1 Grundsätzliches 180
        7.3.2 Bewertung von Abweichungen 180
        7.3.3 Steuernde Eingriffe 181
   Literatur 183

8 **Nachtragsmanagement** 185
   8.1 Einleitung 185
   8.2 Nachträge bei Leistungsabweichungen 186
        8.2.1 Ursachen 186
        8.2.2 Leistungsabweichungen (Prüfungsschema) 186
        8.2.3 Vergütungspflichtigkeit 189
   8.3 Nachträge bei Bauzeitverzögerungen 215
        8.3.1 Leistungsmodifikationen oder Mengenabweichungen 215
        8.3.2 Isolierte Anordnungen zur Bauzeit 216
        8.3.3 Anderweitige Behinderungen 216
        8.3.4 Entschädigungsanspruch nach § 642 BGB 219
   Literatur 220

9 **Objektübergabe** 221
   9.1 Beantragung behördlicher Abnahmen 221
   9.2 Zusammenstellung und Übergabe der erforderlichen Unterlagen 225
   9.3 Übergabe an den Bauherrn 227
   9.4 Auflisten der Gewährleistungsfristen 227
   9.5 Überwachen der Mängelbeseitigung 231
   Literatur 235

10 Vergütung 237
   10.1 Allgemeines 238
      10.1.1 Honorarvereinbarung 238
      10.1.2 Art der Vergütung 240
      10.1.3 Höhe der Vergütung 245
   10.2 Zahlungsmodalitäten 247
      10.2.1 Vorauszahlungen 247
      10.2.2 Abschlagsrechnung 248
      10.2.3 Schlussrechnung 253
   10.3 Sicherheiten 264
      10.3.1 Zahlungsbürgschaften 264
      10.3.2 Bauhandwerkersicherungshypothek (§ 648 BGB) 265
      10.3.3 Bauhandwerkersicherung (§ 648a BGB) 268
      Literatur 272

Anhang: Gesetzestexte 273

Sachverzeichnis 351

Einleitung

Falk Würfele

Die Ausführung eines Bauprojekts, d. h. die Bauphase, beinhaltet nicht nur für die ausführenden Unternehmen zahlreiche Tätigkeiten, sondern ist auch insbesondere hinsichtlich der Bauobjektüberwachung eine anspruchsvolle Aufgabe. Sie umfasst eine Vielzahl von Einzelaufgaben und -tätigkeiten und wird von Architekten und Ingenieuren für den Bauherrn ausgeführt. In dieser Funktion werden sie bauleitende Architekten bzw. Ingenieure genannt; in den nachfolgenden Kapiteln werden sie von uns vereinfacht als „Bauleiter" bezeichnet.

Der Bauleiter steht dabei „auf der Seite" des Bauherrn und nimmt mit der Bauobjektüberwachung eine Kontrollfunktion für den Bauherrn ein. Im Rahmen dieser Tätigkeit überwacht er die Ausführung des Bauprojekts auf Übereinstimmung mit den Ausführungsplänen, der Baugenehmigung, der Leistungsbeschreibung u. a.

Auf diesen Grundlagen überwacht er die ausführenden Bauunternehmen. Der Bauherr schließt zu diesem Zweck in der Regel unmittelbar mit dem Bauleiter einen Vertrag über die Objektüberwachung und zuvor einen weiteren Vertrag oder mehrere Verträge mit dem „Planungs-" Architekten, den Fachplanern und schließlich mit den Bauunternehmen ab (Abb. 1.1).

Die einzelnen Aufgaben des Bauleiters werden in den nachfolgenden Kapiteln im Detail dargestellt. In der Anlage 10 HOAI (2013) werden 15 Grundleistungen und drei besondere Leistungen aufgeführt:

Grundleistungen (Kurzform):

- Überwachen der Ausführung auf Übereinstimmung mit Baugenehmigung, Ausführungsplänen, Leistungsbeschreibungen, anerkannten Regeln der Technik
- Überwachen der Ausführung von Tragwerken
- Koordination der Baubeteiligten
- Überwachung von Fertigteilen
- Aufstellen und Überwachen eines Terminplans

© Springer Fachmedien Wiesbaden GmbH 2017
F. Würfele et al., *Bauobjektüberwachung*, DOI 10.1007/978-3-658-10039-1_1

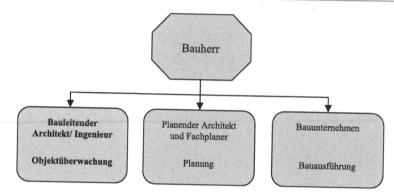

Abb. 1.1 Beziehungsgeflecht zwischen den Planungs- und Baubeteiligten

- Dokumentation des Bauablaufs (z. B. über ein Bautagebuch)
- Gemeinsames Aufmaß mit den Bauunternehmen
- Rechnungsprüfung einschließlich Nachtragsprüfung
- Kostenkontrolle
- Kostenfeststellung
- Organisation der Abnahme von Bauleistungen
- Antrag auf behördliche Abnahme und Teilnahme
- Zusammenstellen der Dokumentation
- Übergabe des Objekts an den Bauherrn
- Auflisten der Gewährleistungsfristen
- Überwachen der Mangelbeseitigung

Besondere Leistungen (Kurzform):

- Aufstellen, Überwachen und Fortschreiben eines Zahlungsplans
- Aufstellen, Überwachen und Fortschreiben von differenzierten Zeit-, Kosten- oder Kapazitätsplänen
- Tätigkeit als verantwortlicher Bauleiter, soweit diese Tätigkeit nach jeweiligem Landesrecht über die Grundleistungen der LP 8 hinausgeht

Diese in Anlage 10 der HOAI (2013) aufgeführten Tätigkeiten sind **keine Vertragspflichten** des Architekten/Ingenieurs als Bauleiter, die automatisch gelten. Sie sind nur geschuldet, wenn sie im Vertrag als geschuldet vereinbart wurden; z. B. durch Verweis auf Anlage 10 der HOAI. Die HOAI ist „lediglich" Vergütungsrecht. In der Praxis wird die geschuldete Tätigkeit des Bauleiters im Vertrag allerdings meistens unter Verweis die HOAI beschrieben. Es können einzelne Leistungen weggelassen werden oder andere Leistungen als zusätzlich geschuldet vereinbart werden. Entscheidend ist jeweils der Vertrag im Einzelfall.

Für den Bauleiter bietet es sich an, neben den Leistungspflichten und der Vergütung auch eine Regelung dafür vorzusehen, wie sich die Vergütung gestalten soll, falls sich die Errichtung des **Bauvorhabens wesentlich verzögert**. Dafür sollte zunächst die Bauzeit festgelegt werden und in einem weiteren Passus eine Vergütung pro „überschrittene" Zeiteinheit festgelegt werden.

Bei **komplexen Bauvorhaben**, bei denen es i. d. R. nicht möglich ist, dass ein Bauleiter die Sachkunde in allen vorhandenen Gewerken hat, wird der (General-)Bauleiter regelmäßig durch **Fachbauleiter** unterstützt; z. B. für die Technische Gebäudeausrüstung. Er ist in diesem Fall gehalten, die Fachbauleiter und das Gesamtbauvorhaben zu koordinieren.

Die Fülle der Tätigkeiten erfordert von einem Bauleiter neben den technischen Qualifikationen auch **rechtliche Grundkenntnisse**, um die von ihm zu erledigenden Aufgaben rechtlich richtig zu lösen. Im Bereich der Bauleitung hat der Architekt/Ingenieur insbesondere bei Abnahmen der Bauleistungen, Auflisten der Gewährleistungsfristen, Mangelbeseitigung, Beurteilung von Nachträgen oder Bauzeitverzögerungen zahlreiche rechtliche Voraussetzungen zu beachten, die im Einzelfall auch die Einbeziehung eines Baujuristen erfordern können. Während der Bauobjektüberwachung können sich Rechtsfragen aus dem Vertrags-, Vergütungs- oder Haftungsrecht ergeben. Nicht selten spielen auch Fragen der Sicherheitsleistungen eine erhebliche Rolle (Vertragserfüllungs-, Gewährleistungs-, Vorauszahlungs-, Zahlungsbürgschaft, Einbehalte, Grundpfandrechte).

Bei schwierigen rechtlichen Fragen sollte der Bauleiter den Auftraggeber mit einbeziehen und die Beauftragung eines Rechtsanwalts anregen.

Eine weitere Anforderung an den Bauleiter liegt auch in der **Kommunikation mit dem Bauherrn**. Soweit dies in der Bauausführungsphase noch möglich ist, muss er die Wünsche des Bauherrn umsetzen, ihn über kostenrelevante Ereignisse unterrichten, Freigaben herbeiführen und den Bauherrn umfassend beraten. Aus eigenem Interesse sollte der Bauleiter die Freigaben oder andere relevante Mitwirkungshandlungen des Bauherrn **dokumentieren**. Dazu gehört der Nachweis des Zugangs von wichtigen Informationen beim Bauherrn, z. B. Beauftragung von Nachträgen.

Aus diesem kurzen Auszug der möglichen Leistungspflichten eines Bauleiters wird deutlich, wie anspruchsvoll diese Tätigkeit ist. Wir haben uns daher bemüht, in den nachfolgenden Kapiteln alle Aufgaben des Bauleiters technisch zu beschreiben, rechtlich einzuordnen und praktische Hilfestellungen zu geben.

Allgemeine Baustellenorganisation

2

Bert Bielefeld

2.1 Grundlagen der Bauaufsicht

2.1.1 Allgemeine Aufsichtspflicht auf der Baustelle

Der bauleitende Architekt oder Ingenieur hat eine allgemeine Aufsichtspflicht auf der Baustelle. Wie weit diese geht, lässt sich nicht in absoluten Zahlen festlegen. Grundsätzlich lässt sich feststellen, dass der Bauleiter mindestens so oft vor Ort sein muss, dass sichergestellt ist, dass das Bauwerk gemäß vorgegebener Planung und Ausschreibung erstellt wird und die hierzu vom Architekten gegebenen Vorgaben eingehalten werden.

Die in Kap. 4 benannten Prüfungspflichten müssen eingehalten werden, der Bauleiter muss insbesondere bei wichtigen Bauabschnitten oder schwierigen bzw. gefahrträchtigen Arbeiten vor Ort sein. Bei Arbeiten, die ein Bauunternehmen in der Regel aufgrund der spezifischen Fachkenntnis eigenständig leisten kann, ist eine Aufsichtspflicht nur bedingt gegeben, stellt der Bauleiter jedoch Mängel fest, sind die folgenden Arbeiten der ausführenden Bauunternehmung mit entsprechender Sorgfalt zu beaufsichtigen.[1] Das Erfordernis erhöhter Aufmerksamkeit begründet sich meist bereits aus der Kenntnis über Sorgfaltsprobleme ausführender Firmen anderenorts. Der Bauleiter sollte als Ansprechpartner bei Störungen oder Unklarheiten in der Ausführung vor Ort sein. Ein großes Problem stellen Eigenleistungen des Bauherrn dar, die auf Grund der meist fehlenden Fachkenntnis des Bauherrn besonders intensiv überwacht werden müssen.

Grundsätzlich ist eine der Aufgaben in der allgemeinen Bauaufsicht die Aufrechterhaltung der Ordnung auf der Baustelle. So ist es sinnvoll, Regeln aufzustellen, nach denen beispielsweise Türen oder Baustellentore zu verschließen sind, wie Arbeitsbereiche abends zu hinterlassen oder wie Lagerflächen zu nutzen sind. Die in Abschn. 2.5 benannten Sicherheitsregeln spielen ebenfalls eine große Rolle. Die allgemeine Baustel-

---

[1] Vgl. Korbion, C.-J./Mantscheff, J./Vygen, K.: HOAI – Beck'sche Kurzkommentare, 9. Auflage, Beck-Verlag 2016, Rd. 270.

© Springer Fachmedien Wiesbaden GmbH 2017
F. Würfele et al., *Bauobjektüberwachung*, DOI 10.1007/978-3-658-10039-1_2

lenordnung ist eine zeitintensive und teilweise aufreibende Tätigkeit. Gerade auf großen Baustellen, auf denen viele Arbeiten gleichzeitig durchgeführt werden und die gegenseitige soziale Kontrolle der Handwerker nicht mehr gegeben ist, treten Beschädigungen und Müllablagen auf, für die sich niemand zuständig fühlt und deren Urheber in der Regel nur schwer auszumachen sind. Trotzdem ist die Verfolgung und Beseitigung derartiger Tatbestände notwendig, um die Baustellenordnung insgesamt aufrecht halten zu können.

2.1.2 Tätigkeit als Bauleiter über LP 8 hinaus als Besondere Leistung

Die HOAI definiert die Tätigkeit als verantwortlicher Bauleiter als Besondere Leistung, soweit diese Tätigkeit nach jeweiligem Landesrecht über die Grundleistungen der Leistungsphase 8 in der Anlage 10 i. V. m. § 34 HOAI hinausgeht.

Die Tätigkeit als verantwortlicher Bauleiter gemäß Landesbauordnungen enthält Rechte und Pflichten gegenüber der Öffentlichkeit, die sich unter anderem auf die Abwehr gegenseitiger Gefährdungen und der Gefährdung Dritter bezieht. Der Bauleiter definiert sich als verantwortlicher Bauleiter durch Erklärung gegenüber der Behörde; ein Abschluss eines Architektenvertrags, indem die dritte Besondere Leistung der Leistungsphase 8 erfasst ist, reicht in der Regel nicht aus. In dieser Funktion hat der Architekt neben der Bauwerkserstellung im öffentlichen Interesse für die Sicherheit auf der Baustelle zu sorgen und Gefahren nach Möglichkeit abzuwenden.[2]

Da sich die Anforderungen nach Landesbauordnung jedoch weitestgehend mit den privatrechtlich geschuldeten Leistungen gegenüber dem Bauherrn decken, sieht die derzeitige Rechtsprechung keine Besondere Leistung in der Tätigkeit als verantwortlicher Bauleiter nach Landesbauordnung. Die Bauleitung nach Landesbauordnung ist nach Ansicht des BGH im Wesentlichen mit den Grundleistungen der Anlage 10 zu § 34 HOAI abgegolten. Eine Vereinbarung dieser Besonderen Leistung ist daher in der Praxis so gut wie nicht anzutreffen.

2.2 Koordinationsaufgaben

2.2.1 Koordination der Beteiligten

Während der Bauphase müssen die verschiedenen an der Bauausführung und der Bauüberwachung fachlich Beteiligten koordiniert werden. Auch wenn einzelne Fachbereiche wie die Haustechnik eine eigene Bauüberwachung durchführen, ist es Aufgabe des Architekten, alle Beteiligten zu koordinieren. Die Sachverwalterrolle des Architekten, in der er alle Planungen zusammenführt, koordiniert und aufeinander abstimmt, findet sich auch in

---

[2] Zur Honorierung dieser Besonderen Leistung vgl. Jochem, R./Haufhold, W.: *HOAI-Kommentar*, 6. Auflage 2016, Springer Vieweg, § 34 Rd. 158.

der Bauphase wieder. Auch hier obliegt ihm bzw. dem beauftragten Bauleiter die Pflicht, weitere Fachplanungsbauleiter sowie Prüf- und Sachverständigeninstanzen zu koordinieren, die Schnittstellen zu planen und zu steuern.

Der Bauleiter muss dafür Sorge tragen, dass kein Teilbereich im Verlauf der Ausführungen ohne fachkundige Aufsicht bleibt. Die jeweiligen Aufsichtsbereiche der Beteiligten müssen sich lückenlos verzahnen und keinerlei Überschneidungen auftreten. Ein typisches Beispiel sind Tragwerke, die aufgrund ihrer Komplexität die normalen Fachkenntnisse eines Architekten übersteigen. Da Tragwerksplaner nach HOAI keine Bauleitungsfunktionen als Grundleistung übernehmen, muss der bauleitende Architekt den Bauherrn über die Überwachungslücke informieren und die Beauftragung einer entsprechenden Fachbauleitung empfehlen. Die Schnittstellen der einzelnen an der Überwachung Beteiligten werden am besten vor Beginn der Baumaßnahme im Detail festgelegt, um späteren Problemen vorzubeugen.

Die Teambildung der Beteiligten auf Auftraggeberseite ist eine der wichtigsten Voraussetzungen, um effizient und zielgerichtet die Planungs- und Bauaufgabe zu bewältigen. Ein Projektteam entsteht in der Regel mit Beginn der Planung und sollte auch in der Ausführungsphase weitergeführt werden.[3] So helfen regelmäßige Planerrunden und Projektbesprechungen mit dem Bauherrn während der Bauphase, entstandene Fragen und offene Punkte auf kurzem Weg zu klären, ohne dass es zu einer Behinderung des Bauprozesses kommt. Für die Planung ist es oft nicht direkt ersichtlich, welche Fragen bei der Bauausführung entstehen bzw. welche Unterlagen die Bauleitung dringend benötigt; umgekehrt ist die Bauleitung darauf angewiesen, dass Planungs- und Ausschreibungsunterlagen rechtzeitig vorliegen. Daher müssen notwendige Unterlagen ggf. frühzeitig durch die Bauleitung angefordert werden.

Insbesondere wenn Planung und Bauleitung nicht in einer Hand liegen, sondern von zwei Vertragspartnern des Bauherrn bearbeitet werden, ist die Abstimmung zwischen Planung und Bauleitung oft schwierig. Hier sollte im Detail vereinbart werden, wo die Grenze zwischen Planungskoordination und Ausführungskoordination verläuft.[4] Die Schnittstelle zwischen Fortschreiben der Planung und Konkretisierung auf der Baustelle ist durch den Wunsch der eigenen Aufwandsminimierung der Beteiligten schwer zu handhaben.[5]

Zwar heißt es in der Anlage 10 HOAI zu Leistungsphase 8, dass der Bauleiter verpflichtet ist, die an der Objektüberwachung fachlich Beteiligten zu koordinieren, dies betrifft aber alle an der Objektausführung Beteiligten – also neben den Fachplanern vor allem die bauausführenden Unternehmen.[6]

Die Koordination der bauausführenden Unternehmen erfolgt unter anderem durch Baubesprechungen, Einzelgespräche, Anweisungen und Konkretisierungen (vgl. Ab-

---

[3] Grundlagen zur Kommunikation in Projektteams finden sich in Greiner, P./Mayer, P. E./Stark, K.: *Baubetriebslehre – Projektmanagement*, 4. Auflage, Vieweg Verlag 2009, S. 279 ff.
[4] Vgl. Siemon, K. D.: *HOAI-Praxis bei Architektenleistungen*, 9. Auflage, Springer Vieweg, S. 234.
[5] Vgl. Gralla, M.: *Garantierter Maximalpreis*, Teubner Verlag 2001, S. 20 ff.
[6] Vgl. Jochem, R./Haufhold, W.: *HOAI-Kommentar*, 6. Auflage 2016, Springer Vieweg, § 34 Rd. 134 ff.

schn. 2.2.3) sowie durch die Kontrolle der Leistungen vor Ort (vgl. Kap. 4). Wird ein Generalunternehmen beauftragt, entfällt diese Leistung, sodass dadurch eine reduzierte Festlegung des Honorars gerechtfertigt ist.[7]

2.2.2 Bautagebuch

Das Führen eines Bautagebuchs ist nach HOAI eine Grundleistung in der Anlage 10 zu § 34 HOAI, Leistungsphase 8. Es dient zur systematischen Dokumentation des Baufortschritts, indem alle notwendigen Informationen erfasst werden. Das Bautagebuch dient in erster Hinsicht der eigenen Dokumentation des Bauleiters, was jedoch nicht bedeutet, dass er aus eigener Entscheidung heraus auf das Führen verzichten könnte. Das Führen eines Bautagebuchs ist eine der Hauptpflichten des § 34 HOAI i. V. m. Anlage 10, sodass ein fehlendes Bautagebuch zur Reduzierung des Vergütungsanspruchs führen kann. Auch hat der Bauherr jederzeit das Recht, das Bautagebuch einzusehen und bei Streitfragen als Beweismittel heranzuziehen. Insbesondere bei öffentlich geförderten Baumaßnahmen werden Bautagebücher oft von Prüfungsinstanzen der öffentlichen Hand kontrolliert. Eine Übergabe des Bautagebuchs an den Bauherrn nach Abschluss der Baumaßnahme ist zwar nicht grundsätzlich Bestandteil der Dokumentation, kann jedoch gegen Erstattung der Vervielfältigungskosten durch den Bauherrn eingefordert werden.

In einem Bautagebuch sollten folgende Inhalte erfasst werden (Abb. 2.1):

2.2.2.1 Präsenz der Bauunternehmen auf der Baustelle

Durch Nachhalten der auf der Baustelle anwesenden Bauunternehmen inklusive Mitarbeiteranzahl und Maschineneinsatz lassen sich auch im Nachhinein eventuelle Verzögerungsursachen des Bauunternehmens durch unzureichende Mannschaftsstärke nachweisen. Zudem ist die terminliche Zuordnung nützlich, sollten unvorhergesehene Ereignisse eintreten (z. B. Diebstähle, Beschädigungen an anderen Bauteilen etc.).

2.2.2.2 Durchgeführte Arbeiten der einzelnen Bauunternehmen

Neben den zuvor benannten Aspekten befähigt die Auflistung der durchgeführten Arbeiten der Bauunternehmen den Bauleiter dazu, ggf. unautorisierte Abweichungen vom festgelegten Bauablauf (z. B. Arbeiten in anderen Bauabschnitten) zu dokumentieren und ggf. Behinderungsanzeigen von Bauunternehmen inhaltlich zu widerlegen.

2.2.2.3 Anlieferung von Baustoffen

Die Anlieferung von Baustoffen ist aus Gründen der Qualitätssicherung zu dokumentieren (vgl. Kap. 4). Somit kann nachgehalten werden, welche Baustoffe von der Bauleitung auf Zulassung und Eignung geprüft wurden bzw. welche unter Aufsicht der Bauleitung

---

[7] Vgl. Jochem, R./Haufhold, W.: *HOAI-Kommentar*, 6. Auflage 2016, Springer Vieweg, § 34 Rd. 134.

Bautagebuch									
Musterhaus									
Datum		Mo	Di	Mi	Do	Fr	Sa	So	
Wetter									
min° C									
max° C									

Anwesende Firmen: | **Anzahl der Arbeitskräfte**

1	Meier Trockenbau	5
2	Müller Malerarbeiten	6
3	Schmidt Stahlbau	3
….		….

Ausgeführte Arbeiten:

1   Trockenbauwände Sanitärkern EG

2   Voranstrich Eingangsbereich, Schlussanstrich Büros 1.OG

…

Besonderheiten / Vorkommnisse:

Stromausfall im Baustromkasten (halbe Stunde)

Besuche auf der Baustelle:

10.00 – 11.30 Uhr   Sicherheits- und Gesundheitsschutzkoordinator

14.00 – 15.30 Uhr   Baugrundgutachter

….

Angelieferte Baustoffe:

1   Trockenbauplatten gelocht (Lieferschein Nr. …)

….

Anordnungen:

1   Trockenbauwand erst einseitig aufstellen

2   Boden ausreichend schützen

…

Übergaben (Pläne, Rechnungen, Materialproben etc.): keine

Abb. 2.1 Beispiel eines auftraggeberseitigen Bautagebuchs

geliefert und eingebaut wurden. Auch kann hierüber eine unsachgemäße Lagerung auf der Baustelle dokumentiert werden.

2.2.2.4 Übergabe von Plänen, Proben, Rechnungen, Schlüsseln etc.

Werden Materialproben, Rechnungen, Werkzeichnungen, Schriftstücke, Produktinformationen oder Weiteres an die Bauleitung übergeben, so ist deren Eingang zu dokumentieren. Ebenfalls werden alle durch die Bauleitung übergebenen Unterlagen erfasst. Dies kann entweder direkt über das Bautagebuch oder über eine separate Planausgangsliste erfolgen (vgl. Abschn. 2.4.2).

2.2.2.5 Auftretende Behinderungen und Störungen des Bauablaufs

Treten Störungen im Bauprozess auf, sollten diese detailliert mit Ursache, Dauer und betroffenen Bauunternehmen bzw. Bauabschnitten dokumentiert werden. Oft werden erst mit Vertragsbeendigung Forderungen aus Bauzeitverzögerungen gestellt, sodass eine nachvollziehbare Dokumentation mit zeitlichem Abstand zu gewährleisten ist.

2.2.2.6 Anordnungen, Konkretisierungen

Werden Anweisungen oder Konkretisierungen durch die Bauleitung getätigt, sind diese ebenfalls zu dokumentieren. Da der Bauleiter in den meisten Fällen nicht berechtigt ist, vertragsrelevante Anweisungen (Vertragsänderungen) vorzunehmen, sollte neben dem Inhalt der Anweisung auch der Befugte benannt werden, der diese Anweisung legitimiert oder durchgeführt hat. Konkretisierungen[8] ändern hingegen den Vertragsinhalt nicht, sodass der Bauleiter diese in der Regel erteilen kann. Da in diesem Spannungsfeld jedoch auch für den Bauleiter erhebliches Risikopotential steckt, ist eine lückenlose Dokumentation empfehlenswert.

2.2.2.7 Besuche auf der Baustelle

Oft werden Baustellenbesuche durch externe Dritte durchgeführt. Dies können einerseits auftraggeberseitig Beteiligte oder Planer sein, die sich über den Stand der Baustelle informieren wollen, oder Kontrollinstanzen wie Bauaufsichtsbehörden, das Amt für Arbeitsschutz oder die Berufsgenossenschaft. Neben den Personen und Funktionen sollten auch eventuelle Anweisungen oder Hinweise der Besucher dokumentiert werden. Sollte Gefahr in Verzug sein, sind Hinweise oder Anordnungen des SiGeKos (Sicherheits- und Gesundheitsschutzkoordinators) durch die Bauleitung ggf. umzusetzen, obwohl diese nicht durch den Bauherrn freigegeben wurden. Um späteren finanziellen Forderungen aufgrund der Anweisung entgegen zu treten, sollte der Bauleiter den Hintergrund eindeutig dokumentieren (vgl. Abschn. 2.5).

---

[8] Unter Konkretisierungen versteht man nur eine Detaillierung des vertraglich vereinbarten Bausolls wie z. B. die Festlegung der Verlegereihenfolge innerhalb eines Bauabschnitts. Konkretisierungen sind demnach nicht vertragsrelevant.

2.2.2.8 Angaben zum Wetter

Wetterdaten sind im Bautagebuch grundsätzlich zu dokumentieren. Insbesondere bei schwierigen klimatischen Verhältnissen (Frost im Mai, Hitzewelle, Orkanböen etc.) und in den kalten Jahreszeiten ist dies notwendig, um die Arbeits- und Einbaubedingungen nachzuhalten. Viele Baustoffe im Roh- und Ausbau reagieren empfindlich auf Frost oder zu hohe Temperaturen. Bauzeitverzögerungen, Schlechtwettertage und Schäden bei Einbau in widrigen klimatischen Verhältnissen lassen sich auf diese Art nachweisen. Auch können eventuell nachträgliche Forderungen aufgrund besonderer Maßnahmen zum Schutz der Bauteile (Zuschläge, Baubeheizung etc.) auf ihre Berechtigung geprüft werden.

Sollte der Bauleiter z. B. bei kleineren Baumaßnahmen nicht täglich vor Ort sein, kann auch das Bautagebuch nicht lückenlos für jeden Tag aufgestellt werden. Unabhängig davon muss der Bauablauf bzw. Baufortschritt lückenlos nachgehalten werden, sodass bei unregelmäßigen Baustellenbesuchen die in der Zwischenzeit durchgeführten Ereignisse möglichst nachvollzogen werden können.

Durch vertragliche Vereinbarung wird zusätzlich zum eigenen Bautagebuch des auftraggeberseitigen Bauleiters auch von den Unternehmen die regelmäßige Abgabe von Bautageberichten gefordert, um auch die Arbeiten, die nicht selbst überwacht wurden, systematisch und terminlich zu erfassen.

Um dem Bautagebuch Beweiskraft zu verleihen, sollte es vom auftraggeberseitigen Bauleiter und vom Bauunternehmer gegengezeichnet werden. Da dies auf einer großen Baustelle mit vielen Beteiligten jedoch nur bedingt umsetzbar ist, sollte man zumindest bei wichtigen oder kritischen Punkten eine Gegenzeichnung herbeiführen. Auch bestehen einige Bauunternehmen auf Gegenzeichnung ihrer unternehmerseitigen Bautageberichte. Diese müssen von der Bauleitung nicht unterzeichnet werden und sollten dann vor Unterzeichnung jedoch sorgfältig auf Richtigkeit geprüft werden, da sich hieraus rechtliche Folgen ergeben können.

2.2.3 Baubesprechungen

Um die Leistungen der Beteiligten koordinieren zu können, sollten regelmäßige Baustellenbesprechungen abgehalten werden. Baustellenbesprechungen bieten den Vorteil, dass alle Beteiligten direkt eine Lösung erarbeiten und entscheiden können. Damit wird der Koordinierungsaufwand des Bauleiters gebündelt. Typische Inhalte von Baubesprechungen sind z. B.:

- Koordination der Arbeiten und Beteiligten,
- Klärung technischer und bauablaufbezogener Schnittstellen,
- Klärung von Behinderungen und Störungen,
- Konkretisierungen zur Bauausführung,
- Vertragsänderungen.

Fa. Mustermann

Beispielstraße 1

22222 Teststadt

Teststadt, 22.06.2016

Projekt _____

Einladung zur Baubesprechung am _____

Sehr geehrte Damen und Herren,

hiermit laden wir Sie zur Baubesprechung am _____ im Baubüro _____

um _____ Uhr ein. Die Besprechung wird voraussichtlich gegen _____ beendet sein.

Folgende Tagesordnungspunkte sind vorgesehen:

1. ....

2. ....

3. ....

Weitere Tagesordnungspunkte senden Sie bitte bis zum _____ an uns.

Mit freundlichen Grüßen

Kopie dieses Schreibens an:

Abb. 2.2 Beispiel einer Einladung zur Baubesprechung

Baustellenbesprechungen sollten vorbereitet werden und klar strukturiert sein, um Abläufe und Besprechungszeit zu optimieren. In der Regel ist es ratsam, zunächst die offenen Punkte der letzten Besprechung abzufragen, um die Erledigung nachzuhalten. Die Inhalte einer Baustellenbesprechung sollten immer zeitnah schriftlich zusammengefasst und verteilt werden. Dabei ist es wichtig, allen inhaltlichen Punkten klare Bezugspersonen bzw.

Firmen sowie Ausführungsfristen bzw. Schnittstellen zuzuweisen, um Missverständnisse auszuschließen und der Umsetzung klare Rahmenbedingungen zu geben.

Ist es nicht möglich, die Baustellenprotokolle von allen Beteiligten abzeichnen zu lassen, empfiehlt es sich, bei Meinungsverschiedenheiten zu den Protokollinhalten im Nachhinein verschickter Protokolle, eine schriftliche Stellungnahme zu verlangen. Auch sollte ein eigener Protokollpunkt lediglich die Vertragsänderungen behandeln, um so die Grauzone von Konkretisierungen und Vertragsänderungen im Protokoll abzugrenzen.

In der Einladung zu einer Baubesprechung sollten alle vorgesehenen Tagesordnungspunkte erwähnt werden, damit sich die Beteiligten entsprechend vorbereiten können (vgl. Abb. 2.2). In den Protokollen zu Baustellenbesprechungen sollten ebenfalls die nächsten Termine bekannt gegeben und die Firmen zur Teilnahme aufgefordert werden. Man sollte bereits im Bauvertrag auf die Verbindlichkeit einer Teilnahme bei Baubesprechungen verweisen.

2.3 Schriftverkehr auf der Baustelle

2.3.1 Protokolle

Neben Protokollen zu Baubesprechungen sind viele weitere Aspekte zu protokollieren und schriftlich nachzuhalten. Die damit verbundene lückenlose Dokumentation der baustellenbezogenen Abläufe ist für die Bauleitung unabdingbar. So sollten alle Gespräche zwischen Auftraggeber, Bauleitung und ausführenden Firmen protokolliert und bei vertragsrelevanten Inhalten möglichst von den Gesprächspartnern gegengezeichnet werden. Typische Protokolle sind:

2.3.1.1 Protokolle vor Vertragsschluss
Vor Vertragsabschluss werden in der Regel Vertragsverhandlungen im privatwirtschaftlichen Bereich bzw. Aufklärungsgespräche im öffentlichen Bereich durchgeführt. Die Inhalte müssen protokolliert werden, da die Protokolle vielfach Vertragsbestandteil werden.

2.3.1.2 Einweisungsprotokolle
Beginnt ein Bauunternehmen mit der Bauausführung, ist eine Einweisung durchzuführen und zu protokollieren. Einweisungsprotokolle beinhalten Aspekte wie Zufahrten, Baustrom- und Bauwasserregelungen, Konkretisierungen, Sicherheitsbestimmungen, Arbeitsbereiche etc.

2.3.1.3 Baustellenbesprechungsprotokolle
(vgl. Abschn. 2.2.3)

2.3.1.4 Protokolle zu Klärungsgesprächen

Treffen sich die Vertragspartner zu Klärungsgesprächen bei Differenzen zu Vertragsinhalten oder dem Bauablauf, müssen die Inhalte ebenfalls dokumentiert werden.

2.3.1.5 Abnahmeprotokolle

(vgl. Kap. 5)

Werden Vertragsänderungen oder Konkretisierungen des vertraglich vereinbarten Bausolls außerhalb von Besprechungen auf der Baustelle getätigt, sollten diese im Anschluss schriftlich protokolliert werden, um auch hierfür eine lückenlose Dokumentation vorweisen zu können. Zudem ist es notwendig, eventuelle Vertretungsvollmachten der Bauleitung mit dem Bauherrn schriftlich zu definieren, da der Bauleiter leicht der Gefahr ausgesetzt wird, bewusst oder unbewusst seine Befugnisse zu überschreiten und für eventuelle Anweisungen gegenüber dem Bauherrn im Schadensfall haften zu müssen. Es ist sinnvoll, die Befugnisse des Bauleiters den ausführenden Bauunternehmen schriftlich mitzuteilen, um Konstellationen zu verhindern, in denen das Bauunternehmen von einer Vertretungsvollmacht ausgehen konnte.[9]

2.3.2 Allgemeiner Schriftverkehr

Neben der allgemeinen Bauaufsicht ist eine grundsätzliche Aufgabe des Bauleiters auch die Abwicklung des begleitenden Schriftverkehrs. Neben der Klärung technischer Fragen treten vor allem Schriftwechsel zur Vertragsabwicklung auf, die sich unter anderem aus auftragnehmerseitigen Bedenken- und Behinderungsanzeigen oder auftraggeberseitigen Anordnungen oder Mahnungen ergeben können.

Da ein Schriftwechsel oft vertragsrelevante Sachverhalte berührt, sollten zunächst auftraggeberseitig die internen Verteilerschlüssel geklärt werden, um ggf. Filterfunktionen der Bauleitung zwischen Bauherr und Bauunternehmen zu definieren, und bei Bauvertragsschluss die Wege der Kommunikation dem ausführenden Bauunternehmen schriftlich mitgeteilt werden, z. B.:

- Information der auftraggeberseitigen Bauleitung,
- zusätzliche Information der Projektsteuerung,
- Information direkt an den Auftraggeber,
- Information über die Bauleitung an den Auftraggeber,
- zusätzliche Information anderer an der Planung und Ausführung Beteiligter.

---

[9] Detaillierte Informationen zu Vollmachten in: Kuffer, J./Wirth, A.: *Handbuch des Fachanwalts Bau- und Architektenrecht*, 4. Auflage, Werner Verlag, S. 1078 ff.

Je nach Hintergrund und Bestreben des Auftraggebers sind verschiedene Szenarien in Abstufungen denkbar:

2.3.2.1 Lückenlose und unmittelbare Information

Der Bauherr wünscht die volle Übersicht über das Baugeschehen. Somit wird der gesamte Schriftverkehr der Bauleitung direkt in Kopie an den Bauherrn weitergeleitet.

2.3.2.2 Information nur bei vertragsrelevanten Inhalten

Der Schriftverkehr wird an den Bauherrn weitergeleitet, sobald das Bausoll berührt wird und sich Vertragsänderungen (Kosten, Termine, Qualitäten) ergeben könnten. Feinabstimmungen und Konkretisierungen, die das Bausoll nicht betreffen, wickelt die Bauleitung direkt bzw. unter Information der auftraggeberseitigen Projektsteuerung ab.

2.3.2.3 Keine direkte Information des Bauherrn

Es kommt vor, dass Bauherren mit der eigentlichen Abwicklung des Bauvorhabens nicht konfrontiert werden möchten. Hierbei erfolgt die Weiterleitung des Schriftwechsels nur in Fällen, die einer unmittelbaren Entscheidung des Bauherrn bedürfen. Das „Alltagsgeschäft" wird dann meist über Dritte (Projektsteuerer/Projektmanager) betreut, die als direkte Ansprechpartner der Bauleitung benannt werden. Keinesfalls sollten Architekten einer Vollmacht zustimmen, den Bauherrn vertragsrechtlich auf der Baustelle zu vertreten, da hieraus weit reichende Haftungspotentiale erwachsen.

Bei strittigem Schriftverkehr wie Behinderungsanzeigen, Verzugssetzungen etc. sollten die formalen Vorgaben und Distributionswege des Schriftverkehrs in jedem Fall beachtet und sorgfältig dokumentiert werden. Auch ist es bei vertragsrelevanten Schriftwechseln wichtig, sich an die Formalien der VOB/B bzw. des BGB zu halten, um die Wirksamkeit der Formulierungen zu gewährleisten.

2.3.3 Nachweisbarkeit des Zugangs

Neben dem Distributionsweg ist der Zugang eines Schriftstücks zu dokumentieren. Die Nachweisbarkeit des Zugangs ist vor allem vor dem Hintergrund späterer Streitfälle zu sehen, da hierbei die Beweislast beim Zusteller liegt. Um einen Gesprächsinhalt beweisen zu können, wenn z. B. ein Protokoll nicht direkt gegengezeichnet wird, sollten alle Beteiligten im Protokoll benannt werden, um diese als spätere Zeugen benennen zu können. Bei Übergaben von z. B. Planunterlagen sollte man sich den Empfang direkt quittieren lassen.

Schwieriger wird es, wenn z. B. Anweisungen oder Mahnungen nicht direkt gegeben werden, sondern schriftlich, und somit zeitversetzt, übermittelt werden. § 130 Abs. 1 BGB definiert, dass in Abwesenheit erteilte Willenserklärungen erst zum Zeitpunkt ihres Zugangs wirksam werden. Daraus resultiert, dass der Zugang beispielsweise eines Briefes beim Empfänger nachgewiesen werden muss, sobald der Inhalt des Briefes vertragsrelevant ist.

Grundsätzlich ist es ratsam, den Empfänger aufzufordern, den Eingang zu bestätigen. Dies kann neben der einfachen Zugangsbestätigung auch durch ein Antwortschreiben erfolgen. Kommt er dieser Aufforderung nicht nach, müssen weitere Schritte erfolgen. Ein sinnvoller Weg ist ein Einschreiben mit Rückschein, da der Rückschein den Erhalt bestätigt und die Person benennt, die das Einschreiben entgegengenommen hat. Auch hierbei kann es jedoch zu Problemen führen, wenn nicht der Empfänger selbst das Einschreiben entgegen nimmt oder bei Abwesenheit nicht vom Postamt abholt. Ein Einwurfeinschreiben gewährleistet ebenfalls nicht die automatische Kenntnisnahme durch den Empfänger.

Gerade wenn der Schriftverkehr wie oft üblich nur über die normale Briefpost oder Email ohne Rückbestätigung abgewickelt wird, ist der Zugang in der Regel nicht nachzuweisen. Probleme können sich ebenfalls in der Fax-Übermittlung ergeben, da selbst bei fehlerfreier Übertragung das Faxgerät des Empfängers aufgrund von Störungen das Fax nicht ausgibt. Dennoch ist das parallele Faxen eines postalischen Briefes oder einer Mail mit Rückantwort eine geeignete Methode, nicht vertragsrelevanten Schriftverkehr abzuwickeln, zumal durch das Fax die Kenntnisnahme direkt erfolgt und somit Zeitverluste des Schriftverkehrs ausgeglichen werden. Sinnvoll ist es, beide Übertragungswege auf dem Schriftstück zu vermerken und Faxberichte zu verwenden, die die übertragenen Seiten in Verkleinerung mit ausdrucken.

2.4 Dokumentation auf der Baustelle

2.4.1 Ordnungsstrukturen

Das alltägliche Baugeschehen wird im Idealfall zeitgleich dokumentiert. Dies geschieht einerseits über das Erstellen eines Bautagebuchs als Grundleistung nach HOAI, zusätzlich empfiehlt sich ein gebundenes Heft für Mitschriften und Arbeitsinhalte der Bauleitung. Da Bautagebücher in der Regel über EDV oder zumindest als Loseblattsammlung erstellt werden, erhält ein gebundenes Heft für Beweiszwecke weitaus mehr Gewicht. Zudem sind interne Eintragungen der Bauleitung nicht immer im Bautagebuch gewünscht.

Die weitere Dokumentation erfolgt am besten für jeden Bauvertrag gesondert, da die Abwicklung der Bauverträge für sich gesehen in eine chronologische Reihenfolge gebracht werden können. So kann eine Ordnungsstruktur für die Unterlagen einer Vergabeeinheit wie folgt aufgebaut werden:

2.4.1.1 Bauvertrag

Der Bauvertrag dient als Basis der Bauausführung und ist mit allen Anlagen (Vertragsprotokolle, Pläne, Gutachten etc.) gesammelt zu dokumentieren. So kann man jederzeit bei strittigen Fragen und Nachtragsforderungen auf das Bausoll zurückgreifen.

2.4.1.2   Änderungen des Bauvertrags/Nachträge

Nachträgliche Änderungen des Bauvertrags sollten chronologisch erfasst werden. Dies kann entfallene, geänderte oder zusätzliche Leistungen sowie Mengenänderungen umfassen (vgl. Kap. 8). Nachträge sollten mit Prüfungsvermerken des Bauleiters und Freigabevermerken des Bauherrn dokumentiert werden, um die Prüfung bei Abschlagsrechnungen zu vereinfachen.

2.4.1.3   Abschlagsrechnungen und Kostenverfolgung

Geprüfte und freigegebene Abschlagsrechnungen werden chronologisch archiviert und als Basis folgender Rechnungen genutzt (vgl. Kap. 6).

2.4.1.4   Stundenlohnberichte

Unterzeichnete Stundenlohnberichte werden chronologisch archiviert, um jederzeit Zugriff auf Stundenanzahl z. B. für die Rechnungsprüfung zu haben.

2.4.1.5   unternehmerseitige Bautageberichte

Werden von der ausführenden Bauunternehmung eigene Bautageberichte erstellt bzw. wurde die Vorlage vertraglich vereinbart, kann man anhand des eigenen Bautagebuchs und der Bautageberichte des ausführenden Unternehmens den Bauverlauf auch im Nachhinein gut rekonstruieren.

2.4.1.6   Protokolle

(vgl. Abschn. 2.3.1)

2.4.1.7   Schriftverkehr

(vgl. Abschn. 2.3.2)

2.4.1.8   Abnahmen

Alle Teil- und Schlussabnahmeprotokolle (vgl. Kap. 5) werden chronologisch gesammelt, um unter anderem die Gewährleistungsfristen zu dokumentieren und für die eigene Abnahme der Leistung nach HOAI vorlegen zu können.

2.4.1.9   Schlussrechnung und Kostenfeststellung

Um die Abwicklung des Bauvertrags abschließend zu dokumentieren, werden Schlussrechnung und gewerkebezogene Kostenfeststellung archiviert (vgl. Kap. 6).

Die Dokumentation nach Abschluss der Baumaßnahme im Zuge der Abnahme des Architektenwerks wird in Kap. 9 beschrieben.

2.4.2 Planverwaltung

Eine wichtige Maßnahme bei der Abwicklung von Baumaßnahmen ist die Verwaltung der Plangrundlagen, auf deren Basis die ausführenden Unternehmen ihre Arbeiten durchführen. So muss gewährleistet sein, dass Bauunternehmen den aktuellen Stand der Planung vorliegen haben und somit keine Differenzen zwischen Planung und Ausführung entstehen. Da die Ausführungsplanung auch während der Erstellung des Bauwerks fortgeschrieben werden muss, ergeben sich zwangsläufig Planänderungen, -ergänzungen und neue Planunterlagen im Bauprozess.

Das Planungsbüro unterhält eine Planliste, in der alle projektspezifischen Planunterlagen und ihr Planstand[10] benannt werden. Zusätzlich sollten gewerkeweise Planausgangslisten geführt werden, um nachzuhalten, welche Planunterlagen welches Bauunternehmen zu welchem Zeitpunkt erhalten hat. Dies ist insbesondere wichtig, da ein neuer Planstand nicht immer zeitgleich auch den Unternehmen zur Verfügung gestellt wird und ausführende Unternehmen nur für ihre Arbeiten relevante Planunterlagen erhalten. Planausgangslisten sollten nach Möglichkeit ebenfalls die übergebenen Unterlagen der Fachplaner enthalten, um die Planübergabe zentral zu dokumentieren.

Eine Planausgangsliste (vgl. Abb. 2.3) sollte aus Gründen der Nachweisbarkeit folgende Inhalte umfassen:

- Angaben zur Planausgangsliste (Empfänger, Ersteller etc.),
- Datum der Übergabe,
- Art der Übergabe (persönlich inkl. Empfänger, Fax, Brief),
- Verfasser bzw. Planherkunft (Architektur, Tragwerksplanung, Haustechnik etc.),
- Plannummer, Planstand und Planindex,
- Planinhalt/-bezeichnung,
- Anzahl der Plankopien,
- Spalte für Anmerkungen.

Die notwendige Anzahl von Kopien übergebener Pläne sollte vorab mit der ausführenden Bauunternehmung geklärt werden. In der Regel benötigen Bauunternehmen Pläne in zwei- bis dreifacher Ausführung, da mindestens je ein Plansatz für die Baustelle und die Rechnungsstellung benötigt wird.

Auch wenn ältere Planstände für die Bauausführung benötigt werden, ist es ratsam, jeden übergebenen Planstand auf Seiten der Bauleitung zu archivieren, um ggf. falsche Ausführungen aufgrund veralteter Planstände oder spätere Ansprüche des Bauunternehmens nachzuvollziehen und bewerten zu können.

---

[10] Unter einem Planstand versteht man den Zeitpunkt der Erstellung bzw. den Zeitpunkt der letzten Änderung des Planes.

Projekt:	Geschäftshaus Meier						
Planausgangsliste			an Firma Stein (Rohbauarbeiten)				
Datum	Verfasser	Plannr.	Planinhalt	Planstand	Stück	Anmerkungen	
23.06.2016	Statik	P 019a	Positionsplan EG	21.06.2016	3		
23.06.2016	Statik	P 020a	Positionsplan 1.OG	21.06.2016	3		
26.06.2016	Haustechnik	H-E-004 b	Entwässerungsplan	23.06.2016	1	Vorabzug	
28.06.2016	Architektur	A-EG 001a	Grundriss EG	27.06.2016	3		
28.06.2016	Architektur	A-1.OG 003a	Grundriss 1.OG	27.06.2016	3		
28.06.2016	Architektur	A-2.0G 005a	Grundriss 2.OG	27.06.2016	3		
28.06.2016	Architektur	A-S 012a	Schnitt 1	27.06.2016	3		
01.07.2016	Haustechnik	H-E-004 c	Entwässerungsplan	29.06.2016	2		
09.07.2016	Haustechnik	Fax	Kanalhöhen	09.07.2016	1	in Kopie übergeben	
18.07.2016	Statik	B 024b	Bewehrungsplan EG	17.07.2016	2		
18.07.2016	Statik	B 025b	Bewehrungsplan 1.OG	17.07.2016	2		
18.07.2016	Statik	S 010a	Schalplan Decke EG	17.07.2016	2		
18.07.2016	Statik	S 011a	Schalplan Decke 1.OG	17.07.2016	2		
....	....	.....	.....	....	....		

Abb. 2.3 Beispiel einer Planausgangsliste

2.4.3 Fotodokumentation

Der Leistungskatalog der HOAI fordert keine fotografische Dokumentation, das Begleiten des Baugeschehens mithilfe von Fotodokumentationen ist jedoch ein wichtiges Hilfsmittel in der Bauleitung. Durch die Digitalfotografie lassen sich schnell und problemlos Bauzustände im Bild festhalten und auf Speichermedien archivieren. Idealerweise wird eine Kamera benutzt, die eine Datums- und Uhrzeitanzeige unterstützt, um einzelne Fotos zeitlich zuordnen zu können. Eine Fotodokumentation kann auch als Serviceleistung für den Bauherrn erstellt werden, der den Werdegang seines Gebäudes festhalten möchte. Neben der fotografischen Begleitung des allgemeinen Baufortschritts gibt es aber einige Ereignisse, die mit einer zielgerichteten Fotodokumentation unterstützt werden sollten. Hierzu gehören:[11]

2.4.3.1 Fotodokumentation vor Arbeitsbeginn

Vor dem Beginn der Arbeiten eines Fachloses oder eines Generalunternehmers sollten das bereitgestellte Baugelände bzw. die Innenräume (bei Ausbaugewerken) fotografiert werden, um die Bauumstände vor Arbeitsbeginn festzuhalten. Dies hilft, eventuelle Beschädigungen an bereits erstellter Bausubstanz zuzuordnen und die Behinderungsfreiheit für die beginnenden Arbeiten fotografisch zu dokumentieren.

2.4.3.2 Fotodokumentation von abgeschlossen Teilabschnitten

Sind Teilbereiche fertig gestellt, kann eine fotografische Aufnahme im Umkehrschluss zu vorigem Absatz ggf. unvollständige Arbeiten oder Beschädigungen aufzeigen. Nicht immer lässt sich die Übergabe zwischen zwei Gewerken so trennen, dass in einem Bereich lediglich ein Bauunternehmen arbeitet. Trotzdem lassen sich über eine gemeinsame Begehung und fotografische Bestandsaufnahme zu Beginn und zum Ende der Arbeiten Probleme der Mängelbeseitigung aus der Welt schaffen.

2.4.3.3 Fotodokumentation bei Schäden bzw. Verschmutzungen

Treten Schäden bzw. Verschmutzungen an bestehenden oder bereits fertig gestellten Bauteilen auf, so sind diese umgehend fotografisch zu dokumentieren. Dies löst zwar nicht das häufig auftretende Problem, den Verursacher zu finden bzw. die Verursachung nachzuweisen; es hilft jedoch, den Umfang festzuhalten und darüber den finanziellen Schaden zu beziffern.

2.4.3.4 Fotodokumentation von Behinderungsursachen

Ist ein ausführendes Bauunternehmen in seinen Arbeiten behindert, sollten die Ursachen der Behinderung fotografisch dokumentiert werden. Dies dient einerseits der Nachweisbarkeit, entsprechende Abzüge können andererseits auch als Ergänzung der Behinderungsanzeige zur Verfügung gestellt werden, um die Behinderung zu verdeutlichen und eventuelle Unklarheiten über Art und Auswirkung der Behinderung zu beseitigen. Da aus Bauzeitverzögerungen vielfach Streitigkeiten und finanzielle Nachforderungen entstehen, ist die Dokumentation hier ein wichtiges Instrument.

2.4.3.5 Fotodokumentation nach Fertigstellung der Baumaßnahme

Nach Fertigstellung aller Baumaßnahmen sollte der Bauleiter aus eigenem Interesse das gesamte Gebäude in einer kompletten Fotodokumentation erfassen, um spätere Ansprüche im Zusammenhang mit der Abnahme seiner eigenen Leistungen belegen bzw. widerlegen zu können.

---

[11] Vgl. hierzu Würfele, F./Gralla, M./Sundermeier, M.: *Nachtragsmanagement*, Luchterhand 2012, S. 603 ff.

2.5 Sicherheit und Arbeitsschutz

Verschiedene Ebenen regeln und kontrollieren die Sicherheit und den Arbeitsschutz auf Baustellen. Dies sind neben dem Bauleiter unter anderem:

- der Sicherheits- und Gesundheitsschutzkoordinator,
- das staatliche Amt für Arbeitsschutz,
- ggf. das Umweltamt,
- die Bau-Berufsgenossenschaft.

Der Sicherheits- und Gesundheitsschutzkoordinator ist eine bauherrenseitige Kontrollinstanz der Sicherheit auf Baustellen, die nach § 3 Baustellenverordnung[12] auf jeder Baustelle mit Beschäftigten mehrerer Arbeitgeber einzurichten ist. Der Bauherr kann die Aufgabe des Sicherheits- und Gesundheitsschutzkoordinators selbst übernehmen oder auf Dritte übertragen.

Zudem fordert die Baustellenverordnung für jede Baustelle, bei der die voraussichtliche Dauer der Arbeiten mehr als 30 Arbeitstage beträgt und auf der mehr als 20 Beschäftigte gleichzeitig tätig werden bzw. der Umfang der Arbeiten voraussichtlich 500 Personentage überschreitet, eine Vorankündigung der Baumaßnahme an die zuständige Behörde (in der Regel das Amt für Arbeitsschutz) mindestens 2 Wochen vor Einrichtung der Baustelle. Diese Vorankündigung ist analog zur Baugenehmigung sichtbar auf der Baustelle auszuhängen und bei erheblichen Änderungen anzupassen (Tab. 2.1).

Ist ein Sicherheits- und Gesundheitsschutzkoordinator (SiGeKo) nach § 4 BaustellV beauftragt, übernimmt er die Vorankündigung (vgl. Abb. 2.4). Der SiGeKo prüft in regelmäßigen Besuchen die Einhaltung der Sicherheits- und Arbeitsschutzregeln auf der Baustelle. Das Amt für Arbeitsschutz führt ebenfalls Kontrollgänge auf der Baustelle durch. Auch kann sich das Umweltamt einschalten, wenn beispielsweise kontaminierte Böden bearbeitet werden.

Der SiGeKo wird in der Regel bereits in der Planungsphase eingeschaltet, da die Bedingungen des Sicherheits- und Gesundheitsschutzes schon bei der Planung und auch Ausschreibung der Bauleistungen einfließen müssen. Sind beispielsweise besondere Maßnahmen erforderlich, um Verkehrswege und Arbeitsbereiche zu schützen, Baustellenunterkünfte auszustatten oder mit kontaminierten Materialien umzugehen, so müssen diese frühzeitig berücksichtigt werden.

Ab einer gewissen Größe der Baustelle (s. Bedingungen in Tab. 2.1) muss ein Sicherheits- und Gesundheitsschutzplan (SiGe-Plan) aufgestellt werden. Der SiGe-Plan stellt die notwendigen Einrichtungen und Maßnahmen dar, die zur Erfüllung der Arbeitsschutzbestimmungen notwendig sind. Er muss bei Veränderungen auf der Baustelle den Bedingungen angepasst werden.

---

[12] Die Verordnung über Sicherheit und Gesundheitsschutz auf Baustellen (Baustellenverordnung) setzt zusammen mit dem Arbeitsschutzgesetz die EG-Baustellenrichtlinie in deutsches Recht um. Ähnliche Verordnungen sind in allen EU-Mitgliedsstaaten vorhanden.

Tab. 2.1 Maßnahmen nach Baustellenverordnung

Anzahl der Arbeitgeber von Beschäftigten auf der Baustelle	Umfang und Art der Arbeiten AT = Arbeitstage AN = Beschäftigte PT = Personentage	Berücksichtigung von § 4 ArbSchG bei der Planung	Vorankündigung	Notwendigkeit eines SiGeKo	Notwendigkeit eines SiGe-Plan
Ein AG	Unter 31 AT und 21 AN oder 501 PT	Ja	Nein	Nein	Nein
Ein AG	Kleiner 31 AT und 21 AN oder 501 PT und gefährliche Arbeiten	Ja	Nein	Nein	Nein
Ein AG	Größer 30 AT und 20 AN oder 500 PT	Ja	Ja	Nein	Nein
Ein AG	Größer 30 AT und 20 AN oder 500 PT und gefährliche Arbeiten	Ja	Ja	Nein	Nein
Mehrere AG	Kleiner 31 AT und 21 AN oder 501 PT	Ja	Nein	Ja	Ja
Mehrere AG	Kleiner 31 AT und 21 AN oder 501 PT; jedoch gefährl. Arbeiten	Ja	Nein	Ja	Ja
Mehrere AG	Größer 30 AT und 20 AN oder 500 PT	Ja	Ja	Ja	Ja
Mehrere AG	Größer 30 AT und 20 AN oder 500 PT und gefährliche Arbeiten	Ja	Ja	Ja	Ja

Es muss bereits während der Planung der Ausführung berücksichtigt und dokumentiert werden, welche Gefährdungen je nach ausführendem Gewerk im Zuge des Bauablaufs auftreten können und wie diese vermieden werden können.

Bei Baustellenbesuchen weist der SiGeKo auf Missstände und Sicherheitsmängel hin und protokolliert diese. Er selbst ist nicht weisungsbefugt, außer es ist eine direkte Gefahr im Verzug. Die Mängel sind in der Regel von der örtlichen Bauleitung bzw. den ausführenden Firmen abzustellen. Falls aus Hinweisen des SiGeKo Mehrkosten entstehen, sollte der Bauleiter den Bauherrn informieren und dessen Zustimmung einholen, da er unter Umständen eine nicht autorisierte Anweisung tätigt. Missachtet der Bauleiter allerdings wissentlich die Hinweise des SiGeKo, kann er trotz der Eigenverantwortung der Bauunternehmen in die Haftung einbezogen werden. So sollte der Bauleiter auf die Einhaltung der Vorgaben achten und diese bei den ausführenden Firmen gegebenenfalls immer wieder einfordern.

Neben den bauherrenseitig Beteiligten und den zuständigen Ämtern werden Baustellen ebenfalls von der Bau-Berufsgenossenschaft auf die Einhaltung von Sicherheits- und Arbeitsschutzvorschriften kontrolliert. Die Bau-Berufsgenossenschaft versichert Arbeitnehmer von Bauunternehmen während der Arbeitszeit, sodass sie ein starkes Interesse an der Vermeidung von Arbeitsunfällen hat. Die Berufsgenossenschaften geben eigene Regelwerke für den Arbeitsschutz auf Baustellen heraus (vgl. Tab. 2.2).

Vorankündigung

gemäß § 2 der Verordnung über Sicherheit und Gesundheitsschutz auf Baustellen
(Baustellenverordnung - BaustellV)

1. Bezeichnung und Ort der Baustelle: _____

2. Name und Anschrift des Bauherrn: _____

3. Name und Anschrift des anstelle des Bauherrn verantwortlichen Dritten:
   1. _____
   2. _____
   3. _____

4. Art des Bauvorhabens: _____

5. Sicherheits- und Gesundheitsschutzkoordinator(en) mit Anschrift und Telefon:

_____

6. Beginn u. Ende der Arbeiten: _____

7. Höchstzahl der gleichzeitig Beschäftigten auf der Baustelle: _____

8. Voraussichtliche Zahl der Arbeitgeber und Unternehmer ohne Beschäftigte:

_____

10. Bereits ausgewählte Arbeitgeber und Unternehmer ohne Beschäftigte:
   1. _____
   2. _____
   3. _____
   4. _____

_____   _____
(Ort/Datum)   (Unterschrift)

Abb. 2.4 Beispiel einer Vorankündigung nach Baustellenverordnung

Tab. 2.2 Beispiele für Regeln und Vorschriften im Sicherheits- und Gesundheitsschutz auf Baustellen

ArbSchG	Arbeitsschutzgesetz
ArbStättV	Arbeitsstättenverordnung
ASR	Arbeitsstättenrichtlinien
BetrSichV	Betriebssicherheitsverordnung
PSA-BV	Persönliche Schutzausrüstungen-Benutzungsverordnung
LasthandhabV	Lastenhandhabungsverordnung
BaustellV	Baustellenverordnung
RAB	Regeln zum Arbeitsschutz auf Baustellen
BioStoffV	Biostoffverordnung
TRBA	Technische Regeln für Biologische Arbeitsstoffe
ASiG	Arbeitssicherheitsgesetz
GefStoffV	Gefahrstoffverordnung
TRGS	Technische Regeln für Gefahrstoffe
ProdSG	Produktsicherheitsgesetz
Asbest-RL	Asbest-Richtlinien
PCB-RL	Bewertung und Sanierung PCB-belasteter Baustoffe und Bauteile in Gebäuden
PCP-RL	Bewertung und Sanierung PCP-belasteter Baustoffe und Bauteile in Gebäuden
DGUV	Regelwerk der Deutschen Gesetzlichen Unfallversicherung

Literatur

Gralla M (2001) Garantierter Maximalpreis. Teubner Verlag, S 20

Greiner P, Mayer PE, Stark K (2009) Baubetriebslehre – Projektmanagement, 4. Aufl. Vieweg Verlag, Wiesbaden

Jochem R, Haufhold W (2016) HOAI-Kommentar, 6. Aufl. Springer Vieweg (§34 Rd. 158)

Korbion H, Mantscheff J, Vygen K (2016) Honorarordnung für Architekten und Ingenieure, 9. Aufl. Beck-Verlag, München (Rd. 270)

Kuffer J, Wirth A (2013) Handbuch des Fachanwalts Bau- und Architektenrecht, 4. Aufl. Werner Verlag, Neuwied, S 1078ff.

Siemon KD (2016) HOAI-Praxis bei Architektenleistungen, 9. Aufl. Springer Vieweg, Wiesbaden, S 234

Würfele F, Gralla M, Sundermeier M (2012) Nachtragsmanagement. Luchterhand, Neuwied, S 603

Terminplanung

Lars-Phillip Rusch

3.1 Allgemeines

3.1.1 Grundlagen der Terminplanung

Neben der Frage nach den Baukosten sind der Fertigstellungstermin und dessen Einhaltung für jeden Bauherrn von zentraler Bedeutung. Gemäß HOAI obliegt dem auftraggeberseitigen Bauleiter die Koordinationspflicht aller Leistungen. Daher liegt die Terminplanung sowohl aller planungsrelevanten Themen, das heißt die Koordination aller Planungsbeteiligten wie z. B. des Statikers, der haustechnischen Planung und der Sonderfachleute als auch die Koordination der baubetrieblichen Abläufe, während der Bauvorbereitung und der Bauausführung in seiner Verantwortung.

Welche Pflichten ergeben sich hieraus im Einzelnen in Bezug auf die Terminplanung für den Bauleiter und welche Leistungen sind durch die ausführenden Firmen zu erbringen?

Die HOAI definiert hierzu die erforderlichen Leistungen. Diese haben sich mit der Novellierung der HOAI 2013 umfassend geändert. War in der HOAI 2009 für die Leistungsphase 8 Objektüberwachung als Leistungsbild bei den Grundleistungen das „Aufstellen und Überwachen eines Zeitplanes (Balkendiagramm)" definiert und als Besondere Leistung das „Aufstellen, Überwachen und Fortschreiben von differenzierten Zeit-, Kosten- oder Kapazitätsplänen" beschrieben, werden die Leistungen zur Terminplanung in der HOAI 2013 differenzierter und in weiteren Leistungsphasen gefordert:

Dazu aus der HOAI 2013, Anlage 10, 10.1 Leistungsbild Gebäude und Innenräume:

- Leistungsphase 2:
  h) Erstellen eines Terminplans mit den wesentlichen Vorgängen des Planungs- und Bauablaufs.
- Leistungsphase 3:
  f) Fortschreiben des Terminplans.

© Springer Fachmedien Wiesbaden GmbH 2017
F. Würfele et al., *Bauobjektüberwachung*, DOI 10.1007/978-3-658-10039-1_3

- Leistungsphase 5:
  d) Fortschreiben des Terminplans.
- Leistungsphase 6:
  a) Aufstellen eines Vergabeterminplans.
- Leistungsphase 8:
  d) Aufstellen, Fortschreiben und Überwachen eines Terminplans (Balkendiagramm).

Aus der Aufweitung und Verteilung der Terminplanung in weitere Leistungsphasen wird die Wichtigkeit der Terminplanung im gesamten Planungs- und Bauablauf deutlich. Die vor der Leistungsphase 8 erforderliche Terminplanung z. B. zur Festlegung von Ausführungsterminen für die Übernahme in Leistungsverzeichnisse (LP 6) und in die Bauverträge (LP 7) war in der vorherigen HOAI so nicht gefordert, durch die Kommentierung allerdings als notwendig erachtet worden. Gleiche gilt für die Terminplanung in der Leistungsphase 1 der HOAI 2013:

„Mit der 7. HOAI-Novelle wurde zwar die Terminplanung verstärkt in den Vordergrund gerückt, jedoch sind diesbezügliche Teilleistungen nur in den Leistungsphasen 2, 3, 5 und 8 aufgeführt. Das bedeutet aber nicht, dass in der Leistungsphase 1 der Zeitablauf keine Rolle spielen würde. Schon hier hat der Architekt vielmehr einen groben Zeitplan für Planung und Bauablauf aufzustellen."[1]

Dies wird in den Anforderungen der Leistungsphase 1 nicht explizit gefordert, ergibt sich aber aus den allgemeinen Anforderungen an die Klärung der gesamten Aufgabenstellung. Der Architekt muss also über eine grobe Terminplanung Fragen des Bauherrn zur ungefähren Dauer der Planung und Ausführung beantworten können, da die sicher einer Grundlage zur Entscheidung über die Gesamtmaßnahme darstellt.

Insgesamt bedeutet dies für die Bauleitung, dass der in der Leistungsphase 8 geforderte und benötigt Terminplan auf Grundlage der bis dahin erstellten Terminpläne aufgestellt werden kann und sollte. Allerdings ist hier nicht, wie in den Leistungsphasen 3, 5 und 6 die Fortschreibung gefordert, sondern das Aufstellen eines Terminplans als Balkenplan definiert.

In den Kommentierungen zur HOAI werden Anforderungen an die vom Bauleiter zu erbringende Terminplanung im Rahmen dieser Leistungsphase 8 genauer differenziert. Hierzu Locher/Koeble/Frik:

„... Der Zeitplan mit Balkendiagramm soll im Regelfall die ineinandergreifende Abwicklung der Bauarbeiten und die Koordinierung der Leistungen auch der an der Objektplanung und Überwachung Beteiligten ermöglichen. Dabei wirken die anderen fachlich Beteiligten für ihre Fachbereiche an der Aufstellung und Überwachung des Zeitplans mit. Die im Balkendiagramm eingetragenen Termine bestimmen die Fälligkeit der Leistungen und sind damit von besonderer Bedeutung für Ansprüche wegen Verzugs. Sind die im

---

[1] Locher/Koeble/Frik: Kommentar zur HOAI, Werner Verlag, 2013, Rd. 29, S. 832.

Balkendiagramm eingetragenen Termine mit den am Bau Beteiligten fest vereinbart, so bedarf es für den Verzugseintritt keiner besonderen Mahnung (§ 286 Abs. 2 BGB). ..."".[2]

In der Kommentierung Löffelmann/Fleischmann wird für die Aufgaben dieses Zeitplanes definiert:

„Die Angaben im Zeitplan sind ausschließlich Grundlage für die Koordinierungstätigkeit des Architekten, weitergehende, insbesondere rechtsgeschäftliche Bedeutung, haben sie nicht. Die ausgewiesenen Fertigstellungstermine können weder als terminliche Zusage des Architekten gegenüber dem Bauherrn gewertet werden, noch begründet ihre Überschreitung ohne weitere Mahnung Verzug."[3]

Die Zeit- bzw. Terminplanung in Form des Balkenplans muss nach dieser Kommentierung also die terminlich relevanten Angaben der vertraglichen Abmachungen einschließen. Dies bedeutet einerseits, dass die ermittelten Termine Grundlage der vertraglichen Vereinbarungen sein können, andererseits diese aber, falls nicht als Vertragsgrundlage herangezogen, in die Terminplanung übernommen werden müssen. Nur aus der Terminplanung abgeleitete, in die Verdingungsunterlagen aufgenommene und in den Bauverträgen als Vertragstermine vereinbarte Zwischen- und Fertigstellungstermine sind tatsächlich vertraglich relevant. Nur aus der Ermittlung und Darstellung im Zeitplan ergibt sich keine vertragliche Relevanz.

Da es aber i. d. R. üblich ist, die oben genannten Festlegungen als Bestandteil der vertraglichen Vereinbarungen der Bauleistungen zu fixieren, wird deutlich, dass die Terminplanung äußerst sorgfältig und auf Grundlage realistischer Annahmen durchgeführt werden muss. Meist hat nur der verantwortliche Bauleiter den notwendigen Überblick über das gesamte Projekt, um eine realistische Terminplanung durchführen zu können. Hierbei sind baubetriebliche Grundlagen wie z. B. konstruktive Gegebenheiten und/oder technologisch bedingte (zwingende) Abhängigkeiten zu beachten. Dies wird in den folgenden Kapiteln im Einzelnen erläutert.

Für den überwiegenden Teil von Hochbauprojekten ist der Balkenplan (Gantt-Diagramm) aufgrund der einfachen Lesbarkeit die gebräuchliche Darstellungsform. Zu beachten ist, dass die Planung der Termine, als Grundlage des mit der HOAI vereinbarten Werksvertrages, nur als „Terminplan (Balkendiagramm)" definiert ist. Diese Darstellungsform wird auch in der einschlägigen Kommentierung bestätigt.

Die verspätete Fertigstellung eines Bauvorhabens bedeutet für den privaten Bauherrn eines Einfamilienhauses i. d. R. zusätzlichen Kosten für die Finanzierung oder Mietzahlungen für die alte Wohnung. Sind diese zusätzlichen Kosten durch Terminüberschreitungen im Einfamilienhausbau relativ gering, können Verzögerungen bei Großimmobilien zu gewaltigen finanziellen Schäden führen. Dieses kann durch eine konsequent durchgeführte Terminplanung vermieden werden. Hierzu müssen spätestens in den Leistungsphasen 6 und 7 die Ausführungstermine der verschiedenen Gewerke mit den ausführenden Fir-

[2] Locher/Koeble/Frik: Kommentar zur HOAI, Werner Verlag, 2013, Rd. 220, S. 906.
[3] Löffelmann/Fleischmann: *Architektenrecht*, 6. Auflage, Werner Verlag, 2012, Rd. 546.

men definiert sein. Im Zuge der Vergabe der Bauleistungen können diese als verbindliche Vertragsbestandteile mit Zwischen- und Endterminen vereinbart werden. Zur Sicherung dieser Vertragstermine ist es üblich, die Nichteinhaltung dieser Zwischen- und insbesondere dem Endtermin mit Vertragsstrafen (Pönalen) zu belegen. Um diese Vertragsstrafen auch durchsetzen zu können, ist eine genaue Dokumentation der vereinbarten Termine sowie des Planungs- und Baufortschritts aller Beteiligten (Planer und ausführende Firmen) erforderlich. Der Terminplan stellt, zusammen mit dem, durch die HOAI für die Leistungsphase 8 geforderten Bautagebuch, hierfür ein geeignetes Instrument dar, mit dessen Hilfe zur Kontrolle ein Soll-Ist-Vergleich der Bauleistungen leicht durchzuführen ist. Hierauf wird im Abschn. 3.2.2 detaillierter eingegangen.

3.1.2 Notwendigkeit der Termin- und Ablaufplanung vor Beginn der Bauausführung

Mit der nun auch in den früheren Leistungsphasen geforderten Terminplanung muss der Planer sich, dem Bauherrn und allen anderen an der Planung und Ausführung Beteiligten schon in den vorhergehenden Leistungsphasen einen Überblick über die Planungs- und Ausführungstermine verschaffen. Bisher war dies in der HOAI 2009 in der Leistungsphase 2 als das „Aufstellen eines Zeit- und Organisationsplanes" als Besondere Leistung definiert. In der HOAI 2013 stellt die Terminplanung nun eine Grundleistung, wie zuvor beschrieb, dar.

Die Termin- und Ablaufplanung bildet für den Bauherrn die Grundlagen, die notwendigen Entscheidungen im Planungsablauf und der Bauphase terminlich koordinieren zu können. Durch den frühen Zeitpunkt der Planerstellung im Zuge der Leistungsphase 2, beinhaltet der Zeit- und Organisationsplan naturgemäß Ungenauigkeiten, die im weiteren Planungsfortschritt und der damit verbundenen, gewonnenen Sicherheit reduziert bzw. beseitigt werden können. Der Inhalt und die Genauigkeit sowie weitere zu berücksichtigende Faktoren werden durch die Wünsche und Anforderungen des Bauherrn bzw. durch die Notwendigkeit der eigenen Organisation der Projektabwicklung auf der Planerseite bestimmt. Gemäß der oben genannten Kommentierung wird auch hier davon ausgegangen, dass für die Darstellung ein Balken- oder Netzplan gewählt werden sollte. Oftmals ist es aber auch in dieser frühen Projektphase ausreichend, die anstehenden Termine und Fristen in einfachen, übersichtlichen Terminlisten zu dokumentieren. Diese, in der frühen Planungsphase notwendige Terminplanung kann die Grundlage der für die Bauausführung und Bauleitung notwendige Termin- und Ablaufplanung sein. In jedem Fall ist es unumgänglich, dass der Bauleiter vor Beginn der Leistungsphase 8 festgestellt hat, ob die vom Bauherrn definierten Zwischen- und Endtermine realistisch sind.

Planung der Planung

Die terminliche Grundlage der Planung und Ausführung von Bauvorhaben bildet i. d. R. der vom Bauherrn definierte Fertigstellungstermin. Um diesen realisieren zu können, muss der Planer zu Beginn der Planungstätigkeit feststellen, wie viel Zeit für die Planung und wie viel Zeit für die Bauausführung zur Verfügung steht. Diese Planung muss u. a unter Berücksichtigung folgender Prämissen erfolgen:

Welche Planungsleistungen sind bis zum Baubeginn erforderlich?

Je nach Art der Vergabe, ob als Einzelvergabe, gewerkeweise Vergabe oder GU-Vergabe muss zum Baubeginn eine unterschiedliche Planungstiefe erreicht sein. Bei Einzelvergaben muss z. B. die Planung für den Rohbau komplett abgeschlossen sein, um diesen vergeben zu können. Dabei ist es allerdings nicht erforderlich, dass die Fassaden- und Ausbauplanung ebenfalls komplett abgeschlossen ist. Nur die für den Rohbau relevanten Schnittstellen der Fassade und des Ausbaus müssen soweit wie möglich definiert sein. Die Ausführungsplanung dieser Gewerke kann das baubegleitend, d. h. parallel zu den Rohbauarbeiten erfolgen. Bei GU-Vergaben beschränken sich die planerischen Vorgaben auf den Entwurf und damit verbundene Regeldetails. Die Planungsleistung wird also an den Auftragnehmer übertragen und vor dem Baubeginn durch diesen erbracht werden.[4]

Muss die Vergabe als öffentliche Vergabe gemäß VOB/A erfolgen und welche Vorlaufzeiten sind an das Vergabeverfahren geknüpft?

Handelt es sich um ein öffentliches Bauprojekt dessen Kosten über dem von der EU festgesetzten Schwellenwert liegt, muss die Vergabe gemäß den Richtlinien der VOB/A erfolgen. Diese Richtlinien können je nach Vergabeart (offenes Verfahren, nicht offenes Verfahren, Verhandlungsverfahren) verschiedene Fristen für die Veröffentlichung, die Bewerbung der Bieter, die Angebotsbearbeitung, die Auswertung der Angebote usw. bedingen.

Welche Schnittstellen bestehen zu weiteren Planungen?

Um mit der Planung beginnen zu können, sind die Fachplaner (Haustechnik, Statik usw.) von einem bestimmten Planungsstand beim Architekten abhängig. Allerdings ist auch die Planung des Architekten von den Planungen der Fachplaner abhängig. Der Statiker muss z. B. Angaben zu Bauteilabmessungen wie Wand- oder Deckendicken machen und der Haustechnikplaner muss seine Schlitz- und Durchbruchplanung sowohl mit dem Statiker als auch mit dem Architekten abstimmen. Diese Schnittstellen sind bei der Ermittlung oder Abschätzung der Planungsdauern zu beachten und durch definierte Planungsdauern und Planliefertermine zu sichern.

Ein beispielhaftes Ablaufschema der Planung vom genehmigten Entwurf bis zum Beginn der konstruktiven Rohbauarbeiten ist in Abb. 3.1 dargestellt.

Die Ermittlung des tatsächlichen, zeitlichen Bedarfs für die einzelnen Planungsphasen hängt stark von der Arbeitsweise der Planungsbüros ab. Je nach Tiefe und Präzision und Erfahrung schwanken die Planungsdauern der Leistungsphasen sehr stark. Richtwerte lassen sich durch Aufteilung der gesamten Honorarsumme auf die die einzelnen Leistungsphasen der HOAI und den sich daraus ergebenden wirtschaftlich vertretbaren Planerstunden ermitteln. Dabei werden die Honoraranteile der Leistungsphasen durch den

---

[4] Vgl. Gralla/Becker: *Bewertung von Planungsleistungen und deren baubetriebliche Berücksichtigung,* in: Der Bauingenieur, Band 81, Seiten 126–133, März 2006.

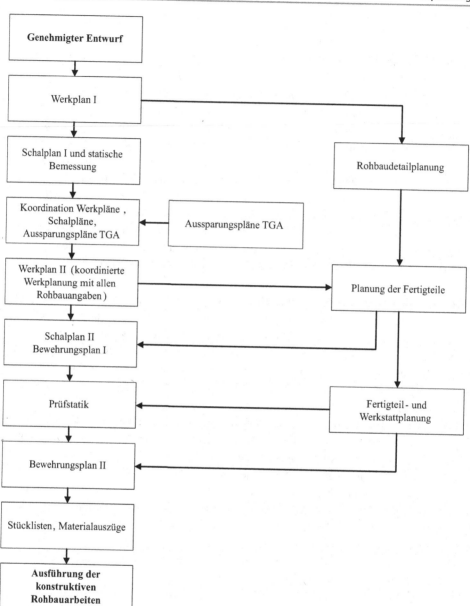

Abb. 3.1 Schema zur Erstellung der Rohbauplanung

mittleren Kostensatz der Mitarbeiter dividiert um, die Planerstunden zu ermitteln. Über die Anzahl der Mitarbeiter, die in den Leistungsphasen eingesetzt werden sollen und die tägliche Arbeitszeit lässt sich der Zeitaufwand in Tagen ermitteln.[5]

Welche Schnittstellen bestehen zur Ausführung?

Ein weiterer Faktor ist der Zeitbedarf der ausführenden Firmen von der Übergabe der Planung bis zur Aufnahme der Arbeiten auf der Baustelle (vgl. Abschn. 3.2.2.1 Klärung und Darstellung der Abhängigkeiten der Vorgänge untereinander). Dieser Zeitbedarf kann je nach Komplexität des Gewerkes zwischen 4 Wochen (Stahlbau) und bis zu 12 Wochen (komplizierte Fassadenkonstruktionen) für die Montageplanung, die Prüfung und Freigabe sowie die Materialbestellung und Vormontage betragen. Ist für diese Arbeiten im der Terminplanung ein Baubeginn festgelegt, muss die Planung mit diesen Vorlaufzeiten fertiggestellt sein.

3.1.3 Begriffe

Die in der Terminplanung verwendeten Begriffe sind in der DIN 69900:2009, Projektmanagement – Netzplantechnik; Beschreibungen und Begriffe, definiert und systematisiert. Die Definitionen der Begriffe beziehen sich auf die Netzplantechnik und weitere Methoden der Ablauf- und Terminplanung.

Zur Klärung der in diesem Zusammenhang verwendeten Begriffe sind im Folgenden die wichtigsten Definitionen aus den oben genannten Normen und weitere, nicht normierte, aber in der Termin- und Ablaufplanung gebräuchliche Begriffe aufgeführt und erläutert.

3.1.3.1 Allgemeine Begriffe der Termin- und Ablaufplanung

Netzplantechnik
Auf Ablaufstrukturen basierende Verfahren zur Analyse, Beschreibung, Planung, Steuerung, Überwachung von Abläufen, wobei Zeit, Kosten, Ressourcen und weitere Größen berücksichtigt werden können.[6]

Ablaufplanung
Unter Ablaufplanung versteht man die Planung und Organisation aller für den jeweiligen Ablaufplan relevanten Vorgänge und Ereignisse zur Ermittlung der Abhängigkeiten zwischen den Vorgängen.

---

[5] Ausführlich zur Terminplanung der Planung in Bielefeld/Feuerabend: *Thema: Baukosten- und Terminplanung,* 2. Auflage Birkhäuser Verlag, Basel 2006.

[6] Vgl. DIN 69900, Projektmanagement – Netzplantechnik; Beschreibungen und Begriffe, Januar 2009, 3.51.

Dauerplanung

Die Dauerplanung umfasst die Planung zur Ermittlung der für Einzel- oder Sammelvorgänge notwendigen oder zur Verfügung stehenden Dauer.

Terminplanung

In der Terminplanung werden der Ablaufplanung die in der Dauerplanung ermittelten Dauern der Vorgänge zugeordnet und mit konkreten Terminen versehen, so dass für alle festgelegten Vorgänge und Ereignisse ein Datum oder eine Uhrzeit ermittelt werden kann.

3.1.3.2   Elemente der Termin- und Ablaufplanung

Vorgang

Ein Vorgang ist ein Ablaufelement, das ein bestimmtes Geschehen beschreibt. Hierzu gehört auch, dass Anfang und Ende definiert sind. Ein Vorgang ist z. B. im Grobterminplan die Erstellung des Rohbaus. Vorgänge können, je nach Anforderung durch ergänzende Informationen wie z. B. Aufwand, Ressourcen und/oder Kosten genauer definiert werden und so im Terminplan weitere Informationen (Ressourcen, Personalstand) ablesbar machen (Abb. 3.2).

Sammelvorgang

Zur übersichtlichen Darstellung von Abläufen im Balkenplan ist es unerlässlich, einzelne Vorgänge in übergeordneten Sammelvorgängen zusammenzufassen. So sollte der sehr umfangreiche Vorgang Rohbau, im detaillierten Feinterminplan als Sammelvorgang die vielen notwendigen Einzelvorgängen, wie z. B. Gründung, Betonierarbeiten, Mauerwerksarbeiten usw. beschreiben. Der Vorgang Betonierarbeiten wiederum kann als Sammelvorgang die Einzelvorgänge Einschalen, Bewehren, Betonieren, Ausschalen zusammenfas-

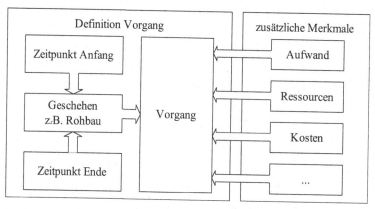

Abb. 3.2 Schema zur Definition eines Vorgangs

sen. Durch diese Vorgehensweise lässt sich, durch Ein- oder Ausblenden der Einzelvorgänge, eine unterschiedliche Detailtiefe darstellen.

Dauer

Die Dauer ist die Zeitspanne vom Anfang bis zum Ende eines Vorganges. Die Qualität der einzelnen Dauern ist wichtig für die Qualität der gesamten Terminplanung. Die Ermittlung der Dauern erfolgt, je nach Detailtiefe des Terminplans, über grobe Kennwerte wie z. B. Stunden/m^3 BRI bei der Rahmenterminplanung (vgl. Abschn. 3.1.4.2) oder Aufwandswerte für einzelne, genau definierte Vorgänge im Zuge der Detailterminplanung (vgl. Abschn. 3.2.2 Ermittlung der Ausführungsdauern).

Ereignis

Als Ereignis wird ein Ablaufelement definiert, welches das Eintreten eines bestimmten Zustandes beschreibt. Einem Ereignis ist kein Zeitwert zugeordnet. In Gegensatz zum Meilenstein (siehe unten) können durch einfache Ereignisse Termine im Zeitplan dargestellt werden, die nicht unmittelbare Auswirkungen auf den gesamten Projekt- oder Bauablauf haben.

Meilenstein

Als Meilenstein wird ein Ereignis von besonderer Bedeutung (Schlüsselereignis) bezeichnet. Meilensteine sind normalerweise Ereignisse, die für die Planung oder den weiteren Bauablauf entscheidend sind, wie z. B. „Gebäudehülle geschlossen", sodass der allgemeine Ausbau beginnen kann. Außerdem können es festgelegte Termine wie der Baubeginn, die Fertigstellung, der Nutzungsbeginn o. Ä. sein.

Folgende Ereignisse könnten Meilensteine sein:

- Baubeschluss,
- Planungsbeauftragung,
- Planungsbeginn,
- Erteilung Baugenehmigung,
- Beginn Rohbau,
- Richtfest,
- Beginn Grobmontage Haustechnik,
- Gebäudehülle geschlossen (Fassade und Dach),
- Beginn Ausbau,
- Gebäude winterfest (provisorische Beheizung möglich),
- Fertigstellung,
- Nutzungsbeginn.

Je nach Projektart und Projektgröße werden die oben genannten Meilensteine auch jeweils für einzelne Bauabschnitte oder Bauteile definiert. Da Meilensteine die Fertigstellung eines Abschnittes oder eines Vorgangs markieren und damit Voraussetzung für den Beginn der nachfolgenden Tätigkeit/Vorgang sind, werden sie oftmals als Zwischentermin vertraglich fixiert. Nur die Einhaltung der Zwischentermine ermöglicht es den nachfolgenden Gewerken, ihrerseits die vertragsrelevanten Vereinbarungen einzuhalten. Bei der Erstellung der Terminplanung ist es zweckmäßig, Folgetermine auf Meilensteine und nicht die zum Meilenstein führenden Vorgänge zu beziehen. So lassen sich die Auswirkungen von geänderten Terminen auf nachfolgende Termine durch die Änderung des Meilensteins einfach anpassen. Dies wird im Abschn. 3.2.2 weitergehend erläutert.

3.1.4 Terminplanarten

Zu Beginn eines Projektes ist die Festlegung der Terminplanstrukturen und Terminplanhierarchien von zentraler Bedeutung. Die Definitionen in einer Terminplanart müssen auch in den daraus abgeleiteten, untergeordneten Terminplänen Gültigkeit haben. Jeder Terminplan besteht aus Ereignissen und Vorgängen. Je nach Terminplanart ist es erforderlich, die Ereignisse und Vorgänge unter unterschiedlichen Gesichtspunkten zu ermitteln und darzustellen. Neben den in DIN 69900 allgemein für die Projektwirtschaft definierten Terminplanarten wird in der Bauwirtschaft von weiteren, praxisspezifischen Terminplanarten gesprochen. Dabei wird neben der Darstellungstiefe auch in Bezug auf den Zweck des Terminplans differenziert.

3.1.4.1 Systematik nach Zweck der Terminplanung

Projektorientierter Terminplan
Der projektorientierte Terminplan dient zur Koordination aller Beteiligten des gesamten Projektablaufs, d. h. sowohl in der Planungsphase als auch in der Bauausführung. Da dem Bauleiter die Gesamtkoordination der Bauaufgabe obliegt, wird der projektorientierte Terminplan meist durch ihn erstellt. Die Darstellungstiefe hängt dabei von der Größe und der Komplexität der Bauaufgabe und dem dargestellten Zeitraum ab.

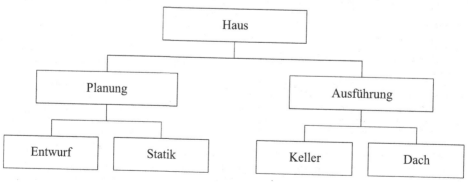

Abb. 3.3 Terminplanstruktur eines projektorientierten Terminplans

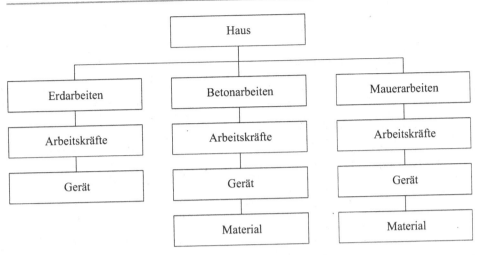

Abb. 3.4 Terminplanstruktur eines produktionsorientierten Terminplans

Produktionsorientierter Terminplan

Der produktionsorientierte Terminplan dient in erster Linie den Bauunternehmen zur Planung und Koordination des, für die Bauaufgabe benötigten Personals und Gerätes. Grundlage hierfür ist wiederum der projektorientierte Terminplan mit den ausgewiesenen Start-, Zwischen- und Endterminen. Im Bauablauf werden die produktionsorientierten Terminpläne durch die ausführenden Firmen erstellt. So können die Abhängigkeiten zu weiteren Gewerken überprüft werden.

Steuerungsterminplan

Der Steuerungsterminplan ist normalerweise ein projektorientierter Terminplan. Üblich im Bauwesen ist die Bezeichnung „Vertragsterminplan". Hier geht es in erster Linie um die Abstimmung der zahlreichen beteiligten Unternehmen, die nur in einer definierten Reihenfolge ihre Leistungen erbringen können. Ziel des Vertragsterminplans ist es, allen Beteiligten eine vorausschauende Kapazitätsplanung zu ermöglichen. Daher sollten im Steuerungsterminplan die Vorgänge und deren Abhängigkeiten untereinander den Vergabepaketen entsprechen, um die Vertragstermine eindeutig zuordnen und ablesen zu können. Die Sicht auf die Bauaufgaben ist gewerkebezogen und nicht bauteilbezogen. Bei eventuellen Verzögerungen sollte anhand des Vertragsterminplans das verantwortliche Gewerk und damit auch die Haftung eindeutig bestimmt werden können (Abb. 3.5).

3.1.4.2 Systematik nach inhaltlicher Darstellungstiefe

Rahmenterminplan

Im Rahmenterminplan wird der gesamte, das Projekt umfassende, Zeitrahmen dargestellt. Es werden gegebenenfalls sowohl die Phasen vor dem eigentlichen Planungsbeginn als

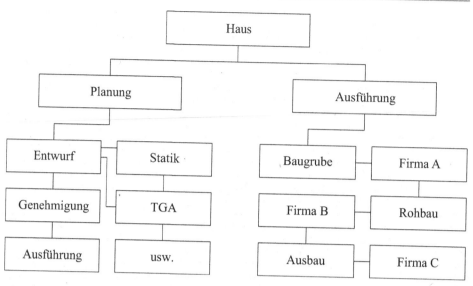

Abb. 3.5 Terminplanstruktur eines Steuerungsterminplans

auch ein definierter Zeitraum nach der Fertigstellung, wie z. B. der Einzug mit Nutzungsbeginn und die erste Nutzungsphase, erfasst.

Grobterminplan

Der Grobterminplan ist ein Terminplan mit einer Struktur, die nur einen groben Überblick über den Projektablauf zulässt. Im Grobterminplan sind i. d. R. neben den wichtigsten Meilensteinen nur Sammelvorgänge bzw. Gewerkegruppen erfasst wie z. B.:

- vorbereitende Maßnahmen,
- Rohbau,
- Gebäudehülle,
- Ausbau,
- Haustechnik,
- abschließende/nachlaufende Maßnahmen.[7]

Grobterminpläne werden auf Grundlage des Rahmenterminplans für einzelne Projektphasen erstellt.

Feinterminplan

Der Feinterminplan ist ein Terminplan mit einer Struktur, die einen Einblick in viele Details des Projektablaufes zulässt. Für den Feinterminplan kann die Struktur der in der

---

[7] Vgl. hierzu Bielefeld/Feuerabend, *Thema: Baukosten- und Terminplanung*, 2. Auflage Birkhäuser Verlag, Basel 2006.

VOB/C verwendeten DIN 18300 ff. als Gliederung der Vorgänge genutzt und über mögliche Bauabschnitte oder Geschosse weiter differenziert werden. Die im Feinterminplan dargestellten Vorgänge werden unter Berücksichtigung der technologischen und räumlichen Zusammenhänge verknüpft.

Detailterminplan

Der Detailterminplan ist ein Terminplan mit einer Struktur, die den Projektablauf für einzelne Vorgänge, Gewerke oder Bereiche im Detail verknüpft darstellt. Ein Detailterminplan kann zur Koordination bei räumlich beengten Situationen mit vielen Beteiligten oder bei starkem Termindruck notwendig werden.

3.1.5 Darstellungsarten von Terminplänen

Je nach Zweck, Nutzer und/oder Bauaufgabe bieten sich verschiedene Darstellungsarten von Terminplänen an. Grundsätzlich werden vier Darstellungsarten unterschieden:

- Balkenplan oder Gantt-Diagramm,
- Liniendiagramm als Weg-Zeit- oder Volumen-Zeit-Diagramm,
- Netzplan,
- Terminliste.

Die HOAI sieht den Balkenplan als bevorzugte Darstellungsform für Hochbauprojekte vor. Je nach Projektgröße und Projektart ist ggf. auch eine andere Darstellungsart notwendig. Die einschlägigen IT-Systeme zur Terminplanung ermöglicht es, die gängigen Terminplanarten auf der Grundlage einer Vorlage zu extrahieren.

3.1.5.1 Balkenplan

Diese Darstellungsart der Terminplanung wird, wie bereits beschrieben, einerseits durch die HOAI andererseits aber auch durch die einschlägige Kommentierung als Standard der Leistungspflicht definiert (vgl. Abschn. 3.1.1 Grundlagen der Terminplanung). Bei der Erstellung eines Terminplans mit Hilfe der gängigen IT-Systeme erfolgt die Eingabe i. d. R. direkt in der Struktur eines Balkenplans.

Bei Balkenplänen werden auf der senkrechten Achse die Vorgänge und Ereignisse aufgelistet. Auf der waagerechten Achse, der Zeitachse, sind die Dauern der Vorgänge bzw. die Termine der Ereignisse zugeordnet. Jeder Vorgang wird so durch einen Balken dargestellt, dessen Länge der Dauer des Vorgangs entspricht. Dieser Systematik folgend werden Ereignisse und Meilensteine als Vorgang ohne Dauer dargestellt. Die Skalierung der Zeitachse erfolgt, je nach Anforderung und Darstellungstiefe, in Monaten, Wochen oder Tagen.

Zusätzlich zu den Vorgängen (definiert durch den Vorgangsnamen und die Dauer) können in weiteren Spalten die errechneten oder vorgegebenen Anfangs- und Endtermine,

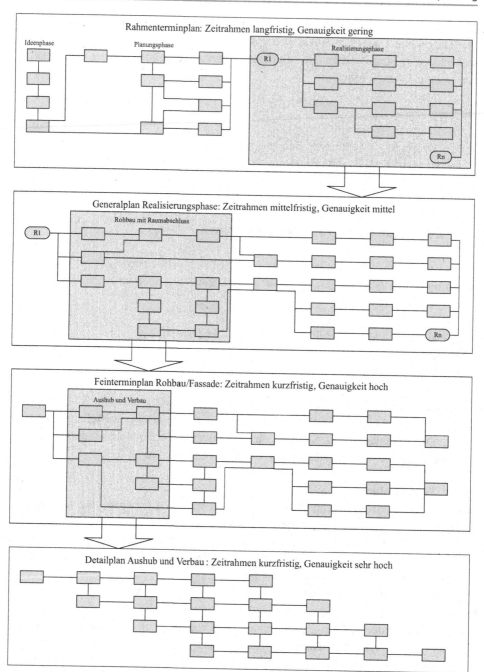

Abb. 3.6 Übersicht der Darstellungstiefe der Terminplanung als schematischer Netzplan

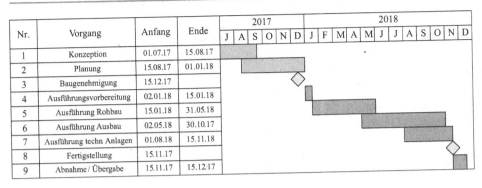

Nr.	Vorgang	Anfang	Ende	2017						2018											
				J	A	S	O	N	D	J	F	M	A	M	J	J	A	S	O	N	D
1	Konzeption	01.07.17	15.08.17																		
2	Planung	15.08.17	01.01.18																		
3	Baugenehmigung	15.12.17																			
4	Ausführungsvorbereitung	02.01.18	15.01.18																		
5	Ausführung Rohbau	15.01.18	31.05.18																		
6	Ausführung Ausbau	02.05.18	30.10.17																		
7	Ausführung techn Anlagen	01.08.18	15.11.18																		
8	Fertigstellung	15.11.17																			
9	Abnahme / Übergabe	15.11.17	15.12.17																		

Abb. 3.7 Beispiel der Darstellungsart Balkenplan (hier als Rahmenterminplan

zugehörige Ressourcen (Gerät und/oder Personal), der Mittelbedarf usw. dargestellt oder definiert werden.

Um die Übersichtlichkeit und Lesbarkeit eines umfassenden Balkenplans mit vielen Vorgängen zu erhöhen, ist es sinnvoll, in der Darstellung die Balken direkt mit zusätzlichen Informationen zu versehen. Hierzu sollten mindestens der Vorgangsname sowie der Anfangs- und Endtermin an den Balken im Terminplan eingetragen sein. Außerdem kann es der Übersicht dienen, Vorgänge aus einem Gewerk in gleicher Farbe darzustellen.

Darüber hinaus ist es übersichtlicher, Vorgänge, wie bereits bei der Begriffserklärung erläutert, planungsorientiert zusammen zu fassen. Dies geschieht über die Definition von Darstellungsebenen durch die sich der gewünschte Detaillierungsgrad darstellen lässt. Die Vorgehensweise zu dieser Systematik wird im Folgenden noch eingehend erläutert.

Der Vollständigkeit halber werden an dieser Stelle auch die weiteren Darstellungsarten der Terminplanung kurz aufgezeigt.

3.1.5.2 Liniendiagramm

Das Liniendiagramm spielt bei Hochbauprojekten aufgrund der Unübersichtlichkeit, die sich bei der Vielzahl und starken Unterschiedlichkeit der Vorgänge sowie Notwendigkeit der zeitlichen Vernetzung ergibt, eine untergeordnete Rolle. Beim Liniendiagramm werden auf der horizontalen Achse der Arbeitsfortschritt und auf der vertikalen Achse die Zeit dargestellt. Für die Vorgänge ergeben sich so im Koordinatensystem Linien. An der Neigung der Linien ist so die Arbeitsgeschwindigkeit der Vorgänge ablesbar. Die eingeschränkte Nutzbarkeit bei Hochbauprojekten ergibt sich aus der Problematik, Vorgänge in ihren Abhängigkeiten darstellen zu müssen. Dies ist in Liniendiagrammen nur sehr begrenzt möglich. Anwendung findet das Liniendiagramm häufig bei so genannten Linienbaustellen wie z. B. bei Autobahnen, Gleis- oder Tunnelbauten und ggf. in Hochhausbau mit vielen gleichartigen sich wiederholenden Abläufen.

Als Darstellungsvarianten sind beim Liniendiagramm das Volumen-Zeit-Diagramm und das Weg-Zeit Diagramm möglich.

Volumen-Zeit-Diagramm

Beim Volumen-Zeit-Diagramm wird der Leistungsumfang der Vorgänge unabhängig von der eigentlichen Normierung (m^3, m^2, Stück usw.) als Volumen abgebildet. Über diese Darstellung wird der Fortschritt der Leitungen in Prozent abhängig von der Zeit ablesbar.

Weg-Zeit-Diagramm

Beim Weg-Zeit-Diagramm wird der Weg, also die Bauaufgabe i. d. R. maßstäblich auf die horizontale Achse aufgetragen, die Zeit auf der vertikalen. Diese Darstellung erlaubt einen sehr schnellen und eindeutigen Soll-Ist-Vergleich.

3.1.5.3 Netzplan[8]

Bei Netzplänen erfolgt die Darstellung der terminlichen Abläufe und Abhängigkeiten, entwickelt aus der Graphentheorie, über Kreise und Pfeile, die je nach Netzplanart verschiedene Funktionen haben. Folgende Arten werden unterschieden:

Ereignisknotennetzplan

In einem Ereignisknotennetzplan werden ähnlich wie im Meilensteinplan nur Ereignisse und deren zeitliche Abhängigkeiten erfasst. Vorgänge, die durch eine Dauer definiert sind, und deren Abhängigkeiten können nicht dargestellt werden. Diese Einschränkung schließt eine sinnvolle Verwendung für die terminliche Darstellung von Bauabläufen aus.

Vorgangsknotennetzplan

Die Darstellung der Vorgänge erfolgt im Vorgangsknotennetzplan durch die Knoten. Die Abhängigkeiten und Verknüpfungen werden durch die Pfeile dargestellt.

Vorgangspfeilnetzplan

Die Darstellung der Vorgänge erfolgt im Vorgangspfeilnetzplan durch Pfeile. Die technologisch notwendige bzw. gewählte Reihenfolge wird durch die Anordnung der Knoten, die den Beginn und das Ende der Vorgänge festlegen, definiert.

Die Struktur der Netzplantechnik macht es erforderlich, bei der Erstellung den Projekt- und/oder Bauablauf mit all seinen Vorgängen, Dauern und Ereignissen genau zu durchdenken. Einerseits ergibt sich daraus der Vorteil, dass schon in der Erstellung die Planung sehr genau durchgeführt wird, andererseits fehlt dem fertigen Netzplan die intuitive Übersichtlichkeit des Balkenplans (Dauer des Vorgangs entspricht Länge des Balkens).

3.1.5.4 Terminliste

Die Terminliste stellt die einfachste Form der Darstellung einer Termin- und Ablaufplanung dar. Auch in der Terminliste werden, je nach Verwendungszweck und Nutzer, Vorgänge und Ereignisse in unterschiedlicher Darstellungstiefe abgebildet. Ähnlich wie bei der Darstellung im Balkenplan sind den einzelnen Vorgängen die Dauer, der Start-

---

[8] Vgl. hierzu Bauer: Baubetrieb 2, 3. Auflage, Springer Verlag, Berlin, 2001.

und Endtermin und ggf. weitere Informationen zugeordnet. Da in der Terminliste alle Vorgänge in der Reihenfolge des Bauablaufs erfasst werden, ergibt sich schnell eine Unübersichtlichkeit, da die für ein Gewerk notwendigen Vorgänge, über die gesamte Liste verteilt sind. Abhängigkeiten zwischen den Vorgängen können nur durch zusätzliche textliche Erläuterungen erfasst werden.

3.2 Einzelne Leistungspflichten des Bauleiters

3.2.1 Aufstellen eines Zeitplanes

Das Ziel der Termin- und Ablaufplanung als Leitungspflicht des Bauleiters ist es, die Dauer der gesamten Projektrealisierung sowie der einzelnen Schritte bis dahin zu ermitteln, zu koordinieren und darzustellen. Hierdurch werden alle am Projekt Beteiligten gemäß der allgemeinen Koordinierungspflicht gesteuert. Diese einzelnen Schritte können sich dabei auf Planungsleistungen, Bauabschnitte, Bauteile und/oder Gewerke beziehen.

Unter welchen Gesichtspunkten erfolgt die Termin- und Ablaufplanung?

1. Analyse der Bauaufgabe
2. Ermittlung der Projektdauer
3. Erfassen der Gewerke und Vorgänge
4. Ermittlung und Festlegung von Bauabschnitten
5. Ermittlung von Mengen und Massen
6. Ermittlung der Ausführungsdauern
7. Klärung und Darstellung der Abhängigkeiten der Vorgänge
8. Verknüpfen der Vorgänge.

3.2.1.1 Analyse der Bauaufgabe

Die Analyse der Bauaufgabe kann je nach Zielsetzung unter unterschiedlichen Prämissen erfolgen. Je nach Art und Größe und der Bauaufgabe ist es erforderlich, die Struktur der Termin- und Ablaufplanung der Struktur der Bauaufgabe anzupassen. Bereits bei mittleren Bauaufgaben müssen Bauabschnitte gebildet werden, um alle Vorgänge koordiniert und ineinander greifend planen zu können. Durch die Einteilung einer Bauaufgabe in Abschnitte müssen die dazu gehörende Mengenermittlungen sowie die entsprechenden Vorgänge ebenfalls dieser Systematik folgend unterteilt werden. Die Abb. 3.8 gibt einen Überblick über einen möglichen Ablauf:

3.2.1.2 Ermittlung der Projektdauer

Bei der Erstellung der Terminplanung kann, je nach Ausgangssituation und Vorgabe durch den Bauherrn, von zwei unterschiedlichen Ansätzen ausgegangen werden. Sind Zwischen- und/oder Fertigstellungstermine vorgegeben, müssen die maximal möglichen Dauern der

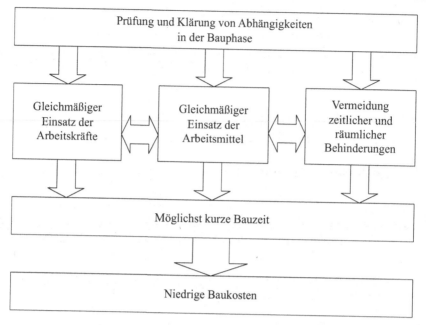

Abb. 3.8 Prämissen der Termin- und Ablaufplanung

einzelnen Vorgänge ermittelt werden, damit das Terminziel erreicht werden kann. In diesem Fall wird von **Top-Down-Planung** oder Rückwärtsterminierung gesprochen. Die Planung erfolgt von Ziel zurück zum Start.

Bei der Top-Down-Planung ergeben sich wiederum zwei Möglichkeiten:

1 Steht für die Planung und Ausführung ausreichend Zeit zur Verfügung, wird durch diese Planung jeweils ein spätest möglicher Starttermin ermittelt, der sicherstellt, dass bei dessen Einhaltung das Terminziel erreicht wird.
2 Steht für die Planung und Ausführung nur ein kleines Zeitfenster zur Verfügung, wird durch die Top-Down-Planung für jeden Vorgang eine maximale Dauer ermittelt. Es ist also die Aufgabe der Terminplanung, die erforderlichen Vorgänge so zu strukturieren, dass das Terminziel erreicht wird. Die Planung erfolgt daher von Beginn an unter der Prämisse, alle Vorgänge optimiert zu planen. Einerseits bedeutet dies für die Planung, dass diese sehr genau und diszipliniert erfolgen muss. Andererseits besteht die Gefahr, dass die Dauern der Vorgänge zu optimistisch angenommen werden und im weiteren Verlauf nicht realisierbar sind.

Bildet nur ein Starttermin die Grundlage der Terminplanung und sind weder Zwischen- noch Fertigstellungstermine vorgegeben wird von **Bottom-Up-Planung** gesprochen. Hierbei wird vom Start zum Ziel geplant.

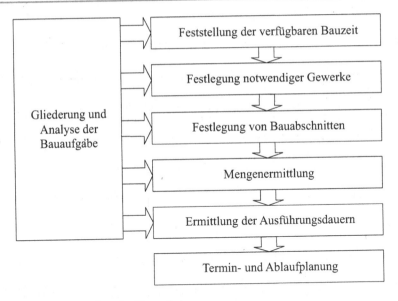

Abb. 3.9 Schema zur Analyse der Bauaufgabe

Zur Ermittlung der Dauern der Vorgänge werden diese im Einzelnen analysiert, bewertet und ermittelt. Die Gesamtdauer und der Fertigstellungstermin ergeben sich durch Aufsummierung der einzelnen Dauern. Der sich hieraus ergebenden Vorteil besteht in der größeren Genauigkeit, da die Ermittlung der Dauern und damit die gesamte Terminplanung nicht unter „Termindruck" erfolgt und so für alle Einzelvorgänge realistische Dauern angenommen werden können. So ergibt sich eine größere Planungssicherheit für den Endtermin. Nachteilig ist, dass die Terminplanung eventuell nicht mit der größten Konsequenz durchgeführt wird und so die Vorgänge nicht optimal koordiniert oder unnötige Reserven eingerechnet werden.

Um die Termin- und Ablaufplanung zur Koordination der Planungsbeteiligten und für die Bauphase durchführen zu können, ist es erforderlich, für die Tätigkeiten die zur Verfügung stehende Zeit zu ermitteln.

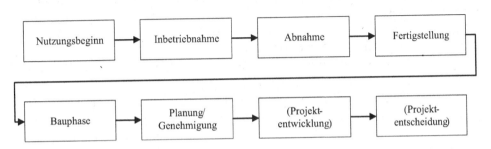

Abb. 3.10 Schema Top-Down-Planung

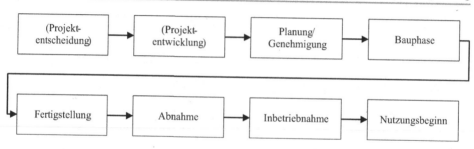

Abb. 3.11 Schema Bottom-Up-Planung

Tab. 3.1 Ermittlung der Gesamtbauzeit

Einfluss	Tätigkeit	Zeitliche Einordnung	Berücksichtigung
+	Baustelleneinrichtung	Vorlauf	Voll
+	Erdarbeiten	Hauptbauzeit	Voll
+	Gründung	Hauptbauzeit	In Abhängigkeit
+	Rohbauarbeiten	Hauptbauzeit	In Abhängigkeit
+	Fassadenarbeiten	Hauptbauzeit	In Abhängigkeit
+	Ausbauarbeiten	Hauptbauzeit	In Abhängigkeit
+	Haustechnische Arbeiten	Hauptbauzeit	In Abhängigkeit
+	Baustellenräumung	Nachlauf	Ggf. parallel
(+)	(Winterpausen)	Unterbrechung	Falls notwendig
(+)	(Betriebsferien)	Unterbrechung	Falls bekannt
(+)	(Schlechtwetter)	Unterbrechung	Ggf. im Puffer
./.	Parallel verlaufende Tätigkeiten	Hauptbauzeit	Zu ermitteln

Die Tiefe und Ausführlichkeit ist dabei in Abhängigkeit zur Größe und Schwierigkeit der Bauaufgabe zu sehen. In jedem Fall muss der geforderte Zeitplan eine Projektübersicht bieten, die einen reibungslosen Ablauf in der Ausführung sicherstellt und als Grundlage die Koordinierungtätigkeit der anderen, planenden Projektbeteiligten ermöglicht.

Zur Feststellung der verfügbaren Bauzeit der einzelnen Tätigkeiten, ist diese aus dem Grobterminplan zu entnehmen. Die in der Bauphase anfallenden Tätigkeiten, sind in eine logische Reihenfolge zu sortieren und weitere, die Gesamtbauzeit beeinflussende Faktoren zu berücksichtigen.

3.2.1.3 Erfassen der Gewerke und Vorgänge

Abhängig vom gewünschten Freiheitsgrad der Terminplanung werden die einzelnen Abläufe auf der Baustelle und ggf. auch andere Vorgänge wie die Planung oder die Arbeitsvorbereitung der erfasst. Bei einer Grobplanung werden nur die Hauptprozesse und Grundprozesse wie z. B. die Betonarbeiten und die Mauerwerksarbeiten im Rohbau, Fassadenarbeiten, oder die Trockenbauarbeiten, die Malerarbeiten sowie die Bodenbelagsarbeiten im Ausbau erfasst. Entscheidend für die ausführenden Firmen ist, dass die Schnittstellen der Gewerke definiert sind. Bei einer Feinplanung werden auch Teilprozes-

Tab. 3.2 Zuordnung der Leistungsbereiche zu Gewerkegruppen. (Aus: Bielefeld/Feuerabend: Zum Thema: Baukosten und Terminplanung, Birkhäuser Verlag, Basel 2006)

DIN 18xxx	Bezeichnung des Leistungsbereiches	Gewerkegruppe				
		V	RB	GH	A	HT
300	Erdarbeiten	x	x			
303	Verbauarbeiten	x	x			
305	Wasserhaltungsarbeiten	x	x			
306	Entwässerungskanalarbeiten	x				
308	Dränarbeiten	x	x			
330	Mauerarbeiten		x			
331	Betonarbeiten		x			
332	Naturwerksteinarbeiten				x	
333	Betonwerksteinarbeiten				x	
334	Zimmer- und Holzbauarbeiten			x		
335	Stahlbauarbeiten		x	x		
336	Abdichtungsarbeiten		x	x		
338	Dachdecker- und Dachabdichtungsarbeiten			x		
339	Klempnerarbeiten			x		
340	Trockenbauarbeiten				x	
345	Wärmedämmverbundsysteme			x		
349	Betonerhaltungsarbeiten		x	x		
350	Putz- und Stuckarbeiten			x	x	
351	Fassadenarbeiten			x		
352	Fliesen- und Plattenarbeiten				x	
353	Estricharbeiten				x	
354	Gussasphaltarbeiten				x	
355	Tischlerarbeiten				x	
356	Parkettarbeiten				x	
357	Beschlagarbeiten			x	x	
358	Rollladenarbeiten			x		
360	Metallbauarbeiten			x	x	
361	Verglasungsarbeiten			x	x	
363	Maler- und Lackierarbeiten			x		
364	Korrosionsschutzarbeiten an Stahl- und Aluminiumbauten		x	x		
365	Bodenbelagsarbeiten				x	
366	Tapezierarbeiten				x	
379	Raumlufttechnische Anlagen					x
380	Heizanlagen und zentrale Wassererwärmungsanlagen					x
381	Gas-, Wasser-, Entwässerungsanlagen					x
382	Nieder- und Mittelspannungsanlagen					x
384	Blitzschutzanlagen					x
385	Förderanlagen, Aufzugsanlagen, Fahrtreppen und Fahrsteige					x

Tab. 3.2 (Fortsetzung)

DIN 18xxx	Bezeichnung des Leistungsbereiches	Gewerkegruppe				
		V	RB	GH	A	HT
386	Gebäudeautomation					x
421	Dämmarbeiten an technischen Anlagen					x
451	Gerüstarbeiten			x	x	x
459	Abbruch- und Rückbauarbeiten	x	x			

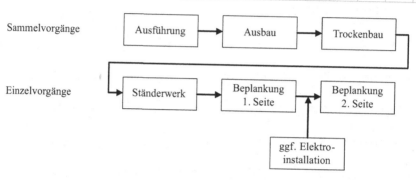

Abb. 3.12 Struktur einer Zeitplanung am Beispiel „Trockenbauarbeiten

se und einzelne Arbeitsgänge wie z. B. für den Trockenbau die Arbeitsgänge Aufstellen des Ständerwerks, Beplankung 1. Seite, Beplankung 2. Seite usw. aufgenommen. Die Vielzahl von gleichzeitig auf der Baustelle ausgeführten Gewerken, muss der Bauleiter mit Hilfe der Terminplanung koordinieren.

Um die einzelnen Bauleistungen und deren „ineinander greifende Abwicklung" darzustellen, müssen im ersten Schritt diese notwendigen Bauleistungen definiert werden.

Als eine Grundlage hierfür kann die in den vorhergehenden Leistungsphasen durchgeführte Strukturierung durch Gewerke dienen. Als sinnvolle Struktur ergibt sich für fast alle Hochbauprojekte eine, aus den Leistungsbereichen abgeleitete und diese zusammenfassende Aufteilung:

- vorlaufende Maßnahmen (V),
- Rohbau (RB),
- Gebäudehülle (GH),
- Ausbauarbeiten (A),
- technische Gebäudeausrüstung (HT).

Da der Terminplan die Koordination aller Beteiligten gewährleisten soll, sind die Leistungsbereiche den Vergabeeinheiten zuzuordnen. Diese Vergabeeinheiten sollten in der Terminplanung wiederum zu Sammelvorgängen zusammengefasst werden. Sind Bauleistungen gewerkeübergreifend vergeben, obliegt es dem Auftragnehmer, seine Gewerke intern zu koordinieren. Durch den auftraggeberseitigen Bauleiter sind in diesem Fall nur

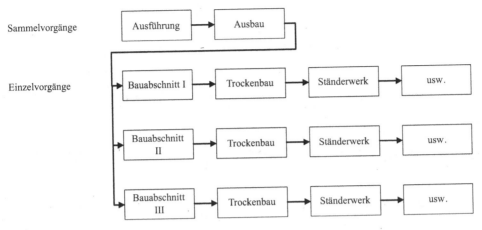

Abb. 3.13 Struktur einer Zeitplanung mit Bauabschnitten am Beispiel „Trockenbauarbeiten

die Schnittstellen zu weiteren Beteiligten/Planern und vor- oder nachlaufenden Gewerken zu definieren. Bei Einzelvergaben ist die Planung bis zu den durch die Vergaben definierten Gewerken bzw. Sammelvorgängen durchzuführen. Eine Struktur für die Terminplanung kann also wie folgt aussehen:

In dieser Struktur ist die Koordination der Ausbau- und haustechnischen Gewerke in einem vereinfachten Beispiel dargestellt. Eine weitere Planungsleistung seitens der Bauleitung ist allerdings bei der Festlegung von Bauabschnitten und der damit verbundenen Bildung weiterer Vorgänge erforderlich. Dabei werden die Ausbauarbeiten in den einzelnen Bauabschnitten wiederum differenziert dargestellt.

3.2.1.4 Ermittlung und Festlegung von Bauabschnitten

Ebenfalls entscheidend für eine realistische und in der Baupraxis durchsetzbare Terminplanung ist die sinnvolle Einteilung und Zuordnung einer Bauaufgabe in Bauabschnitte. Je nach Bauaufgabe ist es erforderlich, eine Gliederung des Bauwerks in horizontale und/oder vertikale Bauabschnitte vorzunehmen. Bei dieser Einteilung bilden einerseits die konstruktiven Gegebenheiten (z. B. Geschosseinteilung, Dehn- bzw. Bewegungsfugen, Erschließungskerne usw.) andererseits aber auch baubetriebliche Gesichtspunkte (gleichgroße, gleichartige Fertigungs- und Montageabschnitte) die Grundlage der Planung. Weitere Faktoren sind einerseits die jederzeit notwendig Zugänglichkeit der Baustellenbereiche, andererseits aber auch die Abgrenzbarkeit der Abschnitte. Da diese Einteilung eine der wesentlichen Grundlagen der gesamten Ausführung darstellt, muss diese mit größter Sorgfalt durchgeführt werden. Die Bauabschnitte müssen nicht für die gesamte Bauzeit gleich sein. Oftmals ist es für die Rohbauphase ausreichend, relativ große, dem gewählten Bauverfahren angepasste Bauabschnitte zu wählen, da nur wenige Gewerke wie Rohbau, Gerüstbau und ggf. Bauwerksabdichtung gleichzeitig tätig sind. Da aber in der Ausbauphase regelmäßig viele Gewerke gleichzeitig tätig sind, müssen diese durch die Termin-

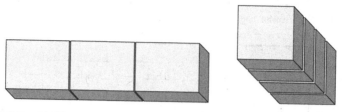

Abb. 3.14 Einteilung des Baukörpers in horizontale/vertikale Bauabschnitte

Abb. 3.15 Einteilung des Baukörpers in Bauabschnitte der
Geometrie folgend

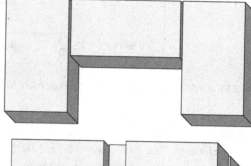

Abb. 3.16 Einteilung des
Baukörpers in Bauabschnitte
der Funktion folgend

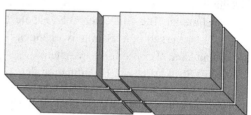

und Ablaufplanung nicht nur zeitlich, sondern auch durch Bauabschnitte räumlich koordiniert werden.

Ein Terminplan, der auf einer den technologischen Anforderungen widersprechenden, aber möglicherweise der Gebäudegeometrie folgenden Einteilung folgt, ist in der Baupraxis nicht durchsetzbar. Eine spätere Änderung von Bauabschnitten macht aus den genannten Gründen (Anpassung der Massen und neue Ermittlung der Dauer aller geänderten Vorgänge) oftmals eine komplette Überarbeitung der Terminplanung und bei den ausführenden Unternehmen eine neue Disposition von Arbeitskräften und Material notwendig.

Die Einteilung in Bauabschnitte führt in der Terminplanung dazu, dass aufeinander folgende und voneinander abhängige Vorgänge durch die räumliche Trennung zeitgleich ablaufen können. Eine geschickte Festlegung der Bauabschnitte ermöglicht die Optimierung der Bauzeit. Darüber hinaus lassen sich notwendige Vorhaltemengen der Baustelleneinrichtung wie Gerüste, Schalungsmaterial usw. reduzieren. Durch die Zuordnung der Vorgänge zu den Bauabschnitten werden diese sowohl in ihrer Größe und Dauer als auch örtlich definiert. Wird bei der Festlegung der Bauabschnitte darüber hinaus darauf geachtet, dass den Vorgängen jeweils in etwa gleiche Fertigungsmengen zugeordnet sind,

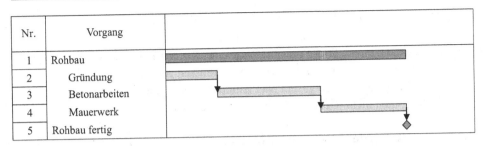

Abb. 3.17 Balkenplan Rohbau ohne differenzierte Bauabschnitte

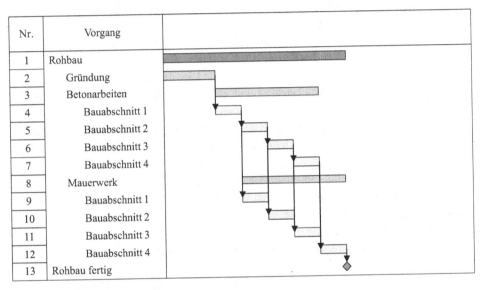

Abb. 3.18 Balkenplan Rohbau mit differenzierten Bauabschnitten

erleichtert dies in der Ausführung die gleichmäßige Disposition von Arbeitskräften. Dies ermöglicht eine optimale Taktplanung für den Einsatz von Arbeitskräften und Geräten.

In den Abb. 3.17 und 3.18 sind jeweils gleiche Dauern für die Beton- und Mauerwerks-arbeiten dargestellt. Durch die Einteilung der Bauaufgabe in gleiche Bauabschnitte lässt sich die Dauer des Sammelvorgangs Rohbau um die sich überschneidenden Dauern der drei parallel ablaufenden Vorgänge „Betonarbeiten Bauabschnitt 2" bis „Betonarbeiten Bauabschnitt 4" und „Mauerarbeiten Bauabschnitt 1" bis „Mauerarbeiten Bauabschnitt 3" reduzieren. Allerdings wird auch die Anzahl der Abhängigkeiten der Vorgänge unterein-ander wesentlich erhöht. Dies macht den gesamten Ablauf anfälliger für Störungen, da die Vorgänge schneller aufeinander folgen.

Neben der geometrischen Einteilung müssen die Einteilung auch gewerkspezifische Anforderungen betrachtet werden. Dies sind z. B.:

- Der **Rohbau** erfolgt aus tragkonstruktiven Gründen i. d. R. geschossweise.
- Die Installation der **Haustechnik** erfolgt strangweise.
- Der **Ausbau** kann innerhalb der Bauabschnitte einer frei gewählten Logik folgen. Diese kann durch bauherrenseitige Vorgaben (Bereiche müssen vor endgültiger Fertigstellung bereits genutzt werden) bedingt sein oder baupraktische Gründe haben. Fertiggestellte Abschnitte sollten nicht wieder verschmutzt oder beschädigt werden.[9]

3.2.1.5 Ermittlung der Mengen und Massen

In den vorgelagerten Leistungsphasen wurden bereits Mengenermittlungen zur Kostenermittlung sowie der Erstellung der Leistungsverzeichnisse durchgeführt. Um diese als Grundlage zur Ermittlung der Dauern nutzen zu können, müssen diese Mengen entsprechend der Relevanz und der Aufwandswerte zusammengefasst und/oder sortiert werden. Zur Koordination ist es ausreichend, die Dauern aller relevanten Vorgänge zu ermitteln und diese gewerkeweise zusammen zu fassen. Die Abhängigkeiten der Gewerke untereinander müssen dabei berücksichtigt und in der Ablaufplanung differenziert werden.

Für die Erstellung einer Trockenbauwand sind z. B. folgende Vorgänge in der Ablaufplanung darzustellen, um die Schnittstellen zwischen den Gewerken zu koordinieren.

1. Erstellung Ständerwerk mit einseitiger Beplankung,
2. Grobinstallation Elektro (z. B. Einziehen von Kabeln und Anschlussdosen),
3. Beplankung der zweiten Wandseite,
4. Putz- und Malerarbeiten,
5. Feininstallation Elektro (z. B. Montage der Steckdosen und Schalter).

Eine detailliertere Unterteilung ist für das Beispiel Trockenbauwand ist nicht erforderlich, da i. d. R. keine Abhängigkeit zu anderen Gewerken besteht.

Sind für die Bauaufgabe wie oben beschrieben Bauabschnitte festgelegt, müssen die Massen für die einzelnen Bauabschnitte ermittelt werden. Sind die Bauabschnitte weitestgehend gleichartig und gleich groß, kann zur Ermittlung der Dauern der Bauabschnitte die jeweilige Gesamtdauer auf die Anzahl der Bauabschnitte aufgeteilt werden.

Um die Dauern der Gewerke zu ermitteln, ist es u. U. erforderlich, die in der Kostenermittlung oder Ausschreibung zu Grunde gelegte Einheit zur Mengenfestlegung in einen, mit einer gebräuchlichen Einheit definierten Aufwandswert zu übertragen. Ist eine Fassade z. B. als „20 Stück Fassadenelemente 4,00/1,25 m" ausgeschrieben, ist diese zweckmäßigerweise in 100 m² Quadratmeter umzurechnen.

---

[9] Vgl. hierzu Bielefeld/Feuerabend: *Thema: Baukosten- und Terminplanung*, Birkhäuser Verlag, Basel 2006.

3.2.2 Ermittlung der Ausführungsdauern

Zur Durchführung der Ablaufplanung ist die Ermittlung der Dauern der Tätigkeiten/Vorgänge die entscheidende aber auch am schwierigsten zu ermittelnde Voraussetzung. Hierbei basiert die Ermittlung von Ausführungsdauern zum einen auf den ermittelten Massen und zum anderen auf den benutzten Aufwands-/Zeitbedarfswerten bzw. Leistungswerten. Diese werden im Folgenden genauer definiert:

Aufwandswert/Zeitbedarfswert
Aufwandswerte (A_w) geben an, wie viele Lohnstunden (L_h) eine Arbeitskraft (AK) benötigt, um eine bestimmte Leistung zu erbringen. Die Ermittlung von Aufwandwerten erfolgt über folgende Formel:

$$A_w = \frac{AK \times AT \times TA}{V} \; [Ah/VE]$$

AK = Anzahl der Arbeitskräfte
AT = Anzahl der Arbeitstage
TA = tägliche Arbeitszeit
V = Produktmenge

Beispiel:

$$A_w = \frac{8\,AK \times 5\,AT \times 8\,h/AT}{400\,m^2} = \frac{320\,Ah}{400\,m^2} = 0{,}80\,[Ah/m^2]$$

AK = 8 Arbeitskräfte
AT = 5 Arbeitstage
TA = 8 h
V = Produktmenge 400 m²

Leistungswert
Mit Leistungswerten (L_w) wird das Leistungsvermögen von Arbeitskräften und Maschinen beschrieben. Der Leistungswert definiert die Menge einer Leistung, die in einer bestimmten Zeiteinheit erbracht werden kann bzw. muss. Leistungswerte sind für die Erstellung eines Terminplans durch den Architekten/Bauleiter nur von untergeordneter Bedeutung, da diese i. d. R. bereits in die Aufwandswerte der dazu gehörigen Leistung eingeflossen sind. Erst bei der Ressourcenplanung durch die ausführenden Firmen werden Maschinen durch die benötigten Leistungswerte definiert und disponiert.

Die Ermittlung der Anzahl der notwendigen Arbeitskräfte sowie deren täglich notwendige Arbeitsleistung lassen sich aus den vorgegebenen Parametern ableiten. Dies ist im

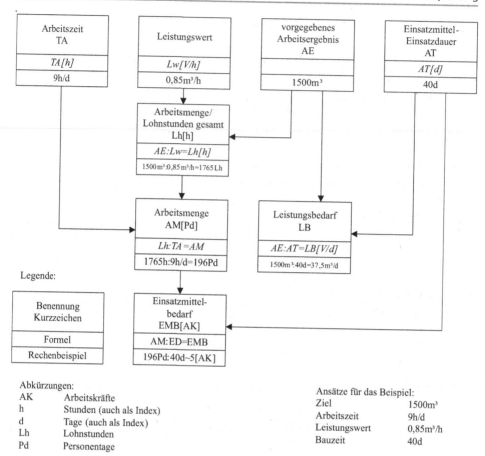

Abb. 3.19 Berechnung des Einsatzmittelbedarfs (Anzahl der Arbeitskräfte und des Leistungsbedarfs). (Vgl. DIN 69902, Projektwirtschaft Einsatzmittel Begriffe, August 1987, Bild 1)

Flussdiagramm Abb. 3.19 dargestellt. Hierdurch kann der Planer auf einfache Weise eine Plausibilitätsprüfung seiner Annahmen durchführen. Ergibt sich dabei z. B. eine für die Baustellensituation unpassend große Anzahl von Arbeitskräften, muss diese i. d. R. durch eine Anpassung der notwendigen Einsatzmitteldauer ausgeglichen werden.

Sind die Anzahl der Arbeitskräfte sowie die mögliche Dauer für den Vorgang bekannt oder vorgegeben, lassen sich der Leistungswert und folglich auch der Aufwandswert errechnen. Hierzu kann das in Abb. 3.20 dargestellte Flussdiagramm herangezogen werden.

Die beiden Flussschemata ermöglichen natürlich auch die Auswertung und Überprüfung der bei einer Projektrealisierung festgestellten Werte zur Ermittlung eigener Erfahrungswerte.

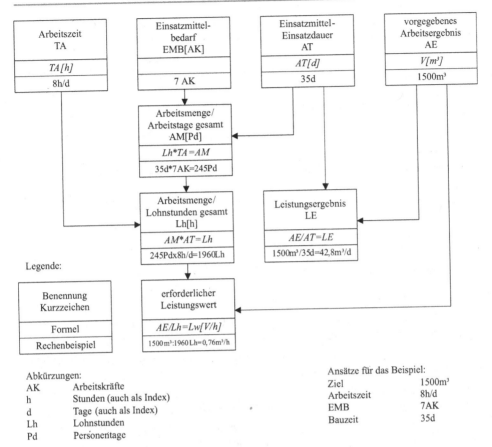

Abb. 3.20 Berechnung des erforderlichen Leistungswertes und des Leistungsergebnisses. (Vgl. DIN 69902, Projektwirtschaft Einsatzmittel Begriffe, August 1987, Bild 2)

Aufwandswerte lassen sich auf unterschiedliche Arten ermitteln:

a) Literaturangaben
Die zur Ermittlung der Dauern von Teilleistungen notwendigen Aufwandswerte sind für viele Gewerke in ausführlichen Tabellenwerken wie in den ARH-Tabellen oder in den einschlägigen Handbüchern Arbeitskalkulation[10] zusammengefasst. In der Literatur sind

---

[10] Z. B. Schotyssek/Seifert: *Handbuch Arbeitsorganisation Bau, Systemschalung Deckenschalung*, Zeittechnik-Verlag 1998.
Oder Institut für Zeitwirtschaft und Betriebsberatung Bau (Hrsg) *Arbeitszeit-Richtwerte Tabellen Hochbau, M. Mauerarbeiten, 1. Mauerarbeiten mit kleinformatigen Steinen*, 4. Auflage, Zeittechnik-Verlag 2009.

Tab. 3.3 Aufwandswerte für Einzelgewerke. (Datengrundlage: Greiner/Mayer/Stark: *Baubetriebslehre – Projektmanagement*, 4. Auflage, Vieweg & Teubner Verlag, 2009)

Gewerk	A_w h/m³BRI
Rohbau	0,80–1,50
Heizung	0,10–0,20
Sanitär	0,15–0,25
Elektro	0,20–0,40

Tab. 3.4 Aufwandswerte für Einzelvorgänge (hier Erstellung Vormauerschale). (Vgl. Hoffmann: Zahlentafeln für den Baubetrieb, 7. Auflage, Teubner Verlag, Februar 2006, S. 917 ff.)

Tätigkeit	A_w h/m²
Erstellung Mauerwerk	1,40–2,00
Dämmung einbauen	0,10–0,15
Luftschichtanker einlegen	0,05–0,10
Ausfugen	0,40–0,60
Summe Vorgang	1,95–2,85

außerdem Richtwerte für die Erstellung kompletter Gewerke zu finden. Die Angaben sind aber sehr ungenau, sodass bei der Terminplanung die Situation der Baustelle, die Komplexität der Bauaufgabe und weitere den Ablauf beeinflussende Faktoren berücksichtigt und eingerechnet werden müssen. Hierzu sind eine genaue Kenntnis der Bauaufgabe sowie Berufserfahrung erforderlich.

Zur Ermittlung von Aufwandswerten für Sammelvorgänge lassen sich diese aus den in Tabellenwerken dokumentierten Aufwandswerten für Einzelvorgänge addieren, um gegebenenfalls für die Planung und Koordination der Abläufe relevante Aufwandswerte zu ermitteln.

b) Arbeitsstudien

Mit Hilfe von Arbeitsstudien werden durch Beobachtung und Dokumentation einzelner Arbeitsvorgänge die Annahmen zu den Leistungs- und Aufwandswerten ermittelt und/oder überprüft. Bei der Zeitaufnahme werden die Methoden in Einzelzeitaufnahmen z. B. zur Erfassung der Leistungswerte von Maschinen und Multimomentstudien zur Aufnahme von Arbeitsabläufen wie z. B. Mauern oder Schalen eingeteilt.

Die Einzelzeitaufnahme erfasst eine Folge von gleichen Vorgängen wie z. B. Aushubarbeiten eines Baggers über einen definierten Zeitraum. Unter Berücksichtigung von Störungen im Ablauf sowie des erzielten Arbeitsergebnisses kann der tatsächliche Leistungswert für die beobachtete Maschine und Tätigkeit ermittelt werden.

Für Multimomentstudien wird die Häufigkeit von nicht zyklisch ablaufenden Arbeitsvorgängen, die zur Erbringung eines definierten Ziels erforderlich sind, erfasst. Über die geleistet Menge, die Anzahl der Arbeitskräfte sowie die Häufigkeit der Vorgänge kann ein Aufwandwert ermittelt werden.

c) Nachkalkulation

Die Nachkalkulation dient dem Soll-Ist-Vergleich der angenommenen Produktionsdaten mit den tatsächlich im Bauablauf angefallenen Leistungs- und Aufwandswerten sowie den Kosten. Diese Überprüfung kann z. B. auf Grundlage von Tages- oder Wochenberichten der Kolonnenführer oder die zu einem Stichtag fertig gestellten Arbeiten erfolgen. Im Bauablauf kann dann bei Bedarf steuernd eingegriffen werden. Eine Nachkalkulation nach Fertigstellung der Baumaßnahme dient für die Terminplanung zur Präzisierung von Aufwands- und Leistungswerten für zukünftige Baumaßnahmen.

Gesamtstundenbedarf (S) für die einzelnen Teilvorgänge

Nachdem die benötigten Mengen (Soll-Mengen) ermittelt wurden, werden diese mit dem passenden Aufwandswert multipliziert um den Gesamtstundenbedarf (S) zu ermitteln.

$$S[h] = \text{Menge} \times A_w$$

Dabei ist eine möglichst exakte Massenermittlung sowie die Bewertung der Einbausituation auf der Baustelle eine wesentliche Voraussetzung.

3.2.2.1 Klärung und Darstellung der Abhängigkeiten der Vorgänge untereinander

Neben der Ermittlung der Gesamtdauer des Projektes ist die Hauptaufgabe der Terminplanung, die Koordination der Beteiligten zu ermöglichen. Um diese Termine koordinieren und damit auch einhalten zu können, ist es erforderlich, die vielen, sehr unterschiedlichen Vorgänge mit diversen technologisch bedingten (zwingenden) Abhängigkeiten und Randbedingungen zu ermitteln, zu bewerten und richtig im Bauverlauf einzuordnen. Zusätzliche Bedingungen der Reihenfolge können sich durch Koordination des Ablaufs bei der Einsatzmittelplanung ergeben. Es ist also notwendig, einerseits alle Abhängigkeiten und Randbedingungen der Sammelvorgänge mit ihren einzelnen Vorgänge zu kennen, andererseits sind aber deren jeweilige unmittelbaren Abhängigkeiten zur Koordination der Schnittstellen zwischen den Beteiligten und den Gewerken viel entscheidender.

Diese Abhängigkeiten lassen sich in vier Gruppen einteilen:

1. Technologisch bedingte, zwingende Abhängigkeiten (z. B. Beginn Ausbau erst nach Fertigstellung Gebäudehülle),
2. vorgegebene, externe Randbedingungen (z. B. an Fördergelder gebundene Zwischentermine, zwingend einzuhaltender Fertigstellungstermin),
3. kapazitätsbedingte Abhängigkeiten (z. B. Kranauslastung, Personalengpässe durch Ferienzeit),
4. terminplantechnische, durch den Planer vorgegebene Abhängigkeiten (z. B. Entzerrung des Terminplans durch Einbau von Pufferzeiten, Ressourcenanpassung).

Für die Terminplanung ist es im ersten Schritt ausreichend, die technologisch bedingten und externen Abhängigkeiten zu beachten. Darüber hinaus sollten Vorgänge nur auf Grund der unmittelbaren Voraussetzungen bewertet werden.

Zwar ist der fertig gestellte Rohbau eine Grundvoraussetzung für den Beginn der Ausbauarbeiten, die zwingende Voraussetzung ist aber i. d. R. die geschlossene Gebäudehülle.

Sind in der Terminplanung zu viele Abhängigkeiten formuliert, wird diese sehr schnell unübersichtlich. Nur Abhängigkeiten, die direkte Auswirkungen auf den End- oder vorgegebene Zwischentermine haben, müssen dargestellt werden. Die kapazitätsbedingten Abhängigkeiten werden i. d. R. durch die Termin- und Ablaufplanung der ausführenden Unternehmen berücksichtigt. Der Bauleiter sollte diesbezüglich nur jeweils abschätzbare, realistische Annahmen bei der Planung zu Grunde legen. Terminplantechnische Vorgaben, wie die erwähnten Pufferzeiten, werden normalerweise erst im Zuge der Fortschreibung der Terminplanung in diese übernommen, um Anpassungen vornehmen oder Abweichungen ausgleichen zu können. Es ist aber erforderlich, die Vorlaufzeiten der Gewerke bis zur tatsächlichen Montagetätigkeit auf der Baustelle zu kennen. Bei Gewerken wie der Fassade oder dem Rohbau mit einem großen Anteil an Fertigteilen ist zu beachten, dass der Grad der Vorfertigung der Bauteile die Dauer zwischen Beauftragung und Lieferung und Einbau auf der Baustelle deutlich beeinflussen. Eine in großen Elementen auf die Baustelle gelieferte Fassade hat nicht selten eine Vorlaufzeit von drei Monaten, in denen die technische Klärung zwischen Produktion und Planer, die Bestellung der Materialien sowie die Vorfertigung im Werk erfolgen. Dies gilt vor allem auch für haustechnische Einbauteile wie z. B. Fahrstühle, Fahrtreppen oder Lüftungs- und Klimatisierungsaggregate. Diese Ausführung verkürzt zwar die Montagetätigkeit auf der Baustelle, wirkt sich aber auf die Gesamtbauzeit nicht zwangsläufig verkürzend aus. Diese Vorlaufzeiten sollten vor Beginn der Termin- und Ablaufplanung bei Hersteller erfragt werden, spätestens aber mit der Beauftragung der jeweiligen Gewerke feststehen.

Verwendung von Meilensteinen in der Terminplanung

Zur Organisation und Handhabbarkeit der Terminplanung in Form des Balkenplans im weiteren Projektverlauf ist es sehr hilfreich, Vorgänge auf Meilensteine im Projektverlauf zu beziehen. Z. B sollten die Arbeiten, die von der Fertigstellung der Gebäudehülle abhängen, auf den Meilenstein „Gebäudehülle geschlossen" bezogen werden. Hierdurch lassen sich die Termine dieser Arbeiten bei verzögerter Fertigstellung der Gebäudehülle durch einfaches Anpassen des Meilensteins an die veränderte Situation neu berechnen. So müssen die geänderten Dauern der Vorgänge, die die Verzögerung verursacht haben, nicht im Einzelnen ermittelt und in die Terminplanung übernommen werden.

Bei der Darstellung der Abhängigkeiten ist darauf zu achten, zwar eindeutig und verständlich zu formulieren, es müssen aber nicht alle Vorgänge bis ins kleinste Detail vorgegeben werden. Ist in einem Ablaufplan für jeden Vorgang definiert, welche Arbeiten fertig gestellt sein müssen, um beginnen zu können und welche Arbeiten auf den Vorgang folgen, ist der Zweck des Terminplans ausreichend erfüllt.

In welcher Beziehung zueinander müssen nun Vorgänge dargestellt werden, bzw. wie müssen sie verknüpft werden, um diese Abhängigkeiten ablesen zu können und durch die Terminplanung die wichtigen Anfangs- und Endtermine definieren zu können?

Jede Abhängigkeit wird durch drei Faktoren definiert:

- Vorgänger,
- Anordnungsbeziehung (technische bzw. zeitliche Abhängigkeit),
- Nachfolger.

3.2.2.2 Verknüpfen der Vorgänge

Neben den in Abschn. 3.1.3 erläuterten Begriffen zu verschiedenen Netz- bzw. Terminplanarten sowie der grundlegenden Ablaufelemente „Ereignis" und „Vorgang" beginnt die eigentliche Terminplanung beim Sortieren und Zuordnen der Vorgänge unter Berücksichtigung der technologischen Abhängigkeiten.

Zu diesem Zweck unterscheidet man bei der Terminplanung Ereignisse und Vorgänge, indem sie im Bezug zu von ihnen abhängige Ereignisse oder Vorgänge gesetzt werden. Diese Terminologie wird auch bei der gängigen Terminplanungssoftware verwendet.

Bei der Definition[11] ergeben sich folgende Unterscheidungen:

- Vorgänger
  Einem Vorgang unmittelbar vorgeordneter Vorgang.
- Nachfolger
  Einem Vorgang unmittelbar nachgeordneter Vorgang.
- Startereignis/Startvorgang
  Ereignis/Vorgang zu dem es kein Vorereignis/keinen Vorgänger gibt.
- Zielereignis/Zielvorgang
  Ereignis/Vorgang zu dem es kein Nachereignis/keinen Nachfolger gibt.
- Schlüsselvorgang
  Vorgang von besonderer Bedeutung (vgl. Meilenstein).

Anordnungsbeziehungen

Die Verknüpfung der Vorgänge und Ereignisse, das heißt die Planung der logischen Reihenfolge, wird unter Zuhilfenahme von Anordnungsbeziehungen durchgeführt. Anordnungsbeziehungen sind dabei immer gerichtet. Jede Anordnungsbeziehung hat immer mindestens einen Vorgänger bzw. ein Vorereignis und mindestens einen Nachfolger bzw. Nachereignis. Hieraus ergeben folgende vier mögliche Anordnungsbeziehungen.

Durch die Anordnungsbeziehungen werden die Vorgänge in Beziehungen zueinander gesetzt. Die Beziehungen werden im Balkenplan durch Pfeile dargestellt. Sind alle Vorgänge den Gegebenheiten entsprechend verknüpft, errechnet die Terminplanungssoftware aus den Dauern und Anordnungen die Anfangs und Endtermine.

---

[11] Vgl. DIN 69900, Projektmanagement – Netzplantechnik; Beschreibung und Begriffe, Januar 2009.

Tab. 3.5 Definitionen der Anordnungsbeziehungen. (Vgl. DIN 69900, Projektmanagement – Netzplantechnik; Beschreibung und Begriffe, Januar 2009)

Anordnungsbeziehung	Kurzzeichen	Definition
Normalfolge Ende-Anfang-Beziehung	NF (EA)	Anordnungsbeziehung von Ende eines Vorgangs zum Anfang seines Nachfolgers
Anfangsfolge Anfang-Anfang-Beziehung	AF (AA)	Anordnungsbeziehung von Anfang eines Vorgangs zum Anfang seines Nachfolgers
Endfolge Ende-Ende-Beziehung	EF (EE)	Anordnungsbeziehung von Ende eines Vorgangs zum Ende seines Nachfolgers
Sprungfolge Anfang-Ende-Beziehung	SF (AE)	Anordnungsbeziehung von Anfang eines Vorgangs zum Ende Anfang seines Nachfolgers

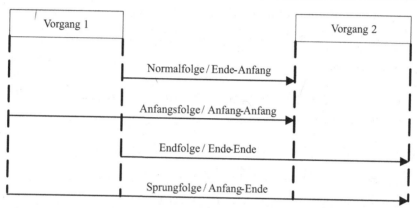

Abb. 3.21 Schematische Darstellung der Anordnungsbeziehungen (Netzplandarstellung). (Vgl.
DIN 69900, Projektmanagement – Netzplantechnik; Beschreibung und Begriffe, Januar 2009)

Die Normalfolge (NF) stellt die Ende-Anfang-Beziehung zwischen Vorgänger und
Nachfolger dar. Wie der Name schon sagt, ist dies die einfachste und im Ablauf logischste
Anordnungsbeziehung. Bei der Terminplanerstellung sollte versucht werden, alle Abhängigkeiten durch Normalfolgen zu beschreiben. Dies ist auch im Bauablauf und für die
ausführenden Firmen am leichtesten nachzuvollziehen. Beispielsweise muss vor dem Beginn der Bodenbelagsarbeiten der Estrich fertig gestellt sein.

Durch die Anfang-Anfang-Beziehung (Anfangsfolge AF) wird festgelegt, dass der
Nachfolger erst nach Beginn des Vorgängers beginnen kann. Dies bedeutet nicht zwangsläufig, dass die Vorgänge gleichzeitig beginnen müssen.

Mit einer Ende-Ende-Beziehung (Endfolge EF) wird definiert, dass der nachfolgende
Vorgang erst nach Beendigung des vorhergehenden Vorgangs beendet werden kann. Diese
Anordnungsbeziehung kann z. B. zur Anwendung kommen, wenn die Beendigung zweier
Vorgänge die Grundlage für einen darauf folgenden Vorgang ist.

Die Anfang-Ende-Beziehung oder Sprungfolge (SF) sei hier nur der Vollständigkeit
halber erwähnt. Eine sinnvolle Anwendung ergibt sich meist nur bei der Terminplaner-

Bezeichnung	gem. DIN 69900-T1: **Normalfolge (NF)** in MS Project, PowerProject: Ende-Anfang-Beziehung (EA)
Beispiel Balkenplan	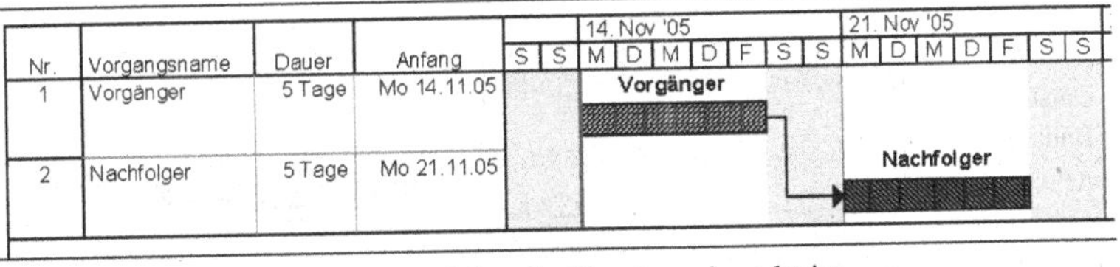
Abhängigkeits- bedingung	Nachfolger kann erst beginnen, nachdem der Vorgänger beendet ist.

Abb. 3.22 Normalfolge

Bezeichnung	gem. DIN 69900-T1: **Anfangsfolge (AF)** in MS Project, PowerProject: Anfang-Anfang-Beziehung (AA)
Beispiel Balkenplan	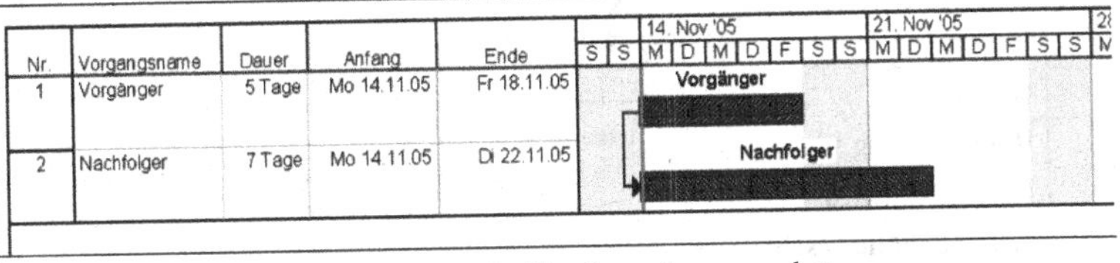
Abhängigkeits- bedingung	Nachfolger kann erst beginnen, wenn der Vorgänger begonnen hat.

Abb. 3.23 Anfangsfolge

Bezeichnung	gem. DIN 69900-T1: **Endfolge (EF)** in MS Project, PowerProject: Ende-Ende-Beziehung (EE)
Darstellung Balkenplan	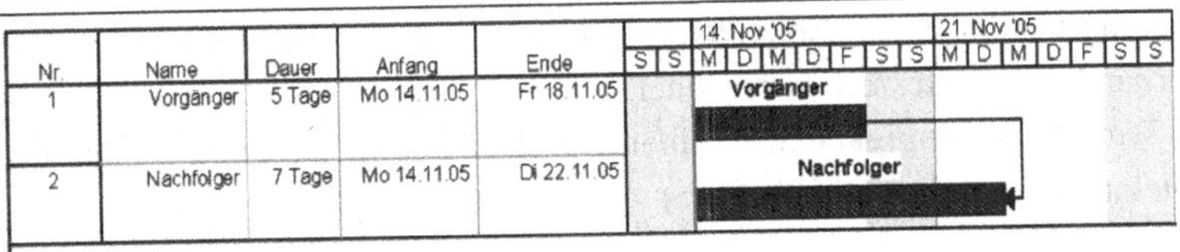
Darstellung Balkenplan	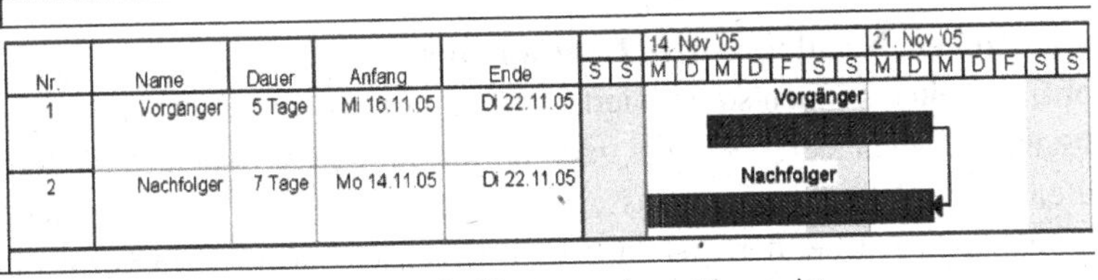
Abhängigkeits- bedingung	Nachfolger kann erst enden, wenn der Vorgänger abgeschlossen ist.

Abb. 3.24 Endfolge

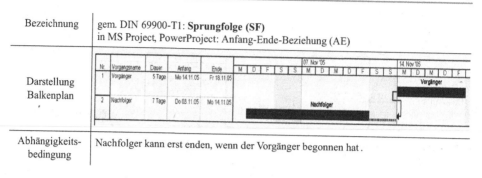

Bezeichnung	gem. DIN 69900-T1: **Sprungfolge (SF)** in MS Project, PowerProject: Anfang-Ende-Beziehung (AE)
Darstellung Balkenplan	
Abhängigkeits- bedingung	Nachfolger kann erst enden, wenn der Vorgänger begonnen hat.

Abb. 3.25 Sprungfolge

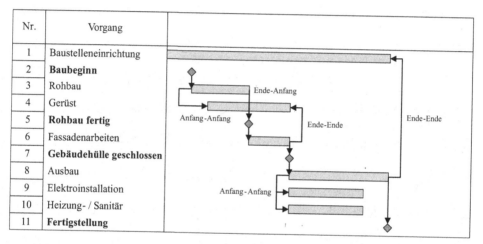

Nr.	Vorgang
1	Baustelleneinrichtung
2	**Baubeginn**
3	Rohbau
4	Gerüst
5	**Rohbau fertig**
6	Fassadenarbeiten
7	**Gebäudehülle geschlossen**
8	Ausbau
9	Elektroinstallation
10	Heizung- / Sanitär
11	**Fertigstellung**

Abb. 3.26 Verknüpfter Balkenplan

stellung mit Hilfe von Netzplänen, bei der durch Vorwärts- und Rückwärtsrechnung die vorhandenen Pufferzeiten errechnet werden.

Werden Abhängigkeiten in einen Balkenplan eingearbeitet, ergibt sich folgende beispielhafte Darstellung (Abb. 3.26).

Vorlaufzeiten, Nachlaufzeiten, Überlappungen

Abhängigkeiten können so definiert werden, dass die einzelnen Vorgänge mit zeitlichem Abstand nacheinander, überlappt oder mit technologisch bedingten Unterbrechungen ablaufen. Durch Überlappungen lassen sich Vorgänge darstellen, die gleichzeitig ablaufen. Beispielsweise ist bei der Erstellung einer Trockenbauwand ein gewisser Montagestand Voraussetzung für die Elektroinstallation. Diese Montage muss also mit einem Vorlauf zur Elektroinstallation beginnen. Ist das Ständerwerk einseitig beplankt, folgt der erste Teil der Elektroinstallation. Danach werden die Trockenbauwände fertig gestellt. Nach den Maler und Putzarbeiten kann dann die Elektroinstallation vervollständigt werden. Es ist also festzulegen, wie viel Zeit vom Trockenbau benötigt wird, um eine ausreichende Grundlage für den Beginn der Elektroarbeiten fertig gestellt zu haben.

3.2.3 Überwachen eines Terminplans

Der Terminplan stellt für den verantwortlichen Bauleiter das geeignete Instrument dar, die Termine im Bauablauf zu überwachen. Durch die in die Planung aufgenommenen Verknüpfungen ergibt sich der so genannte „Kritische Weg". Auf dem kritischen Weg liegen alle Vorgänge und Vorgangsbeziehungen deren Verzögerung sich direkt auf den Fertigstellungstermin auswirken. Vorgänge, die neben dem kritischen Weg liegen, können bis zu einem bestimmten Maß im Ablauf verschoben werden, ohne den Endtermin zu gefährden. Bei der Überwachung des Terminplanes ist daher die Kenntnis der Vorgänge auf dem kritischen Weg eminent wichtig.

In Abb. 3.27 sind die Vorgänge durch Ende-Anfang-Beziehungen miteinander verknüpft. Der kritische Weg verläuft über die Vorgänge A, B und D, da sich eine Verschiebung oder Verlängerung direkt auf den folgenden Vorgang auswirkt. Das Ende des Vorgangs C kann im Ablauf bei Bedarf bis zum Beginn des Vorgangs D verschoben werden, ohne dass negative Auswirkungen auf den Endtermin zu erwarten sind. Die Zeit, um die der Vorgang C ohne negative Auswirkungen verschoben werden kann wird als Pufferzeit bezeichnet. Mit Hilfe der gebräuchlichen Terminplanungssoftware lassen sich sowohl kritische Wege als auch Pufferzeiten anschaulich darstellen bzw. auswerten.

3.2.3.1 Pausen, Unterbrechungen, Verzögerungen

Weitere Einflüsse auf die Terminplanung und den Bauablauf können technologisch begründet, also zwingend, gewollt oder von außen auf Vorgänge und deren koordinierten Ablauf Einfluss nehmen. Dies können z. B. folgende Faktoren sein:

- Verspätete Entscheidungen des Bauherrn
- Verzögerungen im Genehmigungsverfahren

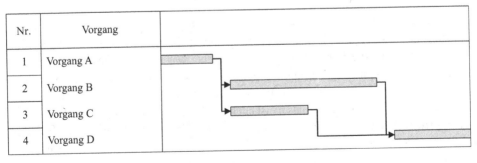

Nr.	Vorgang			
1	Vorgang A			
2	Vorgang B			
3	Vorgang C			
4	Vorgang D			

Abb. 3.27 Schematische Darstellung des kritischen Weges

- Verzögerungen durch Produktionsstörungen oder Lieferschwierigkeiten
- Unterbrechungen des Bauablaufs durch Schlechtwetter
- Notwendige Unterbrechungen wie z. B. Trocknungs- oder Abbindezeiten

Sind dabei Vorgänge betroffen, die sich auf dem kritischen Weg im Bauablauf befinden, ergibt sich je nach Baufortschritt eine Verschiebung des Fertigstellungstermins. Durch die bereits dargestellten, vielfältigen Verknüpfungen der Vorgänge im Terminplan wirken sich Störungen einzelner Vorgänge i. d. R. auf einen Großteil der nachfolgenden Vorgänge aus. Möglichkeiten zum Ausgleich werden im folgenden Kapitel dargestellt.

Die gängigen Terminplanungsprogramme ermöglichen es, Unterbrechungen bzw. Verzögerungen von Vorgängen und die entsprechende Dauer der Unterbrechung darzustellen. Hierdurch passt sich der im Terminplan dargestellte, weitere Verlauf automatisch an und die Auswirkungen auf den Fertigstellungstermin werden sofort sichtbar.

3.2.3.2 Soll-Ist-Vergleich

Die Kontrolle der Termine ist aus mehreren Gründen eine der wichtigsten Tätigkeiten der Bauleitung. Bauzeitverzögerungen und Abweichungen stellen häufig einen Grund für Bauunternehmen dar, Mehrkosten geltend zu machen oder eine Verlängerung der vertraglich vereinbarten Ausführungszeiten zu erwirken.

Um feststellen zu können, ob es zu Behinderungen und damit verbundene Verzögerungen gekommen ist, muss auf der Baustelle ein regelmäßiger Soll-Ist-Vergleich mit einer Einschätzung des Leistungsstandes durchgeführt werden. Dieser sollte gewerkeweise im Bautagebuch festgehalten werden. Werden Abweichungen erkannt, ist zu ermitteln, wie und/oder durch wen es dazu gekommen ist. Eine genaue Dokumentation erleichtert es, im Nachhinein die Rechtmäßigkeit von Ansprüchen nachvollziehen zu können. Um Terminabweichungen auszugleichen, stehen u. a. folgende Maßnahmen zur Auswahl:

- Erhöhung der Kapazitäten,
- Verlängerung der Arbeitszeiten,
- Änderung des Bau- oder Produktionsverfahrens,
- Anpassung der Bauabschnitte.

Diese Maßnahmen sind aber nur bis zu einem gewissen Grad geeignet, um Terminabweichungen auszugleichen.

Für die Erhöhung der Kapazitäten gilt i. d. R. nicht „was einer in zehn Tagen schafft, schaffen Zehn an einem Tag". Erfahrungsgemäß werden die Arbeitszeiten, je näher der Fertigstellungstermin rückt, immer länger. Dadurch leiden zum einen die Motivation der Mitarbeiten und zum anderen oftmals meist auch die Ausführungsqualität. Bevor der Bauherr derartigen Maßnahmen zustimmt, muss in jedem Fall geklärt sein, durch wen die anfallenden Mehrkosten durch Überstundenzuschläge oder Zuschläge für Arbeiten an Wochenenden oder Feiertagen getragen werden. Darüber hinaus muss geklärt werden, ob die

Arbeiten so notwendig sind, dass sie an Wochenenden oder Feiertagen durchgeführt werden dürfen. Hierzu sind i. d. R. Sondergenehmigungen einzuholen.

Die nachträgliche Änderung von Bauverfahren ist oft nur in engen Grenzen während der Ausführung möglich. Ist z. B. eine Beschleunigung der Betonarbeiten erforderlich, kann nicht einfach eine klassisch geplante Ausführung mit Ortbeton durch die Ausführung mit Fertigteilen oder Teilfertigteilen ersetzt werden, da diese eine entsprechend lange Vorlaufzeit benötigt.

Durch die Änderung der Qualitäten lassen sich u. U. Bauabläufe beschleunigen. Einerseits können aus solchen Änderung kürzere Ausführungszeiten auf der Baustelle resultieren, wenn z. B. Parkett durch Teppich ersetzt wird. Andererseits können schneller verfügbare Baustoffe Lieferzeiten verkürzt werden.

Die Möglichkeit, Bauzeiten durch eine alternative Aufgliederung der Bauabschnitte zu verkürzen, wurde bereits im Abschn. 3.2.1 dargestellt.

3.2.4 Differenzierte Zeit- und Kapazitätspläne als Besondere Leistung i. S. der HOAI

Die HOAI definiert in der Anlage 10 für die Leistungsphase 8 als besondere Leistung das „Aufstellen, Überwachen und Fortschreiben von differenzierten Zeit-, Kosten- oder Kapazitätsplänen".

3.2.4.1 Erstellung von differenzierten Zeitplänen

Gemäß HOAI ist als Grundleistung in der geforderten Terminplanung „nur" die Darstellung aller Ausführungszeiten mit ihren Start- und Endterminen zur Koordination der Abläufe gefordert. Die Erstellung von differenzierten Zeitplänen kann, wie oben erwähnt, besonders bei großen Bauprojekten, eine wichtige Rolle spielen. Um Abläufe effizient ausführen zu können, müssen viele, einzeln zu bearbeitende Bauabschnitte gebildet werden. Nur durch diese genaue Betrachtung lassen sich die Risiken stark voneinander abhängigen Arbeiten ermitteln, darstellen und minimieren. Dazu ist es erforderlich, mögliche kritische Abschnitte genau zu betrachten und die Auswirkungen von Verzögerungen festzustellen.

Die Ausgabe der differenzierten Terminplanung als Netzplan oder Terminliste mit den ermittelten Pufferzeiten und dem kritischen Weg ist dabei ein hilfreiches Instrument. Das Wissen, wie und um welchen Zeitraum Vorgänge innerhalb der ermittelten Gesamtdauern verschoben werden können, ohne die Gesamtfertigstellungstermin zu gefährden, gibt dem Bauleiter die Möglichkeit koordinierend tätig zu sein.

Bei der Nutzung von Pufferzeiten sollte aber beachtet werden, dass diese den ausführenden Firmen nicht komplett bekannt gegeben werden sollten. Dies verleitet dazu, die Pufferzeiten als für den Vorgang komplett zur Verfügung stehende Bauzeit zu betrachten und die Kapazitäten und Materialdisposition anzupassen. Damit ist dem Bauleiter die

Möglichkeit genommen, die Pufferzeiten zu Koordination des gesamten Bauablaufs nutzen zu können.

3.2.4.2 Erstellung von differenzierten Kapazitätsplänen

Die Erstellung von differenzierten Kapazitätsplänen im Zuge der Termin- und Ablaufplanung kann einerseits zur Überprüfung der bei der Terminplanung getroffenen Annahmen, andererseits aber auch zur Kontrolle der auf der Baustelle vorhandenen Kapazitäten durchgeführt werden.

Die Prüfung der Annahmen aus der Terminplanung spielt bei der Auswahl der zu beauftragenden Firmen eine entscheidende Rolle. Der Bauleiter muss bei einem Vergabevorschlag die Leistungsfähigkeit der Firmen kennen und einschätzen können, ob diese auf Grund der Projektvorgaben geeignet sind. Im Zuge der Termin- und Ablaufplanung im Rahmen der Grundleistungen gemäß HOAI kann eine Kapazitätsplanung zur Überprüfung der Plausibilität der getroffenen Annahmen dienen.

Um die benötigten Kapazitäten ermitteln zu können, sind aus der vorangegangenen Termin- und Ablaufplanung die Parameter zu übernehmen und der bereits in Abb. 3.19 dargestellte Ablauf zu übernehmen. Bei Bauleistungen entsprechen diese i. d. R. der Anzahl der Arbeitskräfte, die benötigt werden, um die Aufgabe in der vorgegebenen Zeit erfüllen zu können.

Der Bauleiter muss dabei insbesondere diejenigen Vorgänge beachten, die sich auf dem kritischen Weg befinden. Hierbei ist der Soll-Ist-Vergleich durch einen differenzierten Kapazitätsplan erheblich erleichtert. Ist durch die Erstellung von Kapazitätsplänen die Anzahl der notwendigen Arbeitskräfte bestimmt, lässt sich diese den Vorgängen im Ablaufplan zuordnen und im Balkenplan als Personalstandskurve darstellen. Die Personalstandskurve wird andererseits auch häufig von ausführenden Firmen bei größeren Bauaufgaben zur Personaldisposition genutzt.

Literatur

Institut für Zeitwirtschaft und Betriebsberatung Bau (Hrsg) (2009) Arbeitszeit-Richtwerte Tabellen Hochbau. M. Mauerarbeiten, 1. Mauerarbeiten mit kleinformatigen Steinen, 4. Aufl. Zeittechnik-Verlag

Bauer H (2001) Baubetrieb, 3. Aufl. Bd. 2. Springer, Berlin

Bielefeld B, Feuerabend T (2006) Thema: Baukosten- und Terminplanung, 2. Aufl. Birkhäuser, Basel

DIN 69900 (2009) Projektmanagement – Netzplantechnik; Beschreibungen und Begriffe, 3.51

DIN 69900 (2009) Projektmanagement – Netzplantechnik; Beschreibung und Begriffe

DIN 69902 (1987) Projektwirtschaft Einsatzmittel Begriffe, Bild 2

Gralla M, Becker P (2006) Bewertung von Planungsleistungen und deren baubetriebliche Berücksichtigung. Bauingenieur 81:126–133

Greiner P, Mayer PE, Stark K (2009) Baubetriebslehre – Projektmanagement Bd. 4. Aufl. Vieweg & Teubner Verlag

Hoffmann M (2006) Zahlentafeln für den Baubetrieb, 7. Aufl. Teubner Verlag, S 917

Locher H, Koeble W, Frik W (2013) Kommentar zur HOAI, 12. Aufl. Werner Verlag

Löffelmann P, Fleischmann G (2012) Architektenrecht, 6. Aufl. Werner Verlag

Schotyssek, Seifert (1998) Handbuch Arbeitsorganisation Bau, Systemschalung Deckenschalung. Zeittechnik-Verlag

Qualitätssicherung

4

Volker Lembken

4.1 Qualitätsbegriff

Der Begriff der Qualität ist vielschichtig und wird uneinheitlich verwandt. Allgemein wird unter dem Begriff der Qualität die Güte, Beschaffenheit und/oder Wertstufe eines Gegenstandes oder eines Prozesses subsumiert.

Um Qualitäten kontrollieren, überwachen und sichern zu können, müssen diese vor der Erstellung (Produktion) definiert worden sein. Hierbei wird zwischen allgemein gültigen Qualitätsdefinitionen und zwischen Qualitäten, die von den Projektbeteiligten festgelegt werden, unterschieden. Gesetze, Normen und Richtlinien beschreiben i. d. R. Mindestanforderungen an Qualitäten. Darüber hinausgehende bzw. zusätzliche Qualitätsdefinitionen werden in Form von Leistungsbeschreibungen, vertraglichen Vereinbarungen o. Ä. bestimmt. Dabei werden regelmäßig mess- und verifizierbare Qualitäten beschrieben. Subjektive Qualitäten wie Schönheit, Ebenmaß oder Ästhetik werden selten thematisiert[1] und spielen auch im Qualitätsmanagement im Sinne der Normenreihe EN ISO 9000 ff. keine Rolle.

Die juristische Einordnung des Qualitätsbegriffs gründet auf § 633 BGB.

„Das Werk ist frei von Sachmängeln, wenn es die vereinbarte Beschaffenheit hat. Soweit die Beschaffenheit nicht vereinbart ist, ist das Werk frei von Sachmängeln,

1. wenn es sich für die nach dem Vertrag vorausgesetzte, sonst
2. für die gewöhnliche Verwendung eignet und eine Beschaffenheit aufweist, die bei Werken der gleichen Art üblich ist und die der Besteller nach der Art des Werkes erwarten kann.

Einem Sachmangel steht es gleich, wenn der Unternehmer ein anderes als das bestellte Werk oder das Werk in zu geringer Menge herstellt." (§ 633 BGB Abs. 2)

---

[1] S. Musterbauordnung der Länder MBO von 2002, § 9 Gestaltung.

© Springer Fachmedien Wiesbaden GmbH 2017
F. Würfele et al., *Bauobjektüberwachung*, DOI 10.1007/978-3-658-10039-1_4

Hierbei wird der Qualitätsbegriff auf die Merkmale „vereinbarte Beschaffenheit", „Eignung zur Verwendung" und „übliche erwartete Beschaffenheit" abgestellt.[2] Damit stellt § 633 BGB eine definitorische Minimalvariante für den Qualitätsbegriff dar.

Im Bauwesen wird zwischen Produkt- und Prozessqualität unterschieden. Die Produktqualität beinhaltet die Qualität der verwendeten Bauprodukte und Konstruktion des erstellten Bauwerks. Die Prozessqualität beinhaltet den originären Arbeitsprozess, d. h. die wirtschaftliche und fehlerfreie Planungs- und Bauausführung eines Bauwerks. Beide Qualitäten beeinflussen sich gegenseitig.

Planungs- und Bauprozesse sind extrem dynamische Komplexe, die schwer reproduzierbar sind. Insofern bleibt das Planen und Bauen trotz aller Versuche der Standardisierung und Normierung ein fortwährendes Herstellen von Prototypen. Analog zur die Fortentwicklung der Umsetzung von Bauaufgaben müssen Normen und Richtlinien ständig an neue Rahmenbedingungen angepasst werden, was häufig nur mit zeitlicher Verzögerung geschehen kann. Mechanismen des Prozessmanagements und der Qualitätskontrolle, wie sie in ISO 9001 für das produzierende Gewerbe oder die Dienstleistungsbranche beschrieben werden, lassen sich nur bedingt auf Planungsprozesse und Bauwerkserstellung übertragen.

Qualitätssicherung kann nur dann durchgeführt werden, wenn Qualitäten mit dem Auftraggeber vor und während der Planung verbindlich vereinbart wurden. Zu tradierten Anforderungen an Planungsprozesse und Bauaufgaben kommen stets neue Felder hinzu, für die es manchmal noch keine Festlegungen von Qualitäten gibt. Für die Bauleitung ergeben sich somit zwei Konfliktfelder. Zum einen geht es in Zusammenarbeit mit den ausführenden Firmen um die vertraglich vereinbarte Beschaffenheit der Konstruktionen, zum anderen in Absprache mit dem Auftraggeber neben den verifizierbaren Qualitäten auch um Schönheit oder Ebenmäßigkeit.

Die HOAI als Leistungsbeschreibung schreibt für die Bauleitung, wie in Kap. 1 dargelegt, die Objektüberwachung/Bauüberwachung anhand der Ausführungsunterlagen, dem öffentlichen Baurecht und den allgemein anerkannten Regeln der Technik fest. Die Pflichten und Aufgaben in der Qualitätssicherung im Rahmen der Objektüberwachung werden daher in den folgenden Kapiteln schrittweise behandelt.

4.2 EN ISO 9000 ff.

Die Normenreihe EN ISO 9000 ff., insbesondere die ISO 9001 und deren Umsetzung betreffen primär unternehmensinterne Abläufe, die hier aufgrund der Komplexität und der eigenen Problematik nicht näher behandelt werden. Grundsätzlich sollte es in einem planenden und bauleitenden Büro Mechanismen der Optimierung von Prozessen und somit auch der Qualität der Arbeit geben. Inwieweit sich das einzelne Planungsbüro allerdings als Dienstleister nach ISO 9001 zertifizieren lässt, ist für die Qualität der Planung und

---

[2] Wesentliche Änderungen des Qualitätsbegriffs durch die Schuldrechtsreform 2002.

Bauausführung an sich von untergeordneter Bedeutung, sondern dokumentiert lediglich den offensiven Umgang des jeweiligen Büros mit der Qualitätssicherung gegenüber Auftraggebern. Im Wettbewerb der Architektur- und Ingenieurbüros untereinander hat sich das Erfordernis eines Zertifikats nach ISO 9001 noch nicht durchgesetzt. Bei Architekturwettbewerben, insbesondere den VOF-Verfahren, findet man zunehmend die Anforderung an ein Qualitätsmanagement als Qualifikation zur Teilnahme formuliert.

Die ISO 14001 ist das Ergebnis privatwirtschaftlicher Normung und beschreibt ein Umweltmanagementsystem innerhalb eines Unternehmens, das extern evaluiert wird. Unter den so genannten Branchencodes der „European Accreditation of Certifikation" (EAC) findet sich auch der Wirtschaftszweig EAC 34; Forschung und Entwicklung, Architektur- und Ingenieurbüro. Die allgemeine Anforderung besteht darin, dass die Organisation in Übereinstimmung mit den Anforderungen der Norm ein Umweltmanagementsystem einzuführen, zu dokumentieren, aufrecht zu erhalten und ständig zu verbessern sowie zu bestimmen hat, wie es erfüllt wird.

4.3 Objektüberwachung – Bauüberwachung und Dokumentation

Die erste Grundleistung der Leistungsphase 8 gemäß Anlage 10 zu §§ 34 Abs. 1, 35 Abs. 6 HOAI 2013 beschreibt die Aufgabe des Bauleiters, die Ausführung des Objektes auf Übereinstimmung mit

- der öffentlich-rechtlichen Genehmigung oder Zustimmung,
- den Verträgen mit den ausführenden Unternehmen,
- den Ausführungsunterlagen,
- sowie mit den allgemein anerkannten Regeln der Technik

zu überwachen.

Die jeweils zusammengefassten Begriffe stehen für eine Überprüfung der geschaffenen Leistung aus verschiedenen Perspektiven, die in den folgenden Unterkapiteln jeweils erläutert werden.

Die Überwachung von der Ausführung von Bauleistungen bildet sicherlich den Kern der Leistungspflichten der Leistungsphase 8 gemäß Anlage 10 HOAI 2013. Zur Häufigkeit und Intensität gibt es verschiedene Gerichtsurteile. Sie haben alle zum Inhalt, dass die Bauleitung sicherzustellen hat, dass dem Auftraggeber ein mängelfreies Werk übergeben wird. Die Quintessenz ist, dass die Quantität der Bauleitung sich an der Bedeutung der jeweiligen Bauleistung für das Gelingen des Gesamtvorhabens orientieren muss. Isolierungs- und Abdichtungsarbeiten[3], Ausschachtungs- und Gründungsarbeiten, die Montagen wichtiger tragender Teile oder beispielsweise das Betonieren von Sichtbetonwänden machen die Präsenz der Bauleitung erforderlich. Bei der Ausführung von

---

[3] OLG Brandenburg, Urteil vom 11.01.2000.

handwerklich einfachen, gängigen Arbeiten wie Malerarbeiten unterstellt man, eine stichprobenartige Kontrolle müsse zur Beurteilung der Leistung ausreichen. Die Überwachung der Qualität der Bauleistung muss diesen quantitativen Maßstäben aber nicht immer folgen. So kann es bei der Ausführung anspruchsvoller Oberflächen oder Schichtenfolgen im Zuge von Malerarbeiten erforderlich sein, häufig vor Ort zu sein und alle Arbeitsschritte der entsprechenden Ausführung zu überwachen. Allen diesen Vorgängen ist gemein, dass bereits während der Ausführung Mängel aufgedeckt, verhindert oder abgestellt werden können. Das bedeutet, dass die Bauleitung umfassende Kenntnis von den einzelnen Arbeitsschritten in allen relevanten Gewerken hat oder sich durch Mitwirkung von Beratern diesen Sachverstand zu Eigen macht. Somit sind hohe Anforderungen an die Qualifizierung der Bauleitung zu stellen.[4]

4.3.1 Überwachung der Ausführung des Objektes auf Übereinstimmung mit der öffentlich-rechtlichen Genehmigung oder Zustimmung

Um die Einhaltung der öffentlich-rechtlichen Vorgaben einer Baugenehmigung sicherzustellen, ist der Bauleiter verpflichtet, die Ausführung der Bauleistungen permanent auch auf Einhaltung der behördlichen Vorgaben zu überprüfen.[5] So soll sichergestellt werden, dass bei den Bauzustandsbesichtigungen des Bauaufsichtsamtes (i. d. R. nach Fertigstellung des Rohbaus und vor Inbetriebnahme des Gebäudes) keine Abweichungen festgestellt werden, die den Erfolg des Projektes gefährden.

Insbesondere ist hierbei darauf zu achten, dass Fortschreibungen der Entwurfs- und Ausführungsplanung nach Erteilen der öffentlich-rechtlichen Genehmigung nicht dazu führen, dass die Ausführung nach Plänen erfolgt, die von den Behörden nicht genehmigt sind.[6] Dies impliziert, dass der Bauleiter vor der Weiterleitung aktualisierter Pläne an die ausführenden Unternehmen zunächst prüfen muss, ob hier Änderungen vorgenommen wurden, die vor Ausführung mit der Bauaufsichtsbehörde abzustimmen sind. In diesem Fall muss er zunächst den Auftraggeber auf dieses Erfordernis hinweisen und die öffentlich-rechtliche Genehmigung der Änderung oder Ergänzung anraten.[7]

Neben der Überwachung der Ausführung des Objektes auf Übereinstimmung mit der öffentlich-rechtlichen Genehmigung ist auch die Übereinstimmung mit privatrechtlichen Belangen, wie z. B. nachbarrechtliche Regelungen oder individuelle Vereinbarungen mit den Nachbarn, die als Voraussetzung für die Zustimmung der Nachbarn zum Bauvorhaben vereinbart wurden, zusätzlich zu berücksichtigen.[8] Enthalten sind ebenso Zustimmungs-

---

[4] Vgl. auch § 56 MBO 2002 bzw. landesrechtliche gesetzliche Festlegungen.
[5] Vgl. auch § 59a LBO NRW in der ab 1. Juni 2000 gültigen Fassung.
[6] OLG Frankfurt, NJW-RR 1990, 1496 f.
[7] Vgl. Löffelmann, P./Fleischmann, G.: *Architektenrecht*, 7. Auflage 2015, Werner Verlag, S. 174 Rdn. 399.
[8] Vgl. Korbion, H./Mantscheff, J./Vygen, K.: *Honorarordnung für Architekten und Ingenieure*, 8. Auflage 2013, Verlag C. H. Beck, § 15 Rdn. 169.

verfahren, die bei Vorhaben des Bundes und der Länder wahlweise zum Baugenehmigungsverfahren zur Verfügung stehen.

Ferner ist die Beratung über die Beteiligung von Fachingenieuren und Sachverständigen zu nennen, sofern diese bisher nicht beteiligt wurden oder deren Beteiligung nicht notwendig war und durch Planänderungen erforderlich wird. Deren Mitwirkung kann sich über die Planung hinaus auch auf die Überwachung der Ausführung des Objektes erstrecken, sofern der Bauleiter fallweise nicht über die einschlägige Sachkunde oder Qualifikation verfügt. Häufig betrifft dies die Belange des Brandschutzes, des Wärme- und Schallschutzes oder der Koordination von Sicherheit und Gesundheit auf der Baustelle.

4.3.2 Überwachung der Ausführung des Objektes auf Übereinstimmung mit den Verträgen mit den ausführenden Unternehmen

Der Wortlaut der Anlage 10 HOAI 2013 zu den Grundleistungen der Leistungsphase 8 wurde gegenüber den zurückliegenden Fassungen geändert und verallgemeinert. Es werden nicht nur wie bisher die Leistungsbeschreibungen als Bezug erwähnt, sondern alle vertraglichen Vereinbarungen mit den ausführenden Unternehmen. Hier wird deutlich, dass nicht nur der technisch-konstruktive Erfolg der ausgeführten Bauleistung gemäß der Leistungsbeschreibungen gemeint sein kann, sondern auch in Bezug auf die vertraglichen Vereinbarungen alle weiteren Qualitäten hinsichtlich der Wirtschaftlichkeit, der Termineinhaltung, der Ökologie oder der sozialen Belange, die in den Vertragsbedingungen enthalten sind.

4.3.3 Überwachung der Ausführung des Objektes auf Übereinstimmung mit den Ausführungsunterlagen

Auch hier änderte sich der Wortlaut der Anlage 10 HOAI 2013 zu den Grundleistungen der Leistungsphase 8 wurde gegenüber den zurückliegenden Fassungen. Es sind allgemein sämtliche Ausführungsunterlagen genannt und nicht mehr nur die Ausführungspläne. Zu den Ausführungsunterlagen können neben zeichnerischen Darstellung auch textliche Angaben, Diagramme und andere Beschreibungen zur Ausführung des geplanten Objektes gehören.

Über die grundsätzliche Forderung nach einer technisch ordnungsgemäßen Umsetzung einer Planung hinaus ist der Bauleiter angehalten, die Einhaltung der in den Ausführungsunterlagen formulierten gestalterisch-künstlerischen Wünsche des Auftraggebers sicherzustellen; d. h. die handwerkliche Arbeit der bauausführenden Unternehmen muss die Ausführungsunterlagen ordnungsgemäß verwirklichen.[9]

---

[9] OLG Düsseldorf, BauR 1998, 582; OLG Köln, BauR 1997, 505 ff.; OLG Bamberg, NJW-RR 1992, 91; LG Würzburg, NJW-RR 1992, 89 f.

Ferner muss der Bauleiter, insbesondere wenn er nur mit der Objektüberwachung beauftragt ist und die Planung durch andere Architekten erfolgte, die Ausführungsunterlagen auf Vollständigkeit und Richtigkeit überprüfen.[10] Entsprechen die Ausführungsunterlagen z. B. nicht den allgemein anerkannten Regeln der Technik, so muss der Bauleiter den planenden Architekten, Fachingenieur oder Sachverständigen informieren, bevor die Pläne zur Bauausführung freigegeben werden.

Die Erwähnung der Ausführungsunterlagen in der Definition dieser Grundleistung der Leistungsphase 8 weist ferner darauf hin, dass die Überwachung der Ausführung des Objektes intensiviert werden muss, wenn die Ausführungsunterlagen geändert wurden, d. h. der Bauleiter muss in diesem Fall sicherstellen, dass die geänderte Planung auch vor Ort von den bauausführenden Unternehmen umgesetzt wird.[11]

4.3.4   Überwachung der Ausführung des Objektes auf Übereinstimmung mit den einschlägigen Vorschriften sowie mit den allgemein anerkannten Regeln der Technik

Der Begriff „allgemein anerkannte Regeln der Technik" ist gesetzlich nicht definiert. Nach herrschender Meinung handelt es sich hierbei jedoch um einen Technikstandard, von deren Richtigkeit die meisten Fachleute, die die entsprechenden Regeln anzuwenden haben, überzeugt sind, der Eingang in die Praxis gefunden hat, erprobt ist und sich bewährt hat.[12] Hierzu können technische Baubestimmungen (z. B. DIN-Normen), Bestimmungen von Fachverbänden wie VDE und VDI, die Flachdachrichtlinien usw. gehören. Von den allgemein anerkannten Regeln der Technik sind die Begriffe des „Standes der Technik" und des „Standes der Wissenschaft" zu unterscheiden. Beide bezeichnen stufenweise gesteigerte technische Standards.

Mit der Gründung des Deutschen Instituts für Normung e. V. in Berlin (DIN) nahm in Deutschland die Entwicklung von Normen innerhalb von Institutionen ihren Anfang. Dieser Prozess wird seit 1960 durch die Übertragung der Normenorganisation an das Comité Européen de Normalisation (CEN) auf europäischer Ebene innerhalb der EU-Mitgliedstaaten fortgeführt. Die Ziele sind die so genannte Harmonisierung von bestehenden Normen und die Erarbeitung von neuen, EU-weit gültigen Regelwerken. Jeder Mitgliedstaat ist mit seinem nationalen Norminstitut im CEN vertreten. Die gemeinsam entwickelten Europa-Normen (EN) werden in nationale Normen überführt oder integriert, gleichzeitig werden nationale Normen ganz oder teilweise zurückgezogen. Derzeit exis-

---

[10] Vgl. Würfele, F./Gralla M./Sundermeier, M.: Nachtragsmanagement, 2. Auflage 2012 Werner Verlag, Neuwied, S. 31 Rdnr. 123.

[11] Vgl. Löffelmann, P./Fleischmann, G.: Architektenrecht, 74. Auflage 2015, Werner Verlag, S. 180 Rdn. 414 m.

[12] Vgl. Würfele, F./Gralla, M./Sundermeier, M.: Nachtragsmanagement, 2. Auflage 2012, Werner Verlag, Neuwied, S. 31 Rdn. 123.

Abb. 4.1 DIN – Logo des Deutschen Instituts für Normung e. V.

tieren verschiedene, in deutsche Normen umgewandelte EN-Normen neben noch bestehenden DIN-Normen (Abb. 4.1).

Zu den anerkannten Regeln der Technik zählen unter anderem:

- Internationale Organisation für Standardisierung ISO,
- Europa-Normen EN,
- Deutsche Normen DIN,
- Verein Deutscher Ingenieure VDI,
- Verband der Elektrotechnik VDE,
- Empfehlungen der Bundesanstalt für Straßenwesen BAST,
- Richtlinien des Deutschen Ausschusses für Stahlbeton DAfStb,
- Richtlinien des Deutschen Ausschusses für Stahlbau DASt,
- Merkblätter des Zentralverbands des Deutschen Baugewerbes ZDB,
- Richtlinien der Berufsverbände und Dachorganisationen im Handwerk,
- Berufsgenossenschaftliche Vorschriften und Regeln BGV und BGR,
- Hersteller- und Verarbeitungsrichtlinien der jeweiligen Bauprodukthersteller,
- …

Die nationalen und internationalen Normen werden in den Bauregellisten A Teile 1–3, B 1–2 und C durch das Deutsche Institut für Bautechnik bekannt gemacht.[13] Die Festlegungen in der Bauregelliste A Teile 1,2, und 3 und der Liste C betreffen die Voraussetzungen für die Verwendung von Bauprodukten und Bauarten. Die Bauregelliste A gilt nur für Bauprodukte und Bauarten im Sinne der Begriffsbestimmungen der Landesbauordnungen. Werden DIN-Normen durch Einführungserlasse in das Baurecht der Länder übernommen, so sind sie baurechtlich geschuldet.

Die kodifizierten technischen Normen (EN, DIN, VDI etc.) müssen nicht unbedingt mit den allgemein anerkannten Regeln der Technik übereinstimmen, wie beispielsweise die Entwicklung der Schallschutznormierung zeigt. Hier werden baupraktisch regelmäßig bessere Konstruktionen erzielt als sie in den Anforderungen für den Mindestschallschutz nach DIN 4109:1989 gefordert werden. Die VDI 4100 mit ihrer Ausweisung von 3 Schallschutzklassen ist transparenter, baupraktisch sinnvoller. Zum gleichen Themenbereich existiert eine Empfehlung der DEGA[14] mit 7 Schallschutzstufen für den Wohnungsbau. Je nach getroffener Vereinbarung zwischen dem Besteller des Objektes und den Planenden und je nach Art der Bauaufgabe kann es sein, dass höhere Maßstäbe anzu-

---

[13] DIBt Mitteilungen, www.dibt.de.
[14] Deutsche Gesellschaft für Akustik e. V., www.dega-akustik.de.

Abb. 4.2 CE-Kennzeichen für
Bauprodukte und Bauarte

setzen sind, als wie in diesem Beispiel der Mindestschallschutz nach DIN 4109:1989.[15] Nach anerkannter Meinung spricht die Vermutung jedoch dafür, dass die DIN-Normen die allgemein anerkannten Regeln der Technik wiedergeben, und dies in Konsequenz bedeutet, dass derjenige, der diese Vermutung widerlegen will, den Beweis erbringen muss[16] (Abb. 4.2).

Als einschlägige Vorschriften gelten u. a. Hersteller- und Verarbeitungsrichtlinien von Bauprodukten und Konstruktionen.

Das Bauwerk muss den zum Zeitpunkt der Bauwerkserrichtung allgemein anerkannten Regeln der Technik entsprechen, sodass der Bauleiter die dementsprechenden aktuellen Entwicklungen kennen muss.[17]

Besonders wichtig ist dabei, dass sich der Architekt am vereinbarten Planungsziel orientiert. Wird das Planungsziel mit seiner Planung und Bauüberwachung erfüllt, so stellt eine Abweichung einer Bauart oder eines Baustoffs von einer DIN-Norm nicht automatisch einen Mangel dar. Bei Unklarheiten hinsichtlich der Anforderungen bzw. des Planungszieles muss der Bauleiter eine Abstimmung mit dem Auftraggeber unter Aufklärung der Konsequenzen unterschiedlicher Ausführungsarten vornehmen.

Das hier geschilderte Vorgehen ist insofern von Bedeutung, da Entwurf, Planung und Bauleitung nicht immer in einer Hand liegen. Bei arbeitsteiliger Vergabe von Planungsleistungen gem. § 34 HOAI 213 und separater Beauftragung der Leistungsphase 8, Objektüberwachung, sowie auftretenden Unstimmigkeiten zwischen Ausführungsunterlagen und den allgemein anerkannten Regeln der Technik, muss die Bauleitung das planende und ausschreibende Büro informieren. Unterbleibt diese Aufklärung und Abstimmung, entsteht für die Bauleitung die kritische Situation, eine ggf. nicht regelkonforme und das Planungsziel verfehlende Leistung ausführen zu lassen. Die Bauleitung muss in diesem Fall ihre Bedenken deutlich machen und schriftlich dokumentieren.

Als schwierig sind Konstruktionen und deren Einbau einzustufen, die bauaufsichtlich zugelassen sind und deren Ausführungsart zu den allgemein anerkannten Regeln der Technik gehört, sich bei bestimmten Voraussetzungen dennoch häufig Schäden einstellen. Ein Beispiel sind Wärmedämm-Verbundsysteme, die seit Langem zum Standard bei Außenwandkonstruktionen zählen. Hier entsteht durch die große Anzahl an Bauteilschichten vor Ort ein handwerklicher hergestellter Verbundwerkstoff. Die Überwachung der Ausführung der Schichtenfolge mit den jeweiligen Materialbeschaffenheiten und Rahmenbe-

---

[15] BGH, Urteil vom 14.06.2007 - VII ZR 45/06.
[16] Werner, U./Pastor, W.: *Der Bauprozess*, 15. Auflage 2015, Werner Verlag, Neuwied, Rdn. 1461.
[17] Vgl. Korbion, H./Mantscheff, J./Vygen, K.: *Honorarordnung für Architekten und Ingenieure*, 8. Auflage 2013, Verlag C. H. Beck.

dingungen bedingt eine engmaschige Kontrolle der einzelnen Arbeitsschritte anhand der bauaufsichtlichen Zulassung des jeweiligen Systems und den Verarbeitungsrichtlinien des Herstellers. Da diese produktspezifisch sind, muss sich der Bauleiter über das tatsächlich vor Ort zur Ausführung anstehende Produkt und dessen Eignung und Verarbeitungsweise kundig machen.

Sollen neue Baustoffe oder Bauverfahren angewandt werden, für die noch keine Vorschriften, Normen oder Richtlinien vorliegen, bedeutet dies für die Objektüberwachung eine hohe Anforderung. Denn wenn sich diese noch nicht in der Praxis bewährten – und damit nicht von den allgemein anerkannten Regeln der Technik umfassten – Bauleistungen im Nachhinein als nicht geeignet oder mangelhaft erweisen, ergeben sich Haftungsrisiken für den Bauleiter (siehe hierzu auch Abschn. 4.6). Regelwerke wie z. B. DIN-Normen können zwar durch die technische Entwicklung überholt werden, jedoch lässt die Aufnahme eines Baustoffes bzw. einer Bauart in ein Regelwerk eine allgemeine Anerkennung vermuten. Bei Anwendung neuartiger, nicht langjährig bewährter Konstruktionen und Materialien begibt sich der Bauleiter somit auf das Gebiet der „risikobehafteten Planung" und muss daher mit erhöhter Sorgfalt sicherstellen, dass die Bauausführung den Anforderungen ohne Einschränkung genügt. Darüber hinaus muss er den Auftraggeber über diese nicht von technischen Regelwerken abgedeckten Ausführungen beraten und ggf. auf seine Bedenken hinweisen.[18]

Wichtige Teilaspekte der Planung gewinnen durch geänderte wirtschaftliche, ökologische oder soziale Bedingungen immer größere Bedeutung. Einen Aspekt stellt der Wärmeschutz dar. Mit der Einführung der Energieeinsparverordnung EnEV änderten sich nicht nur die Anforderungen an den Wärmeschutz eines Gebäudes, sondern auch der Rechtsstatus. Die EnEV ist auf Grundlage des Energieeinsparungsgesetzes (EnEG) rechtsverbindlich. Die fortwährende Verschärfung der Parameter innerhalb der EnEV unterstreicht die Bedeutung der Energieeffizienz für Gebäude bei Neubauten und umso mehr im Bestand. Dies erfordert eine hohe Kenntnis über die jeweils gültigen Anforderungen an die Planung und an die Art der Ausführung. Hat er selber nicht diese Kenntnis, so hat er u. U. dafür zu sorgen, dass Fachbauleiter mit herangezogen werden.[19] Die ausführenden Unternehmen haben noch immer große Wissenslücken hinsichtlich der Ausführung einer regelkonformen luft- und winddichten Gebäudehülle. Eine rein optische Kontrolle von Folienanschlüssen und Durchdringungen ist oft unzureichend, so dass ein Blower-Door-Test ein gutes Werkzeug zur Qualitätssicherung ist.

Brandschutz, Schallschutz- und Raumakustik oder das barrierefreie Bauen zählen zu weiteren Teilleistungen der Planung, deren Überwachung der der Objektausführung eine besondere Kenntnis der Bauleitung erfordern und die in zunehmendem Maße von

---

[18] Vgl. Pott, W./Dahlhoff, W./Kniffka, R.: *Verordnung über die Honorarordnung für Leistungen der Architekten und der Ingenieure, Kommentar*, 10. Auflage 2015, Verlag für Wirtschaft und Verwaltung Hubert Wingen GmbH & Co., Essen, S. 330 Rdn. 26c.
[19] Vgl. auch § 59a LBO NRW in der ab 1. Juni 2000 gültigen Fassung.

Fachbauleitern übernommen werden wird. Die Koordinierung der Fachbauleiter obliegt wiederum dem Bauleiter selbst (siehe hierzu auch Abschn. 4.5).

Das Bauen im Bestand gewinnt weiter an Bedeutung und hat insoweit Auswirkungen auf die Anwendung der allgemein anerkannten Regeln der Technik, dass etwa historische Konstruktionsweisen nicht mit aktuellen Techniken restauriert werden können, ohne das Risiko von Bauschäden einzugehen. Hier treten also die DIN-Normen eher in den Hintergrund und werden von verschiedenen Merkblättern, Empfehlungen und Richtlinien der Produkthersteller und Interessengemeinschaften abgelöst. Eine bedeutende Quelle ist in diesem Zusammenhang die Wissenschaftlich-Technische-Arbeitsgemeinschaft WTA, die neben Publikationen und Fachbeiträgen eine eigene Zertifizierung von bestimmten Produkten durchführt. Zertifizierungen nach WTA können durchaus als besonderes Qualitätsmerkmal gelten. Einige Produkthersteller sind auf diesen Leistungsbereich spezialisiert und tragen durch eigene Forschung zum Fortschreiben von Sanierungslösungen bei. Die VDI-Richtlinie 3817 – Technische Gebäudeausrüstung in Baudenkmalen und denkmalwerten Gebäuden- vom Februar 2010 beschreibt erstmals die vielfältigen Aspekte der technischen Gebäudeausrüstung in denkmalgeschützten Gebäuden.

Kritisch sind beim Bauen im Bestand weiterhin Lösungen zu sehen, die zwar bauaufsichtlich zugelassen und allgemein anerkannte Regel der Technik sind, aber in vielen Fällen durch fehlende Planung und mangelnde Sorgfalt bei der Ausführung schadensträchtig sind, wie etwa das Hydrophobieren von Fassaden. Können hier die Rissefreiheit und ein Hinterfeuchten der Beschichtung nicht ausgeschlossen werden, so sind Schäden an der behandelten Fassade unvermeidlich.[20] Das Einhalten von allgemein anerkannten Regeln der Technik kann also nicht nur die Anwendung des Baustoffes oder der Bauart meinen, sondern muss insbesondere im Rahmen der Bauwerkserhaltung ganzheitlich gesehen werden.

4.4   Überwachen der Ausführung von Tragwerken mit sehr geringen und geringen Planungsanforderungen auf Übereinstimmung mit dem Standsicherheitsnachweis

Tragwerke sind Teile einer Baukonstruktion, welche die Wirkungen aus ständigen Lasten und Nutzlasten aufnehmen und in die Auflagerpunkte oder den Baugrund ableiten. Gemeint sind Dachkonstruktionen und Deckensysteme, die auf Stützen, Pfeilern oder Wänden aufliegen. Die Überwachung des Tragwerks und der Standsicherheit ist regelmäßig Aufgabe des Sachverständigen für Standsicherheit. Bei Sonderbauten dient als zweite Kontrolle der zu beauftragende Prüfingenieur. Die Formulierung dieser Grundleistung ist ebenfalls gegenüber früheren Fassungen der HOAI geändert. Es ist explizit von Tragwerken mit sehr geringen und geringen Planungsanforderungen die Rede. Dies sind etwa einfache Dachtragwerke aus Holz oder einfache Flachdecken aus Beton. Bei

---

[20] Deutsches Architektenblatt 12/2006 S. 75 ff.

Stahlbetondecken und Dächern ist es die Aufgabe der Bauleitung, in Abhängigkeit vom Baufortschritt die Bewehrungsabnahmen zu veranlassen und zu begleiten.

Grundsätzlich wird vorausgesetzt, dass der Bauleiter die Verletzung elementarer Grundsätze der Konstruktionslehre sowohl bei der inhaltlichen Kontrolle der Tragwerkspläne[21] als auch bei der Überwachung der Bauausführung[22] erkennt und entsprechende Maßnahmen ergreift.

Auch hier erstreckt sich die Überwachung der Ausführung von Tragwerken durch den Bauleiter auf die Überprüfung der Übereinstimmung von Schal- und Bewehrungsplänen mit der Ausführung selbst und mit den Ausführungsplänen des Architekten. Sind besondere haustechnische Ausbauten in Tragwerken integriert oder Vorkehrungen für die Integration zu treffen, so sind die Ausführungspläne des Fachingenieurs für Haustechnik ebenfalls zu berücksichtigen.

4.5 Koordinierung der an der Objektüberwachung fachlich Beteiligten

Durch geänderte wirtschaftliche, ökologische, technische und soziale Bedingungen haben in den vergangenen Jahren Teile der Planung von Gebäuden, Umbauten, Instandsetzungen und Modernisierungen an Bedeutung gewonnen (siehe auch hierzu Abschn. 4.3). Der Wärme- und Schallschutz, der Brandschutz, die Raumakustik, die Luftqualität oder die Barrierefreiheit sind Planungsfelder, auf denen Fachingenieure und Sachverständige arbeiten und die Planungen der Architekten, Tragwerksplaner und Ingenieure für technische Gebäudeausrüstung ergänzen und unterstützen. Mit den gestiegenen Anforderungen in den genannten Bereichen erhöhten sich gleichermaßen die Anforderungen an die Kenntnisse der Bauleitung. Mit zunehmender Komplexität ist es ratsam, Fachbauleiter für diejenigen Leistungen zu bestellen, in denen auch Fachplanungen aufgestellt wurden. Neben der gleichlautenden Forderung in den Landesbauordnungen verlangen manche Fördergeber die Einschaltung eines besonders geschulten und zertifizierten Experten, der die korrekte Ausführung derjenigen Konstruktionen überwacht, welche der finanziellen Förderung eines Bauvorhabens zugrunde liegt.[23]

Die Koordinierung der an der fachlich an der Objektüberwachung Beteiligten obliegt laut Anlage 10 zu §§ 34 Abs. 1, 35 ABs. 6 HOAI 2013 regelmäßig dem beauftragten Architekten bzw. Bauleiter.

---

[21] OLG Frankfurt, NJW-RR 1990, 1496; OLG Hamm, NJW-RR 1990, 915; OLG Köln, BauR 1988, 243.

[22] Vgl. Rybicki, R.: *Bauausführung und Bauüberwachung*, 2. Auflage Oktober 1999, Werner Verlag, S. 40.

[23] Siehe z. B. Expertenliste für Förderprogramme des Bundes, www.energie-effizienz-experten.de.

4.6 Überwachung der verwendeten Baustoffe

Bei der Ausschreibung von Bauleistungen an öffentlichen Bauten muss in den Leistungs-verzeichnissen regelmäßig produktneutral erfolgen.[24] Viele ausschreibende Behörden ver-zichten selbst auf den Zusatz „oder gleichwertig" bei Nennung eines Beispielproduktes in der Befürchtung, auch dies sei in jedem Fall wettbewerbswidrig. Die Prüfung der Gleich-wertigkeit hat der VOB nach bei der Submission zu erfolgen. Bringt der Bieter nicht die einschlägigen Unterlagen zum Nachweis der Gleichwertigkeit bei, ist er von der Verga-be auszuschließen.[25] Praktisch hat sich dieses Vorgehen nicht durchsetzen können. Durch die nahezu kollektive Missachtung dieser Vorschrift durch die Bieter wird das Fehlen von Gleichwertigkeitsnachweisen bei einer Submission fast immer toleriert. Baupraktisch er-wachsen hieraus meist auch keine Nachteile. Eine strikte Verfolgung der VOB in diesem Punkt hätte sicher die Aufhebung der meisten Ausschreibungen gem. VOB mangels ein-wandfreier Angebote zur Folge. Die Überprüfung der Gleichwertigkeit wird daher oft auf die Baustelle verlagert und die Überwachung der verwendeten Baustoffe muss spätestens mit deren Anlieferung beginnen, denn nicht selten wird trotz andersartiger Vereinbarung im Vergabegespräch kurzfristig ein anderes Material angeliefert. Lieferschwierigkeiten und daraus resultierende Verzögerungen im Bauablauf können selbst bei Befolgung der Submissions- und Vergabepraxis laut VOB dazu führen, ein anderes, gleichwertiges Ma-terial vor Ort tolerieren zu müssen.

Der Nachweis der Gleichwertigkeit ist grundsätzlich Sache des Auftragnehmers. Un-terlässt er dies und baut ohne Rücksprache und Information an die Bauleitung ein anderes Produkt als das vereinbarte ein, ist es Sache des Bauleiters, die Arbeiten zu stoppen, wenn Zweifel an der Gleichwertigkeit berechtigt sind. Bei zertifizierten oder güteüberwachten Bauprodukten ist eine Überprüfung anhand der Paketaufdrucke gelieferter Baustoffe re-lativ leicht möglich. Gleiches gilt etwa für Glasqualitäten, die auf Aufklebern eingehend beschrieben sein müssen. Schwieriger ist die Überwachung der verwendeten Baustoffe bei vor Ort hergestellten Baustoffen wie Baustellenmörteln, Estrichen oder anderen, nicht zertifizierten oder güteüberwachten Baustoffen. Ob beispielsweise ein Baustellenestrich die geforderte Güte hat, kann man ihm weder ansehen, noch lässt sich dies anhand von Produktdatenblättern überprüfen. Hier ist bei begründetem Zweifel des Bauleiters an der Materialgüte das Beibringen von Probewürfeln analog zur Prüfung von Betonqualitäten erforderlich oder der ausführende Betrieb hat in einer Fachunternehmerbescheinigung zu versichern, dass die geforderte Materialgüte auch eingebaut ist.

Die erstrangige Materialgüte muss die bauaufsichtliche Zulassung sein. Darüber hinaus gibt es verschiedene Gütesiegel und Zertifizierungen, wobei zu erwähnen ist, dass nicht alle auch einer Güteüberwachung unterliegen. Im Gegensatz dazu steht z. B. das nationale RAL-Gütesiegel, welches eine Güteüberwachung beinhaltet. Einige Siegel wie der „blaue

---

[24] Art. 23 Abs. 8 RL2004/18/EG.
[25] OLG Rostock mit Beschluss vom 13. Juni 2013, Az. 17 Verg 2/13.

Abb. 4.3 RAL – Gütesiegel
des Deutschen Instituts für
Gütesicherung und Kennzeichnung e. V.

Engel" oder „Natureplus" beschreiben zusätzlich besondere Qualitäten hinsichtlich der
Umwelt- und Gesundheitsverträglichkeit von Baustoffen, die über die Standards der jeweiligen DIN hinausgehen und berücksichtigt werden müssen, soweit sie bauherrenseitig
gefordert sind.

Durch die Angleichung von Normen innerhalb der Europäischen Union unterliegen
die DIN-Normen wie bereits beschrieben einem Wandel, was in einigen Fällen zu einem
übergangsweisen Nebeneinander von Kennzeichnungen führt.

4.6.1   Allgemeine bauaufsichtliche Zulassung

Das Deutsche Institut für Bautechnik (DIBt) in Berlin ist in Deutschland die zuständige Stelle für die Erteilung europäischer technischer Zulassungen (ETA) und arbeitet in
der Europäischen Organisation für technische Zulassungen (EOTA) auf der Grundlage
der Bauproduktenrichtlinie (89/106/EWG) mit. Mit Inkrafttreten der entsprechenden Abschnitte der Bauproduktenverordnung 305/2011 am 1. Juli 2013 änderten sich sowohl der
Name als auch die Aufgaben und Struktur der EOTA.

Weitere Tätigkeitsbereiche des DIBt sind neben der Erteilung allgemeiner bauaufsicht-
licher Zulassungen die Vorbereitung technischer Erlasse, die Anerkennung von Prüf-,
Überwachungs- und Zertifizierungsstellen, die Ausarbeitung technischer Regeln, bautechnische Untersuchungen sowie Erstellen von Gutachten in bautechnischen Angelegenhei-
ten. Es ist eine gemeinsame Einrichtung des Bundes und der Länder zur einheitlichen
Erfüllung bautechnischer Aufgaben auf dem Gebiet des öffentlichen Rechts.

Die europäische technische Zulassung ETA ist ein dem Hersteller für ein Bauprodukt erteilter Brauchbarkeitsnachweis auf der Grundlage eines Europäischen Bewertungsdokuments (European Assessment Document – EAD) (§ 2 Abs. 5 BauPG und Art. 26
Abs. 1 EU-BauPVO). Sie beruht auf Untersuchungen, Prüfungen und einer positiven
technischen Beurteilung der Brauchbarkeit des Bauprodukts für den vorgesehenen Verwendungszweck. Bei Bausätzen bezieht sich die Brauchbarkeit für den vorgesehenen
Verwendungszweck auf das zusammengefügte System.

Vor dem 1. Juli 2013 veröffentlichte Leitlinien für europäische technische Zulassungen nach der Bauproduktenrichtlinie können als Europäische Bewertungsdokumente EAD
verwendet werden (Art. 66 ABs. 3 EU-BauPVO) unter der Voraussetzung, dass die jeweilige Leitlinie aktuell ist und das betroffene Produkt voll abdeckt. Die EOTA arbeitet
weiterhin an einer Aktualisierung der Leitlinien, so dass es im Einzelfall sein kann, das
ein Produkt aufgrund einer nicht mehr zutreffenden Leitlinie anhand eines neuen Eu-

ropäischen Bewertungsdokuments EAD neu beurteilt werden muss. Dieser Prozess der Umstellung ist seit der Neuregelung der BauPVO mit Inkrafttreten am 1. Juli 2013 noch im Gange.

Unterschieden wird zwischen geregelten, nicht geregelten und sonstigen Bauprodukten, die in den Bauregellisten A, Teil 1–3 und B, Teil 1–2 aufgeführt sind. Geregelte Bauprodukte und deren Regeln selbst sowie die erforderlichen Übereinstimmungsnachweise und die bei Abweichung von den technischen Regeln erforderlichen Verwendbarkeitsnachweise sind in der Bauregelliste A Teil 1 aufgeführt. In Teil 2 der Bauregelliste A finden sich nicht geregelte Bauprodukte, die nicht erhebliche Anforderungen an die Sicherheit baulicher Anlagen erfüllen müssen oder für die es keine allgemein anerkannte Regeln der Technik gibt oder die nach allgemein anerkannten Prüfverfahren beurteilt werden. Für nicht geregelte Bauarten gilt die Bauregelliste A Teil 3. Die Bauregelliste B Teil 1 beinhaltet Bauprodukte, die aufgrund der BauPVO in Verkehr gebracht werden, soweit es für sie technische Spezifikationen, Klassen oder Leistungsstufen gibt. Ferner sind in dieser Liste Normen und Regeln für Bauprodukte und Bausätze nach ETA und weiteren technischen Bestimmungen gem. BauPVO enthalten. In der Bauregelliste B Teil 2 sind Bauprodukte enthalten, für die zusätzliche Verwendbarkeitsnachweise erforderlich sind und die aufgrund der Vorschriften zur Umsetzung von Richtlinien der Europäischen Gemeinschaften in Verkehr gebracht werden, die CE-Kennzeichnung tragen und Grundanforderungen nach Artikel 3 Abs. 1 BauPVO nicht berücksichtigen. In einer Liste C sind nicht geregelte Bauprodukte aufgenommen, für die es keinerlei technische Bestimmungen oder Regeln gibt und die für die Erfüllung baurechtlicher Anforderungen von geringem Belang sind. Die Bauregellisten werden ständig aktualisiert und sind z. B. beim DIBt erhältlich.

Allgemeine bauaufsichtliche Zulassungen werden widerruflich und zeitlich befristet, im Regelfall für fünf Jahre, erteilt. Sie kann auf Antrag um fünf Jahre verlängert werden. Die Zulassung kann ferner mit Nebenbestimmungen erteilt werden. Die Zulassung erstreckt sich meist nicht nur auf das Produkt selbst, sondern auch auf seinen Einbauzustand und dessen Bedingungen.

Infolge der zeitlichen Befristung kann der Fall eintreten, dass ein Bauprodukt oder Bausatz zu Zeitpunkt der Ausschreibung oder der Vergabe eine bauaufsichtliche Zulassung besaß, diese aber bei einer späteren Ausführung erloschen ist. Hier muss fallweise geprüft werden, ob eine neue Zulassung beantragt wurde und in Aussicht steht, oder das Produkt oder der Bausatz nicht mehr verwendet werden darf.

Es werden Zulassungen für Bauprodukte und Bausätze erteilt. Unter Bausätzen sind dauerhafte Zusammenfügungen mehrerer Bauprodukte zu einem z. B. mehrschichtigem Element wie etwa ein Wärmedämm-Verbundsystem zu verstehen.[26]

---

[26] Vgl. auch § 21 LBO NRW in der ab 1. Juni 2000 gültigen Fassung.

Abb. 4.4 Ü-Kennzeichen für
Bauprodukte und Bauarten,
Beispiel Fenster

4.6.2 Allgemeines bauaufsichtliches Prüfzeugnis
===

Bauprodukte, deren Verwendung nicht der Erfüllung erheblicher Anforderungen an die
Sicherheit baulicher Anlagen dient oder die nach allgemein anerkannten Prüfverfahren be-
urteilt werden, bedürfen laut Musterbauordnung MBO anstelle einer allgemeinen bauauf-
sichtlichen Zulassung nur eines allgemeinen bauaufsichtlichen Prüfzeugnisses des DIBt.
Beispiele hierfür können Teile raumbildender Ausbauten und Einrichtungen sowie Wand-,
Boden- und Deckenbekleidungen sein.[27] (Bauregelliste A Teil 2)

4.6.3 Nachweis der Verwendbarkeit von Bauprodukten im Einzelfall
==

Neue architektonisch-gestalterische Möglichkeiten, innovative Lösungen, wirtschaftliche
Lösungen oder die Integration von Konstruktionen aus anderen Wirtschaftszweigen führen im Bauwesen oftmals zu neuen Lösungen, die zunächst nicht in Normen geregelt sind
und für deren Bauprodukte keine allgemeinen bauaufsichtlichen Zulassungen und keine
allgemeinen bauaufsichtlichen Prüfzeugnisse vorliegen. Betroffen sind auch Bauprodukte und Bauarten, die in anderen EU-Mitgliedstaaten zugelassen sind, deren Normierung
allerdings noch nicht harmonisiert oder für die eine Norm noch nicht ausgearbeitet ist.

Mit Zustimmung der obersten Bauaufsichtsbehörde dürfen im Einzelfall laut MBO
Bauprodukte, die ausschließlich nach dem Bauproduktengesetz oder nach sonstigen Vorschriften zur Umsetzung von Richtlinien der Europäischen Gemeinschaft in Verkehr gebracht und gehandelt werden dürfen, jedoch deren Anforderungen nicht erfüllen, und nicht
geregelte Bauprodukte verwendet werden, wenn deren Verwendbarkeit nachgewiesen ist.
Die Zustimmungen für Bauprodukte, die zum Schutz und zur Pflege von Denkmälern
verwendet werden, erteilt die untere Bauaufsichtsbehörde[28] (Bauregelliste A Teil 3).

---

[27] Vgl. auch § 22 LBO NRW in der ab 1. Juni 2000 gültigen Fassung.
[28] Vgl. auch § 23 LBO NRW in der ab 1. Juni 2000 gültigen Fassung.

4.7 Toleranzen im Hochbau nach DIN 18202

Die Toleranzen im Hochbau nach DIN 18202:2013 und deren Einhaltung geben immer wieder Anlass zu Meinungsverschiedenheiten am Bau. Die nach Norm zulässigen Abweichungen sind teilweise erheblich und stoßen etwa bei oberflächenfertigen Bauprodukten oder Bausätzen auf die Kritik der Auftraggeber, die eine präzisere Ausführung erwartet hatten. Insofern ist es von großer Bedeutung, in Abstimmung mit dem Besteller der Leistung vor der Ausführung die einzuhaltenden Toleranzen festzulegen. Wenn beispielsweise in früherer Zeit von einer „malerfertigen" Oberfläche beim Innenputz die Rede war, so ist dies unzureichend. Die Einstufung in die Qualitätsstufen Q1 bis Q4 bei Putzoberflächen im Innenbereich ist hier beispielhaft genannt.[29]

Wichtig ist die Überwachung und Feststellung maßlicher Abweichungen bei tragenden Bauteilen wie Wänden oder Decken sowie der Ebenheitstoleranzen, die unter Umständen zu Mehrkosten bei Folgegewerken führen können.

Die wesentlichen Höhen lassen sich anhand der Meterrisse in den Geschossen überprüfen oder mit Lasermessgeräten oder Theodoliten erfassen. Die Art der Messung ist in der DIN 18202 geregelt. So kann man im Rahmen des Aufmaßes, beispielsweise für Rohbauarbeiten unter Mitwirkung des Bauunternehmens, eine Erfassung der Toleranzen stichprobenartig durchführen. Ist ein Ausgleich von Fehlern, etwa bei Wänden oder Decken, z. B. mit Putz oder Estrich möglich und führt dies zu Mehrkosten, muss die Bauleitung den Vorgang sorgfältig dokumentieren und die Mehrkosten beim Verursacher geltend machen. Im Idealfall erfolgt eine Erfassung der Maßabweichungen im Beisein aller beteiligten Firmen, um langwierige Auseinandersetzungen zu verhindern.

Auch wenn Toleranzen nach DIN 18202 eingehalten sind, können Unebenheiten zu optischen Mängeln führen. Die zulässigen Toleranzen erlauben teilweise erhebliche Abweichungen (s. Tab. 4.1), die zwar in der Regel baupraktisch deutlich unterschritten werden. Umso problematischer sind jedoch jene Fälle, in denen die zulässigen Toleranzen nach DIN 18202 ausgeschöpft werden. Hier verbirgt sich ein großes Konfliktpotential. Misslich ist in diesem Zusammenhang die Festlegung, unter welchen Bedingungen und Lichtverhältnissen Oberflächenqualitäten zu prüfen sind. Streiflicht sowie zu kurze Betrachtungsabstände sind ausgeschlossen. Es gibt jedoch kaum ein Gebäude ohne Bereiche frei von Streiflicht oder Lichtreflexen. Das Risiko von optischen Mängeln ist demnach bei der Ausführung durchschnittlicher Oberflächenqualitäten hoch, ohne dass ein eigentlicher Mangel im Sinne der DIN 18202 vorliegt.

Um mögliche Probleme in der späteren Ausführung zu vermeiden und ggf. in der Ausschreibung höhere Qualitätsansprüche zu definieren, empfiehlt sich das Anbringen von Musterflächen als Referenz. Dies gilt nicht nur für Wand-, Boden- und Deckenoberflächen, sondern auch für tragende Teile, wenn die Anforderungen an die Einhaltung der Toleranzen z. B. bei Sichtbauteilen hoch sind.

---

[29] Vgl. auch Merkblatt 3 Bundesverband der Gipsindustrie e. V: Stand Oktober 2011.

Tab. 4.1 DIN 18202, Tab. 3: Ebenheitstoleranzen (aus DIN 18202 erweiterte Tabelle). (Handbuch für das Estrich- und Belaggewerbe, Zentralverband Deutsches Baugewerbe)

Spalte	1	2	3	4	5	6	7	8	9	10	11	12	13	14
Zeile	Bezug	Stichmaße als Grenzwerte in mm bei Meßpunktabständen in m												
		0,1*	0,6	1*	1,5	2	2,5	3	3,5	4*	6	8	10*	15*
1	Nichtflächenfertige Oberseiten von Decken, Unterbeton und Unterböden	10	13	15	16	17	18	18	19	20	22	23	25	30
2	Nichtflächenfertige Oberseiten von Decken, Unterbeton und Unterböden mit erhöhten Anforderungen, z.B. zur Aufnahme von schwimmenden Estrichen, Industrieböden, Fliesen- und Plattenbelägen, Verbundestrichen, Fertige Oberflächen für untergeordnete Zwecke, z.B. in Lagerräumen, Kellern	5	7	8	9	9	10	11	12	12	13	14	15	20
3	Flächenfertige Böden, z.B. Estriche als Nutzestriche, Estriche zur Aufnahme von Bodenbelägen, Fliesenbeläge, gespachtelte und geklebte Beläge	2	3	4	5	6	7	8	9	10	11	11	12	15
4	Wie Zeile 3, jedoch mit erhöhten Anforderungen	1	2	3	4	5	6	7	8	9	10	11	12	15
5	Nichtflächenfertige Wände und Unterseiten von Rohdecken	5	8	10	11	12	13	13	14	15	18	22	25	30
6	Flächenfertige Wände und Unterseiten von Decken, z.B. geputzte Wände, Wandbekleidungen, untergehängte Decken	3	4	5	6	7	8	8	9	10	13	17	20	25
7	Wie Zeile 6, jedoch mit erhöhten Anforderungen	2	2	3	4	5	6	6	7	8	10	13	15	20

Ähnlich wie für Putzoberflächen gelten für weitere Bauprodukte und Elemente eigene Klassen und Qualitätsstufen wie etwa für sichtbare Holzkonstruktionen oder Sichtbeton. Die Kenntnis dieser Einstufungen ist unabdingbar für die Beurteilung von Bausätzen vor Ort und von oberflächenfertigen Bauteilen auf der Baustelle durch den Bauleiter. Er muss ggf. auftretende Abweichungen der gelieferten von der bestellten Qualität feststellen und dokumentieren.

Literatur

Korbion H, Mantscheff J, Vygen K (2013) Honorarordnung für Architekten und Ingenieure, 8. Aufl. Verlag C. H. Beck

Löffelmann P, Fleischmann G (2015) Architektenrecht, 7. Aufl. Werner Verlag

Pott W, Dahlhoff W, Kniffka R (2015) Verordnung über die Honorarordnung für Leistungen der Architekten und der Ingenieure, Kommentar, 10. Aufl. Verlag für Wirtschaft und Verwaltung Hubert Wingen GmbH & Co., Essen

Rybicki R (1999) Bauausführung und Bauüberwachung, 2. Aufl. Werner Verlag

Werner U, Pastor W (2015) Der Bauprozess, 15. Aufl. Werner Verlag, Neuwied

Würfele F, Gralla M, Sundermeier M (2012) Nachtragsmanagement, 2. Aufl. Werner Verlag, Neuwied

Abnahme von Bauleistungen

5

Karsten Prote

5.1 Allgemeines

Die Abnahme der Bauleistung ist ein zentraler Punkt bei der Abwicklung von Bauverträgen. Insbesondere für den auftraggeberseitigen Bauleiter ist die Kenntnis der Grundzüge zwingend erforderlich, um eine einwandfreie Leistung im Sinne der Objektüberwachung zu erbringen. Daher liegt es im eigenen Interesse des bauleitenden Architekten, potenzielle Haftungsrisiken durch rechtliche Kenntnisse zu minimieren. Die Abnahme der Bauleistungen unter Mitwirkung anderer an der Planung und Objektüberwachung fachlich Beteiligter und die Feststellung von Mängeln sind als Grundleistungen der Leistungsphase 8 in der Anlage 10 Nummer 10.1 zu § 34 Abs. 4 HOAI aufgeführt. Die von der HOAI in § 34 Abs. 4 HOAI i. V. m. Anlage 10.1 erwähnte Abnahme beinhaltet nur die Entgegennahme der Leistung und deren technische Überprüfung, vor allem im Hinblick auf ihre Vertragsgemäßheit.[1] Der Architekt hat die Bauleistungen der jeweiligen Auftragnehmer in technischer Hinsicht auf ihre Übereinstimmung mit der Leistungsbeschreibung zu überprüfen, die aus konkreten und standardisierten Leistungsbeschreibungselementen[2] besteht. Bereits vor Beendigung der Bauleistung kann diese Prüfungspflicht bestehen, wenn eine spätere Feststellung aus tatsächlichen Gründen nicht mehr möglich ist, etwa weil andere Bauleistungen diese verdecken. Der Architekt hat im Rahmen der Leistungsphase 8 das Ergebnis seiner technischen Kontrolle und Prüfung mitzuteilen und eine Empfehlung dahingehend auszusprechen, ob eine rechtsgeschäftliche Abnahme durch den

---

[1] BGHZ 74, 235, 237; Locher, H./Koeble, W./Frik, W.: *Kommentar zur HOAI*, 12. Auflage, Werner Verlag, Neuwied 2014, § 34 Rdnr. 257.

[2] Vgl. ausführlich zu den konkreten und standardisierten Leistungsbeschreibungselementen Würfele, in: Kuffer, J./Wirth, A.: *Handbuch des Fachanwalts Bau- und Architektenrecht*, 3. Auflage, Werner Verlag, Neuwied 2011, 2. Kap. C, Rdnr. 4 ff.; Würfele, in: Wirth, *A., Darmstädter Baurechtshandbuch*, 2. Auflage, Werner Verlag, München 2005, II. Teil, Rdnr. 470 ff.

© Springer Fachmedien Wiesbaden GmbH 2017
F. Würfele et al., *Bauobjektüberwachung*, DOI 10.1007/978-3-658-10039-1_5

Bauherrn bzw. Auftraggeber erfolgen kann. Neben der technischen Abnahme der Bauleistung hat der Architekt auch die Pflicht, die Abnahme oder Teilabnahme von technischen Anlagen wie z. B. Heizung, Lüftungs- und Klimatechnik zu koordinieren.

Die rechtsgeschäftliche Abnahme ist eine vertragliche Aufgabe des Auftraggebers. Die übliche Architektenvollmacht beinhaltet keine Vertretungsmacht zur Vornahme der rechtsgeschäftlichen Abnahme. Zur Vertretung des Auftraggebers bei der rechtsgeschäftlichen Abnahme bedarf der Architekt einer besonderen Vollmacht. Die Vollmachtserteilung kann entweder explizit oder durch schlüssiges Handeln erfolgen. Die Rechtsprechung bzw. Literatur nimmt in folgenden Fällen teilweise eine Bevollmächtigung des Architekten zur eigenständigen Durchführung der Abnahme an:

- Der Bauherr beauftragt den Bauleiter mit der Wahrnehmung eines zur rechtsgeschäftlichen Abnahme anberaumten Termins.[3]
- Der Bauherr hat dem Bauleiter den Abschluss und die Durchführung des Bauvertrages zur eigenständigen Erledigung übertragen.[4]
- Der Bauleiter wurde zu rechtsgeschäftlichen Handlungen ermächtigt, die in ihrer Bedeutung für die Rechte des Bauherrn der Abnahme gleichkommen.[5]

5.2 Begriff und Bedeutung der Abnahme

Die Mitwirkung bei der Abnahme der Bauleistung ist eine Grundleistung der Leistungsphase 8. Bei der dort benannten Abnahme handelt es sich nicht um die hier näher zu erläuternde rechtsgeschäftliche Abnahme, sondern um die technische Überprüfung der Bauleistung.

Die rechtsgeschäftliche Abnahme ist die Entgegennahme und allgemeine Billigung der Leistung durch den Besteller bzw. Auftraggeber eines Werkvertrages. Es kommt – anders als bei anderen Vertragstypen – nicht nur auf die bloße körperliche Übergabe der Leistung an. Darüber hinausgehend ist die ordnungsgemäße Erstellung des Werkes zu überprüfen und anzuerkennen.[6] In den Fällen, in denen eine körperliche Entgegennahme des Werkes aufgrund seiner Beschaffenheit nicht möglich ist, besteht die Abnahme nur in der Billigung. Dies trifft vor allem für Bauleistungen bzw. allgemein für Arbeiten an Gegenständen im Besitz des Auftraggebers z. B. an dessen Haus oder Grundstück zu.[7]

Die Abnahmepflicht des Auftraggebers ergibt sich aus § 640 BGB.

---

[3] BGH NJW 1987, 380.
[4] Oppler, in: Ingenstau, H./Korbion, H.: *VOB – Vergabe und Vertragsordnung für Bauleistungen, Teile A und B*, 18. Auflage, Werner Verlag, Köln 2013, VOB/B, § 12 Rdnr. 14.
[5] OLG Düsseldorf NZBau 2000, 434.
[6] Oppler, in: Ingenstau, H./Korbion, H.: *VOB – Vergabe und Vertragsordnung für Bauleistungen, Teile A und B*, 18. Auflage, Werner Verlag, Köln 2013, VOB/B, § 12 Rdnr. 1.
[7] Sprau, in: Palandt, E.: *Bürgerliches Gesetzbuch*, 73. Auflage, Beck Verlag, München 2014, § 640 Rdnr. 3.

Dort heißt es auszugsweise:

(1) Der Besteller ist verpflichtet, das vertragsmäßig hergestellte Werk abzunehmen, sofern nicht nach der Beschaffenheit des Werkes die Abnahme ausgeschlossen ist. [...]

5.3 Rechtsfolgen der Abnahme

Die Abnahme der Bauleistung hat verschiedene Rechtsfolgen (Abb. 5.1).

5.3.1 Erfüllungswirkung

Der Auftragnehmer verpflichtet sich durch den Abschluss eines Werkvertrages nach § 631 BGB zur Herstellung des versprochenen Werkes. Diese vertragliche Pflicht hat der Auftragnehmer zu erfüllen. Die Erfüllungswirkung tritt mit der Abnahme des Werkes ein. Mit der durchgeführten Abnahme wird das vertragliche Erfüllungsstadium beendet und der reine Erfüllungsanspruch des Auftraggebers erlischt. Der Auftraggeber kann nach der Abnahme nur noch die Beseitigung der vorhandenen Mängel verlangen. Dies schließt nicht aus, dass der Auftragnehmer im Rahmen der Mangelbeseitigung möglicherweise zur Neuherstellung des gesamten Werkes verpflichtet ist. Eine Neuherstellung kommt in der Regel nur dann in Frage, wenn auf andere Weise der Mangel nicht sicher und auf Dauer beseitigt werden kann.

Abb. 5.1 Rechtsfolgen der Abnahme

Rechtsfolgen der Abnahme:

1. Erfüllungswirkung
2. Fälligkeitsvoraussetzung für die Vergütung
3. Verzinsung der Vergütung
4. Übergang der Leistungs- und Vergütungsgefahr
5. Entfallen der Schutzpflicht nach § 4 Abs. 5 VOB/B
6. Beginn der Verjährungsfrist für Mängelansprüche
7. Beweislastumkehr bezüglich Mängel
8. Ausschluss von Vertragsstrafe und verschiedenen Mängelrechten bei fehlendem Vorbehalt

5.3.2 Fälligkeitsvoraussetzung für die Vergütung

Die Abnahme der Bauleistung ist eine Fälligkeitsvoraussetzung für die Vergütung des Auftragnehmers.

§ 641 BGB regelt die Fälligkeit der Vergütung. Seit dem Inkrafttreten des Forderungssicherungsgesetzes am 01.01.2009 heißt es dort in abgeändertem Wortlaut:

(1) Die Vergütung ist bei der Abnahme des Werkes zu entrichten. Ist das Werk in Teilen abzunehmen und die Vergütung für die einzelnen Teile bestimmt, so ist die Vergütung für jeden Teil bei dessen Abnahme zu entrichten.

(2) Die Vergütung des Unternehmers für ein Werk, dessen Herstellung der Besteller einem Dritten versprochen hat, wird spätestens fällig,

    1. soweit der Besteller von dem Dritten für das versprochene Werk wegen dessen Herstellung seine Vergütung oder Teile davon erhalten hat,

    2. soweit das Werk des Bestellers von dem Dritten abgenommen worden ist oder als abgenommen gilt oder

    3. wenn der Unternehmer dem Besteller erfolglos eine angemessene Frist zur Auskunft über die in den Nummern 1 und 2 bezeichneten Umstände bestimmt hat.

Hat der Besteller dem Dritten wegen möglicher Mängel des Werks Sicherheit geleistet, gilt Satz 1 nur, wenn der Unternehmer dem Besteller entsprechend Sicherheit leistet.

(3) Kann der Besteller die Beseitigung eines Mangels verlangen, so kann er nach der Fälligkeit die Zahlung eines angemessenen Teils der Vergütung verweigern; angemessen ist in der Regel das Doppelte der für die Beseitigung des Mangels erforderlichen Kosten.

(4) Eine in Geld festgesetzte Vergütung hat der Besteller von der Abnahme des Werkes an zu verzinsen, sofern nicht die Vergütung gestundet ist.

Aus § 641 Abs. 1 BGB ergibt sich der Grundsatz, dass die Vergütung nach erfolgter Abnahme zu entrichten ist, die Abnahme also eine Fälligkeitsvoraussetzung darstellt.

§ 641 Abs. 2 BGB enthält Ausnahmen dazu und zeigt auf, wann die Vergütung auch ohne Abnahme fällig werden kann. Daneben können Teile der Vergütung auch vor Abnahme fällig werden, soweit gemäß § 632 a BGB oder aufgrund vertraglicher Vereinbarung (z. B. § 16 Abs. 1 VOB/B) Abschlagszahlungen zu entrichten sind.

Haben die Bauvertragsparteien die VOB/B in ihren Vertrag einbezogen, müssen für die Fälligkeit des Anspruchs auf Schlusszahlung neben der Abnahme noch weitere Voraussetzungen vorliegen. Gemäß § 16 Abs. 3 Nr. 1 VOB/B wird der Anspruch auf Schlusszahlung alsbald nach Prüfung und Feststellung der vom Auftragnehmer vorgelegten Schlussrechnung fällig, spätestens innerhalb von 30 Tagen nach Zugang. Selbst wenn diese Regelung nicht ausdrücklich auf das Erfordernis der Abnahme verweist, bleibt die Abnahme auch bei VOB/B-Bauverträgen eine Fälligkeitsvoraussetzung. § 641 BGB wird von § 16 Abs. 3 Nr. 1 VOB/B nicht verdrängt, sondern ergänzt.[8]

---

[8] Kandel, in: *Beck'scher VOB-Kommentar*, 3. Auflage, Beck Verlag, München 2013, § 16 Nr. 3 Rdnr. 30.

Der Auftraggeber kann dem fälligen Werklohnanspruch des Auftragnehmers als Einrede nach § 641 Abs. 3 BGB beim Vorliegen von Mängeln einen Mangelbeseitigungsanspruch entgegenhalten. Der Auftraggeber hat somit bei Fälligkeit der Vergütung ein Leistungsverweigerungsrecht. Er ist berechtigt, bei Vorliegen von Mängeln die Zahlung eines angemessenen Teils der Vergütung zu verweigern.

Gemäß § 641 Abs. 3 BGB in seiner seit dem 01.01.2009 gültigen Fassung kann der Auftraggeber *„in der Regel das Doppelte"* der für die Mangelbeseitigung erforderlichen Kosten einbehalten. Für vor dem 01.01.2009 geschlossene Verträge gilt weiterhin der Wortlaut des § 641 Abs. 3 BGB in seiner alten Fassung, wonach *„mindestens das Dreifache"* der für die Mangelbeseitigung erforderlichen Kosten einbehalten werden konnte. Der (nunmehr) doppelte Einbehalt wird als Druckzuschlag bezeichnet. Das Leistungsverweigerungsrecht nach § 641 Abs. 3 BGB besteht ausgehend vom Wortlaut der Vorschrift „nach Abnahme". Der Gesetzgeber hat unberücksichtigt gelassen, dass der Auftraggeber auch schon während der Abwicklung des Bauvorhabens zur Leistung von Abschlagszahlungen verpflichtet sein kann. Soweit bereits vor Abnahme Mängel der Bauleistung erkennbar sind, ist es für den Auftraggeber schon zu diesem Zeitpunkt unzumutbar, die Abschlagszahlungen in voller Höhe auf eine im Ergebnis mangelhafte Bauleistung zu zahlen. Der Auftraggeber ist in diesem Fall vor Abnahme berechtigt, die Zahlung in Höhe des „Druckzuschlags" zu verweigern, weil § 641 Abs. 3 BGB entsprechend auf die Zeit vor Abnahme anzuwenden ist.[9]

5.3.3 Verzinsung der Vergütung

Die Vergütung des Auftragnehmers ist nach § 641 Abs. 4 BGB grundsätzlich von der Abnahme an zu verzinsen. Der Zinssatz für die Fälligkeitszinsen richtet sich nach § 246 BGB bzw. § 352 HGB,[10] wobei letztere Regelung nur für beiderseitige Handelsgeschäfte gilt. Handelsgeschäfte sind alle Geschäfte eines Kaufmanns, die zum Betriebe seines Handelsgewerbes gehören. Handelsgewerbe ist jeder Gewerbebetrieb, es sei denn, dass das Unternehmen nach Art und Umfang einen in kaufmännischer Weise eingerichteten Geschäftsbetrieb nicht erfordert. Sind zwei gewerbliche Bauunternehmen miteinander bauvertraglich verbunden, so wird es sich dabei regelmäßig um ein Handelsgeschäft handeln. Sobald auf der einen Vertragsseite kein Kaufmann, sondern z. B. ein Verbraucher beteiligt ist, gilt der gesetzliche Zinssatz nach § 246 BGB. Der Zinssatz beträgt gemäß § 246 BGB vier Prozent und gemäß § 352 HGB fünf Prozent.

---

[9] Busche, in: *Münchener Kommentar zum Bürgerlichen Gesetzbuch*, 5. Auflage, Beck Verlag, München 2009, § 641 Rdnr. 34; Peters, in: Staudinger J.: *Kommentar zum Bürgerlichen Gesetzbuch*, Neubearbeitung 2003, Sellier de Gruyter Verlag, Berlin 2003, § 641 Rdnr. 22; Heinze, NZBau 2001, 301, 302.

[10] Sprau, in: Palandt, E.: *Bürgerliches Gesetzbuch*, 73. Auflage, Beck Verlag, München 2014, § 641 Rdnr. 19.

Nach § 641 Abs. 4 BGB ist die Vergütung nicht zu verzinsen, wenn sie zuvor gestundet wurde. Stundung bedeutet, dass die Fälligkeit einer Forderung hinausgeschoben wird.[11] Dies ändert nichts an der Erfüllbarkeit der Forderung. Die Stundung beruht regelmäßig auf einer vertraglichen Vereinbarung. Die Vergütung ist in der Höhe des berechtigten Druckzuschlags nicht zu verzinsen, wenn dem Auftraggeber gemäß § 641 Abs. 3 BGB ein Leistungsverweigerungsrecht wegen Mängeln der Werkleistung zusteht.

Die Fälligkeitszinsen sind streng von den sog. Verzugszinsen zu unterscheiden. Anstelle der Fälligkeitszinsen nach § 641 Abs. 4 BGB kann der Auftragnehmer Verzugszinsen gemäß § 288 BGB verlangen, wenn die Voraussetzungen des Verzugs vorliegen. Der Verzugszinssatz liegt gemäß § 288 Abs. 1 S. 2 BGB fünf Prozentpunkte über dem Basiszinssatz. Soweit an dem Rechtsgeschäft kein Verbraucher beteiligt ist, beträgt der Zinssatz für Entgeltforderungen gemäß § 288 Abs. 2 BGB acht Prozentpunkte über dem Basiszinssatz. Eine Definition des Basiszinssatzes wird in § 247 BGB gegeben.

Haben die Parteien einen VOB/B-Vertrag vereinbart, greift die Regelung des § 16 Abs. 5 Nr. 3 VOB/B:

> Zahlt der Auftraggeber bei Fälligkeit nicht, so kann ihm der Auftragnehmer eine angemessene Nachfrist setzen. Zahlt er auch innerhalb der Nachfrist nicht, so hat der Auftragnehmer vom Ende der Nachfrist an Anspruch auf Zinsen in Höhe der in § 288 BGB angegebenen Zinssätze, wenn er nicht einen höheren Verzugsschaden nachweist.

Der Zinsanspruch des § 641 Abs. 4 BGB ist dadurch ausgeschlossen.[12] Die Vergütung des Auftragnehmers wird nur verzinst, wenn sich der Auftraggeber nach § 16 Abs. 5 Nr. 3 VOB/B im Schuldnerverzug befindet.

Nach § 16 Abs. 5 Nr. 3 VOB/B müssen folgende Voraussetzungen erfüllt sein:

- Fälligkeit des Werklohnanspruchs,
- Nichtzahlung des Auftraggebers,
- angemessene Nachfristsetzung durch den Auftragnehmer,
- Nichtzahlung des Auftraggebers innerhalb der Nachfrist.

Bei Vorliegen dieser Voraussetzungen hat der Auftragnehmer vom Ende der Nachfrist an einen Anspruch auf Zinsen in Höhe der in § 288 BGB angegebenen Zinssätze, sofern er nicht einen höheren Verzugsschaden nachweist.

---

[11] Grüneberg, in: Palandt, E.: *Bürgerliches Gesetzbuch*, 73. Auflage, Beck Verlag, München 2014, § 271 Rdnr. 12.
[12] Peters, in: Staudinger J.: *Kommentar zum Bürgerlichen Gesetzbuch*, Neubearbeitung 2003, Sellier de Gruyter Verlag, Berlin 2003, § 641 Rdnr. 120.

5.3.4 Übergang der Leistungs- und der Vergütungsgefahr

Vor Abnahme der Bauleistung trägt der Auftragnehmer grundsätzlich die Leistungs- und Vergütungsgefahr gemäß § 644 BGB.

§ 644 BGB:

(1) Der Unternehmer trägt die Gefahr bis zur Abnahme des Werkes. Kommt der Besteller in Verzug der Annahme, so geht die Gefahr auf ihn über. Für den zufälligen Untergang und seine zufällige Verschlechterung des von dem Besteller gelieferten Stoffes ist der Unternehmer nicht verantwortlich.

(2) Versendet der Unternehmer das Werk auf Verlangen des Bestellers nach einem anderen Ort als dem Erfüllungsort, so findet die für den Kauf geltende Vorschrift des § 447 entsprechende Anwendung.

Der Auftragnehmer muss bei zufälligem Untergang oder zufälliger Verschlechterung seiner Leistung vor Abnahme diese in der Regel nochmals erbringen bzw. instand setzen. Der daraus resultierende Mehraufwand wird nicht vergütet.

Die Leistungs- und Vergütungsgefahr geht erst mit der Abnahme auf den Auftraggeber über. Sofern die Bauleistung nach der Abnahme durch Zufall zerstört oder beschädigt wird, schmälert dies den Vergütungsanspruch des Auftragnehmers nicht. Selbst wenn dem Auftragnehmer eine zusätzliche Vergütung angeboten wird, ist er nicht zur Neuherstellung bzw. Instandsetzung der Bauleistung verpflichtet.

Diese Erfolgsbezogenheit des Werkvertrages gilt grundsätzlich auch für den VOB/B-Vertrag. Dies regelt § 12 Abs. 6 VOB/B:

Mit der Abnahme geht die Gefahr auf den Auftraggeber über, soweit er sie nicht schon nach § 7 trägt.

Die von § 644 BGB abweichende Regelung des § 7 Abs. 1 VOB/B lautet:

1. Wird die ganz oder teilweise ausgeführte Leistung vor der Abnahme durch höhere Gewalt, Krieg, Aufruhr oder andere objektiv unabwendbare vom Auftragnehmer nicht zu vertretende Umstände beschädigt oder zerstört, so hat dieser für die ausgeführten Teile der Leistung die Ansprüche nach § 6 Nr. 5; für andere Schäden besteht keine gegenseitige Ersatzpflicht.

Die VOB/B hat mit dieser Regelung den besonderen Verhältnissen im Bauwesen Rechnung getragen. Der Auftragnehmer hat Schwierigkeiten seine Bauleistungen vor Beschädigung oder Zerstörung zu schützen, da sie grundsätzlich nicht innerhalb seiner Betriebsräume erbracht werden. Der Auftragnehmer kann daher bei einem VOB/B-Vertrag die ausgeführten Leistungen nach den Vertragspreisen abrechnen, soweit seine Leistung aufgrund der in § 7 Abs. 1 VOB/B genannten Gründe beschädigt oder zerstört worden ist.

5.3.5 Entfall der Schutzpflicht nach § 4 Abs. 5 VOB/B

Soweit die Parteien einen VOB/B-Vertrag geschlossen haben, entfällt durch die Abnahme die Schutzpflicht nach § 4 Abs. 5 VOB/B.

§ 4 Abs. 5 VOB/B:

Der Auftragnehmer hat die von ihm ausgeführten Leistungen und die ihm für die Ausführung übergebenen Gegenstände bis zur Abnahme vor Beschädigung und Diebstahl zu schützen. Auf Verlangen des Auftraggebers hat er sie vor Winterschäden und Grundwasser zu schützen, ferner Schnee und Eis zu beseitigen. Obliegt ihm die Verpflichtung nach Satz 2 nicht schon nach dem Vertrag, so regelt sich die Vergütung nach § 2 Abs. 6.

Diese Vorschrift geht über die reinen Gefahrtragungsregeln mit der etwaigen Ersetzungsverpflichtung hinaus. Die Regelung enthält eine Pflicht des Auftragnehmers zur Tätigkeit.[13] In diesem Zusammenhang hat das OLG Celle entschieden, dass ein Bauunternehmer, der zur Durchführung von u. a. Zimmerer- und Dachdeckerarbeiten ein vorhandenes Dach öffnet, den Eintritt von Niederschlägen in das darunter liegende Wohnhaus verhindern muss.[14] Die Schutzpflicht bestehe darin, geeignete Maßnahmen, etwa das Verlegen einer Schutzfolie oder die Errichtung eines Notdaches, zu ergreifen. Selbst für den Fall, dass der Auftraggeber zuvor eine entgeltliche Errichtung eines Notdaches abgelehnt habe, stehe dies einer Verletzung der Pflicht des Auftragnehmers aus § 4 Abs. 5 S. 1 VOB/B nicht entgegen. Nach § 4 Abs. 5 S. 2 VOB/B muss der Auftragnehmer seine ausgeführte Bauleistung und die ihm hierfür übergebenen Gegenstände auf Verlangen des Auftraggebers vor Winterschäden und Grundwasser schützen sowie Schnee und Eis beseitigen.

5.3.6 Beginn der Verjährungsfrist für Mängelansprüche

Mit der Abnahme beginnt die Verjährungsfrist für Mängelansprüche des Auftraggebers, § 634 a Abs. 2 BGB.

Etwaige **vor** der Abnahme des Werks entstehende Mängelansprüche des Auftraggebers unterliegen der dreijährigen Verjährungsfrist gemäß § 195 BGB. Die Regelungen des § 634 a BGB bzw. § 13 Abs. 4 VOB/B gelten vor Abnahme grundsätzlich nicht.[15] Diskutiert wird, ob die Verjährung dieser Ansprüche bis zur Erstellung eines abnahmereifen Werks gehemmt ist.[16]

---

[13] Oppler, in: Ingenstau, H./Korbion, H.: *VOB – Vergabe und Vertragsordnung für Bauleistungen, Teile A und B*, 18. Auflage, Werner Verlag, Köln 2013, VOB/B, § 4 Nr. 5 Rdnr. 3.
[14] Vgl. OLG Celle IBR 2003, 121.
[15] Kniffka/Schulze-Hagen, *ibr-online Kommentar*, Stand 12.01.2015, § 634 a, Rdnr. 239; Oppler, in: Ingenstau, H./Korbion, H.: *VOB – Vergabe und Vertragsordnung für Bauleistungen, Teile A und B*, 18. Auflage, Werner Verlag, Köln 2013, VOB/B, § 4 Abs. 7 Rdnr. 25.
[16] Vgl. Kniffka/Schulze-Hagen, *ibr-online Kommentar*, § 634 a, Rdnr. 45, 239, Stand 12.01.2015; Lenkeit, O.: *Das modernisierte Verjährungsrecht*, BauR 2002, S. 196 (227).

Die Verjährung von Mängelansprüchen beginnt auch ohne eine Abnahme, wenn die Abnahme vom Auftraggeber endgültig verweigert wird. Dies gilt unabhängig davon, ob die endgültige Abnahmeverweigerung berechtigt oder unberechtigt ist. Wird die Abnahme vom Auftraggeber unberechtigt (endgültig) verweigert, richtet sich die Verjährung nach der Regelung des § 634 a BGB.[17] Unterschiedliche Auffassungen bestehen darüber, ob im Falle einer berechtigten (endgültigen) Abnahmeverweigerung die Regelverjährungsfrist von 3 Jahren (§ 195 BGB) oder die fünfjährige Verjährungsfrist des § 634 a BGB einschlägig ist.[18]

Sobald eine Abnahme erklärt wird, gilt ausschließlich dieser Zeitpunkt als Beginn der Verjährung von Mängelansprüchen des Auftraggebers. Mit der Abnahme der Bauleistung endet das reine Erfüllungsstadium des Auftragnehmers und wandelt sich in ein Gewährleistungsstadium. Die Verjährung der im Gewährleistungsstadium bestehenden Mängelansprüche richtet sich bei BGB-Bauverträgen nach § 634 a BGB. Für Bauwerke und darauf bezogene Planungs- und Überwachungsleistungen (§ 634 Nr. 2 BGB) beträgt die Verjährungsfrist fünf Jahre. Bauwerke sind durch die Verwendung von Arbeit und Material in Verbindung mit dem Erdboden hergestellte Sachen, die unbeweglich sind.[19] Wurde die VOB/B in den Vertrag einbezogen, gilt gemäß § 13 Abs. 4 VOB/B eine vierjährige Verjährungsfrist, soweit nichts anderes vereinbart wurde.

Diesen Verjährungsfristen unterliegen sämtliche Mängelansprüche, unabhängig davon, ob sie sich auf bekannte oder unbekannte Mängel, bei Abnahme vorbehaltene oder nicht gerügte Mängel oder auf Mängel des ursprünglichen Vertrages bzw. von Zusatzleistungen beziehen.[20] Ist die Abnahme erfolgt, gilt die fünfjährige Frist des § 634 a BGB bzw. die vierjährige Frist des § 13 Abs. 4 VOB/B demnach auch für vor der Abnahme gerügte Mängel, die nach den obigen Ausführungen grundsätzlich der dreijährigen Regelverjährungsfrist des § 195 BGB zuzuweisen wären. Ausschließlich für die vom Auftragnehmer arglistig verschwiegenen Mängel bleibt es bei der dreijährigen Verjährungsfrist nach den §§ 195, 199 BGB. Dabei ist zu beachten, dass die Verjährung nicht vor Ablauf der Verjährungsfristen nach § 634 a BGB eintreten kann.

---

[17] Leupertz, in: Prütting, H./Wegen, G./Weinreich, G.: *BGB Kommentar*, 7. Auflage, Luchterhand Verlag, Köln 2012, § 634 a, Rdnr. 13; Fuchs, in: Englert, K./Motzke, G./Wirth, A.: *Kommentar zum BGB-Bauvertrag*, Werner Verlag, Neuwied 2007, § 634 a, Rdnr. 20.

[18] Für die Anwendung des § 634 a BGB: vgl. Leupertz, in: Prütting, H./Wegen, G./Weinreich, G.: *BGB Kommentar*, 7. Auflage, Luchterhand Verlag, Köln 2012, § 634 a, Rdnr. 13; Sprau, in: Palandt, E.: *Bürgerliches Gesetzbuch*, 73. Auflage, Beck Verlag, München 2014, § 634 a, Rdnr. 11, 9 mwN; für die Anwendung des § 195 BGB: Fuchs, in: Englert, K./Motzke, G./Wirth, A.: *Kommentar zum BGB-Bauvertrag*, Werner Verlag, Neuwied 2007, § 634 a, Rdnr. 20; Kniffka/Schulze-Hagen, *ibr-online Kommentar*, Stand 12.01.2015, § 634 a, Rdnr. 45, mwN.

[19] Sprau, in: Palandt, E.: *Bürgerliches Gesetzbuch*, 73. Auflage, Beck Verlag, München 2014, § 634 a Rdnr. 10.

[20] Kleine-Möller, N./Merl, H.: *Handbuch des privaten Baurechts*, 5. Auflage, Beck Verlag, München 2014, § 14 Rdnr. 161.

5.3.7 Beweislastumkehr bezüglich Mängel

Vor der Abnahme trägt der Auftragnehmer die Beweislast dafür, dass seine Bauleistungen mangelfrei sind. Der Auftragnehmer muss im Streitfall beweisen, dass seine erbrachte Bauleistung mangelfrei ist.

Mit der Abnahme tritt eine **Beweislastumkehr** ein. Nach der Abnahme trägt der Auftraggeber die Beweislast für das Vorhandensein von Mängeln.[21] Hat sich der Auftraggeber bei der Abnahme seine Rechte wegen gerügter Mängel vorbehalten, ist der Auftragnehmer bezüglich dieser bei Abnahme gerügten Mängel weiterhin beweispflichtig.[22]

5.4 Verschiedene Arten der Abnahme

5.4.1 Technische Abnahme

Der mit Erbringung der Leistungsphase 8 beauftragte Architekt hat als Grundleistung die fachtechnische Abnahme der Leistung und Feststellung der Mängel auszuführen. Es handelt sich dabei nicht um die rechtsgeschäftliche Abnahme, die Sache des Auftraggebers ist, sondern um die rein tatsächliche, technische Abnahme, d. h. die Überprüfung der Bauarbeiten und Baustoffe auf Mängel.

Die Zustandsfeststellung nach § 4 Abs. 10 VOB/B wird vielfach als „technische Abnahme" bezeichnet. Auch dabei handelt es sich nicht um eine rechtsgeschäftliche Abnahme im Sinne des § 640 BGB bzw. § 12 VOB/B. Die sog. technische Abnahme hat den Sinn, dass Auftraggeber und Auftragnehmer gemeinsam den Zustand von Teilen feststellen, wenn diese durch die weitere Ausführung später nicht mehr überprüft werden können. Dies ist z. B. bei Abdichtungsarbeiten oder bei Fassaden vor Anbringung der Dämmplatten sinnvoll.

Die Zustandsfeststellung erfolgt nur auf Verlangen einer Vertragspartei. Das Ergebnis muss schriftlich festgehalten werden. Die Zustandsfeststellung nach § 4 Abs. 10 VOB/B dient grundsätzlich zur Vorbereitung der späteren rechtsgeschäftlichen Abnahme.

Die rechtlichen Folgen eines fehlerhaften Ergebnisprotokolls der Zustandsfeststellung sind umstritten. In diesem Zusammenhang sind vor allem die Fälle von Bedeutung, in denen der Auftraggeber Mängel, die er zu einem späteren Zeitpunkt rügt, nicht im Protokoll festgehalten hat oder möglicherweise sogar Mängelfreiheit bescheinigt hat.[23] Ebenfalls kann der Auftraggeber in dem Ergebnisprotokoll unberechtigte Mängelrügen vermerkt haben, denen der Auftragnehmer nicht zu Protokoll widersprochen hat.

Eine in der Literatur stark vertretene Auffassung nimmt für den Fall einer gemeinsamen Leistungsfeststellung an, dass derjenige die Darlegungs- und Beweislast trägt, der

---

[21] Vgl. BGH NJW-RR 2004, 782; BGH BauR 1981, 575.
[22] Vgl. BGH BauR 1997, 129.
[23] Oppler, in: Ingenstau, H./Korbion, H.: *VOB – Vergabe und Vertragsordnung für Bauleistungen, Teile A und B*, 18. Auflage, Werner Verlag, Köln 2013, VOB/B, § 4 Abs. 10 Rdnr. 6.

nachträglich von den gemeinsamen Feststellungen abweichen will.[24] Wende der Auftraggeber bei der rechtsgeschäftlichen Abnahme demnach weitere Mängel ein, die zwar den Gegenstand der im Vorfeld getroffenen gemeinsamen Leistungsfeststellung betreffen, diese konkreten Mängel dabei aber nicht festgestellt worden waren, sei der Auftraggeber für das Vorliegen derartiger neuer Mängel nun beweisbelastet. In solchen Fälle finde also eine Beweislastumkehr statt. Andere sind hingegen der Auffassung, dass sich an der Darlegungs- und Beweislast grundsätzlich nichts ändere. Zumindest für Mängel, die trotz angemessener Prüfung nicht feststellbar waren, übernehme der Auftraggeber durch die Zustandsfeststellung nicht die Beweislast.[25]

§ 4 Abs. 10 VOB/B enthält keine Verpflichtung der Vertragsparteien, in jedem Fall eine einvernehmliche Lösung zu finden. Die Baupraxis zeigt, dass sich im Rahmen einer gemeinsamen Zustandsfeststellung vielfach keine Einigung hinsichtlich Art und Umfang der etwaigen Mängel finden lässt. Soweit die unterschiedlichen Auffassungen im Ergebnisprotokoll festgehalten werden, haben beide Vertragsparteien ihre Pflicht nach § 4 Abs. 10 VOB/B erfüllt.

Für den Fall, dass der Auftraggeber seine Mitwirkung an einer Zustandsfeststellung unberechtigt verweigert, begeht er eine Pflichtverletzung gemäß §§ 280, 241 Abs. 2 BGB. Entsteht im Rahmen der Abnahme Unklarheit darüber, ob die betreffende Leistung mangelfrei erbracht wurde, geht dies mit der wohl überwiegenden Auffassung zu Lasten desjenigen Auftraggebers, der seine Teilnahme an der „technischen Abnahme" unberechtigt verweigert hat.[26] Bei der gemeinsamen Leistungsfeststellung handelt es sich um eine vertraglich vereinbarte Beweissicherung, die der Auftraggeber durch sein Fehlverhalten vereitelt. Des Weiteren kann der diese Pflicht verletzende Auftraggeber zum Ersatz desjenigen Schadens verpflichtet sein, der durch eine etwaige spätere Prüfung der Ordnungsmäßigkeit der Auftragnehmerleistung entsteht und bei Teilnahme am ursprünglich vorgesehenen Termin zur Leistungsfeststellung vermieden worden wäre.[27]

5.4.2 Behördliche Abnahme

Eine Grundleistung des Architekten im Rahmen der Leistungsphase 8 liegt in dem Antrag auf behördliche Abnahme und der Teilnahme daran. Das bedeutet, dass der Architekt die

---

[24] Kapellmann, K./Messerschmidt, B.: VOB Teile A und B, 4. Auflage, Beck Verlag, München 2013, § 4, Rdnr. 224 mwN.

[25] Oppler, in: Ingenstau, H./Korbion, H.: *VOB – Vergabe und Vertragsordnung für Bauleistungen, Teile A und B*, 18. Auflage, Werner Verlag, Köln 2013, VOB/B, § 4 Abs. 10, Rdnr. 6 unter Verweis auf zwei Urteile des BGH zum gemeinsamen Aufmaß (BGH, BauR 2003, 1207; BauR 2003, 1892).

[26] Junghenn, I., in: *Beck'scher VOB-Kommentar*, 3. Auflage, Beck Verlag, München 2013, § 4 Nr. 10 Rdnr. 9 mwN.

[27] Junghenn, I., in: *Beck'scher VOB-Kommentar*, 3. Auflage, Beck Verlag, München 2013, § 4 Nr. 10 Rdnr. 9 mwN.

behördliche Abnahme[28] gemäß den Vorgaben der jeweiligen Landesbauordnung herbeizuführen hat.[29] Im überwiegenden Teil der Landesbauordnungen ist eine solche behördliche Abnahme nach Fertigstellung des Rohbaus sowie nach endgültiger Fertigstellung vor Ingebrauchnahme vorgesehen (z. B. in § 82 BauO NRW, § 74 HBO, § 80 NBauO). Der Rohbau gilt als fertig gestellt, wenn tragende Teile des Bauwerkes, der Schornsteine, der Brandwände, der Treppen und der Dachkonstruktion errichtet sind. Die sog. „behördliche Abnahme" stellt keine Abnahme im Sinne des § 640 BGB bzw. 12 VOB/B dar. Sie wird öffentlich-rechtlich in den Landesbauordnungen geregelt und durch die zuständige Fachbehörde vorgenommen. Die behördliche Abnahme kann gegebenenfalls durch das Beibringen einer Bescheinigung eines staatlich anerkannten Sachverständigen ersetzt werden.[30] Sie hat den Zweck, die Allgemeinheit vor Gefahren zu schützen. Die Fachbehörde überprüft das Bauvorhaben dahingehend, ob das Bauwerk den genehmigten Plänen, den Auflagen und Bedingungen der Baugenehmigung sowie den sonst jeweils in Betracht kommenden öffentlich-rechtlichen Bauvorschriften entspricht. Anders als bei der rechtsgeschäftlichen Abnahme gilt der Architekt bei der behördlichen Abnahme grundsätzlich als der befugte Vertreter des Bauherrn. Er hat demnach die baubehördliche Abnahme zu beantragen und diese zu begleiten. Kommt er dieser Pflicht nicht nach, kann er gegenüber seinem Auftraggeber gewährleistungs- und schadensersatzpflichtig nach den §§ 634 Nr. 4, 636, 280, 281 BGB sein.

Der auftraggeberseitige Bauleiter ist im Rahmen der Grundleistungen der Leistungsphase 8 nicht zu einer Abnahme i. S. d. öffentlichen Rechts im Hinblick auf eine ordnungsgemäße Standfestigkeit z. B. zur Abnahme von Bewehrungen verpflichtet.[31] Der Architekt muss keine Kenntnisse eines Tragwerksplaners vorweisen. Soweit der Architekt aus eigener Sachkunde derartige Mängel erkennt, ist er gehalten, auf diese ausdrücklich hinzuweisen.[32]

5.4.3 Rechtsgeschäftliche Abnahme beim BGB-Vertrag

Die rechtsgeschäftliche Abnahme wird für den BGB-Vertrag in § 640 BGB und für den VOB/B-Vertrag in § 12 VOB/B geregelt. Die rechtsgeschäftliche Abnahme setzt nach dem

---

[28] In vielen Landesbauordnungen wird anstelle des Begriffs (behördliche) „Abnahme" der Begriff „Bauzustandsbesichtigung" verwendet.

[29] Die NBauO sieht in § 80 Abs. 3 NBauO vor, dass der Bauherr der Behörde „*rechtzeitig*" mitzuteilen hat, wann die Voraussetzungen für die Abnahmen gegeben sind. Die HBO gibt dem Bauherr in § 74 Abs. 1 S. 1 HBO auf, die Fertigstellung mindestens zwei Wochen vor Abschluss der entsprechenden Arbeiten mitzuteilen. Die BauO NRW sieht eine Frist von einer Woche vor.

[30] Zum Beispiel gemäß § 82 Abs. 1 BauO NRW.

[31] Vgl. Korbion, C./Mantscheff, J./Vygen, K.: *HOAI – Beck'sche Kurzkommentare*, 8. Auflage, Beck Verlag, München 2013, § 15 Rdnr. 178; Olshausen, BauR 1987, 365.

[32] Vgl. Korbion, C./Mantscheff, J./Vygen, K.: *HOAI – Beck'sche Kurzkommentare*, 8. Auflage, Beck Verlag, München 2013, § 15 Rdnr. 178.

herrschenden zweigliedrigen Abnahmebegriff die Übergabe der Werkleistung und deren Billigung als im Wesentlichen vertragsgemäß voraus.

Innerhalb des BGB-Werkvertrages muss zwischen verschiedenen Abnahmeformen unterschieden werden.

Diese Abnahmeformen sind

- die ausdrückliche Abnahme,
- die konkludente Abnahme,
- die förmliche Abnahme, sowie
- die fiktive Abnahme.

5.4.3.1 Ausdrückliche Abnahme

Die ausdrückliche Abnahme stellt für das gesetzliche Werkvertragsrecht den Grundtypus der Abnahme dar. Diese Abnahmeform erfordert, dass der Auftraggeber seinen Abnahmewillen erklärterweise gegenüber dem Auftragnehmer zum Ausdruck bringt. Der Begriff der Abnahme muss dabei nicht „wörtlich" verwendet werden.[33] Eine besondere Form der Abnahmeerklärung ist nicht erforderlich.[34]

Der Abnahmewillen des Auftraggebers wird z. B. bei nachstehenden Erklärungen anzunehmen sein:[35]

- Der Auftraggeber ist mit der Bauleistung „einverstanden".
- Die Bauleistung ist „in Ordnung".
- Man ist mit der Bauleistung „zufrieden".
- Man wird nun mit der „Nutzung beginnen".

Aus Beweisgründen empfiehlt es sich, ein Protokoll über die Abnahme zu führen.

Haben die Parteien eine bestimmte Form der Abnahme vereinbart, liegt eine wirksame Abnahme erst vor, wenn der vereinbarten Form Genüge getan ist. Allerdings ist es möglich, dass die Parteien einvernehmlich vom Formerfordernis wieder Abstand nehmen und die nicht formgerechte Abnahmeerklärung als wirksam behandeln. In der einvernehmlichen (formlosen) Abnahme liegt der stillschweigende Verzicht des Auftraggebers und des Auftragnehmers auf das vereinbarte Formerfordernis.[36]

5.4.3.2 Konkludente Abnahme

Die Erklärung der Abnahme kann durch konkludentes (schlüssiges) Verhalten des Auftraggebers erfolgen. Eine konkludente Abnahme durch schlüssiges Verhalten des Auf-

---

[33] Kleine-Möller, N./Merl, H.: *Handbuch des privaten Baurechts*, 5. Auflage, Beck Verlag, München 2014, § 14 Rdnr. 22.
[34] Werner, U./Pastor, W.: *Der Bauprozess*, 15. Auflage, Werner Verlag, Köln 2015, Rdnr. 1816.
[35] Werner, U./Pastor, W.: *Der Bauprozess*, 15. Auflage, Werner Verlag, Köln 2015, Rdnr. 1817.
[36] Vgl. Kleine-Möller, N./Merl, H.: *Handbuch des privaten Baurechts*, 5. Auflage, Beck Verlag, München 2014, § 14 Rdnr. 25.

traggebers liegt vor, wenn dieser auch ohne ausdrückliche Erklärung dem Auftragnehmer gegenüber erkennen lässt, dass er mit der Bauleistung in der Hauptsache einverstanden ist und sie im Wesentlichen als vertragsgemäß ansieht.[37] Das Verhalten muss gemäß dem objektiven Empfängerhorizont (§§ 133, 157 BGB) nach Treu und Glauben mit Rücksicht auf die Verkehrssitte gewürdigt werden. Das reine Schweigen des Auftraggebers ist nicht ausreichend. In der Praxis ist häufig fraglich, wann eine Abnahme durch schlüssiges Verhalten vorliegt.

Die nachstehenden Konstellationen können auf eine konkludente Abnahme deuten:

- vorbehaltlose Zahlung des Werklohns,[38]
- bestimmungsgemäße Ingebrauchnahme,[39]
- Bezug des Hauses bzw. Übernahme des Bauwerks,[40]
- Annahme des Hausschlüssels durch den Erwerber nach Besichtigung des Hauses,[41]
- rügelose Benutzung des Werks oder der Bauleistung (auch für weitere Arbeiten),[42]
- Auszahlung des Sicherheitsbetrages,[43]
- Erstellung der Gegenrechnung durch den Auftraggeber,[44]
- Veräußerung des Bauwerks,[45]
- Unterzeichnung einer Ausführungsbestätigung des Auftraggebers, auch bei gleichzeitiger Rüge kleinerer Mängel,[46]
- Einwilligung in den Abbau eines Gerüstes bzgl. der Putzer- und Malerarbeiten am Haus,[47]
- Einbehalt eines Betrages für gerügte Mängel im Rahmen eine Schlussgesprächs über die Restforderung des Auftragnehmers,[48]
- weiterer Aufbau durch den Auftraggeber auf die Leistung des Auftragnehmers,[49]
- Fortsetzung der vom Auftragnehmer geschuldeten Erfüllungshandlung durch Mangelbeseitigung im Wege der Ersatzvornahme.[50]

---

[37] BGH NJW 1993, 1063; BGH NJW 1974, 95.
[38] BGH BauR 1970, 48; OLG Köln BauR 1992, 514, 515.
[39] BGH BauR 1985, 200.
[40] BGH BauR 1975, 344; OLG Hamm BauR 1993, 604.
[41] OLG Hamm BauR 1993, 374.
[42] LG Regensburg SFH, Nr. 6 zu § 641 BGB.
[43] BGH Schäfer/Finnern, Z 2.50 Bl. 9.
[44] OLG München SFH, Nr. 4 zu § 16 Nr. 3 VOB/B.
[45] BGH NJW-RR 1996, 883, 884; U./Pastor, W.: *Der Bauprozess*, 15. Auflage, Werner Verlag, Köln 2015, Rdnr. 1824.
[46] OLG Düsseldorf BauR 1998, 126.
[47] Werner, U./Pastor, W.: *Der Bauprozess*, 15. Auflage, Werner Verlag, Köln 2015, Rdnr. 1824.
[48] OLG Koblenz NJW-RR 1994, 786.
[49] OLG Düsseldorf BauR 2001, 423.
[50] Sonntag, G.: *Die Abnahme im Bauvertrag*, NJW 2009, S. 3084 (3085).

Keine konkludente Abnahme liegt in folgenden Fällen vor:

- Bezahlung von Abschlagsrechnungen,[51]
- Kündigung des Werkvertrages,[52]
- Erstellen eines gemeinsamen Aufmaßes,
- Prüfvermerk des Architekten, wonach die Schlussrechnung sachlich und rechnerisch richtig ist,[53]
- Aushändigen eines Trinkgeldes.[54]

Die Schlussrechnungsprüfung des Architekten stellt eine rein interne rechnerische Prüfung dar und enthält keine Feststellungen zur Ordnungsmäßigkeit der Leistung.[55] Dies gilt im Übrigen auch für den vom Auftraggeber selbst angebrachten Prüfvermerk.[56]

Der Bundesgerichtshof hat in seinem Urteil vom 13.05.2004[57] entschieden, dass der Bestätigungsvermerk des Auftraggebers auf der Abrechnung des Auftragnehmers nicht die Erfordernisse an eine rechtsgeschäftliche Abnahme erfüllt. Treten keine weiteren Umstände hinzu, die für eine Abnahme sprechen, sei keine Abnahme gegeben.

Für den bauleitenden Architekten ist zu beachten, dass beim Auftraggeber intern gebliebene Vorgänge, aus denen objektiv auf eine Billigung des Werks geschlossen werden könnte, außer Betracht bleiben.[58] Interne Absprachen zwischen dem Auftraggeber und seinem Architekten sollten trotzdem nicht an den Auftragnehmer weitergegeben werden.

5.4.3.3 Förmliche Abnahme

Eine förmliche Abnahme liegt vor, wenn Auftraggeber und Auftragnehmer ein bestimmtes Verfahren bezüglich der Abnahme vereinbart haben. Dies ist z. B. bei der Abnahme durch Abnahmebegehung und Abnahmeprotokoll der Fall.

Zwar ist die förmliche Abnahme nicht ausdrücklich im BGB geregelt, doch ist eine vertragliche Vereinbarung grundsätzlich zulässig.[59] Eine derartige Vereinbarung kann auch in Allgemeinen Geschäftsbedingungen erfolgen.[60]

---

[51] Oppler, in: Ingenstau, H./Korbion, H.: *VOB – Vergabe und Vertragsordnung für Bauleistungen, Teile A und B*, 18. Auflage, Werner Verlag, Köln 2013, VOB/B, § 12 Abs. 1 Rdnr. 12.
[52] BGH BauR 2003, 680.
[53] BGH BauR 2004, 1291; Werner, U./Pastor, W.: *Der Bauprozess*, 15. Auflage, Werner Verlag, Köln 2015, Rdnr. 1825; Oppler, in: Ingenstau, H./Korbion, H.: *VOB – Vergabe und Vertragsordnung für Bauleistungen, Teile A und B*, 18. Auflage, Werner Verlag, Köln 2013, VOB/B, § 12 Abs. 1 Rdnr. 15.
[54] OLG Celle IBR 1994, 369.
[55] Vgl. Kleine-Möller, N./Merl, H.: *Handbuch des privaten Baurechts*, 5. Auflage, Beck Verlag, München 2014, § 14 Rdnr. 32.
[56] BGH BauR 2004, 1291; Werner, U./Pastor, W.: *Der Bauprozess*, 15. Auflage, Werner Verlag, Köln 2015, Rdnr. 1825.
[57] BGH IBR 2004, 492.
[58] BGH NJW 1974, 95.
[59] Werner, U./Pastor, W.: *Der Bauprozess*, 15. Auflage, Werner Verlag, Köln 2015, Rdnr. 1818.
[60] BGH BauR 1996, 378, 379.

Haben die Vertragsparteien die förmliche Abnahme vereinbart, richtet sich deren Verfahren nach dem Inhalt der konkreten Vereinbarung. Häufig werden die Regelungen an § 12 Abs. 4 VOB/B orientiert. Dies wird bei den nachfolgenden Betrachtungen unterstellt. Danach ist eine förmliche Abnahme durchzuführen, wenn eine der Parteien es verlangt. Das Abnahmeverlangen bedarf grundsätzlich keiner bestimmten Form, sodass die mündliche Aufforderung genügt.[61] In der Praxis ist dem bauleitenden Architekten zu empfehlen, aus Beweisgründen ein schriftliches Abnahmeverlangen zu stellen. Der Zugang dieses schriftlichen Abnahmeverlangens ist im Streitfall am sichersten durch Einschreiben mit Rückschein oder bei Zuleitung durch Boten gegen Empfangsbestätigung des Empfängers nachzuweisen.

Richtiger Adressat des Abnahmeverlangens ist unmittelbar der Auftraggeber. Der Architekt des Auftraggebers ist nur dann der richtige Adressat, wenn ihm im Einzelfall aufgrund besonderer Vereinbarung Vollmacht zur Abnahme durch den Auftraggeber erteilt wurde. Dies ist sorgfältig zu überprüfen und gilt insbesondere für den mit Erbringung der Leistungsphase 8 beauftragten Architekten, der ebenfalls eine besondere Bevollmächtigung zur Durchführung der rechtsgeschäftlichen Abnahme benötigt. Eine derartige Vollmacht kann nicht aus der Beauftragung mit den Leistungen der Leistungsphase 8 geschlossen werden. Vielmehr muss der Bauleiter nach Möglichkeit eine entsprechende Vollmachtsurkunde vorlegen können, die seine Vertretungsmacht dokumentiert.

Der richtige Zeitpunkt zur Stellung eines Abnahmeverlangens ist nach Eintritt der Abnahmereife der Bauleistung.

Vorbereitung und Durchführung des Abnahmetermins

Die Parteien können entweder einvernehmlich einen Abnahmetermin vereinbaren oder dieser wird einseitig durch den Auftraggeber bestimmt.[62] Sofern der Auftraggeber den Abnahmetermin einseitig bestimmt, hat er die Belange des Auftragnehmers angemessen zu berücksichtigen. Insbesondere ist eine ausreichende Ladungsfrist einzuhalten. Eine Ladungsfrist von 12 Werktagen sollte eingehalten werden.[63] Der Termin sollte innerhalb der üblichen Arbeitszeiten stattfinden. Ferner sind entsprechende Vorkehrungen zum reibungslosen und zügigen Ablauf zu treffen. Es ist dafür Sorge zu tragen, dass alle relevanten Bereiche der Baustelle zugänglich sind. Es besteht grundsätzlich keine Verpflichtung des Auftraggebers, Beanstandungen bereits vor dem eigentlichen Abnahmetermin bekannt zu geben. Ausnahmen können sich allenfalls aus Treu und Glauben ergeben. Aus praktischen Gründen empfiehlt es sich jedoch, frühzeitig Hinweise zu geben, um eine hinreichende Klärung aller offenen Streitfragen herbeizuführen.

---

[61] Vgl. Nicklisch, F./Weick, G.: *Verdingungsordnung für Bauleistungen, Kommentar, Teil B*, 3. Auflage, Beck Verlag, München 2001, § 12 Rdnr. 64.

[62] Oppler, in: Ingenstau, H./Korbion, H.: *VOB – Vergabe und Vertragsordnung für Bauleistungen, Teile A und B*, 18. Auflage, Werner Verlag, Köln 2013, VOB/B, § 12 Abs. 4 Rdnr. 10.

[63] Heiermann, W./Riedl, R./Rusam, M.: *Handkommentar zur VOB Teile A und B, Rechtsschutz im Vergabeverfahren*, 12. Auflage, Vieweg Verlag, Wiesbaden 2009, VOB/B, § 12 Rdnr. 86.

Teilnahme von Dritten

„Jede Partei kann auf ihre Kosten zur förmlichen Abnahme Sachverständige hinzuziehen.
Ein Parteisachverständiger dient allein der Unterstützung der ihn beiziehenden Partei.
Er ist nicht berechtigt, ohne entsprechende ausdrückliche Bevollmächtigung, eine Ab-
nahmeerklärung oder sonstige verbindliche Erklärung für seine Partei abzugeben. Dem
Sachverständigen ist Zutritt zur Baustelle zu gewähren.

Die Kosten des Sachverständigen sind grundsätzlich keine Mangelbeseitigungskosten
nach den §§ 634 Nr. 4, 280 Abs. 1 BGB bzw. § 13 Nrn. 5, 7 VOB/B und daher von der
beiziehenden Partei selbst zu tragen. Etwas anderes gilt nur dann, wenn die Leistung noch
nicht abnahmereif ist oder bereits Streit über das Vorliegen von Mängeln besteht und der
Sachverständige von einer Partei zur Klärung dieses Streits beigezogen wird. In diesen
Fällen kann der Auftraggeber die aufgewendeten Sachverständigenkosten als Mangelfol-
gekosten geltend machen.[64] Dies gilt nicht, wenn lediglich vorbeugend die Vollständigkeit
und Mangelfreiheit der Bauleistungen überwacht werden soll oder der Sachverständige
einzig zu dem Zweck tätig wird, den Auftraggeber ganz allgemein über die Qualität der
Bauleistung in Kenntnis zu setzen.[65]

Anforderungen an das Abnahmeprotokoll

Das Ergebnis der förmlichen Abnahme ist in einer gemeinsamen Niederschrift festzuhalten. Das Abnahmeprotokoll enthält sowohl die Mängelrügen des Auftraggebers als
auch darauf bezogene Erklärungen des Auftragnehmers sowie Anerkenntnisse oder Einwendungen. Die förmliche Abnahme ist erst dann vollständig abgeschlossen, wenn das
Abnahmeprotokoll von beiden Parteien oder den hierzu bevollmächtigten Vertretern un-
terschrieben wurde. Kein Abnahmeprotokoll stellt eine Niederschrift dar, die von einer
Partei isoliert, ohne gleichberechtigte Mitwirkung der anderen Vertragspartei erstellt wird.
Vorbehalte hinsichtlich bekannter Mängel oder der Vertragsstrafe sind bis zur Unterzeichnung des Abnahmeprotokolls zu erklären und in das Abnahmeprotokoll aufzunehmen.[66]

Der Inhalt des Abnahmeprotokolls sollte zumindest die nachstehenden Positionen umfassen (Abb. 5.2).

Für den Auftraggeber empfiehlt es sich, im Bauvertrag eine Klausel zur zeitlichen Ausgestaltung der Abnahme zu vereinbaren. Oftmals kann der Auftraggeber zum Zeitpunkt
der ersten Begehung des fertig gestellten Objekts noch nicht abschließend und sicher beurteilen, ob der Auftragnehmer ein abnahmefähiges Werk erstellt hat. Das Vorliegen und
das Ausmaß von Mängeln der Bauleistung sind ebenfalls vor Ort in der Kürze der Zeit
nicht mit hinreichender Sorgfalt zu beurteilen. Aus diesem Grund können die Parteien vertraglich vereinbaren, dass zunächst eine Abnahmebegehung stattfindet. Der Auftraggeber
hat im Anschluss an die Begehung einen Zeitraum von zwei Wochen zur abschließenden

---

[64] Vgl. BGH NJW 1971, 99, 100; Jagenburg, I., in: *Beck'scher VOB-Kommentar*, 2. Auflage, Beck
Verlag, München 2008, § 12 Nr. 4 Rdnr. 26 ff.
[65] Vgl. OLG Köln OLGR 1998, 119; Schneider, *OLG Report Kommentar*, 2/2000, K 1, K 2.
[66] Kleine-Möller, N./Merl, H.: *Handbuch des privaten Baurechts*, 5. Auflage, Beck Verlag, München
2014, § 14 Rdnr. 55.

Checkliste – Inhalt eines Abnahmeprotokolls

- Datum
- Ort der Abnahme
- Teilnehmer der Abnahmeverhandlung
- vom Auftraggeber gerügten Mängel
- Vorbehalte und Einwendungen des Auftragnehmers
- mit der Abnahme in Verbindung stehende wesentliche Erklärungen der Parteien
- abschließende Erklärung des Auftraggebers, ob er die Abnahme erklärt oder ablehnt
- Unterschrift der Parteien

Abb. 5.2 Inhalt eines Abnahmeprotokolls

Prüfung und Beurteilung der Leistung zur Verfügung. Nach Ablauf dieser Prüfungsfrist erfolgt die ausdrückliche Abnahmeerklärung des Auftraggebers. Erst mit Abgabe der Abnahmeerklärung tritt die Wirkung der rechtsgeschäftlichen Abnahme ein. Eine derartige Klausel kann wie folgt lauten:

> Die förmliche Abnahme besteht aus einer Baubegehung, in deren Verlauf beide Parteien ein Abnahmeprotokoll erstellen und unterschreiben. In diesem Abnahmeprotokoll werden u. a. die unstreitigen Mängel und deren Beseitigungsfristen aufgeführt. Das Abnahmeprotokoll selbst stellt keine Abnahme dar. Der Auftraggeber hat vielmehr die Abnahme innerhalb von 2 Wochen nach der Baubegehung durch ausdrückliche Abnahmeerklärung zu erteilen, sofern die Voraussetzungen des § 640 BGB vorliegen.

Die Unterschrift unter dem Abnahmeprotokoll hat nicht die Wirkung eines Anerkenntnisses der vom Auftraggeber im Abnahmeprotokoll gerügten Mängel, selbst wenn diesen Rügen im Protokoll nicht ausdrücklich entgegen getreten wird. Das Abnahmeprotokoll erbringt den Beweis, dass die darin enthaltenen Feststellungen und Erklärungen bei der Abnahmebegehung getroffen bzw. gemacht worden sind. Das Protokoll hat den Sinn und Zweck, für den genauen Inhalt der Abnahmeverhandlung Beweis zu geben.[67]

Vom bauleitenden Architekten des Auftraggebers ist zu berücksichtigen, dass Vorbehalte des Auftraggebers wegen bekannter Mängel oder möglicher Vertragsstrafen unwirksam sind, wenn sie nicht in die gemeinsame Niederschrift aufgenommen werden.[68] Der Vorbehalt des Auftraggebers ist vor Unterzeichnung des Abnahmeprotokolls zu erklären. In der Praxis wird häufig eine formularmäßige Vorbehaltsklausel verwendet.

---

[67] Vgl. OLG Düsseldorf BauR 1986, 457.
[68] BGH BauR 1973, 192, 193.

> **Voraussetzungen Abnahmefiktion nach § 640 Abs. 1 S. 3 BGB**
>
> 1. Abnahmepflicht seitens des Auftraggebers
> 2. Angemessene Fristsetzung durch den Auftragnehmer
> 3. Ausbleiben der Abnahme innerhalb der gesetzten Frist

Abb. 5.3 Voraussetzungen Abnahmefiktion nach § 640 Abs. 1 S. 3 BGB

5.4.3.4 Fiktive Abnahme nach § 640 Abs. 1 S. 3 BGB

Der Abnahme steht es nach § 640 Abs. 1 S. 3 BGB gleich, wenn der Auftraggeber das Werk nicht innerhalb einer ihm vom Auftragnehmer bestimmten, angemessenen Frist abnimmt, obwohl er dazu verpflichtet ist. Die Abnahmefiktion ist an die in Abb. 5.3 dargestellten Voraussetzungen geknüpft.

Die Abnahmeregel des § 640 Abs. 1 S. 3 BGB ist auch auf Verträge anzuwenden, bei denen die VOB/B als Vertragsgrundlage vereinbart ist.[69] Die Anwendung der gesetzlichen Abnahmeregelungen ist nicht ausgeschlossen, weil die Abnahmeregeln der VOB/B kein in sich geschlossenes Regelungssystem enthalten.

Abnahmepflicht seitens des Auftraggebers

Die Pflicht zur Abnahme besteht, wenn das Werk abnahmefähig und abnahmereif, d. h. vollständig und ohne wesentliche Mängel, erstellt ist. Dabei ist auf die objektive Abnahmereife abzustellen, unabhängig davon, ob und welche Mängel der Auftraggeber während der Frist rügt. Die Abnahmereife der Leistung muss schon im Zeitpunkt des Fristbeginns bestehen. Der Auftragnehmer hat den Auftraggeber erneut zur Abnahme aufzufordern, wenn zum Zeitpunkt der Fristsetzung wesentliche Mängel bestehen, die der Auftragnehmer erst während der zur Abnahme gesetzten Frist beseitigt.

Angemessene Fristsetzung durch den Auftragnehmer

Der Auftragnehmer hat nach § 640 Abs. 1 S. 3 BGB den Auftraggeber mit Fristsetzung zur Abnahme aufzufordern. Diese Aufforderung stellt eine empfangsbedürftige Willenserklärung dar. Es besteht kein Formerfordernis, sodass auch eine mündliche Fristsetzung ausreicht. Aus Beweisgründen empfiehlt es sich, immer die Schriftform zu wählen und den Zugang des Schreibens entweder durch Botenübergabe mit Empfangsbestätigung oder eine Versendung mittels Einschreiben und Rückschein nachzuweisen. Der Adressat der Aufforderung ist unmittelbar der Auftraggeber. Eine gewöhnliche Architektenvollmacht enthält grundsätzlich keine Ermächtigung zur Entgegennahme der Fristsetzung.

---

[69] Kraus, BauR 2001, 513; Kniffka, *ZfBR 2000*, 227, 231; Motzke, *NZBau 2000*, 488, 494.

Umstritten ist, ob selbst dann eine Frist gesetzt werden muss, wenn der Auftraggeber die Abnahme von vornherein endgültig unberechtigt verweigert.[70] Um Rechtssicherheit zu erhalten, sollte der Auftragnehmer auch in diesen Fällen eine Frist setzen.

Es reicht nicht aus, eine Aufforderung zur „unverzüglichen" Abnahme auszusprechen. In jedem Fall muss eine bestimmte Frist unmissverständlich gesetzt werden. Setzt der Auftragnehmer eine zu kurz bemessene Frist, so führt dies nicht zur generellen Unwirksamkeit der Abnahmeaufforderung. Die gesetzte Frist verlängert sich automatisch auf den angemessenen Zeitraum.[71]

Ausbleiben der Abnahme innerhalb der gesetzten Frist

Nach § 640 Abs. 1 S. 3 BGB tritt die Abnahmewirkung ein, wenn der Auftraggeber innerhalb der gesetzten bzw. angemessenen Frist keine Abnahme erklärt. Es reicht zur Fristwahrung nicht aus, innerhalb der Frist lediglich einen Abnahmetermin zu bestimmen, wenn dieser letztendlich nicht zu einer ausdrücklichen Abnahmeerklärung führt. Der Fristablauf ist nicht an ein Verschuldenserfordernis gebunden, sodass die Abnahmefiktion auch dann eintritt, wenn der Auftraggeber das Unterbleiben der Abnahme nicht zu vertreten hat, er die Frist also schuldlos versäumt.[72]

Nach fruchtlosem Fristablauf treten grundsätzlich die bereits erläuterten Abnahmewirkungen ein. Dabei besteht eine Ausnahme darin, dass der Auftraggeber auch ohne Vorbehalt seine Mängelansprüche nicht verliert. § 640 Abs. 2 BGB, der den Mangelvorbehalt bei der Abnahme regelt, nimmt nur auf die rechtsgeschäftliche Abnahme des § 640 Abs. 1 S. 1 BGB Bezug. Damit gilt § 640 Abs. 2 BGB nicht für die fiktive Abnahme.[73] Des Weiteren ist umstritten, ob der Auftragnehmer weiterhin die Beweislast für die Mangelfreiheit seines Werkes trägt. Zum Teil wird vertreten, mit Fristablauf würden sämtliche Abnahmewirkungen eintreten, also auch die beschriebene Beweislastumkehr bzgl. des Vorliegens von Mängeln.[74] Andere sind der Auffassung, der Auftragnehmer bleibe auch nach fruchtlosem Fristablauf dafür beweisbelastet, dass sein Werk frei von wesentlichen Mängeln ist.[75] Die Frage ist bislang nicht höchstrichterlich geklärt. Es erscheint jedoch interessengerecht, auch die Abnahmewirkung der Beweislastumkehr anzunehmen, soweit die Mängel nicht bis zum Ablauf der Abnahmefrist vom Auftraggeber gerügt wurden.

---

[70] So Motzke, *NZBau* 2000, 488, 495; Sprau, in: Palandt, E.: *Bürgerliches Gesetzbuch*, 73. Auflage, Beck Verlag, München 2014, § 640 Rdnr. 10. a.A. Kniffka/Pause/Vogel, *ibr-online Kommentar*, Stand 12.01.2015, § 640, Rdnr. 42.

[71] Heinze, *NZBau 2001*, 233, 238; Kniffka, *ZfBR 2000*, 227, 300; Peters, *NZBau 2000*, 169, 171.

[72] Sprau, in: Palandt, E.: *Bürgerliches Gesetzbuch*, 73. Auflage, Beck Verlag, München 2014, § 640 Rdnr. 10.

[73] Vgl. OLG Celle IBR 2004, 1002.

[74] Vgl. Heiermann, W./Riedl, R./Rusam, M.: *Handkommentar zur VOB Teile A und B, Rechtsschutz im Vergabeverfahren*, 12. Auflage, Vieweg Verlag, Wiesbaden 2009, VOB/B, § 12 Rdnr. 52; Kapellmann, K./Messerschmidt, B.: VOB Teile A und B, 4. Auflage, Beck Verlag, München 2013, § 12, Rn. 74.

[75] Sowohl Sprau, in: Palandt, E.: *Bürgerliches Gesetzbuch*, 73. Auflage, Beck Verlag, München 2014, § 640 Rdnr. 11 mwN.

Dem Auftraggeber ist aus Gründen der Rechtssicherheit daher zu raten, die ihm bekannten Mängel bis zum Ablauf der Abnahmefrist zu rügen.

5.4.3.5 Fertigstellungsbescheinigung nach § 641 a BGB

Die Regelung des § 641 a BGB ist durch das am 01.01.2009 in Kraft getretene Forderungssicherungsgesetz ersatzlos entfallen. Dies ist insbesondere auf die Schwächen dieser Regelung und deren mangelnden Akzeptanz in der Praxis zurückzuführen. Für zwischen dem 30.04.2000 und 01.01.2009 geschlossene Werkverträge bleibt § 641 a BGB allerdings anwendbar. Insoweit wird auf die nachfolgenden Ausführungen verwiesen:

Gemäß § 641 a BGB steht es der Abnahme gleich, wenn dem Auftragnehmer nach dem gesetzlich im Einzelnen festgelegten Verfahren von einem Gutachter eine Bescheinigung darüber erteilt wird, dass seine Bauleistung hergestellt und frei von Mängeln ist. Durch den Zugang der Fertigstellungsbescheinigung beim Auftragnehmer tritt ein der Abnahme gleichstehender Rechtszustand ein. Die Abnahme wird danach auch ohne den Abnahmewillen des Auftraggebers fingiert.

§ 641 a BGB lautete:

(1) Der Abnahme steht es gleich, wenn dem Unternehmer von einem Gutachter eine Bescheinigung darüber erteilt wird, dass
1. das versprochene Werk, im Falle des § 641 Abs. 1 Satz 2 auch ein Teil desselben, hergestellt ist und
2. das Werk frei von Mängeln ist, die der Besteller gegenüber dem Gutachter behauptet hat oder die für den Gutachter bei einer Besichtigung feststellbar sind,

(Fertigstellungsbescheinigung). Das gilt nicht, wenn das Verfahren nach den Absätzen 2 bis 4 nicht eingehalten worden ist oder wenn die Voraussetzungen des § 640 Abs. 1 Satz 1 und 2 nicht gegeben waren; im Streitfall hat dies der Besteller zu beweisen. § 640 Abs. 2 ist nicht anzuwenden. Es wird vermutet, dass ein Aufmaß oder eine Stundenlohnabrechnung, die der Unternehmer seiner Rechnung zugrunde legt, zutreffen, wenn der Gutachter dies in der Fertigstellungsbescheinigung bestätigt.

(2) Gutachter kann sein
1. ein Sachverständiger, auf den sich Unternehmer und Besteller verständigt haben, oder
2. ein auf Antrag des Unternehmers durch eine Industrie- und Handelskammer, eine Handwerkskammer, eine Architektenkammer oder eine Ingenieurkammer bestimmter öffentlich bestellter und vereidigter Sachverständiger.

Der Gutachter wird vom Unternehmer beauftragt. Er ist diesem und dem Besteller des zu begutachtenden Werkes gegenüber verpflichtet, die Bescheinigung unparteiisch und nach bestem Wissen und Gewissen zu erteilen.

(3) Der Gutachter muss mindestens einen Besichtigungstermin abhalten; eine Einladung hierzu unter Angabe des Anlasses muss dem Besteller mindestens zwei Wochen vorher

---

Voraussetzungen des § 641 a Abs. 1 BGB

- Das Werk muss hergestellt sein.
- Das Werk darf keine Mängel aufweisen.
- Das für die Fertigstellungsbescheinigung in § 641 Abs. 2 bis 4 BGB vorgeschriebene Verfahren muss eingehalten werden.
- Die Voraussetzungen des § 640 Abs. 1 S. 1 und 2 müssen gegeben sein.

Abb. 5.4 Voraussetzungen des § 641 a Abs. 1 BGB

zugehen. Ob das Werk frei von Mängeln ist, beurteilt der Gutachter nach einem schriftlichen Vertrag, den ihm der Unternehmer vorzulegen hat. Änderungen dieses Vertrages sind dabei nur zu berücksichtigen, wenn sie schriftlich vereinbart sind oder von den Vertragsteilen übereinstimmend gegenüber dem Gutachter vorgebracht werden. Wenn der Vertrag entsprechende Angaben nicht enthält, sind die allgemein anerkannten Regeln der Technik zugrunde zu legen. Vom Besteller geltend gemachte Mängel bleiben bei der Erteilung der Bescheinigung unberücksichtigt, wenn sie nach Abschluss der Besichtigung vorgebracht werden.

(4) Der Besteller ist verpflichtet, eine Untersuchung des Werkes oder von Teilen desselben durch den Gutachter zu gestatten. Verweigert er die Untersuchung, wird vermutet, dass das zu untersuchende Werk vertragsgemäß hergestellt worden ist; die Bescheinigung nach Abs. 1 ist zu erteilen.

(5) Dem Besteller ist vom Gutachter eine Abschrift der Bescheinigung zu erteilen. In Ansehung von Fristen, Zinsen und Gefahrübergang treten die Wirkungen der Bescheinigung erst mit ihrem Zugang beim Besteller ein.

Es müssen gemäß § 641 a Abs. 1 BGB folgende in Abb. 5.4 dargestellten Voraussetzungen erfüllt sein, damit durch den Gutachter eine Fertigstellungsbescheinigung erteilt werden kann.

Die Regelung des § 641 a BGB ist durch Individualvereinbarung der Parteien, nicht jedoch durch Allgemeine Geschäftsbedingungen des Auftraggebers abdingbar.[76]

Das Verfahren durchläuft verschiedene Stadien, die in § 641 a Abs. 2 bis 4 BGB vorgegeben sind. § 641 a Abs. 2 BGB legt fest, wer Gutachter sein darf. Voraussetzung ist, dass dieser unparteiisch und nach besten Wissen und Gewissen vorgeht. Entweder einigen sich Auftraggeber und Auftragnehmer auf einen Gutachter oder es wird auf Antrag des Auftragnehmers ein durch eine Industrie- und Handelskammer, eine Handwerkskammer, eine Architektenkammer oder eine Ingenieurkammer bestimmter öffentlich bestellter und vereidigter Sachverständiger benannt. Einigen sich die Parteien auf die Person des Gutachters, so muss es sich um einen fachkundigen Sachverständigen handeln, ohne dass dies zwingendermaßen ein öffentlich bestellter oder vereidigter Sachverständiger sein muss. Wird der Gutachter durch eine Kammer bestellt, so können ausschließlich öffent-

---

[76] Vgl. Quack, *BauR 2001*, 507, 511.

Inhalt der Fertigstellungsbescheinigung

1. Darstellung des Verfahrensablaufs nach § 641 a BGB
2. durchgeführte Untersuchungen
3. vertragliche Grundlagen, die zur Begutachtung herangezogen wurden
4. angewandte technische Regeln
5. Mängelrügen des Auftraggebers
6. tragende Gründe für die Entscheidung, Mängel als unwesentlich zu behandeln

---

Abb. 5.5 Inhalt der Fertigstellungsbescheinigung

lich bestellte und vereidigte Sachverständige mit der einschlägigen Fachkunde ausgewählt werden. Zwar ist eine Anhörung des Auftraggebers vor Benennung des Gutachters nicht gesetzlich vorgesehen, jedoch ist eine solche Anhörung durchaus sinnvoll und empfehlenswert. Eine vorherige Anhörung kann frühzeitig bestehende Befangenheitseinwände des Auftraggebers einbeziehen. Der Auftraggeber hat kein Ablehnungsrecht.[77] Über Befangenheitseinwände des Auftraggebers wird erst im gerichtlichen Verfahren entschieden. Der Auftragnehmer ist an die von ihm initiierte Gutachterbestellung gebunden. Sein Antragsrecht erlischt mit der erfolgten Bestellung des Gutachters und lebt erst dann wieder auf, wenn der Gutachter den Auftrag ablehnt oder der Auftraggeber die Befangenheit des Gutachters einwendet.

§ 641 a Abs. 3 BGB schreibt vor, dass der Gutachter mindestens einen Besichtigungstermin abhalten muss. Zu diesem muss er den Auftraggeber unter Angabe des Grundes einladen. Die Einladung muss dem Auftraggeber mindestens zwei Wochen vorher zugehen. Des Weiteren legt Abs. 3 fest, nach welchen Kriterien die Mangelfreiheit beurteilt werden soll. Der Gutachter hat sich an die Vorgaben eines schriftlichen Vertrages zu halten. Enthält dieser keine Angaben, so muss er die allgemein anerkannten Regeln der Technik zugrunde legen.

Die Verpflichtung des Auftraggebers eine Untersuchung des Werkes durch den Gutachter zu gestatten, normiert § 641 a Abs. 4 BGB. Wird die Untersuchung durch den Auftraggeber verweigert, so wird eine vertragsgemäße Erstellung der Bauleistung vermutet. Die Fertigstellungsbescheinigung ist in diesem Fall zu erteilen.

Der Inhalt der Fertigstellungsbescheinigung richtet sich nach ihrem Zweck. Sie bedarf aller Angaben, die eine gerichtliche Überprüfung der Wirksamkeit der Fertigstellungsbescheinigung ermöglichen (Abb. 5.5).

Erteilt der Gutachter die Fertigstellungsbescheinigung, treten grundsätzlich die dargestellten Abnahmewirkungen ein. Davon ausgenommen ist der Verlust der Mängelrechte.

---

[77] Vgl. Kniffka, R./Koeble, K.: *Kompendium des Baurechts*, 4. Auflage, Beck Verlag, München 2014, 4. Teil, Rdnr. 41; Kniffka, *ZfBR 2000*, 227, 235.

§ 640 Abs. 2 BGB regelt den Mangelvorbehalt bei der Abnahme und verweist nur auf die rechtsgeschäftliche Abnahme des § 640 Abs. 1. S. 1 BGB. Auf die fiktive Abnahme durch eine Fertigstellungsbescheinigung nimmt diese Regelung keinen Bezug. Der Auftraggeber behält demnach seine Mängelansprüche, ohne explizit einen Vorbehalt erklären zu müssen.

5.4.4 Rechtsgeschäftliche Abnahme bei einem VOB/B-Vertrag, § 12 VOB/B

Haben die Parteien einen Werkvertrag unter Einbeziehung der VOB/B vereinbart, ist ebenfalls zwischen verschiedenen rechtsgeschäftlichen Abnahmeformen zu unterscheiden. Diese sind umfassend in § 12 VOB/B geregelt.

Zu unterscheiden ist zwischen der

- ausdrücklichen Abnahme,
- der konkludenten Abnahme,
- der förmlichen Abnahme, sowie
- der fiktiven Abnahme.

5.4.4.1 Ausdrückliche Abnahme

Für die ausdrückliche Abnahme bei einem VOB/B-Vertrag gilt nichts anderes als für die ausdrückliche Abnahme beim BGB-Werkvertrag.

5.4.4.2 Konkludente Abnahme

Die Grundsätze zur konkludenten Abnahme sind beim BGB- und VOB/B-Vertrag identisch.

5.4.4.3 Förmliche Abnahme

Die förmliche Abnahme ist in der VOB/B – im Unterschied zum BGB – ausdrücklich in § 12 Abs. 4 VOB/B geregelt. Im Übrigen sind die Grundsätze der förmlichen Abnahme beim BGB- und VOB/B-Vertrag identisch.

§ 12 Abs. 4 VOB/B:

(1) Eine förmliche Abnahme hat stattzufinden, wenn eine Vertragspartei es verlangt. Jede Partei kann auf ihre Kosten einen Sachverständigen zuziehen. Der Befund ist in gemeinsamer Verhandlung schriftlich niederzulegen. In die Niederschrift sind etwaige Vorbehalte wegen bekannter Mängel und wegen Vertragsstrafen aufzunehmen, ebenso etwaige Einwendungen des Auftragnehmers. Jede Partei enthält eine Ausfertigung.

(2) Die förmliche Abnahme kann in Abwesenheit des Auftragnehmers stattfinden, wenn der Termin vereinbart war oder der Auftraggeber mit genügender Frist dazu eingeladen hatte. Das Ergebnis der Abnahme ist dem Auftragnehmer alsbald mitzuteilen.

Voraussetzungen der fiktiven Abnahme nach § 12 Abs. 5 Nr. 1 VOB/B

1. Fertigstellung der Leistung/Abnahmereife

2. fehlendes Abnahmeverlangen

2. keine Abnahmeverweigerung des Auftraggebers

3. schriftliche Fertigstellungsmitteilung

4. Fristablauf (12 Werktage)

Abb. 5.6 Voraussetzungen der fiktiven Abnahme nach § 12 Abs. 5 Nr. 1 VOB/B

5.4.4.4 Fiktive Abnahme durch Zeitablauf nach schriftlicher Mitteilung der Fertigstellung

Die VOB/B sieht in § 12 Abs. 5 VOB/B als mögliche Abnahmeform die fiktive Abnahme vor. Der Wille des Auftraggebers wird aufgrund äußerer Umstände unterstellt,[78] soweit nicht der Auftraggeber der Abnahme ausdrücklich entgegentritt.[79]

Die fiktive Abnahme durch Zeitablauf nach schriftlicher Mitteilung der Fertigstellung ist in § 12 Abs. 5 Nr. 1 VOB/B vorgesehen.

§ 12 Abs. 5 Nr. 1 VOB/B:

(1) Wird keine Abnahme verlangt, so gilt die Leistung als abgenommen mit Ablauf von 12 Werktagen nach schriftlicher Mitteilung über die Fertigstellung der Leistung.

§ 12 Abs. 5 Nr. 1 VOB/B setzt voraus, dass ein Abnahmeverlangen einer Vertragspartei fehlt, wobei keine Abnahmeverweigerung vorliegen darf. Das fehlende Abnahmeverlangen bezieht sich nicht nur auf die förmliche, sondern auch auf die ausdrücklich erklärte Abnahme. Die Baumaßnahme muss im Wesentlichen fertig gestellt, d. h. abnahmereif sein (Abb. 5.6).

Schriftliche Fertigstellungsmitteilung

Die Abnahmefiktion setzt voraus, dass dem Auftraggeber eine schriftliche Fertigstellungsmitteilung des Auftragnehmers zugeht. Mündliche Fertigstellungsmitteilungen können die Wirkung des § 12 Abs. 5 Nr. 1 VOB/B nicht auslösen. Der Auftragnehmer muss in der Fertigstellungsmitteilung zwar nicht wörtlich, aber sinngemäß zum Ausdruck bringen, dass er die Leistung als vollendet ansieht.[80] Die Übersendung einer Schlussrechnung wird von

---

[78] BGH NJW 1975, 1701.

[79] BGH NJW 1975, 1701, 1702.

[80] Oppler, in: Ingenstau, H./Korbion, H.: *VOB – Vergabe und Vertragsordnung für Bauleistungen, Teile A und B*, 18. Auflage, Werner Verlag, Köln 2013, VOB/B, § 12 Abs. 5 Rdnr. 11; Heiermann, W./Riedl, R./Rusam, M.: *Handkommentar zur VOB Teile A und B, Rechtsschutz im Vergabeverfahren*, 12. Auflage, Vieweg Verlag, Wiesbaden 2009, § 12 Rdnr. 11.

der Rechtsprechung als Fertigstellungsmitteilung angesehen.[81] Ebenfalls kann eine Fertigstellungsmitteilung durch die Erklärung des Auftragnehmers erfolgen, dass die Baustelle geräumt sei. Aus dem Gesamtzusammenhang muss in diesem Fall deutlich hervorgehen, dass die Baustellenräumung aufgrund fertig gestellter Bauleistungen erfolgt ist und nicht aufgrund einer Leistungsverweigerung des Auftragnehmers.[82]

Adressat der Fertigstellungsmitteilung ist der Auftraggeber selbst oder sein hierzu bevollmächtigter Vertreter. Die Fertigstellungsmitteilung an den bauleitenden Architekten des Auftraggebers reicht grundsätzlich nicht aus. Eine Fertigstellungsmitteilung an den Architekten genügt nur, wenn dieser über die übliche Architektenvollmacht hinaus zur Entgegennahme bzw. Abgabe rechtsgeschäftlicher Erklärungen bevollmächtigt, insbesondere mit der Abwicklung der Abnahme beauftragt ist.[83]

Für den Bauleiter ergibt sich keine derartige Vollmacht aus dem Umstand, dass er mit sämtlichen Leistungen nach § 34 Abs. 4 HOAI i. V. m. Anlage 10.1 beauftragt worden ist. Eine Ermächtigung zur Abnahme kann insbesondere nicht aus dem Leistungsbild der Leistungsphase 8 „Objektüberwachung" des § 34 Abs. 4 HOAI i. V. m. Anlage 10.1 entnommen werden. Die Grundleistung enthält die „Organisation der Abnahme der Bauleistungen unter Mitwirkung anderer an der Planung und Objektüberwachung fachlich Beteiligter, Feststellung von Mängeln, Abnahmeempfehlung für den Auftraggeber." Bei dieser Abnahme handelt es sich um die bereits erläuterte „technische Abnahme", die nur die Feststellung des technischen Zustands enthält, darüber hinaus aber keine rechtsgeschäftliche Abnahme der Bauleistung darstellt.

Fristablauf

Die **fiktive Abnahme** tritt mit Ablauf von 12 Werktagen nach Zugang der Fertigstellungsmitteilung beim Auftraggeber ein. Der Zugang ist bewirkt, wenn die Fertigstellungsmitteilung derart in den Bereich des Auftraggebers gelangt ist, dass er unter normalen Verhältnissen von der Mitteilung Kenntnis nehmen kann.[84]

5.4.4.5 Fiktive Abnahme durch Zeitablauf nach Beginn der Benutzung

In § 12 Abs. 5 Nr. 2 VOB/B wird die fiktive Abnahme durch Zeitablauf nach Beginn der Benutzung geregelt.

§ 12 Abs. 5 Nr. 2 VOB/B:

(2) Wird keine Abnahme verlangt und hat der Auftraggeber die Leistung oder einen Teil der Leistung in Benutzung genommen, so gilt die Abnahme nach Ablauf von 6 Werktagen

---

[81] BGH BauR 1993, 473; BGH BauR 1989, 603; BGH BauR 1980, 357; OLG Düsseldorf NJW-RR 1997, 1178; OLG Celle BauR 1997, 844.

[82] Oppler, in: Ingenstau, H./Korbion, H.: *VOB – Vergabe und Vertragsordnung für Bauleistungen, Teile A und B*, 18. Auflage, Werner Verlag, Köln 2013, VOB/B, § 12 Abs. 5 Rdnr. 11; Werner, U./Pastor, W.: *Der Bauprozess*, 15. Auflage, Werner Verlag, Köln 2015, Rdnr. 1854.

[83] Vgl. Werner, U./Pastor, W.: *Der Bauprozess*, 15. Auflage, Werner Verlag, Köln 2015, Rdnr. 1854.

[84] BGHZ 137, 205, 208; 67, 271, 275.

nach Beginn der Benutzung als erfolgt, wenn nichts anderes vereinbart ist. Die Benutzung von Teilen einer baulichen Anlage zur Weiterführung der Arbeiten gilt nicht als Abnahme.

Voraussetzung der fiktiven Abnahme durch Zeitablauf nach Beginn der Benutzung ist wiederum das fehlende Abnahmeverlangen einer Vertragspartei. Es darf weder eine förmliche, noch ausdrücklich erklärte Abnahme verlangt worden sein. Die in § 12 Abs. 5 Nr. 2 VOB/B geregelte Abnahme entspricht im äußeren Abnahmevorgang der konkludenten Abnahme durch Benutzung. Der Unterschied zwischen beiden Abnahmeformen liegt in dem subjektiven Abnahmewillen des Auftraggebers. Der subjektive Abnahmewillen des Auftraggebers ist für die schlüssige Abnahme unverzichtbar. Im Rahmen der fiktiven Abnahme wird dieser Wille lediglich unterstellt. Dieser Vermutung kann der Auftraggeber durch eine ausdrückliche Abnahmeverweigerung entgegentreten.[85]

Benutzung

Benutzung im Sinne des § 12 Abs. 5 Nr. 2 VOB/B wird definiert als bestimmungsgemäße, dem Endzweck der Bauleistung entsprechende Ingebrauchnahme. Diese Benutzung wird insbesondere bei dem Einzug in ein neu hergestelltes, umgebautes oder erweitertes Gebäude angenommen.[86] Zwischen Hauptunternehmer und Subunternehmer liegt eine Ingebrauchnahme des Hauptunternehmers vor, wenn dieser dem Bauherrn die Gesamtleistung einschließlich der Leistung des Subunternehmers überlässt.[87]

Es liegt keine Benutzung vor, wenn die vom Auftragnehmer erstellten Teile von baulichen Anlagen für die Weiterarbeit anderer Bauunternehmer zur Verfügung gestellt werden.[88]

Eine dauerhafte Nutzung des Gebäudes führt nicht zur Abnahme, wenn diese Nutzung aus einer Zwangslage resultiert, etwa weil der Auftraggeber Mietausfälle oder Vertragsstrafeansprüche Dritter abwenden will.[89] Der Auftraggeber handelt in diesen Zwangslagen zum Zwecke der Schadensminderung. Es fehlt am bestimmungsgemäßen, auf den Endzweck der Bauleistung ausgerichteten Gebrauch. Das Motiv der Schadensminderung sollte allerdings für den Auftragnehmer erkennbar sein. Eine Erprobung der Leistung, z. B. der Probelauf einer Heizungsanlage, stellt ebenfalls noch keine Nutzung im Sinne des § 12 Abs. 5 Nr. 2 VOB/B dar.

Fristablauf

Die Abnahme gilt nach Ablauf von sechs Werktagen nach Beginn der Benutzung als erfolgt. Die Benutzung muss über die gesamte sechstägige Frist andauern. Unterbricht der

[85] BGH NJW 1975, 1701; OLG Hamm BauR 1992, 414.
[86] Vgl. BGH NJW 1975, 1701, 1792; OLG Düsseldorf BauR 1992, 72.
[87] KG BauR 1973, 244, 245.
[88] Oppler, in: Ingenstau, H./Korbion, H.: *VOB – Vergabe und Vertragsordnung für Bauleistungen, Teile A und B*, 18. Auflage, Werner Verlag, Köln 2013, VOB/B, § 12 Abs. 5 Rdnr. 23; Werner, U./Pastor, W.: *Der Bauprozess*, 15. Auflage, Werner Verlag, Köln 2015, Rdnr. 1855.
[89] BGH NJW 1979, 549, 550; OLG Düsseldorf NJW-RR 1994, 408.

Auftraggeber die Nutzung oder beendet er sie vor Ablauf der Frist aus Gründen, die mit der Beschaffenheit der Leistung des Auftragnehmers zusammenhängen, tritt die Abnahmewirkung nicht ein. Beruft sich der Auftragnehmer auf die Abnahmewirkung, so hat er nachzuweisen, dass die Leistung durch den Auftraggeber nach Fertigstellung ununterbrochen über sechs Werktage in Benutzung genommen wurde.[90]

5.4.5 Abnahme und Zustandsfeststellung von Teilleistungen

Der Auftraggeber hat grundsätzlich keine Abnahmepflicht hinsichtlich erbrachter Teilleistungen. Eine Pflicht zur Teilabnahme kann sich nur aus einer expliziten, vertraglichen Vereinbarung ergeben.[91] Die Vereinbarung der Teilabnahme ist gemäß § 641 Abs. 1 S. 2 BGB ausdrücklich zugelassen. Die Regelung des § 640 BGB bezieht sich nur auf die Abnahme der vollständig fertig gestellten Bauleistung. Selbst bei technisch abgeschlossenen Teilleistungen, die eventuell einer späteren Überprüfung durch den Auftraggeber nicht mehr zugänglich sind, besteht keine Pflicht zur Teilabnahme. Allerdings kann sich aus dem Grundsatz von Treu und Glauben die Pflicht des Auftraggebers zur technischen Prüfung und Mitteilung des Prüfungsergebnisses ergeben. Eine derartige Regelung enthält § 4 Abs. 10 VOB/B.

Die Parteien eines VOB/B-Bauvertrages haben hinsichtlich der Teilabnahme eine eindeutige Regelung in § 12 Abs. 2 VOB/B vereinbart:

Auf Verlangen sind in sich abgeschlossene Teile der Leistung besonders abzunehmen.

Die einklagbare Abnahmeverpflichtung des Auftraggebers bezieht sich auf in sich abgeschlossene Teile der Leistung.

In sich abgeschlossene Teile der Leistung liegen vor, wenn sie nach allgemeiner Verkehrsauffassung als selbständig und von den übrigen Teilleistungen aus demselben Bauvertrag unabhängig anzusehen sind.[92] Sie müssen sich also in ihrer Gebrauchsfähigkeit abschließend für sich beurteilen lassen, und zwar sowohl in ihrer technischen Funktionsfähigkeit als auch im Hinblick auf die vorgesehene Nutzung.[93]

Diese Abnahme ist nicht nur eine technische Überprüfung, sondern sie entfaltet die Wirkungen der rechtsgeschäftlichen Abnahme. Die Teilabnahme hat für den abgenommenen Leistungsteil insoweit die gleichen Wirkungen wie eine Endabnahme.[94] Der Auf-

---

[90] Vgl. dazu BGH BauR 1995, 91, 92.

[91] Werner, U./Pastor, W.: *Der Bauprozess*, 15. Auflage, Werner Verlag, Köln 2015, Rdnr. 1832.

[92] Oppler, in: Ingenstau, H./Korbion, H.: *VOB – Vergabe und Vertragsordnung für Bauleistungen, Teile A und B*, 18. Auflage, Werner Verlag, Köln 2013, VOB/B, § 12 Abs. 2 Rdnr. 6.

[93] Oppler, in: Ingenstau, H./Korbion, H.: *VOB – Vergabe und Vertragsordnung für Bauleistungen, Teile A und B*, 18. Auflage, Werner Verlag, Köln 2013, VOB/B, § 12 Abs. 2 Rdnr. 6.

[94] Vgl. BGH NJW 1986, 1524, 1525; Kniffka, R./Koeble, K.: *Kompendium des Baurechts*, 4. Auflage, Beck Verlag, München 2014, 4. Teil Rdnr. 47; Thode, *ZfBR 1999*, 117.

traggeber muss sich demnach die ihm bekannten Mängelansprüche vorbehalten, die das abgenommene Teilgewerk betreffen.

Zur Vermeidung von Missverständnissen und Unklarheiten ist der Begriff der in sich abgeschlossenen Teile der Leistung weitestgehend eng auszulegen. Die Rechtsprechung und Literatur hat bei folgenden Konstellationen eine Möglichkeit der Teilabnahme gemäß § 12 Abs. 2 VOB/B bejaht:

- einzelne von mehreren selbständigen Gebäuden,[95]
- betriebsfertig erstellte Heizungsanlage,[96]
- einzelne Läden und Büroetagen, wenn diese vollständig fertig gestellt sind und die zur Bezugsfertigkeit erforderlichen Gemeinschaftsanlagen ebenfalls vollendet sind,[97]
- getrennte Abnahme von Sonder- und Gemeinschaftseigentum.[98]

Hingegen ist in folgenden Fällen eine Teilabnahme ausgeschlossen:

- einzelne Bauteile z. B. Betondecke oder Stockwerke eines Gebäudes,[99]
- Teile einer Treppe,[100]
- Stahlbetonskelett-Konstruktion eines insgesamt beauftragten Rohbaus.[101]

5.4.6   Besonderheiten bei der Abnahme von Wohnungseigentum

Bei der Abnahme von Wohnungseigentum durch den Erwerber ist zwischen Sonder- und Gemeinschaftseigentum streng zu differenzieren. Die Abnahme des Sondereigentums durch den Erwerber hat nicht zwangsläufig zur Folge, dass er auch das Gemeinschaftseigentum als im Wesentlichen vertragsgemäß akzeptiert.[102] Dies gilt für sämtliche erläuterten Abnahmeformen.

Eine konkludente Abnahme durch Benutzung kommt sowohl für das Sonder- als auch für das Gemeinschaftseigentum in Betracht. Die konkludente Abnahme durch Benutzung des Gemeinschaftseigentums setzt voraus, dass die gesamte Wohnanlage fertig gestellt

---

[95] Oppler, in: Ingenstau, H./Korbion, H.: *VOB – Vergabe und Vertragsordnung für Bauleistungen, Teile A und B*, 18. Auflage, Werner Verlag, Köln 2013, VOB/B, § 12 Abs. 2 Rdnr. 6.

[96] BGH NJW 1979, 650 f.

[97] Jagenburg, in: *Beck'scher VOB-Kommentar*, 2. Auflage, Beck Verlag, München 2008, § 12 Nr. 2 Rdnr. 13.

[98] BGH BauR 1983, 573, 575.

[99] BGH NJW 1968, 1524, 1525.

[100] BGH NJW 1985, 2696.

[101] OLG Düsseldorf Schäfer/Finnern/Hochstein Nr. 14 zu § 12 VOB/B 1973.

[102] Vgl. Jagenburg, in: *Beck'scher VOB-Kommentar, VOB/B*, 2. Auflage, Beck Verlag, München 2008, § 12 Rdnr. 45; Werner, U./Pastor, W.: *Der Bauprozess*, 15. Auflage, Werner Verlag, Köln 2015, Rdnr. 504.

ist.[103] Eine konkludente Abnahme kann nicht allein in dem Bezug der Wohnung gesehen werden. Vielmehr kann eine solche Abnahme erst nach einer entsprechenden Nutzungsdauer angenommen werden, die dem Erwerber die Möglichkeit der Prüfung der erbrachten Bauleistung bietet und innerhalb derer er keine wesentlichen Mängel geltend gemacht hat.[104] Als relevante Nutzungsdauer gelte ein Zeitraum von nicht unter einem Jahr.[105]

Grundsätzlich kommt auch eine fiktive Abnahme nach § 640 Abs. 1 S. 3 BGB in Betracht. Dabei ist der richtige Adressat für die Fristsetzung von besonderer Bedeutung. Das Abnahmeverlangen muss sich an jeden einzelnen Erwerber richten. Eine Fristsetzung gegenüber der Wohnungseigentümergemeinschaft als solche oder gegenüber dem bereits bestellten Verwalter ist nicht ausreichend. Der Abnahmezeitpunkt ist daher für jeden einzelnen Wohnungseigentümer gesondert zu ermitteln. Der Bauträger ist aufgrund dieser separierenden Betrachtungsweise einer Mängelhaftung so lange ausgesetzt, bis die Mängelansprüche des „letzten" Erwerbers verjährt sind. Es ist möglich, dass die Wohnungseigentümergemeinschaft beschließt, die Abnahme gemeinschaftsbezogen, konzentriert durchzuführen. Dieser Beschluss ist jedoch nur für diejenigen Wohnungseigentümer bindend, die den Beschluss tatsächlich gefasst haben. Unbeteiligte Wohnungseigentümer, die den Beschluss einfach „hinnehmen", sind daran nicht gebunden und müssen sich die Abnahmehandlung auch nicht zurechnen lassen.

Der einzelne Eigentümer ist an die Abnahme des Gemeinschaftseigentums durch die Wohnungseigentümergemeinschaft nur für den Fall gebunden, dass er zu dem Zeitpunkt der Abnahme bereits Mitglied der Gemeinschaft war.[106] Anders lautende Regelungen in Allgemeinen Geschäftsbedingungen, wonach sich der später hinzukommende Wohnungseigentümer die vorhergehende, ohne seine Beteiligung durchgeführte gemeinschaftliche Abnahme zurechnen lassen muss, sind unwirksam.[107]

5.5 Allgemeine Geschäftsbedingungen zur Abnahme

5.5.1 AGB und VOB/B

In der Praxis wird die Abnahme häufig nicht individualvertraglich geregelt, sondern mittels Allgemeiner Geschäftsbedingungen. Soweit Allgemeine Geschäftsbedingungen wirksam in das Vertragsverhältnis einbezogen wurden, müssen die verwendeten Klauseln einer Inhaltskontrolle nach §§ 305 ff. BGB unterzogen werden. Die Abnahmepflicht des Bestel-

---

[103] Vgl. Kleine-Möller, N./Merl, H.: *Handbuch des privaten Baurechts*, 4. Auflage, Beck Verlag, München 2014, § 14 Rdnr. 224; Bühl, *BauR 1984*, 237, 244.

[104] BGH NJW 1985, 731, 732.

[105] Vgl. Kleine-Möller, N./Merl, H.: *Handbuch des privaten Baurechts*, 4. Auflage, Beck Verlag, München 2014, § 14 Rdnr. 226; Drossart, in: Kuffer, J./Wirth, A.: *Handbuch des Fachanwalts Bau- und Architektenrecht*, 3. Auflage, Werner Verlag, Köln 2011, 2. Kapitel, A, Rdnr. 129.

[106] Vgl. BGH NJW 1985, 1551.

[107] Vgl. Pause, *Bauträgerkauf und Baumodelle*, Rdnr. 606 f.

lers kann nur in sehr eingeschränkter Art und Weise durch Allgemeine Geschäftsbedingungen zu Lasten des Auftragnehmers abbedungen werden.

Die Regelungen der VOB/B stellen ebenfalls Allgemeine Geschäftsbedingungen dar. Beziehen die Bauvertragsparteien die VOB/B in ihren Vertrag ein, unterliegen die Regelungen der VOB/B nur dann **nicht** der AGB-rechtlichen Inhaltskontrolle, wenn die VOB/B ohne inhaltliche Abweichung einbezogen und gegenüber einem Unternehmer, einer juristischen Person des öffentlichen Rechts oder einem öffentlich-rechtlichen Sondervermögen verwendet wurde. In allen anderen Fällen findet eine Inhaltskontrolle der VOB/B-Regelungen statt.

Dies führt bzgl. der die Abnahme betreffenden Regelungen zu folgenden Ergebnissen:

- § 12 Abs. 3 VOB/B, der die Abnahmeverweigerung bei Vorliegen wesentlicher Mängel regelt, soll bei Verwendung durch den Auftragnehmer nunmehr wirksam sein. Nach der Neufassung des § 640 Abs. 1 S. 2 BGB entspreche diese Regelung dem gesetzlichen Leitbild des BGB.[108]
- § 12 Abs. 4 VOB/B, in dem die förmliche Abnahme geregelt wird, soll bei Verwendung durch den Auftraggeber nach einer in der Literatur vertretenen Auffassung unwirksam sein. Die Abnahmefiktion der §§ 640 Abs. 1 S. 3, 641 a BGB würden so ausgeschlossen. Dies solle in AGBs nicht zulässig sein.[109]
- § 12 Abs. 5 Nr. 1 VOB/B enthält die Abnahmefiktion nach schriftlicher Fertigstellungsmitteilung und sei bei Verwendung durch den Auftragnehmer unwirksam. Dieser Abnahmefiktion gehe – im Gegensatz zu den Abnahmefiktionen des BGB – kein ausdrückliches Abnahmeverlangen voraus. Dies führe zum Abnahmeeintritt ohne Warnfunktion für den Auftraggeber. Darin liege eine unbillige Benachteiligung für diesen.[110]

5.5.2 Wirksamkeit einzelner Klauseln

Die Leistungen des Auftragnehmers bedürfen einer förmlichen Abnahme durch den Auftraggeber, die im Zeitpunkt der Übergabe des Hauses – bei Eigentumswohnungen bei Übergabe des Gemeinschaftseigentums – an den bzw. die Kunden des Auftraggebers erfolgt.

Der Bundesgerichtshof hält diese Klausel für unwirksam. Der Zeitpunkt der Abnahme ist für den Subunternehmer nicht eindeutig erkennbar und ungewiss. Außerdem wird die

---

[108] Vgl. Oppler, in: Ingenstau, H./Korbion, H.: *VOB – Vergabe und Vertragsordnung für Bauleistungen, Teile A und B*, 18. Auflage, Werner Verlag, Köln 2013, VOB/B, § 12 Abs. 3 Rdnr. 1.
[109] Vgl. Kleine-Möller, N./Merl, H.: *Handbuch des privaten Baurechts*, 5. Auflage, Beck Verlag, München 2014, § 6 Rdnr. 108.
[110] Jagenburg, in: *Beck'scher VOB-Kommentar, VOB/B*, 2. Auflage, Beck Verlag, München 2008, Vorbemerkungen zu § 12, Rdnr. 145.

Abnahme durch die Klausel auf einen nicht mehr angemessenen Zeitpunkt nach Fertigstellung der Subunternehmerleistung hinausgeschoben.[111]

Muss der Auftraggeber das Werk einem Dritten übergeben, kann er die Abnahme zurückstellen bis zur Abnahme durch den Dritten.

Diese Klausel ist bei Verwendung durch den Auftraggeber unwirksam.[112] Der Zeitpunkt der Abnahme wird auf einen für den Auftragnehmer nicht mehr abschätzbaren und beeinflussbaren Termin verschoben. Die Klausel ist nach § 308 Nr. 1 BGB unwirksam, weil sich der Auftraggeber eine unangemessen lange oder nicht hinreichend bestimmte Frist für die Abnahme vorbehält.

Die Abnahme der Werkleistung des Unternehmers erfolgt erst bei oder durch die Abnahme des Gesamtobjektes durch die Erwerber.

Das OLG Düsseldorf hat diese Klausel bei Verwendung durch den Auftraggeber für unwirksam befunden.[113] Die Regelung führt zu einer Verlängerung der Gewährleistungsfrist auf einen nicht mehr überschaubaren Zeitraum. Der Beginn der Gewährleistungsfrist ist in diesen Fällen davon abhängig, wann es dem Auftraggeber gelingt, die zu errichtenden Häuser an die Erwerber zu veräußern. Der Zeitpunkt der Abnahme ist weiterhin abhängig von der Qualität der Werkleistungen aller anderen am Bau tätigen Unternehmer. Erbringt ein Unternehmer eine mangelfreie Bauleistung, ein anderer aber nicht und verzögert sich dadurch die Gesamtabnahme des Objektes, so ist der mangelfrei arbeitende Unternehmer davon abhängig, wann der mangelhaft arbeitende Unternehmer seine Bauleistung ordnungsgemäß nachbessert.[114]

Die Leistungen des Auftragnehmers bedürfen einer förmlichen Abnahme durch den Bauträger, die zum Zeitpunkt der Übergabe des Hauses – bei Eigentumswohnungen bei Übergabe des Gemeinschaftseigentums – an den bzw. die Kunden der Bauträger erfolgt, es sei denn, dass eine solche Abnahme nicht binnen 6 Monaten seit Fertigstellung der Leistung des Auftragnehmers erfolgt ist und der Auftragnehmer schriftlich die Abnahme seines Gewerkes vom Bauträger verlangt.

Auch diese Klausel ist bei Verwendung durch den Auftraggeber unwirksam.[115]

10.1 Die vertragsgemäß fertig gestellte Leistung des Nachunternehmers gilt als abgenommen, wenn diese im Rahmen der Abnahme des Gesamtbauwerkes durch den Auftraggeber des Hauptunternehmers abgenommen ist.

---

[111] BGH BauR 1997, 302, 303; Kapellmann, in: Markus, J./Kaiser, S./Kapellmann, S.: *AGB-Handbuch Bauvertragsklauseln*, 3. Auflage, Werner Verlag, Köln 2011, Rdnr. 606.
[112] OLG München BB 1984, 1386, 1388.
[113] OLG Düsseldorf BauR 1999, 497.
[114] OLG Düsseldorf BauR 1999, 497.
[115] BGH BauR 1989, 322, 324; Kapellmann, in: Markus, J./Kaiser, S./Kapellmann, S.: *AGB-Handbuch Bauvertragsklauseln*, 3. Auflage, Werner Verlag, Köln 2011, Rdnr. 610.

Die Leistungen bedürfen in jedem Fall der förmlichen Abnahme. Eine Abnahme durch Ingebrauchnahme bzw. Benutzung im Rahmen der Baufortführung ist ausgeschlossen. Auch eine vom Hauptunternehmer zu Gunsten des Nachunternehmers geleistete Zahlung berechtigt nicht zu der Annahme, der Hauptunternehmer habe die Leistungen für vertragsgemäß befunden und abgenommen.

Den Abnahmetermin vereinbart der Auftragnehmer mit dem Auftraggeber des Hauptunternehmers. Der Nachunternehmer wird von dem Zeitpunkt der Abnahme benachrichtigt. Die Teilnahme an der Abnahme ist ihm freigestellt. Der Nachunternehmer erhält in jedem Fall ein Protokoll – ggf. Auszug – über die Abnahme seiner vertraglichen Leistung.

10.2   Sobald die Leistung des Nachunternehmers vertragsgemäß fertig gestellt ist, kann auf schriftlichen Antrag des Nachunternehmers eine Besichtigung erfolgen, die der technischen Feststellung der Leistung dient. Über das Ergebnis ist ein Protokoll anzufertigen. Durch diese so genannte „technische Abnahme" werden nicht die Rechtsfolgen der Abnahme gemäß Nr. 10.1 (vorheriger Absatz) ausgelöst; ausgenommen:

a) für den Nachunternehmer endet die Schutzpflicht hinsichtlich seiner vertraglichen Leistung,

b) der Nachunternehmer kann die Schlussrechnung einreichen.

Die Klausel ist bei Verwendung durch den Auftraggeber nach Auffassung des Bundesgerichtshofs unwirksam.[116] Die Klausel stellt einen erheblichen Eingriff in das Regelungsgefüge der VOB/B dar, weil die Gewährleistungsfrist erst mit der Gesamtabnahme zu laufen beginnt. Dieses Ergebnis wird auch nicht verändert, indem nach der „technischen Abnahme" die Schutzpflicht des Nachunternehmers hinsichtlich seiner vertraglichen Leistung endet und der Nachunternehmer die Schlussrechnung einreichen kann. Wesentliche Rechtsfolgen der Abnahme, z. B. der Beginn der Gewährleistungsfrist und die Umkehr der Beweislast werden auf einen Zeitpunkt hinausgeschoben, der lange nach Fertigstellung der abnahmereifen Werkleistung des Nachunternehmers liegen kann.[117]

Die Abnahme der Leistung des Nachunternehmers erfolgt mit der Abnahme der gesamten Bauleistung des Generalunternehmers durch den Bauherrn. Eine vorherige Abnahme der gesamten Leistung (nicht aber von Teilleistungen) kann durch den Nachunternehmer verlangt werden.

Diese Klausel ist bei Verwendung durch den Auftraggeber unwirksam.[118]

Die Abnahme erfolgt erst nach Fertigstellung des gesamten inneren Ausbaus.

Diese Klausel ist bei Verwendung durch den Auftraggeber unwirksam.[119]

[116] BGH BauR 1995, 234, 236.

[117] BGH BauR 1995, 234, 236.

[118] LG München BauR 1991, 386; Kapellmann, in: Markus, J./Kaiser, S./Kapellmann, S.: *AGB-Handbuch Bauvertragsklauseln*, 3. Auflage, Werner Verlag, Köln 2011, Rdnr. 614.

[119] Kapellmann, in: Markus, J./Kaiser, S./Kapellmann, S.: *AGB-Handbuch Bauvertragsklauseln*, 3. Auflage, Werner Verlag, Köln 2011, Rdnr. 614.

Voraussetzung für die Abnahme ist, dass der Auftragnehmer sämtliche hierfür erforderlichen Unterlagen, wie z. B. Revisions- und Bestandspläne, behördliche Bescheinigungen usw., dem Auftraggeber übergeben hat.

Diese Klausel ist bei Verwendung durch den Auftraggeber wegen Verstoßes gegen das Transparenzgebot unwirksam.[120]

Die Abnahme erfolgt nur dann, wenn die Abnahme auch von der vorgesetzten Dienststelle erklärt wird.

Diese Klausel ist bei Verwendung durch einen öffentlichen Auftraggeber unwirksam.[121]

Der Besteller hat das Bauwerk auch bei Vorhandensein erheblicher Mängel bei Einzug abzunehmen. Andernfalls sind Mängelbeseitigungsansprüche ausgeschlossen.

Diese Klausel verstößt bei Verwendung durch den Auftragnehmer gegen § 307 BGB, da sie den Auftraggeber unangemessen benachteiligt. Die Klausel ist unwirksam.[122]

Hat der Käufer das Vertragsobjekt vor Abnahme in Besitz genommen, so gilt es von diesem Tag an als mangelfrei abgenommen.

Diese Klausel ist bei Verwendung durch den Bauträger unwirksam.[123]

Die Abnahme der Arbeiten erfolgt erst nach vollständiger Fertigstellung der zu leistenden Arbeiten zu einem von der Bauleitung festzusetzenden Termin.

Diese Klausel ist bei Verwendung durch den Auftraggeber unwirksam.[124]

Auch unwesentliche Mängel berechtigen den Auftraggeber, die Abnahme zu verweigern.

Diese Klausel dürfte bei Verwendung durch den Auftraggeber unwirksam sein.[125]

---

[120] BGH BauR 1997, 1036, 1038; Kapellmann, in: Markus, J./Kaiser, S./Kapellmann, S.: *AGB-Handbuch Bauvertragsklauseln*, 3. Auflage, Werner Verlag, Köln 2011, Rdnr. 620.

[121] Kapellmann, in: Markus, J./Kaiser, S./Kapellmann, S.: *AGB-Handbuch Bauvertragsklauseln*, 3. Auflage, Werner Verlag, Köln 2011, Rdnr. 621.

[122] Kapellmann, in: Markus, J./Kaiser, S./Kapellmann, S.: *AGB-Handbuch Bauvertragsklauseln*, 3. Auflage, Werner Verlag, Köln 2011, Rdnr. 633.

[123] BGH BauR 1984, 166, 167.

[124] Hofmann, in: Glatzel, L./Hofmann, O./Frikell, E.: *Unwirksame Bauvertragsklauseln nach dem AGB-Gesetz*, 10. Auflage, Ernst Vögel Verlag, Stamsried 2003, S. 246.

[125] Hofmann, in: Glatzel, L./Hofmann, O./Frikell, E.: *Unwirksame Bauvertragsklauseln nach dem AGB-Gesetz*, 10. Auflage, Ernst Vögel Verlag, Stamsried 2003, S. 243; Kapellmann, in: Markus, J./Kaiser, S./Kapellmann, S.: *AGB-Handbuch Bauvertragsklauseln*, 3. Auflage, Werner Verlag, Köln 2011, Rdnr. 635.

Die Regelungen der VOB/B § 12 Nr. 5 werden ausdrücklich ausgeschlossen.

Die Klausel ist wirksam.[126] Die Klausel hält einer Inhaltskontrolle stand, weil die fiktive Abnahme weder einem gesetzlichen Leitbild entspricht noch ihr Ausschluss den Auftragnehmer unangemessen benachteiligt.

Es findet stets eine förmliche Abnahme statt. Eine Abnahme durch Ingebrauchnahme ist ausgeschlossen (wenn gleichzeitig eine förmliche Abnahme in angemessener Frist nach Fertigstellung der Leistung vorgesehen ist).

Die Klausel ist unwirksam, weil sie den Auftragnehmer unangemessen benachteiligt.[127] Der Bauleiter des Auftraggebers kann die Abnahme beliebig verzögern, obwohl der Auftragnehmer seine Leistung erbracht hat und der Auftraggeber das hergestellte Werk bereits nutzt.

Die Abnahme muss schriftlich erfolgen.

Die Klausel dürfte unwirksam sein, weil sie spätere mündliche Vereinbarungen über die Abnahme sowie andere gültige Abnahmeformen ausschließt.[128]

Die Leistung des Auftragnehmers ist durch den Auftraggeber durch eine schriftliche Abnahmeerklärung abzunehmen. Eine Besichtigung, die Inbetriebnahme oder Benutzung der Bauleistung durch den Auftraggeber ersetzt nicht die schriftliche Abnahmeerklärung. In diesem Fall gilt die Abnahme mit Ablauf von 12 Werktagen der schriftlichen Mitteilung des Unternehmers über die Fertigstellung der Leistung als erfolgt.

Die Klausel ist bei Verwendung durch den Auftraggeber aufgrund ihrer Mehrdeutigkeit unwirksam.[129]

Die Wirkungen der Abnahme treten vor einer ausdrücklichen Bestätigung durch den Auftraggeber nicht ein, unabhängig davon, wie lange dieser das hergestellte Werk bereits in Gebrauch genommen hat.

---

[126] BGH BauR 1997, 302, 303; Hofmann, in: Glatzel, L./Hofmann, O./Frikell, E.: *Unwirksame Bauvertragsklauseln nach dem AGB-Gesetz*, 10. Auflage, Ernst Vögel Verlag, Stamsried 2003, S. 241; Kapellmann, in: Markus, J./Kaiser, S./Kapellmann, S.: *AGB-Handbuch Bauvertragsklauseln*, 3. Auflage, Werner Verlag, Köln 2011, Rdnr. 622.
[127] BGH BauR 2011, 378, 379.
[128] Hofmann, in: Glatzel, L./Hofmann, O./Frikell, E.: *Unwirksame Bauvertragsklauseln nach dem AGB-Gesetz*, 10. Auflage, Ernst Vögel Verlag, Stamsried 2003, S. 240; differenzierend Kapellmann, in: Markus, J./Kaiser, S./Kapellmann, *AGB-Handbuch Bauvertragsklauseln*, 3. Auflage, Werner Verlag, Köln 2011, Rdnr. 628.
[129] KG BauR 1979, 517, 519; Kapellmann, in: Markus, J./Kaiser, S./Kapellmann, S.: *AGB-Handbuch Bauvertragsklauseln*, 3. Auflage, Werner Verlag, Köln 2011, Rdnr. 629.

Diese Klausel ist bei Verwendung durch den Auftraggeber unwirksam.[130] Die Klausel schließt unzulässig jede andere Form der Abnahme ohne ausdrückliche Bestätigung des Auftraggebers aus, sodass es im Belieben des Auftraggebers steht, trotz Nutzung der Bauleistung die Fälligkeit der dafür geschuldeten Vergütung hinauszuschieben.

Hierfür gilt § 12 VOB/B mit folgender Maßgabe: Verlangt der Auftragnehmer die Abnahme, hat der Auftraggeber sie binnen 24 Arbeitstagen nach Fertigstellung der Gesamtleistung vorzunehmen. Wird keine Abnahme verlangt, gilt die Leistung (sofern sie fertig gestellt ist) mit Ablauf von 10 Tagen nach der baubehördlichen Gebrauchsabnahme als abgenommen. Auf diese Wirkung hat der Auftragnehmer den Auftraggeber spätestens 8 Tage vorher hinzuweisen. Offensichtliche Mängel und Vertragsstrafen sind in diesem Fall spätestens 10 Tage nach der baubehördlichen Gebrauchsabnahme geltend zu machen. Die fiktive Abnahme nach § 12 Nr. 5 Abs. 1 und 2 VOB/B ist ausgeschlossen.

Diese Klausel ist wirksam.[131] Die Klausel weicht nur unwesentlich von den Abnahmeregeln der VOB/B ab und wahrt damit den Interessenausgleich. In § 12 Abs. 1 VOB/B wird die Vereinbarung einer anderen Frist ausdrücklich vorgesehen. Der Auftragnehmer behält den Anspruch auf förmliche Abnahme, nachdem er seine Bauleistung fertig gestellt hat. Weiterhin bleiben durch die Klausel die Möglichkeit der fiktiven Abnahme und des für den Auftraggeber nachteiligen Rechtsverlustes wegen offensichtlicher Mängel und Vertragsstrafen bestehen.

Der Bauunternehmer kann vor endgültiger Fertigstellung Teilabnahmen verlangen.

Diese Klausel ist bei Verwendung durch den Auftragnehmer unwirksam.[132] Der Auftragnehmer kann nur unter den Voraussetzungen des § 12 Abs. 2 VOB/B eine Teilabnahme verlangen. Die Anknüpfung an diese Regelung erfolgt durch die Klausel nicht.

Die förmliche Abnahme muss binnen 6 Monaten nach Fertigstellung der Leistung des Auftragnehmers durch den Bauleiter des Auftraggebers erfolgen, es sei denn, der Auftragnehmer fordert schriftlich die frühere Abnahme seines Gewerks.

Die Klausel ist bei Verwendung durch den Auftraggeber zulässig und damit wirksam. Sie benachteiligt den Auftragnehmer nicht unangemessen, weil er eine förmliche Abnahme unabhängig von der 6-Monatsfrist auch früher verlangen kann.[133]

---

[130] OLG Düsseldorf, IBR 1996, 188; Kapellmann, in: Markus, J./Kaiser, S./Kapellmann, S.: *AGB-Handbuch Bauvertragsklauseln*, 3. Auflage, Werner Verlag, Köln 2011, Rdnr. 627.
[131] BGH BauR 1983, 161, 164; Kapellmann, in: Markus, J./Kaiser, S./Kapellmann, S.: *AGB-Handbuch Bauvertragsklauseln*, 3. Auflage, Werner Verlag, Köln 2011, Rdnr. 625.
[132] Kapellmann, in: Markus, J./Kaiser, S./Kapellmann, S.: *AGB-Handbuch Bauvertragsklauseln*, 3. Auflage, Werner Verlag, Köln 2011, Rdnr. 630.
[133] OLG Bamberg IBR 1997, 450; Kapellmann, in: Markus, J./Kaiser, S./Kapellmann, S.: *AGB-Handbuch Bauvertragsklauseln*, 3. Auflage, Werner Verlag, Köln 2011, Rdnr. 626; a. A. Hofmann, in: Glatzel, L./Hofmann, O./Frikell, E.: *Unwirksame Bauvertragsklauseln nach dem AGB-Gesetz*, 10. Auflage, Ernst Vögel Verlag, Stamsried 2003, S. 242.

Das Vertragsobjekt gilt mit der Erstellung des Abnahmeprotokolls, spätestens mit Einzug in die Wohnung als abgenommen.

Die Klausel ist bei Verwendung durch den Auftragnehmer unwirksam.[134] Es liegt ein Verstoß gegen § 308 Nr. 5 BGB vor, da es beim BGB-Bauvertrag keine Abnahmefiktion durch Benutzung gibt.

Die Abnahme durch Fertigstellungsbescheinigung (§ 641 a BGB) wird ausgeschlossen.

Diese Klausel ist bei Verwendung durch den Auftraggeber unwirksam.[135] Die Klausel weicht von einem wesentlichen Grundgedanken der gesetzlichen Regelung ab und ist daher nach § 307 Abs. 2 Nr. 1 BGB unwirksam.

Gutachter im Sinne des § 641 a BGB kann nur ein öffentlich bestellter und vereidigter Sachverständiger sein, mit dem der Auftraggeber ausdrücklich einverstanden ist.

Die Klausel ist bei Verwendung durch den Auftraggeber unwirksam.[136] Ein böswilliger Auftraggeber könnte die Abnahme durch grundlose Ablehnung des Sachverständigen unzulässig verzögern bzw. vereiteln.

Ohne Vorlage des ordnungsgemäß geführten Bautagebuchs gilt der Werkvertrag als nicht ordnungsgemäß erbracht.

Die Klausel ist bei Verwendung durch den Auftraggeber unwirksam.[137] Die Regelung bedeutet eine zusätzliche Voraussetzung für die Abnahme, die mit der Ordnungsgemäßheit der Bauleistung nichts zu tun hat. Der Grundgedanke des § 640 BGB wird durch die Regelung beschnitten.

---

[134] OLG Hamm IBR 1994, 283.
[135] Hofmann, in: Glatzel, L./Hofmann, O./Frikell, E.: *Unwirksame Bauvertragsklauseln nach dem AGB-Gesetz*, 10. Auflage, Ernst Vögel Verlag, Stamsried 2003, S. 241; Kapellmann, in: Markus, J./Kaiser, S./Kapellmann, S.: *AGB-Handbuch Bauvertragsklauseln*, 3. Auflage, Werner Verlag, Köln 2011, Rdnr. 639.
[136] Hofmann, in: Glatzel, L./Hofmann, O./Frikell, E.: *Unwirksame Bauvertragsklauseln nach dem AGB-Gesetz*, 10. Auflage, Ernst Vögel Verlag, Stamsried 2003, S. 243; Kapellmann, in: Markus, J./Kaiser, S./Kapellmann, S.: *AGB-Handbuch Bauvertragsklauseln*, 3. Auflage, Werner Verlag, Köln 2011, Rdnr. 641.
[137] LG Koblenz IBR 1994, 461; Kapellmann, in: Markus, J./Kaiser, S./Kapellmann, S.: *AGB-Handbuch Bauvertragsklauseln*, 3. Auflage, Werner Verlag, Köln 2011, Rdnr. 616.

5.6 Abnahmeverweigerung

Der Auftragnehmer hat nach § 640 Abs. 1 BGB grundsätzlich einen Anspruch auf Abnahme. Der Auftraggeber kann jedoch unter bestimmten Voraussetzungen die Abnahme verweigern. Dabei regelt § 640 Abs. 1 S. 2 BGB, dass die Abnahme wegen unwesentlicher Mängel nicht verweigert werden kann. Die VOB/B stellt in § 12 Abs. 3 VOB/B klar, dass dem Auftraggeber ein Recht zur Verweigerung der Abnahme nur bei Vorliegen wesentlicher Mängel zusteht.

Für den örtlichen Bauleiter ist insbesondere von Interesse, wann das Vorliegen eines wesentlichen Mangels zu bejahen ist. Dies hängt davon ab, ob der Mangel so bedeutsam ist, dass der Auftraggeber die zügige Abwicklung des gesamten Vertragsverhältnisses aufhalten darf oder ob es dem Auftraggeber zuzumuten ist, die Leistung entgegenzunehmen und sich mit der Beseitigung des Mangels Zug-um-Zug gegen Bezahlung des restlichen Werklohns zu begnügen.[138]

Die Beurteilung ist aus rein objektiver Sicht vorzunehmen. Die Wesentlichkeit ergibt sich aus Art, Umfang und Auswirkung des Mangels.[139] Dies ist anhand einer Einzelfallbeurteilung festzustellen. Subjektive Wertungen hinsichtlich der Bedeutung bestimmter Eigenschaften der Bauleistung dürfen nur dann einbezogen werden, wenn sie vertraglich vereinbart wurden.

Nachfolgend sollen einige Beispiele aus der Rechtsprechung eine Klassifizierung erleichtern:

- Nach Auffassung des OLG Dresden[140] soll die Gesamtabnahme einer Reihenhaussiedlung mit insgesamt 25 Häusern mit einem Gesamtauftragsvolumen von knapp € 3,0 Mio. verweigert werden können, wenn an einem Haus erhebliche Schallschutzmängel mit einem Behebungsaufwand von € 15.000 festgestellt wurden. Bereits ein Mängelbeseitigungsaufwand von nur 0,5 % des Gesamtwerklohns reiche demnach zur Qualifizierung als wesentlicher Mangel aus. Der BGH hat in einem vergleichbaren Fall einen derartig geringen prozentualen Anteil als ein Indiz für einen völlig unbedeutenden Mangel gesehen, der nicht zur Abnahmeverweigerung berechtigen solle.[141]
- Das OLG Hamm ist in seinem Urteil vom 16.12.2003[142] der Auffassung, dass die Erwerber einzelner Eigentumswohnungen einer Wohnanlage die Abnahme des Gemeinschaftseigentums verweigern können, wenn der in der Baubeschreibung versprochene „rollstuhlgerechte" Aufzug nicht den Mindestmaßen der DIN 15306 und DIN 18025 entspricht.

---

[138] Vgl. OLG Hamm BauR 2004, 1459; OLG Düsseldorf BauR 1997, 842.
[139] OLG Hamburg IBR 2004, 6.
[140] Vgl. OLG Dresden IBR 2001, 358.
[141] BGH IBR 1996, 226.
[142] OLG Hamm IBR 2004, 415.

- Das KG[143] hat ein Beispiel zur Frage der Abnahmeverweigerung bei auf Planungsmängeln beruhenden Ausführungsfehlern entschieden. Ein Fachunternehmer hatte eine Heizungsanlage in ein Kaufhaus eingebaut. Dabei richtete er sich nach den Vorgaben eines Fachplaners. In dem Kaufhaus konnten nach Ausführung der Leistung jedoch nur inkonstante, teils zu hohe, teils zu niedrige Temperaturen erzielt werden. Dies stelle einen wesentlichen Mangel dar. Der Mangel sei zwar aufgrund der fehlerhaften Planung des Fachplaners entstanden, diese hätte der Fachunternehmer aber bei gehöriger Sorgfalt erkennen können. Er könne nicht auf die vermeintlich größere Fachkenntnis des Planers vertrauen, sondern sei zur eigenen Prüfung und Bedenkenmitteilung verpflichtet. Der Auftraggeber habe die Abnahme des Werkes zur Recht verweigert.
- Das OLG Hamm entschied am 26.11.2003,[144] dass auch Mängel mit relativ geringfügigen Mangelbeseitigungskosten (hier ca. € 2000,– bei einem Auftragswert von ca. € 1,5 Mio.) zur Verweigerung der Abnahme berechtigen, wenn von diesen Mängeln erhebliches Gefahrenpotenzial ausgeht.
- Als Faustformel hat das OLG Bamberg[145] festgehalten, dass eine Abnahmeverweigerung berechtigt sein kann, wenn die Mangelbeseitigungskosten in ihrer Gesamtschau 10 % der vereinbarten Gegenleistung erreicht. Das OLG Karlsruhe[146] zieht die Grenze der Erheblichkeit zwischen 10 und 20 % des Preises. Auch wenn die Bewertung der Wesentlichkeit von Mängeln einer Entscheidung im Einzelfall zu unterziehen ist, können derartige Faustformeln zumindest hilfreiche Anhaltspunkte geben.

5.6.1 Formale und inhaltliche Anforderungen

Die Abnahmeverweigerung bedarf grundsätzlich keiner bestimmten Form. Abweichendes können die Parteien vertraglich vereinbaren. Die Abnahmeverweigerung kann aus einer ausdrücklichen Erklärung hervorgehen oder sich aus dem tatsächlichen Verhalten des Auftraggebers herleiten lassen. Sie bedarf keines bestimmten Wortlauts. Es handelt sich bei der Abnahmeverweigerung um eine empfangsbedürftige Willenserklärung[147]. Das bedeutet, dass interne Kommunikation des Auftraggebers außer Betracht bleibt, wenn diese nicht zur Kenntnisnahme für den Auftragnehmer bestimmt war.

---

[143] KG IBR 2001, 416.
[144] OLG Hamm, IBR 2005, 420.
[145] OLG Bamberg, BauR 2009, 284.
[146] OLG Karlsruhe, NJW-RR 2009, 741.
[147] Jagenburg, I., in: *Beck'scher VOB-Kommentar*, 2. Auflage, Beck Verlag, München 2008, § 12 Nr. 3 Rdnr. 5.

5.6.2 Rechtsfolgen der Abnahmeverweigerung

Die Rechtsfolgen der Abnahmeverweigerung sind unterschiedlich, je nachdem ob der Auftraggeber die Abnahme berechtigt oder unberechtigt verweigert hat.

5.6.2.1 Berechtigte Abnahmeverweigerung

Der Auftraggeber ist zur Abnahmeverweigerung berechtigt, wenn das Werk wesentliche Mängel aufweist. Die Rechtsfolgen der Abnahme treten damit nicht ein, insbesondere wird die vereinbarte Vergütung nicht fällig. Dies gilt zumindest dann, wenn die Abnahme nicht endgültig verweigert wird, sondern der Auftraggeber weiterhin die Erfüllung des Bauvertrags (d. h. Mangelbeseitigung) verlangt.[148] Außerdem kann der Auftraggeber der Zahlungsaufforderung des Auftragnehmers ein Leistungsverweigerungsrecht nach § 320 Abs. 1 S. 1 BGB entgegenhalten.

5.6.2.2 Unberechtigte Abnahmeverweigerung

Eine unberechtigte Abnahmeverweigerung liegt vor, wenn das Werk nur unwesentliche oder gar keine Mängel aufweist, der Auftraggeber die Abnahme aber trotzdem nicht erklärt. Der Auftraggeber gerät mit der Abnahme in Verzug.

Zunächst gerät der Auftraggeber bei unberechtigter Abnahmeverweigerung in Annahmeverzug nach § 293 BGB. Die hier wesentliche Rechtsfolge des Annahmeverzugs wird in § 644 BGB geregelt. Sie besteht darin, dass die Vergütungsgefahr auf den Auftraggeber übergeht und die Leistungsgefahr des Auftragnehmers endet. Vereinfacht bedeutet dies, dass bei zufälligem Untergang oder bei Verschlechterung der Bauleistung der Auftraggeber zur Zahlung der vollen Vergütung verpflichtet bleibt. Der Auftragnehmer hingegen ist nicht mehr verpflichtet, das Werk nachzubessern oder gar wiederholt neu zu errichten.

Die Abnahme der Bauleistung ist darüber hinaus eine werkvertragliche Hauptpflicht des Auftraggebers. Der Auftragnehmer kann den Auftraggeber daher in Verzug setzen, indem er ihm eine Nachfrist zur Abnahme setzt. Der Auftraggeber gerät in Schuldnerverzug nach § 286 Abs. 1, 2 und 4 BGB, wenn er die im Wesentlichen mangelfreie Bauleistung schuldhaft nicht abnimmt. Der Auftragnehmer kann unter diesen Umständen nach § 280 Abs. 1 u. 2 i. V. m. § 286 BGB den Ersatz des Verzögerungsschadens verlangen.[149] Weiterhin besteht die – allerdings wenig praktikable bzw. sinnvolle – rechtliche Möglichkeit vom Bauvertrag zurückzutreten und/oder Schadensersatz statt der Leistung zu verlangen.

Die unberechtigte (endgültige) Abnahmeverweigerung hat ferner Auswirkungen auf die Verjährung der Mängelansprüche des Auftraggebers. Die Verjährung der Mängelansprüche beginnt mit dem Zeitpunkt, in dem der Auftraggeber trotz erfolgter Mahnung die Abnahme unberechtigt verweigert, er also einen Pflichtverstoß begeht. Sofern der Auf-

---

[148] Vgl. dazu oben Ziffer 5.3.6.

[149] Busche, in: *Münchener Kommentar zum Bürgerlichen Gesetzbuch*, 5. Auflage, Beck Verlag, München 2009, § 640 Rdnr. 40; Havers, in: Kapellmann, K./Messerschmidt, B.: *Vergabe und Vertragsordnung, Teile A und B, Kommentar*, 4. Auflage, Beck Verlag, München 2013, VOB/B, § 12 Rdnr. 74.

traggeber die Abnahme endgültig unberechtigt verweigert, treten die Rechtsfolgen der Abnahme ein.[150] Der Auftragnehmer ist in diesem Fall nach der hier vertretenen Auffassung nicht mehr gehalten, eine Frist zur Abnahme nach § 640 Abs. 1 S. 3 BGB zu setzen, weil dies eine nutzlose Förmlichkeit darstellen würde. Da der BGH diese Frage in seiner Entscheidung vom 15.10.2002[151] offen gelassen hat, empfiehlt es sich zur Sicherheit, trotzdem eine Frist zu setzen.[152]

In diesem Zusammenhang ist für den Praktiker zu bedenken, dass im Falle einer prozessualen Auseinandersetzung den Auftragnehmer die Beweislast für die Abnahmeverpflichtung des Auftraggebers trifft, er demnach ggf. noch Jahre zum Nachweis der Unwesentlichkeit der gerügten Mängel verpflichtet bleibt.[153]

5.7 Vorbehalt bekannter Mängel bei der Abnahme

Der Auftraggeber ist grundsätzlich verpflichtet, das abnahmereif erstellte Werk des Auftragnehmers abzunehmen. Häufig stellt sich bei der Abnahmebegehung jedoch heraus, dass das Werk in Teilen noch mangelbehaftet ist. Nimmt der Auftraggeber das Werk dennoch ab, z. B. weil die Mängel unwesentlich sind und daher eine Abnahmeverweigerung nicht rechtfertigen würden, muss sich der Auftraggeber nach § 640 Abs. 2 BGB bei der Abnahme der Bauleistung seine Mängelrechte vorbehalten, um keine Rechtsverluste zu erleiden.

Der Vorbehalt von Mängelrechten ist eine vom Auftraggeber abgegebene Erklärung, bestimmte bezeichnete Mängel nicht hinzunehmen. Die ausdrückliche Bezeichnung als „Vorbehalt" ist dabei nicht zwingend. Die Erklärung muss nicht mit einer expliziten Beseitigungsaufforderung verbunden werden, vielmehr reicht die Rüge des Mangels aus. Eine pauschalisierte Mangelrüge genügt nicht. Der Auftraggeber hat den Mangel entweder anhand der Mangelfolgen oder der Mangelursache genau zu bestimmen. Der Auftraggeber kann sich bei der Darstellung auf das Symptom beschränken, aus dem er die Mangelhaftigkeit der Bauleistung herleitet. Nach der ständigen Rechtsprechung des Bundesgerichtshofs genügt der Auftraggeber den Anforderungen an ein hinreichend bestimmtes Mängelbeseitigungsverlangen (wie auch an eine schlüssige Darlegung eines Mangels im Prozess), wenn er die Erscheinungen, die er auf vertragswidrige Abweichungen zurückführt, hinlänglich deutlich beschreibt.[154] Er ist nicht gehalten, die Mängelursachen im Einzelnen zu bezeichnen.

---

[150] Vgl. BGH NJW-RR 1996, 883; siehe dazu auch oben Ziffer 5.3.6.
[151] BGH BauR 2003, 236.
[152] Vgl. dazu auch oben Ziffer 5.4.3.4.2.
[153] Vgl. BGH BauR 1993, 469, 472.
[154] Vgl. BGH BauR 2003, 693, 694; BauR 2000, 261; BauR 1999, 899.

5.7.1 Kenntnis des Mangels

Ein Rechtsverlust kann durch den unterlassenen Vorbehalt nur eintreten, wenn der Auftraggeber die Mängel positiv kennt. Der Auftraggeber muss die nachteilige Abweichung des Bau-Ist vom Bau-Soll erkennen. Der Auftraggeber kann zwar häufig Mangelsymptome erkennen, allerdings steht diese Kenntnis nicht der Kenntnis eines bestimmten Mangels gleich. Vielfach wird der Auftraggeber nicht in der Lage sein, allein aufgrund der erkannten Symptome, das Vorliegen klar definierter Mängel zu rügen. Hat der Auftraggeber z. B. den Eindruck, dass Schallschutzanforderungen nicht erfüllt werden, wird er diese Kenntnis nicht zwingend einem bestimmten Gewerk zuordnen können, denn als Verursacher kommen Rohbauunternehmer, Estrichleger oder weitere Beteiligte in Betracht. Daher scheidet eine Anwendung des § 640 Abs. 2 BGB aus, wenn der Auftraggeber die Ausmaße und Folgen einer erkannten Mangelerscheinung nicht übersehen kann.[155] Die grob fahrlässige oder vorsätzliche Unkenntnis des Auftraggebers führt nicht zu einem Rechtsverlust. Das Kennenmüssen steht dem Kennen nicht gleich. Selbst für den Fall, dass der Auftraggeber eine Prüfung der Bauleistung wissentlich unterlässt und er deshalb einen Mangel nicht kennt, führt dies nicht zu einem Rechtsverlust.[156]

5.7.2 Formale Anforderungen

Der Vorbehalt ist in zeitlicher Hinsicht „bei Abnahme" zu erklären.

Er ist bei einer förmlichen Abnahme in das Abnahmeprotokoll aufzunehmen, um wirksam zu sein. Für den VOB/B-Vertrag schreibt dies die Regelung des § 12 Abs. 4 Nr. 1 VOB/B vor. In diesem Zusammenhang ist von besonderer Wichtigkeit, zu welchem Zeitpunkt eine Aufnahme in das Protokoll erfolgt. Der Vorbehalt kann bis zur Unterschrift der zuletzt unterzeichnenden Partei nachgetragen werden, wenn das Protokoll in Anwesenheit beider Parteien erstellt wird. Dabei wird berücksichtigt, dass erst mit der Unterschrift aller an der Abnahme beteiligten Parteien das Abnahmeprotokoll und damit die Abnahme abgeschlossen wird.

Liegt zwischen der tatsächlichen Abnahme vor Ort und der Protokollerstellung ein längerer Zeitraum, so ist das Protokoll nicht mehr Teil der Abnahme. Die Abnahme ist dann mit Beendigung der Abnahmebegehung bzw. Abnahmeverhandlung abgeschlossen. Der Auftraggeber hat bis zur Beendigung der Abnahmebegehung bzw. Abnahmeverhandlung den Vorbehalt zu erklären, ansonsten verliert er seine Mängelrechte. Dieses Versäumnis kann nicht durch einen späteren Nachtrag im Abnahmeprotokoll geheilt werden. Auf diesen Aspekt sollte der bauleitende Architekt den Auftraggeber hinweisen.

In diesem Zusammenhang empfiehlt sich, die bereits erläuterte „2-Wochen"-Klausel in den Vertrag aufzunehmen. Durch ihre Verwendung wird eine zeitliche Zäsur zwischen

---

[155] Vgl. BGH BauR 2001, 258, 259.
[156] Vgl. OLG Düsseldorf NJW-RR 1996, 532.

Zeitpunkt der Vorbehaltserklärung
1. Rechtsgeschäftliche Abnahme
   ▶ bei der Abnahme
2. Fiktive Abnahme gemäß § 12 Abs. 5 VOB/B
   ▶ vor Ablauf der Fristen nach § 12 Abs. 5 Nr. 1 und 2 VOB/B
3. Förmliche Abnahme
   ▶ bis zur abschließenden Unterzeichnung des Abnahmeprotokolls
4. Konkludente Abnahme durch Benutzung
   ▶ zum Zeitpunkt des schlüssigen Verhaltens, das auf die Abnahme schließen lässt
5. „Vergessene" oder verzichtete förmlicher Abnahme
   ▶ bis zu dem Zeitpunkt, zu dem vom Verzicht auf die förmliche Abnahme ausgegangen werden kann

Abb. 5.7 Zeitpunkt der Vorbehaltserklärung

Begehung und Abnahmeerklärung geschaffen, innerhalb derer der Auftraggeber Art und Umfang der Mängel hinreichend beurteilen kann.[157]

Bei der fiktiven Abnahme ist zu differenzieren. Im Falle einer fiktiven Abnahme gemäß § 12 Abs. 5 VOB/B ist der Vorbehalt zu den in § 12 Abs. 5 Nr. 1 und 2 VOB/B benannten Zeitpunkten zu erklären. Bei der fiktiven Abnahme gemäß § 640 Abs. 1 S. 3 BGB bedarf es eines Vorbehalts von Mangelansprüchen nicht, da der in § 640 Abs. 2 BGB geregelte Rechtsverlust für die fiktive Abnahme nach § 640 Abs. 1 S. 3 BGB nicht gilt[158] (Abb. 5.7).

Der Vorbehalt ist grundsätzlich durch den Auftraggeber selbst zu erklären. Allerdings sind die Erklärungen der vom Auftraggeber mit der Durchführung der Abnahme bzw. Abnahmebegehung beauftragten Personen, insbesondere der mit der selbständigen Durchführung der rechtsgeschäftlichen Abnahme beauftragte Architekt oder Sonderfachleute, dem Auftraggeber zuzurechnen. Außerdem wirken diejenigen Vorbehaltserklärungen für den Auftraggeber, die Personen geäußert haben, die der Auftraggeber zu seiner Unterstützung im Rahmen der Abnahmeverhandlung beigezogen hat.

Der Auftragnehmer kann davon ausgehen, dass sich der Auftraggeber das besondere Fachwissen dieser beratenden Personen zu Eigen macht. Insofern ist den Erklärungen dieser Beteiligten Aufmerksamkeit entgegen zu bringen.

Der Auftragnehmer oder sein empfangsbevollmächtigter Vertreter ist richtiger Adressat der Vorbehaltserklärung.

---

[157] Ausführlich dazu oben unter Ziffer 5.4.3.3.3.
[158] Kniffka/Pause/Vogel, *ibr-online Kommentar*, Stand 12.01.2015, § 640, Rdnr. 63.

5.7.3   Rechtsfolgen bei fehlendem Vorbehalt

5.7.3.1   Kein Anspruch auf Nacherfüllung und Verlust des Minderungs- und Rücktrittsrechts

Nach § 640 Abs. 2 BGB und § 12 Abs. 5 Nr. 3 VOB/B verliert der Auftraggeber hinsichtlich der bekannten Mängel das Recht auf Nacherfüllung sowie das Minderungs- und Rücktrittsrecht, wenn er die Bauleistung des Auftragnehmers in Kenntnis von Mängeln ohne Vorbehalt abnimmt. In Verbindung mit dem Verlust des Nacherfüllungsanspruchs verliert der Auftraggeber darüber hinaus das hierauf gestützte Leistungsverweigerungsrecht nach § 320 BGB.[159] Der Verlust wirkt sich nicht auf sonstige Mängel aus, die zum Zeitpunkt der Abnahme nicht bekannt waren.

5.7.3.2   Anspruch auf Schadensersatz nach § 634 Nr. 4 BGB bzw. § 13 Abs. 7 VOB/B

Der Auftraggeber hat die Möglichkeit, trotz des fehlenden Vorbehalts einen Schadensersatzanspruch nach § 634 Nr. 4 BGB bzw. § 13 Abs. 7 VOB/B geltend zu machen. Er kann im Wege des Schadensersatzes nicht die tatsächliche Mängelbeseitigung verlangen, weil der diesbezügliche Schadensersatzanspruch grundsätzlich auf Geldersatz gerichtet ist.[160] Der Auftraggeber kann demnach Zahlung in Höhe der Kosten der Mängelbeseitigung sowie den Ausgleich eines etwaig nach Mängelbeseitigung bestehenden Minderwerts verlangen. In diesem Zusammenhang ist zu beachten, dass der Verlust des Nacherfüllungsanspruchs keine Auswirkungen auf das Recht des Auftragnehmers hat, statt Schadensersatz zu leisten, die Mängelbeseitigung selbst durchzuführen. Obwohl der Auftraggeber seinen Anspruch auf Nacherfüllung verloren hat, muss er dem Auftragnehmer daher zunächst eine Frist zur Mängelbeseitigung setzen. Erst wenn der Auftragnehmer diese Frist fruchtlos verstreichen lässt, kann der Auftraggeber Schadensersatz geltend machen.[161] Die Fristsetzung ist nicht erforderlich, wenn die Beseitigung des Mangels unmöglich ist oder der Auftragnehmer die Mängelbeseitigung bereits vor Abnahme endgültig abgelehnt hat.[162]

5.7.3.3   Gewährleistungsverzicht

Der unterlassene Vorbehalt des Auftraggebers kann nicht ohne weiteres als Gewährleistungsverzicht gedeutet werden. Zwar verliert der Auftraggeber seine verschuldensunabhängigen Rechte der Nacherfüllung, Minderung und des Rücktritts, dies gilt jedoch nicht für darüber hinausgehende Gewährleistungsrechte. Ein solcher Gewährleistungsverzicht erfordert neben dem fehlenden Vorbehalt noch weitere additive Umstände, die den Willen

---

[159] Vgl. Heiermann, W./Riedl, R./Rusam, M.: *Handkommentar zur VOB Teile A und B, Rechtsschutz im Vergabeverfahren*, 12. Auflage, Vieweg Verlag, Wiesbaden 2011, VOB/B, § 12 Rdnr. 38; Sprau, in: Palandt, E.: *Bürgerliches Gesetzbuch*, 73. Auflage, Beck Verlag, München 2014, § 640 Rdnr. 13.
[160] Vgl. BGH NJW 1974, 143, 144.
[161] Vgl. dazu Kniffka/Pause/Vogel, *ibr-online Kommentar*, Stand 12.01.2015, § 640, Rdnr. 76.
[162] BGH, IBR 2010, 489.

des Auftraggebers deutlich machen, die vorhandenen Mängel in Kauf zu nehmen, ohne einen Ausgleich zu fordern.[163]

5.8 Vorbehalt der Vertragsstrafe bei der Abnahme

Haben die Bauvertragsparteien eine Vertragsstrafe vereinbart, muss sich der Auftraggeber bei der Abnahme auch etwaige Vertragsstrafenansprüche vorbehalten, wenn er keinen Rechtsverlust erleiden will.

Der Vorbehalt der Vertragsstrafe bei der Abnahme bedarf einer unmissverständlichen Erklärung des Auftraggebers, die erkennen lässt, dass dieser auf eine evtl. angefallene Vertragsstrafe nicht verzichten will. Es ist nicht zwingend erforderlich, den Begriff „Vorbehalt" zu verwenden, obwohl dies im Sinne der Rechtssicherheit zu empfehlen ist. Der Auftraggeber ist nicht verpflichtet, die vorbehaltene Vertragsstrafe zu beziffern. Darüber hinaus muss er auch keine sonstigen Einschätzungen zur Berechtigung der Vertragsstrafe abgeben.

Der Vorbehalt ist „bei der Abnahme" zu erklären. Insoweit gelten die oben unter Ziffer 5.7 dargestellten Grundsätze entsprechend. Der Begriff „bei der Abnahme" ist eng auszulegen und nahezu wörtlich zu nehmen. Vorherige Erklärungen reichen prinzipiell nicht aus.[164] Allerdings ist es für den Vorbehalt ausreichend, wenn der Auftraggeber im Zusammenhang mit der Vereinbarung des Abnahmetermins seine Vertragsstrafenforderung beziffert und nach Widerspruch des Auftragnehmers zwei Tage vor der Abnahme schriftlich auf der rechtlichen Klärung des Vertragsstrafenanspruchs besteht.[165]

Bei einer fiktiven Abnahme gemäß § 12 Abs. 5 VOB/B ist der Vorbehalt zu den in § 12 Abs. 5 Nr. 1 und 2 VOB/B benannten Zeitpunkten zu erklären. Nicht abschließend geklärt ist, ob bei der fiktiven Abnahme gemäß § 640 Abs. 1 S. 3 BGB ebenfalls ein Verlust der Vertragsstrafenansprüche eintritt, wenn der Vorbehalt bei Ablauf der gesetzten Frist nicht erklärt wurde.[166] Daher ist dem Auftraggeber aus Gründen der Rechtssicherheit zwingend anzuraten, auch in diesem Fall einen Vorbehalt auszusprechen.

Mit der vorbehaltlosen Abnahme erlischt der Vertragsstrafenanspruch des Auftraggebers nach § 341 Abs. 3 BGB. Besondere Berücksichtigung erfordert hier der Umstand, dass es unerheblich ist, ob der Auftraggeber die rechtlichen Konsequenzen des unterlassenen Vorbehaltes kannte.[167]

---

[163] BGH Schäfer/Finnern Z. 4.01 Bl. 50, 51 Rs.
[164] Vgl. BGH BauR 1983, 77, 79; OLG Düsseldorf BauR 2001, 112.
[165] OLG Düsseldorf BauR 2001, 112.
[166] Vgl. dazu Kniffka/Pause/Vogel, *ibr-online Kommentar*, Stand 12.01.2015, § 640, Rdnr. 63 mwN zum Streitstand.
[167] Vgl. Grüneberg, in: Palandt, E.: *Bürgerliches Gesetzbuch*, 73. Auflage, Beck Verlag, München 2014, § 341 Rdnr. 4.

5.9 Kündigung des Bauvertrages und Abnahme

Wird der bestehende Bauvertrag zwischen Auftraggeber und Auftragnehmer während der Bauphase von einer Partei gekündigt, ergeben sich Abgrenzungsschwierigkeiten. Die bis zur Kündigung erstellte Bauleistung wird in den meisten Fällen nicht vollständig sein. Der Auftraggeber ist zur Abnahme des bis zur Kündigung erbrachten Leistungsteils verpflichtet, sofern er kein Recht zur Abnahmeverweigerung hat.[168]

Die Abnahme kann durch ausdrückliche, konkludente oder förmliche Abnahme erfolgen. Eine fiktive Abnahme scheidet aus, weil aufgrund mangelnder Fertigstellung weder die notwendige Fertigstellungsmitteilung noch eine dem Vertragszweck entsprechende Nutzung der Bauleistung in Betracht kommt.[169]

Bei VOB/B-Bauverträgen ergeben sich insoweit keine Unterschiede. Der Auftragnehmer kann gemäß § 8 Abs. 6 VOB/B bei Kündigung durch den Auftraggeber die Abnahme der von ihm ausgeführten Leistungen verlangen. Weist die Bauleistung des Auftragnehmers keine wesentlichen Mängel auf, hat dieser Anspruch auf eine rechtsgeschäftliche Abnahme nach § 12 Abs. 1 und Abs. 4 VOB/B.[170] Allerdings steht dem Auftraggeber ein Recht zur Abnahmeverweigerung gemäß § 12 Abs. 3 VOB/B zu, wenn die bis zur Kündigung erbrachte Bauleistung mit wesentlichen Mängeln behaftet ist. Als Abnahmeformen kommen die ausdrückliche, konkludente und förmliche Abnahme in Betracht. Eine fiktive Abnahme nach § 640 Abs. 1 S. 3 BGB oder § 12 Abs. 5 VOB/B scheidet aus, weil es an der für eine Abnahmevermutung notwendigen Vollendung des Bauwerks fehlt.[171]

Mit Urteil des Bundesgerichtshofs vom 11.05.2006[172] hat dieser in Abänderung seiner bisherigen Rechtsprechung[173] entschieden, dass nach Kündigung eines Bauvertrags die Werklohnforderung grundsätzlich erst mit der Abnahme der bis dahin erbrachten Werkleistungen fällig wird. Bis dahin hatte der BGH die Auffassung vertreten, das infolge vorzeitiger Vertragsbeendigung unfertige Werk bedürfe keiner Abnahme, um die Vergütung fällig werden zu lassen.[174] Die Fälligkeit des Vergütungsanspruchs und aller sich aus der vorzeitigen Beendigung ergebenden vergütungsgleichen Ansprüche wurde für den VOB-Vertrag allein von der Erteilung einer prüfbaren Schlussrechnung abhängig gemacht.[175]

---

[168] Vgl. BGH BauR 2003, 689, 692; BGH BauR 1993, 469, 472; OLG Hamm NJW 1994, 474.
[169] BGH BauR 2003, 689; Kniffka, *ZfBR 1998*, 113, 115; Vygen, in: Ingenstau, H./Korbion, H.: *VOB – Vergabe und Vertragsordnung für Bauleistungen, Teile A und B*, 17. Auflage, Werner Verlag, Köln 2010, VOB/B § 8 Abs. 6 Rdnr. 13.
[170] BGH NJW 1981, 1839.
[171] Vgl. BGH BauR 2003, 689, 692; BGH NJW 1981, 1839.
[172] BGH IBR 2006, 432.
[173] BGH BauR 1987, 95.
[174] Vgl. BGH BauR 1987, 95.
[175] Vgl. BGH BauR 2000, 1191; BGH BauR 1987, 95.

Der BGH begründet sein richtiges Ergebnis mit folgenden Erwägungen:[176]
Die Abnahme ist gemäß § 641 Abs. 1 BGB Fälligkeitsvoraussetzung für den Werklohn-anspruch des Unternehmers. Soweit es um die Vergütungsforderung aus einem Bauvertrag geht, besteht kein rechtfertigender Grund, von dieser Voraussetzung abzusehen, wenn der Unternehmer infolge der Kündigung des Vertrages lediglich eine Teilleistung erbracht hat.

Die Kündigung, die den Vertrag für die Zukunft beendet, beschränkt den Umfang der vom Unternehmer geschuldeten Werkleistung auf den bis zur Kündigung erbrachten Teil und seinen Vergütungsanspruch ebenfalls auf diesen Teil der ursprünglich geschuldeten Leistung.[177] Der nunmehr im geschuldeten Leistungsumfang reduzierte Bauvertrag richtet sich bezüglich der Fälligkeit der Vergütungsforderung weiterhin nach den werkvertrag-lichen Regelungen, wie sie auch für den ursprünglichen Vertragsumfang galten. Es ist kein rechtlich tragfähiger Grund dafür ersichtlich, an die Fälligkeitsvoraussetzungen des für den erbrachten Leistungsteil geschuldeten Vergütungsanspruchs geringere Anforde-rungen zu stellen, als sie für den Fall des vollständig durchgeführten Vertrages bestehen. Vielmehr würde eine Reduzierung dieser Anforderungen, ein Verzicht auf die Abnahme als Fälligkeitsvoraussetzung, dazu führen, dass der Unternehmer, ohne dass hierfür ein überzeugender Grund zu ersehen ist, selbst in denjenigen Fällen besser gestellt würde, in denen er Anlass zur Kündigung gegeben hat. Diese Gleichstellung der Fälligkeitsvor-aussetzungen erfordert allerdings, dass eine Abnahme auch der nur teilweise erbrachten Leistung grundsätzlich möglich ist.

Literatur

Ganten H, Jansen G, Voit W (2013) Beck'scher VOB-Kommentar, 3. Aufl. Beck Verlag, München

Englert K, Motzke G, Wirth A (2007) Kommentar zum BGB-Bauvertrag. Werner Verlag, Neuwied

Heiermann W, Riedl R, Rusam M (2009) Handkommentar zur VOB Teile A und B, Rechtsschutz im Vergabeverfahren, 12. Aufl. Vieweg Verlag, Wiesbaden

Glatzel L, Hofmann O, Frikell E (2003) Unwirksame Bauvertragsklauseln nach dem AGB-Gesetz, 10. Aufl. Ernst Vögel Verlag, Stamsried

Ingenstau H, Korbion H (2013) VOB – Vergabe und Vertragsordnung für Bauleistungen, Teile A und B, 18. Aufl. Werner Verlag, Köln

Kapellmann K, Messerschmidt B (2013) VOB Teile A und B, 4. Aufl. Beck Verlag, München

Kandel (2013) In: Ganten H, Jansen G, Voit W (Hrsg) Beck'scher VOB-Kommentar, 3. Aufl. Beck Verlag, München

Kleine-Möller N, Merl H (2014) Handbuch des privaten Baurechts, 5. Aufl. Beck Verlag, München

Kniffka R, Koeble K (2014) Kompendium des Baurechts, 4. Aufl. Beck Verlag, München

Korbion C, Mantscheff J, Vygen K (2013) HOAI – Beck'sche Kurzkommentare, 8. Aufl. Beck Verlag, München

---

[176] BGH IBR 2006, 432.
[177] Vgl. BGH BauR 1993, 469.

Kuffer J, Wirth A (2011) Handbuch des Fachanwalts Bau- und Architektenrecht, 3. Aufl. Werner Verlag, Neuwied

Leupertz, in: Prütting H, Wegen G, Weinreich G (2012) BGB Kommentar, 7. Aufl. Luchterhand Verlag, Köln

Locher H, Koeble W, Frik W (2014) Kommentar zur HOAI, 12. Aufl. Werner Verlag, Neuwied

Markus J, Kaiser S, Kapellmann S (2011) AGB-Handbuch Bauvertragsklauseln, 3. Aufl. Werner Verlag, Köln

Nicklisch F, Weick G (2001) Verdingungsordnung für Bauleistungen, Kommentar, Teil B, 3. Aufl. Beck Verlag, München

Säcker J, Rixecker R, Oetker H, Limperg B (Hrsg) (2009) Münchener Kommentar zum Bürgerlichen Gesetzbuch, 5. Auflage, Beck Verlag, München

Palandt E (2014) Bürgerliches Gesetzbuch, 73. Aufl. Beck Verlag, München

Prütting H, Wegen G, Weinreich G (2014) BGB Kommentar, 73. Aufl. Luchterhand Verlag, Köln

Staudinger J (2003) *Kommentar zum Bürgerlichen Gesetzbuch*, Neubearbeitung. Sellier de Gruyter Verlag, Berlin

Werner U, Pastor W (2015) Der Bauprozess, 15. Aufl. Werner Verlag, Köln

Wirth A (2005) Darmstädter Baurechtshandbuch, 2. Aufl. Werner Verlag, München

Aufmaß und Abrechnung

6

Tim Brandt

6.1 Allgemeines

Die Leistungsphase 8 der HOAI umfasst zwei Grundleistungen, die für die Aufstellung von Aufmaßen und die Durchführung der Abrechnung relevant sind. Dies sind:

- das gemeinsame Aufmaß mit den ausführenden Unternehmen,
- und die Rechnungsprüfung einschließlich der Prüfung der Aufmaße der bauausführenden Unternehmen.

Die Leistungen zur Aufstellung eines gemeinsamen Aufmaßes und die Prüfung der darauf basierenden Abrechnung sind unmittelbar miteinander verbunden. Die wesentliche Aufgabe beider Leistungen besteht darin, Klarheit über die tatsächlich erbrachten Bauleistungen zu schaffen und die entsprechende, vertraglich vereinbarte Vergütung korrekt zu ermitteln.

Bei den o. g. Leistungen handelt es sich nicht um isolierte Aufgaben, die durch den Bauleiter ausschließlich gegenüber dem Auftraggeber zu erbringen sind. Sie stehen immer auch im Zusammenhang mit den korrespondierenden Leistungen des Auftragnehmers, der am gemeinsamen Aufmaß und der Aufstellung der Abrechnung beteiligt ist.

Das gemeinsame Aufmaß lässt sich als vom Auftraggeber und Auftragnehmer gemeinsam vorgenommene Feststellung der vom Unternehmer tatsächlich erbrachten Leistungen im Rahmen der Ausführung eines Bauvorhabens definieren.

Auf der Grundlage der vertraglichen Regelungen schafft das gemeinsame Aufmaß eine dokumentierte Basis zur Ermittlung der Vergütung. Die Ergebnisse eines gemeinsamen Aufmaßes vereinfachen damit die Abrechnung der erbrachten Leistungen und dokumentieren gleichermaßen die Richtigkeit der aufgemessenen Mengen.[1]

---

[1] Die vorliegenden Ausführungen gelten nur bei Einheitspreisverträgen.

© Springer Fachmedien Wiesbaden GmbH 2017
F. Würfele et al., *Bauobjektüberwachung*, DOI 10.1007/978-3-658-10039-1_6

Als Abrechnung wird im allgemeinen Sprachgebrauch eine endgültige und abschließende Rechnung verstanden. Die besondere Situation bei der Abrechnung von Bauprojekten erfordert eine Erweiterung des Begriffes um sog. Abschlagsrechnungen, die der
erheblichen Vorfinanzierungslast des Auftragnehmers während der Erstellungsphase eines Bauvorhabens entgegen wirken sollen.

Mit der Grundleistung ‚Rechnungsprüfung‘ wird der objektüberwachende Architekt[2]
dazu verpflichtet, die vom Auftragnehmer eingereichte Abrechnung hinsichtlich ihrer
Richtigkeit zu prüfen, soweit diese Grundleistungen als Leistung des Architekten vereinbart wurde.

Die Abrechnung wird in verschiedenen Normen und Richtlinien sowie in der Gesetz-
gebung geregelt. Nachfolgend sind die wesentlichen Vorschriften zusammengestellt:

- BGB,
- Verordnung über Honorare für Architekten- und Ingenieurleistungen (Honorarordnung
  für Architekten und Ingenieure; kurz HOAI) unter besonderer Beachtung der Leistungsphase 8 ‚Objektüberwachung‘
  - Gemeinsames Aufmaß,
  - Rechnungsprüfung,
- Vergabe und Vertragsordnung für Bauleistungen Teil B (VOB/B)
  - § 1 Art und Umfang der Leistungen,
  - § 2 Vergütung,
  - § 14 Abrechnung,
  - § 15 Stundenlohnarbeiten,
  - § 16 Zahlung,
  - § 17 Sicherheitsleistungen,
- Vergabe und Vertragsordnung für Bauleistungen Teil C (VOB/C) bzw. Allgemeine
  Technische Vertragsbedingungen (ATV) mit den Normen DIN 18299 ff.[3]

6.2 Grundlagen der Abrechnung

6.2.1 Allgemeines

Im Werkvertragsrecht des BGB finden sich keine spezifischen Angaben zu der Abrechnung von Bauleistungen. Anders dagegen in der VOB. Wird die VOB vereinbart, gelten
grundsätzlich auch die Vorschriften des § 14 VOB/B für die Abrechnung, wenn nicht
ausdrücklich etwas anderes festgelegt wurde. § 14 VOB/B fordert für die Form der Abrechnung, dass diese in einer übersichtlichen Auflistung aller abzurechnenden Positionen

---

[2] Im Folgenden als „auftraggeberseitiger Bauleiter“ bezeichnet.
[3] Vgl. hierzu Bielefeld, B./Fröhlich, P.: *Kommentar zur VOB/C*, 17. Auflage, Vieweg+Teubner Verlag, Wiesbaden 2013.

als Einzelleistungen nach Art, Menge und Umfang zusammenzustellen und mit den vertraglich vereinbarten Preisen zu versehen ist.

Die Abrechnung der Leistungen wird deshalb erforderlich, da die Vergütung sich gemäß § 2 Abs. 2 VOB/B nach den vertraglichen Einheitspreisen und den tatsächlich ausgeführten Leistungen berechnet, soweit diese Abrechnungsart vereinbart ist. Beim Pauschalpreisvertrag wird auf eine Abrechnung der tatsächlich erbrachten Leistungen verzichtet, da die Vergütung regelmäßig pauschalisiert ist. Ein Aufmaß als Abrechnungselement kann entfallen.

Vor diesem Hintergrund ist es Aufgabe des Auftragnehmers, seinen Vergütungsanspruch dem Grunde und der Höhe nach in der Abrechnung zu benennen und diesen fristgemäß an den Auftraggeber zu übergeben. Die Rechnungsprüfung dagegen ist eine Grundleistung des damit beauftragten auftraggeberseitigen Bauleiters i. S. der HOAI.

Die Regelungen der VOB/B umfassen für die Leistungsabrechnung verschiedene Anforderungen, die hinsichtlich ihrer Art nach

- Abschlagsrechnungen,
- Teilschlussrechnungen,
- sowie Schlussrechnungen,

zu differenzieren sind und unter Berücksichtigung der zu Grunde liegenden Vertragsart als

- Einheitspreisvertrag,
- Pauschalvertrag,
- Stundenlohnvertrag (§ 15 VOB/B),
- oder Selbstkostenerstattungsvertrag (seit 2009 enthält die VOB/A keine Regelungen mehr zu dieser Vertragsart)

unterschiedlich zu bewerten sind.[4]

6.2.2 Rechnungsarten

6.2.2.1 Allgemeines

Die Schlussrechnung ist gemäß § 16 Abs. 3 Nr. 1 VOB/B eine Voraussetzung für die Zahlung der Vergütung. Entsprechend steht gem. § 14 Abs. 1 Nr. 1 VOB/B der auftragnehmerseitigen Verpflichtung zur Abrechnung ein einklagbarer Anspruch auf Erteilung bzw. Vorlage der Schlussrechnung beim Auftraggeber in einer für ihn prüfbaren Form ge-

---

[4] Vgl. Gralla, M.: *Baubetriebslehre – Bauprozessmanagement*, Werner Verlag 2011, S. 43–47.

genüber.[5] Nach § 14 Abs. 4 VOB/B kann der Auftraggeber die Rechnung auf Kosten des Auftragnehmers selbst aufstellen, wenn diese in einer angemessenen Frist nicht prüfbar durch den Auftragnehmer vorlegt wird.

Aufgrund des in der Regel sehr langfristigen Herstellungsprozesses bei Bauvorhaben ist es zur Sicherung der Liquidität des Auftragnehmers üblich, Abschlagszahlungen zu vereinbaren. Gemäß § 16 Abs. 1 Nr. 1 VOB/B sind Abschlagszahlungen durch den Auftraggeber in möglichst kurzen Abständen zu gewähren, wenn diese durch den Auftragnehmer beantragt werden.

6.2.2.2 Teilschluss- und Schlussrechnung

Eine Schlussrechnung ist erst nach Fertigstellung aller für die Herstellung eines Bauobjektes erforderlichen Bauleistungen beim Auftraggeber einzureichen. Wenn nichts anderes vereinbart wurde, ist die Rechnung gemäß § 14 Abs. 3 VOB/B bei einer vertraglichen Ausführungsfrist von weniger als 3 Monaten nach 12 Werktagen einzureichen. Bei größeren Bauvorhaben mit Abwicklungszeiträumen oberhalb dieser Grenze wird je Dauer von 3 Monaten eine Fristverlängerung von 6 Werktagen gestattet.

Neben der Abnahme bildet die Schlussrechnung auf der Grundlage eines VOB/B-Vertrages die zweite Voraussetzung für die Zahlung der Vergütung an den Auftragnehmer. Anders ist dies beim BGB-Bauvertrag. Hier ist ausschließlich die Abnahme Voraussetzung für die Fälligkeit des Werklohns.

Durch die Vorlage der Schlussrechnung bei einem VOB-Vertrag entstehen dem Auftraggeber ebenfalls Fristen für die Prüfung und die Anweisung der Schlusszahlung. Gem. § 16 Abs. 3 Nr. 1 Satz 1 VOB/B ist der Anspruch auf Zahlung der in der Schlussrechnung erhobenen Forderung endgültig nach Ablauf der 2-monatigen Prüffrist fällig.[6] Erhebt der Auftragnehmer Vorbehalt gegen das Ergebnis der Prüfung, muss auch dies innerhalb der vorgesehenen Fristen geschehen.

Schlussrechnungen umfassen alle Leistungen, die zur Ausführung eines bestimmten Bauvorhabens erforderlich wurden. Werden Teile einer Gesamtleistung abgenommen, können auch Teilschlussrechnungen vereinbart und ausgestellt werden. Teilschlussrechnungen haben für in sich geschlossene, funktionell abgrenzbare und abgenommene Teilleistungen dieselbe Wirkung wie Schlussrechnungen für eine Gesamtleistung und sind nicht mit einer Abschlagsrechnung zu verwechseln.

Sowohl Teilschlussrechnungen als auch Schlussrechnungen müssen die für die tatsächlich erbrachten Leistungen zu berechnende gesetzliche Mehrwertsteuer gemäß § 1 Abs. 1 Nr. 1 UStG enthalten. Der Umsatzsteuersatz sowie der auf das Entgelt entfallende Steuerbetrag sind entsprechend auszuweisen.

---

[5] Vgl. Heiermann, W./Riedl, R./Rusam, M.: *Handkommentar zur VOB*, 13. Auflage, Vieweg Verlag, Wiesbaden 2013, B § 14 Rdnr. 19.

[6] Vgl. Leupertz, S./von Wietersheim, M.: *VOB Teile A und B Kommentar*, 19. Auflage, Werner Verlag, Neuwied 2015, § 16 Nr. 3 VOB/B Rdnr. 8 u. 9.

6.2.2.3 Abschlagsrechnung

Die Abschlagsrechnung dient nicht der endgültigen Abrechnung eines Bauvorhabens und enthält Teilleistungen, welche nicht notwendigerweise in sich abgeschlossen sein müssen und keiner Abnahme bedürfen.

Durch Abschlagsrechnungen wird möglichen Liquiditätsengpässen auf Seiten des Auftragnehmers entgegengewirkt. Die hohen Investitionskosten bei Baumaßnahmen führen nicht selten zu einem erheblichen finanziellen Vorfinanzierungsaufwand beim Auftragnehmer, der ohne weitere Regelungen endgültig erst mit der Anweisung der Schlusszahlung beglichen wird. Da es im beiderseitigen Interesse steht, dass der Auftragnehmer die vertraglich vereinbarten Leistungen auch in finanzieller Hinsicht erbringen kann, werden sog. Zahlungspläne vereinbart.

Regelungen zu Abschlagszahlungen waren lange Zeit nicht im BGB vorgesehen; Zahlungen sind hier grundsätzlich an die Abnahme bzw. Teilabnahme eines Werkes gebunden. Die damit verbundene Vorleistungspflicht des Werkunternehmers forderte vom Auftragnehmer die mangelfreie und rechtzeitige Herstellung des Werkes gem. den Fälligkeitsregelungen im § 641 BGB als Voraussetzung der Werklohnzahlung.

Durch das neue ‚Gesetz zur Beschleunigung fälliger Zahlungen', das im Mai 2000 in Kraft getreten ist, konnte der Auftragnehmer nur über spezielle vertragliche Vereinbarungen einen Anspruch auf Abschlagzahlungen erhalten. Der neu geschaffene § 632 a BGB begründete zunächst nur einen gesetzlichen Anspruch für den Auftragnehmer, der dem Unternehmer für in sich abgeschlossene Teile des Werkes das Recht auf Abschlagzahlungen zuspricht. Mit der Neufassung des § 632 a BGB durch das Forderungssicherungsgesetz vom Oktober 2008 entfällt nunmehr auch diese Forderung, sodass ein grundsätzliches Recht auf Abschlagszahlungen auch im BGB besteht.

In § 16 Abs. 1 VOB/B ist der Anspruch auf Abschlagszahlungen ausdrücklich festgelegt, welche auf Antrag „in Höhe des Wertes der jeweils nachgewiesenen vertragsgemäßen Leistungen einschließlich des ausgewiesenen, darauf entfallenen Umsatzsteuerbetrages [...] in möglichst kurzen Zeitabständen zu gewähren" sind (§ 16 Abs. 1 VOB/B).

Ein zweckmäßiges Instrument zur Steuerung der Zahlungen bietet der Zahlungsplan. Anhand des geplanten Projektverlaufs werden Zahlungen in fester bzw. dem Leistungsstand entsprechender Höhe im Zahlungsplan terminlich festgelegt. Die Vereinbarung von Zahlungsplänen ist bei der Regelung der Vergütung auf Grundlage von Einheits- und Pauschalpreisverträgen üblich.

Bei einer Abrechnung nach Leistungsstand wird die vertraglich vereinbarte Mindestsumme durch Zusammenstellung der bis zur Rechnungsstellung erbrachten Leistungen dokumentiert und dem Auftraggeber als Abschlagsrechnung vorgelegt.

In Abb. 6.1 wird exemplarisch eine Abschlagsrechnung mit den wesentlichen zur Identifikation der Rechnung sowie der Nachvollziehbarkeit der Rechnungsinhalte relevanten Elementen abgebildet.

Die Sicherung der Liquidität des Auftragnehmers ist eine grundlegende Intention bei der Vereinbarung von Abschlagszahlungen. Aufgrund der kontinuierlichen Vorleistungsverpflichtung des Auftragnehmers während der Bauausführung ist es im Regelfall sinn-

An

Name

Anschrift

Datum

Sehr geehrte Damen und Herren,

wie vertraglich vereinbart bitten wir Sie, die Abschlagszahlung gemäß der nachfolgenden Abschlagsrechnung bis zum … auf das unten benannte Geschäftskonto zu überweisen.

Abschlagsrechnung 3 Gegenstand der Abrechnung (betreffende Vertragspositionen)

Pos.	Kurztext	Menge	Einheit	EP	GP
4.1					
5.3					
5.4					
…					

Summe 1

Davon 90 % (abzgl. Sicherheitseinbehalt von 10 %)

Summe 2

Abzgl. der enthaltenen Abschlagszahlungen (gem. Abschlagsrechnung 1 und 2)

Summe 3 (Summe 3. Abschlagszahlung netto)
Zzgl. 19% MwSt.

Rechnungsbetrag (Summe 3. Abschlagszahlung brutto)

Mit freundlichen Grüßen

…

Bankverbindung
Steuernummer oder Umsatzsteueridentifikationsnummer

Abb. 6.1 Schematisches Beispiel für eine Abschlagsrechnung. (Vgl. Rösel, W.: *AVA-Handbuch*, 8. Auflage, Vieweg Verlag, Wiesbaden 2014, S. 58)

voll, im Zahlungsplan mehrere Abschlagszahlungen zu vereinbaren, damit die Liquidität des Auftragnehmers nicht überbelastet wird. Die in Abb. 6.1 abgebildete Abschlagsrechnung verdeutlicht die Vorgehensweise beim Aufstellen einer von mehreren Abschlagsrechnungen. Zunächst werden alle Leistungen gem. Leistungsverzeichnis mit Positionsnummer, Kurztext, Bezugseinheit und Einheitspreis in der Rechnung aufgelistet. Die Mengenangabe und der zugehörige Gesamtpreis der einzelnen Positionen werden anhand der zum Zeitpunkt der Rechnungsstellung aufgemessenen Mengen ermittelt. Von der Summe der Gesamtpreise (Summe 1) wird im Anschluss ein Einbehalt von 10 % zur Sicherung des Auftraggebers abgezogen (Summe 2), soweit dieser dem Grunde und der Höhe nach vereinbart wurde.[7] Zu berücksichtigen ist, dass aufgrund der Ermittlungsmethode immer auch Leistungen enthalten sind, die in vorausgehenden Abschlagsrechnungen bereits betragsmäßig erfasst wurden. Da es sich im Beispiel um die dritte Abschlagsrechnung handelt, müssen die bereits in Rechnung gestellten Beträge der ersten und zweiten Abschlagsrechnung ohne Umsatzsteuer bei der Ermittlung des Rechnungsbetrages entsprechend angerechnet werden (Summe 3). Zur eindeutigen Bezeichnung der einzelnen Abschlagsrechnungen ist eine Kennzeichnung mit fortlaufender Nummerierung unumgänglich. Abschließend ist der Netto-Rechnungsbetrag (Summe 3) mit der gesetzlich vorgeschriebenen Umsatzsteuer zu versehen (Brutto-Rechnungsbetrag).

Die o. g. Vorgehensweise soll anhand des nachstehenden Zahlungsplans näher veranschaulicht werden. Hierzu gelten folgende Annahmen:

- Die Termine für die Abschlagszahlungen sind vertraglich nach Abschluss der ersten Leistung (AR 1) und nach Abschluss der vierten Leistung (AR 2) vereinbart.
- Der Balkenplan stellt die tatsächlich erbrachten Mengen dar.
- Ein Vorgang entspricht vereinfacht einer LV-Position.

Gemäß Abb. 6.2 ist die Leistung 1 zum Zeitpunkt der ersten Abschlagsrechnung (AR 1) vollständig abgeschlossen, weitere Leistungen sind nicht erbracht. Das Aufmaß der Mengen für die zweite Abschlagsrechnung (AR 2) ergibt, dass die Leistungen 1, 2, 3 und 4 vollständig erbracht sind. Multipliziert mit den vertraglichen Einheitspreisen ergeben sich auf dieser Grundlage die jeweiligen Rechnungsbeträge der Abschlagsrechnungen. Bei der

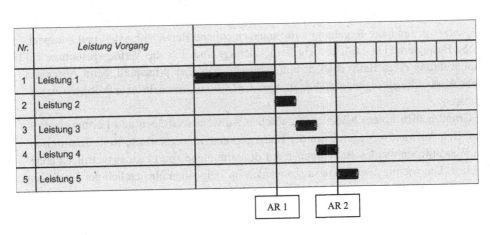

Abb. 6.2 Zahlungsplan

---

[7] Zu Sicherheitsleistungen siehe Kap. 10.

zweiten Abschlagsrechnung ist allerdings zu berücksichtigen, dass die Leistung 1 bereits in der ersten Abschlagsrechnung vollständig erfasst wurde. Aus diesem Grund ist der betreffende Betrag aus der zweiten Abschlagsrechnung herauszunehmen.

6.2.3 Abrechnung verschiedener Vertragstypen

6.2.3.1 Allgemeines

Die Abrechnung von Bauleistungen erfolgt auf der Grundlage der vertraglich vereinbarten Vergütungsregelungen. Die zugrunde liegende Vertragsart hat einen direkten Einfluss auf die Modalitäten der Abrechnung.

Grundsätzlich ist zwischen BGB- und VOB/B-Bauverträgen zu differenzieren. Wie bereits angesprochen verfügt die VOB/B, entgegen dem Werkvertragsrecht des BGB, mit der Vorschrift des § 14 VOB/B über eine Regelung zur Abrechnung von Bauleistungen. Der Auftragnehmer ist zur Abrechnung seiner Leistungen verpflichtet und hat diese in inhaltlicher, formeller und terminlicher Hinsicht gemäß den vertraglichen Anforderungen zu erstellen. Beim Einheitspreisvertrag erfolgt die Vergütung der Leistungen dabei regelmäßig nach § 2 Abs. 2 VOB/B und ergibt sich unmittelbar aus dem Vertrag mit dem Auftraggeber.[8]

Obwohl es an einer konkreten Verpflichtung zur Rechnungslegung beim Werkvertragsrecht des BGB fehlt, wird die Abrechnungsverpflichtung dennoch für alle Fälle angenommen, „bei denen die Vergütung von der Ermittlung der tatsächlich erbrachten Leistung abhängt und bei denen der Vergütungsumfang bei Vertragsschluss noch nicht feststeht."[9] Dies tritt regelmäßig bei Aufwandsverträgen sowie Einheitspreisverträgen auf, kann aber auch beim Pauschalpreisvertrag von Bedeutung sein, wenn der pauschalierte Preis aufgrund von nachträglichen Leistungsmodifikationen anzupassen ist. Vor diesem Hintergrund soll an dieser Stelle konstatiert werden, dass es sich beim Werkvertragsrecht um vielseitig verwendbare Regelungen für unterschiedliche Bereiche handelt und bauspezifische Besonderheiten explizit nicht berücksichtigt sind. Für die Vertragsgestaltung zur Durchführung eines Bauvorhabens empfiehlt es sich daher prinzipiell, beim Abschluss eines Werkvertrages ergänzende Regelungen zur Lösung bauspezifischer Probleme zu vereinbaren.

Grundsätzlich unterscheidet man zwischen Aufwandsverträgen und Leistungsverträgen. Den Aufwandverträgen ist in der Baupraxis eine untergeordnete Rolle zuzuweisen. Im Wesentlichen werden Bauvorhaben auf der Grundlage von Leistungsverträgen abgewickelt. Die wichtigsten Vertragsarten werden im Folgenden hinsichtlich der jeweiligen Abrechnung der Leistungen bzw. des Aufwands detaillierter erläutert.

---

[8] Heiermann, W./Riedle, R./Rusam, M.: *Handkommentar zur VOB*, 13. Auflage, Vieweg Verlag, Wiesbaden 2013, B § 14 Rdnr. 1.

[9] Heiermann, W./Riedle, R./Rusam, M.: *Handkommentar zur VOB*, 13. Auflage, Vieweg Verlag, Wiesbaden 2013, B § 14 Rdnr. 7.

6.2.3.2 Leistungsverträge

Unter Leistungsverträgen[10] versteht man Verträge, die eine Vergütung vorsehen, welche nach einer bestimmten Leistung bemessen wird. Es wird zwischen Einheitspreis- und Pauschalpreisvertrag unterschieden.

a) Einheitspreisvertrag

Beim Einheitspreisvertrag wird durch die Aufgliederung der Bauleistung in Einzelleistungen, die einheitenbezogen mit einem spezifischen Preis versehen werden, eine detaillierte Leistungsbeschreibung mit Leistungsverzeichnis (LV) gefordert (§ 7 Abs. 12 VOB/A). Hierzu werden die „technisch und wirtschaftlich einheitlichen Teilleistungen, deren Menge nach Maß, Gewicht oder Stückzahl" (§ 4 Abs. 1 Nr. 1 VOB/A) anzugeben ist, über sog. Einheitspreise durch den Auftraggeber bzw. seinen bevollmächtigten Vertreter, den auftraggeberseitigen Bauleiter, mit einer Vergütungsgrundlage für das Angebot versehen.

Neben den Einheitspreisen werden mit der Beauftragung des Angebots auch die enthaltenen Vordermengen für die einzelnen Positionen vereinbart. Die endgültige Abrechnungssumme steht mit Auftragsvergabe noch nicht fest, da bei Einheitspreisverträgen gemäß § 2 Abs. 2 VOB/B nach den vereinbarten Einheitspreisen und den tatsächlich ausgeführten Mengen, die durch Aufmaß bestimmt werden, abgerechnet wird (Abb. 6.3).

Es ist erkennbar, dass zur Ermittlung des Vergütungsanspruchs des Auftragnehmers beim Einheitspreisvertrag ein Aufmaß der tatsächlich erbrachten Leistung notwendig ist.

b) Pauschalpreisvertrag (Pauschalvertrag)

Den Pauschalpreisvertrag charakterisiert, dass die vereinbarte Bauleistung mit einem pauschalisierten Geldbetrag vergütet wird.[11] Der Auftraggeber kann grundsätzlich davon ausgehen, dass über den Pauschalpreis alle mit der Herstellung der vereinbarten Einzelleistungen, die zur Erreichung des Bauziels erforderlich werden, abgegolten sind.[12]

Pauschalpreisverträge werden nach dem Pauschalisierungsgrad differenziert.

Leistungsverzeichnis			
Angebotssumme	= Vordersatz	x	Einheitspreis
Abrechnung			
abgerechnete Vergütung	= tatsächlich ausgeführte Menge	x	Einheitspreis

Abb. 6.3 Abrechnung Einheitspreisvertrag

---

[10] Vgl. Gralla, M.: *Garantierter Maximalpreis*, 1. Auflage, Teubner Verlag, 2001, S. 63 ff.

[11] Vgl. Gralla, M.: *Garantierter Maximalpreis*, 1. Auflage, Teubner Verlag, 2001, S. 63 ff.

[12] Vgl. Werner, U./Pastor, W.: *Der Bauprozess*, 15. Auflage, Werner Verlag, Neuwied 2015 Rdnr. 1515.

Bei einem Detailpauschalvertrag wird der Umfang der geschuldeten Leistung durch detaillierte Angaben in einem Leistungsverzeichnis beschrieben. Lediglich der Preis wird als Festpreis vereinbart.[13]

Der Globalpauschalpreis zeichnet sich durch eine Leistungsbeschreibung aus, die gewollt unvollständig gehalten ist und damit dem Auftragnehmer sowohl planerische als auch ausführungstechnische Handlungsspielräume überlässt, um das vereinbart Leistungsziel zu erreichen. Die globale Leistung wird in der Regel über eine funktionale Leistungsbeschreibung definiert.[14]

Liegt zur Regelung der Vergütung ein Pauschalpreisvertrag zwischen den Vertragspartnern zu Grunde, ist die Abrechnung von einzelnen Leistungen und damit die Durchführung eines Aufmaßes sinngemäß nicht erforderlich, da die Vergütung pauschal für die vertragliche Leistung vereinbart wurde. Änderungen gegenüber der vertraglichen Leistungsbeschreibung, wie z. B. Mehr- oder Mindermengen in den vertraglich vereinbarten Positionen, sind folglich ohne Einfluss auf die Pauschalvergütung. Ergeben sich jedoch erhebliche Abweichungen der ausgeführten Leistungen von den vertraglichen Leistungen, sodass ein Festhalten an der Pauschalsumme nach BGB § 313 nicht zumutbar ist, so ist gemäß § 2 Abs. 7 Nr. 1 VOB/B auf Verlangen ein Ausgleich unter Berücksichtigung der Mehr- und Minderkosten zu gewähren. Hierbei ist von den preisbildenden Elementen der Urkalkulation auszugehen (§ 2 Abs. 7 Nr. 1 VOB/B).

Werden vom Auftraggeber jedoch Leistungen geändert oder zusätzliche Leistungen angeordnet, so sind diese vom urvertraglichen Bausoll abzugrenzen und mit einem eigenständigen Vergütungsanspruch auf Grundlage der Kalkulation des Vertrages zu berücksichtigen.

6.2.3.3 Aufwandsverträge

Im Gegensatz zur Vergütung von Leistungen bei Leistungsverträgen wird bei den Aufwandsverträgen der mit der Erbringung einer Leistung verbundene Aufwand vergütet. Zu den Aufwandsverträgen gehören der Stundenlohnvertrag und der Selbstkostenerstattungsvertrag.

a) Stundenlohnvertrag

Bei einem Stundenlohnvertrag handelt es sich um einen Aufwandsvertrag, bei dem nicht die Leistung, sondern der mit der Durchführung bestimmter Arbeiten verbundene Aufwand an Lohnstunden vergütet wird. Soweit es sich vornehmlich um Leistungen handelt, die lohnkostenintensiv sind, kann es für einen Auftraggeber durchaus sinnvoll sein, Stundenlohnarbeiten zu beauftragen (Vgl. § 4 Abs. 2 VOB/A).

Stundenlohnarbeiten werden in der Regel jedoch nur für kleinere Bauvorhaben vereinbart, bei denen der mit einer Ausschreibung verbundene Aufwand unverhältnismäßig groß wäre. Weitere Anwendung finden Stundenlohnarbeiten in Ergänzung zu Leistungsverträ-

---

[13] Vgl. Gralla, M.: *Garantierter Maximalpreis*, 1. Auflage, Teubner Verlag, 2001, S. 63 f.
[14] Vgl. Gralla, M.: *Garantierter Maximalpreis*, 1. Auflage, Teubner Verlag, 2001, S. 64 f.

gen, wenn Teile der Leistungen ex ante nicht beschrieben wurden bzw. nicht beschrieben werden konnten.

Der Nachweis über die Höhe des Stundenlohns, die Anzahl der erbrachten Lohnstunden und die Angemessenheit der Durchführung ist regelmäßig vom Auftragnehmer zu erbringen, in Stundenlisten zusammen zu stellen und zeitnah beim Auftraggeber zur Prüfung vorzulegen. Durch die Unterschrift des Auftraggebers bzw. eines bevollmächtigten Vertreters bzw. durch das nicht fristgemäße Zurückgeben der Stundenzettel tritt die Beweislastumkehr ein.[15]

Bei der Ausführung von Stundenlohnarbeiten bedarf es vor Beginn einer ausdrücklichen Vereinbarung zur Regelung der Vergütung zwischen den Vertragspartnern gemäß § 2 Abs. 10 VOB/B. Gleichermaßen sind die Arbeiten dem Auftraggeber gem. § 15 Abs. 3 VOB/B vor Beginn anzuzeigen. Stundenlohnzettel dienen dabei der formalisierten Aufnahme aller angefallenen Arbeiten nach Lohn und Material und sind dem Auftraggeber gemäß § 15 Abs. 3 VOB/B zur Anerkennung zeitnah zu überreichen. Anerkannte Stundenlohnzettel bilden die Grundlage für die Abrechnung der Stundenlohnarbeiten.

b) Selbstkostenerstattungsvertrag
Kommt ein Selbstkostenerstattungsvertrag zur Anwendung ist es wichtig, für die Abrechnung der Vergütung vertraglich festzulegen, „wie Löhne, Stoffe, Gerätevorhaltung und andere Kosten einschließlich der Gemeinkosten und dem Gewinn zu ermitteln sind".[16] Die aktuelle Fassung der VOB/A enthält aufgrund der seltenen Anwendung keine Regelungen zu Selbstkostenerstattungsverträgen mehr.

Alle anfallenden Kosten sind für die Abrechnung durch den Auftragnehmer darzulegen. Der Maßstab für die Abrechnung ist damit durch die tatsächlich erbrachte Leistung zur ordnungs- und vertragsgemäßen Abwicklung der Arbeiten definiert.[17]

6.2.4 Grundlegende Abrechnungsregeln und -techniken

6.2.4.1 Abrechnung nach ATV

a) Allgemeines
Bei den Allgemeinen Technischen Vertragsbedingungen handelt es sich um eine Zusammenstellung von DIN-Normen, die als Teil C der VOB regelmäßig Bestandteil eines Vertrages werden, wenn dieser auf Grundlage der VOB/B geschlossen wurde. Es wird zwischen der DIN 18299 und den gewerkespezifischen Normen DIN 18300 ff. unterschieden. Die DIN 18299 fasst alle Regelungen zusammen, die gleichartig für alle Gewerke Gültigkeit besitzen. Die Folgenormen sind leistungsspezifisch nur für das jeweilige Ge-

---

[15] Vgl. Werner, U./Pastor, W.: *Der Bauprozess*, 15. Auflage, Werner Verlag, Neuwied 2015, S. 804.
[16] Vgl. § 5 Abs. 3 Nr. 2 VOB/A Ausgabe 2006.
[17] Vgl. Werner, U./Pastor, W.: *Der Bauprozess*, 15. Auflage, Werner Verlag, Neuwied 2015, S. 805.

**Gewerkeliste
auf Grundlage der
VOB/C in der Fassung 2012**

Allgemein
DIN 18299 Allgemeine Regelungen für Bauarbeiten jeder Art

Tiefbau
DIN 18300 Erdarbeiten
DIN 18301 Bohrarbeiten
DIN 18302 Arbeiten zum Ausbau von Bohrungen
DIN 18303 Verbauarbeiten
DIN 18304 Ramm-, Rüttel-, und Pressarbeiten
DIN 18305 Wasserhaltungsarbeiten
DIN 18306 Entwässerungskanalarbeiten
DIN 18307 Druckrohrleitungsarbeiten außerhalb des Gebäudes
DIN 18308 Drain- und Versickerungsarbeiten
DIN 18309 Einpressarbeiten
DIN 18311 Nassbaggerarbeiten
DIN 18312 Untertagebauarbeiten
DIN 18313 Schlitzwandarbeiten mit stützenden Flüssigkeiten
DIN 18314 Spritzbetonarbeiten
DIN 18315 Verkehrswegebauarbeiten – Oberschichten ohne Bindemittel
DIN 18316 Verkehrswegebauarbeiten – Oberschichten mit hydraulischen Bindemitteln
DIN 18317 Oberbauschichten aus Asphalt
DIN 18318 Verkehrswegebauarbeiten – Pflasterdecken und Plattenbeläge, in ungebundener Ausführung, Einfassungen
DIN 18319 Rohrvortriebsarbeiten
DIN 18320 Landschaftsbauarbeiten
DIN 18321 Düsenstrahlarbeiten
DIN 18322 Kabelleitungstiefbauarbeiten
DIN 18323 Kampfmittelräumarbeiten
DIN 18325 Gleisbauarbeiten
DIN 18326 Renovierungsarbeiten an Entwässerungskanälen

Hochbau
DIN 18330 Mauerarbeiten
DIN 18331 Betonarbeiten
DIN 18332 Naturwerksteinarbeiten
DIN 18333 Betonwerksteinarbeiten
DIN 18334 Zimmer- und Holzbauarbeiten
DIN 18335 Stahlbauarbeiten
DIN 18336 Abdichtungsarbeiten
DIN 18338 Dachdeckungs- und Dachabdichtungsarbeiten
DIN 18339 Klempnerarbeiten
DIN 18340 Trockenbauarbeiten
DIN 18345 Wärmedämm-Verbundsysteme
DIN 18349 Betonerhaltungsarbeiten
DIN 18350 Putz- und Stuckarbeiten
DIN 18351 Vorgehängte hinterlüftete Fassaden
DIN 18352 Fliesen- und Plattenarbeiten
DIN 18353 Estricharbeiten
DIN 18354 Gussasphaltarbeiten
DIN 18355 Tischlerarbeiten
DIN 18356 Parkettarbeiten
DIN 18357 Beschlagarbeiten
DIN 18358 Rollladenarbeiten
DIN 18360 Metallbauarbeiten
DIN 18361 Verglasungsarbeiten
DIN 18363 Maler- und Lackierarbeiten, Beschichtungen
DIN 18364 Korrosionsschutzarbeiten an Stahlbauten
DIN 18365 Bodenbelagarbeiten
DIN 18366 Tapezierarbeiten
DIN 18367 Holzpflasterarbeiten
DIN 18379 Raumlufttechnische Anlagen
DIN 18380 Heizanlagen und zentrale Wasserwärmungsanlagen
DIN 18381 Gas-, Wasser- und Entwässerungsanlagen innerhalb von Gebäuden
DIN 18382 Nieder- und Mittelspannungsanlagen mit Nennspannung bis 36 kV
DIN 18384 Blitzschutzanlagen
DIN 18385 Förderanlagen, Aufzugsanlagen, Fahrtreppen und Fahrsteige
DIN 18386 Gebäudeautomation
DIN 18421 Dämm- und Brandschutzarbeiten an technischen Anlagen
DIN 18451 Gerüstarbeiten
DIN 18459 Abbruch- und Rückbauarbeiten

Abb. 6.4 Übersicht der Gewerke in der VOB/C

werk gültig. Im Widerspruch zwischen den allgemeinen und den spezifischen Normen gehen die spezifischen Normen vor (Abb. 6.4).

b) Aufbau der ATV

In den Allgemeinen Technischen Vertragsbedingungen für Bauleistungen finden sich jeweils im Abschn. 5 ATV Abrechnungsvorschriften. Neben den Abrechnungsvorschriften enthalten die ATV im Abschn. 4 eine genaue Differenzierung von Nebenleistungen (Abschn. 4.1 ATV) und Besonderen Leistungen (Abschn. 4.2 ATV). Bei der Abrechnung eines Einheitspreisvertrages oder Detailpauschalvertrages kann auf dieser Grundlage sicher entschieden werden, welche Nebenleistungen durch das Leistungsverzeichnis abgedeckt sind und welche Besonderen Leistungen eine weitere Vergütung bedingen. Die Voraussetzungen für die Anwendbarkeit einer ATV-Norm werden grundsätzlich im Abschn. 1 der Normen geregelt.

Weitere abrechnungsrelevante Regelungen sind jeweils mit der Benennung der Abrechnungseinheiten im Unterpunkt 0.5 ATV gegeben. Hierbei kann es sich um Gewichtangaben, Stückangaben, Längen-, Flächen- oder Raummaße handeln. Die Angaben sind im Hinblick auf verschiedene Bauteile so differenziert, dass eine genaue Zuordnung der entsprechenden Abrechnungseinheit möglich ist. In bestimmten Fällen besteht eine Wahlmöglichkeit. Hier wird deutlich, dass die Vorgaben der ATV hinsichtlich der Abrechnung eng mit der Erstellung der Leistungsbeschreibung und insbesondere auch der Mengenermittlung korrespondieren, da im Regelfall die im Leistungsverzeichnis vorgegebene Systematik in die Abrechnung zu übernehmen ist.

Für die Abrechnung von Bauleistungen ist Abschn. 5 „Abrechnung" ATV von zentraler Bedeutung. Eine wesentliche Aussage für die Vorgehensweise bei der Abrechnung einer Bauleistung auf Grundlage eines VOB-Vertrages ergibt sich bereits aus Abschn. 5 der DIN 18299.

> Die Leistung ist aus Zeichnungen zu ermitteln, soweit die ausgeführte Leistung diesen Zeichnungen entspricht. Sind solche Zeichnungen nicht vorhanden, ist die Leistung aufzumessen (DIN 18299 Abschn. 5 VOB/C 2012).

Diese allgemeine Regelung wird in den einzelnen Folgenormen um konkrete Angaben zur Verfahrensweise bei der Abrechnung der betreffenden Bauleistungen hinsichtlich der spezifischen Besonderheiten eines Gewerks ergänzt. So finden sich z. B. für das Gewerk Estricharbeiten (DIN 18353) ergänzend zu den Angaben der ATV DIN 18299, Abschn. 5, folgende Abrechnungsvorschriften in der Norm.

> ...
>
> **5.1 Allgemeines**
>   5.1.1 Der Ermittlung der Leistung – gleichgültig, ob sie nach Zeichnung oder nach Aufmaß erfolgt – sind die Maße der hergestellten Estriche zugrunde zu legen. Fugen werden übermessen.
>   5.1.2 Bei Abrechnung nach Längenmaß wird jeweils das größte, gegebenenfalls abgewickelte Bauteilmaß zugrunde gelegt. Fugen werden übermessen.
>   Für das Anarbeiten an Ansparungen und Durchdringungen über 0,1 m² Einzelgröße wird die Länge der Abwicklung der jeweiligen Aussparung oder Durchdringung zugrunde gelegt.
> **5.2 Es werden abgezogen**
>   5.2.1 Bei Abrechnung nach Flächenmaß:
>   Aussparungen und Durchdringungen, über 0,1 m² Einzelgröße.
>   5.2.2 Bei Abrechnung nach Längenmaß:
>   Unterbrechungen über 1 m Einzellänge.
>
> ... (DIN 18353 Abschn. 5 VOB/C 2012).

Aus Abschn. 0.5 DIN 18353 VOB/C kann entsprechend entnommen werden, was die üblichen bzw. zweckmäßigen Abrechnungseinheiten für die einzelnen Teilleistungen der Estricharbeiten sind.

...

0.5.1 Flächenmaß (m²), [...], für
- Vorbehandlung des Untergrundes,
- Haftbrücken,
- Ausgleichsschichten, Auffüllungen des Untergrundes,
- Sperr-, Trenn-, Schutz- und Gleitschichten, Folien
- Dämmstoffschichten,
- Estriche, Terrazzoböden, Nutz- und Schutzschichten,
- Oberflächenbehandlung, Oberflächenbearbeitungen.

0.5.2 Längenmaß (m) [...], für
- Randdämmstreifen, Abschneiden des Überstandes von Randdämmstreifen,
- Leisten, Profile, Schienen,
- Kehlen, Sockel, Kanten,
- Ausbilden und Schließen von Fugen,
- Anarbeiten an Durchdringungen über 0,1 m² Einzelgröße.

0.5.3 Anzahl (Stück) [...], für
- Estriche auf Stufen und Schwellen,
- Schienen, Profile, Rahmen,
- Schließen von Aussparungen,
- Anarbeiten an Durchdringungen bis 0,1 m² Einzelgröße.

... (DIN 18353 Abschn. 0.5 VOB/C 2012).

Weitere Angaben betreffen regelmäßig sog. Abzugsflächen. Die entsprechenden Abrechnungsvorschriften regeln dabei, ab welchen Abmessungen Aussparungen bzw. Öffnungen übermessen werden dürfen. Beispielsweise muss der auftraggeberseitige Bauleiter bei der Abrechnungsprüfung der Estricharbeiten genau kontrollieren, welche Pfeiler innerhalb der zu belegenden Fläche größer bzw. kleiner als 0,1 m² sind, um festzustellen, ob diese korrekt abgerechnet wurden.

Zusammenfassend liefern die Abrechnungsvorschriften im Wesentlichen ein Instrument zur Ermittlung der vor Ort angefallenen Mengen. Die ATV bilden als anerkannte Regeln der Technik ebenfalls für BGB-Verträge eine solide Grundlage für die Abrechnung von Bauleistungen.

c) Abrechnungsprinzipien der ATV

Die Regelungen der VOB/C liefern mit ihren Abrechnungsvorschriften einen Leitfaden zur Vereinfachung der Abrechnung. Zu beachten ist jedoch, dass die Abrechnungsregeln aufgrund ihrer knappen Formulierungen entsprechend auslegungsbedürftig sind bzw. systemimmanent mehrere Möglichkeiten zur Aufmaßnahme anbieten.

Grundsätzlich sind die Mengen nach mathematisch exakten Formeln zu berechnen, insbesondere bei geometrisch einfach bestimmbaren Körpern. Die Vorschrift enthält jedoch keine ausdrücklichen Verbote gegenüber der Anwendung von vereinfachten Verfahren, wie sie häufig bei der Abrechnung von Erdarbeiten eingesetzt werden. Problematisch bei der Anwendung von Vereinfachungsverfahren sind die z. T. erheblichen Spielräume bei der Ermittlung der Ergebnisse. Eine Zerlegung eines Gesamtbauteils in mathematisch einfach zu beschreibende Körper ist bei zunehmend komplizierteren Geometrien dennoch sinnvoll. Einheitliche Festlegungen gültiger Näherungsverfahren existieren allerdings nicht.

Die Schwankungen, die sich aus den zulässigen Näherungsverfahren ergeben, sollen nachfolgend exemplarisch für das Gewerk der Erdarbeiten dargestellt werden.

Zur Abrechnung einer geböschten Baugrube im Raummaß sind folgende Verfahren als üblich anzusehen.[18]

Mathematisch exakte Formel

$$V = a \times b \times h + h^2 (a \times N_{bd} + b \times N_{ac}) + 4/3 \times h^3 \times N_{ac} \times N_{bd}$$

Simpson'sche Formel

$$V = h/6 \times (A_{unten} + 4 \times A_{mitte} + A_{oben})$$

Pyramidenstumpf

$$V = h/3 \times (A_{unten} + sqr\,[A_{unten} \times A_{oben}] + A_{oben})$$

Übliche Näherungsformel

$$V = (A_{unten} + A_{oben})/2 \times h$$

Für eine Baugrube (gem. Abb. 6.5) mit den oberen Abmessungen von 10 m × 8 m, einer Tiefe von 1 m, einem Böschungswinkel von 45° und damit einer unteren Abmessung von 8 m × 6 m ergeben sich für die o. g. Verfahren folgende Ergebnisse.

Mathematisch exakte Formel: $V = 63{,}33\,m^3$
Simpson'sche Formel: $V = 63{,}33\,m^3$ (hier exakt)
Pyramidenstumpf: $V = 63{,}32\,m^3$ (hier nahezu exakt)
Übliche Näherungsformel: $V = 64{,}00\,m^3$

Da es sich hier um eine relativ einfache Geometrie handelt, sind die Abweichungen nur gering. Bei komplexen Baugruben können sich jedoch erhebliche Abweichungen einstellen.

Neben den Unschärfen bei der mathematischen Berechnung der Mengen existieren in der Formulierung der ATV auch Passagen, die eine sehr einseitige Regelung zugunsten einer der Vertragsparteien mit sich bringen. Dies ist z. B. immer dann der Fall, wenn nach Abschn. 5 VOB/C für ein Gewerk bestimmte Aussparungen oder Öffnungen in einem

---

[18] Vgl. Hoffmann, M.: *Zahlentafeln für den Baubetrieb*, 8. Auflage, Vieweg+Teubner Verlag, Stuttgart/Leipzig/Wiesbaden 2011, S. 640.

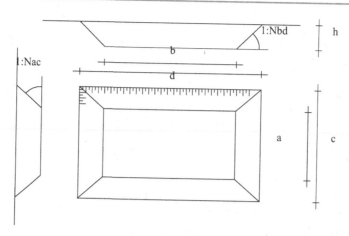

Abb. 6.5 Geometrie der Baugrube. (Vgl. Bielefeld, B./Fröhlich, P.: *Kommentar zur VOB/C*, 17. Auflage, Vieweg+Teubner Verlag, Wiesbaden 2013, S. 57 f.)

Baukörper übermessen werden dürfen, soweit sie eine definierte Größe nicht überschreiten. Folglich also eine Leistung abgerechnet wird, die nicht erbracht wurde.

Eine weitere Besonderheit der Abrechnungsvorschriften ist vor diesem Hintergrund, dass die ausgeführten Leistungen z. T. nach den Regeln der VOB Teil C (ATV) Teil 5 abgerechnet werden, aufgrund der Vorgaben der technischen Normen jedoch andersartig zu erstellen sind.

Aufgrund der Vielzahl von Bauzuständen während der Errichtung eines Bauwerkes und der dadurch bedingten Schwierigkeit, manche Leistungen nach Fertigstellung zu begutachten, empfiehlt es sich, die Rechnungsstellung möglichst parallel zum Baufortschritt durchzuführen. Ein weiterer Vorteil der dynamischen Bauabrechnung ergibt sich aus der Verteilung des Aufwands für die Abrechnung über den gesamten Erstellungszeitraum. Eine Konzentration der gesamten Abrechnungsleistung zum Abschluss der Baumaßnahme wird entsprechend vermieden. Ferner lassen sich strittige Punkte frühzeitig erkennen und können zeitnah diskutiert werden. Dies ist insbesondere vor dem Hintergrund zu sehen, dass Vergütungszahlungen nur für unstrittige Leistungen erfolgen. Eine Abgrenzung zwischen strittigen und unstrittigen Leistungen nach Einreichen der Schlussrechnung begünstigt folglich das Recht des Auftragnehmers, die unstrittigen Leistungen in Form einer Abschlagszahlung vergütet zu bekommen.

6.2.4.2 Bestandteile der Abrechnung

Anforderungen an die äußere Form der Abrechnung sind in der Vorschrift § 14 VOB/B nicht festgelegt. Als übliche Mindestanforderungen sollte eine Abrechnung jedoch Aussagen zum Namen des Leistungserbringers und des Leistungsempfängers, zum Leistungsort sowie das Datum der Erstellung enthalten.[19]

---

[19] Vgl. Heiermann, W./Riedl, R./Rusam, M.: *Handkommentar zur VOB*, 13. Auflage, Vieweg Verlag, Wiesbaden 2013, B § 14 Rdnr. 4.

Zur Gewährleistung der Prüfbarkeit einer Abrechnung sind im Regelfall zusätzliche Angaben erforderlich. Hierzu zählen im Wesentlichen

- Abrechnungszeichnungen,
- Aufmaße,
- sonstige rechnerische Mengenermittlungen,
- Nachunternehmerrechnungen,
- Wiegekarten,
- oder Stundenlohnzettel.

Für eine einfache Zuordnung sollten die beigelegten Unterlagen über Kennzeichnungen verfügen, die einen eindeutigen Verweis auf die Abrechnungsberechnungen enthalten.

a) Abrechnungszeichnungen

Abrechnungszeichnungen stellen den Bezug der abgerechneten Werte mit den in den Plänen enthaltenen bzw. vor Ort ermittelten Mengen her. Die Grundlage der Abrechnungszeichnungen bilden in der Regel die aktuellen Ausführungspläne, welche durch Änderungen, Hinweise, Erläuterungen und ggf. Nachtrag aller erforderlichen Einzelmaße ergänzt werden, soweit diese in den Ausführungsplänen nicht enthalten sind.[20] Die Zeichnungen sind auf die zugehörigen Berechnungen abzustimmen und müssen hinsichtlich der Mengenermittlung nachvollziehbar sein.

Da die tatsächlich erbrachten Mengen zu ermitteln sind, kann es vorkommen, dass für bestimmte Leistungen keine Ausführungspläne vorliegen und die Mengen im Aufmaß erfasst werden müssen. Aber auch im Fall anderweitiger Abweichungen zwischen den Ausführungsplänen und der tatsächlichen Leistung (z. B. Abweichungen der Maßtoleranzen gem. DIN 18202) empfiehlt es sich, die Mengen über Aufmaße zu bestimmen (Abb. 6.6).

b) Mengenermittlung und Aufmaß

Eine zentrale Aufgabe der Abrechnung ist die Ermittlung der tatsächlich erbrachten Mengen. Wie bereits angesprochen wird regelmäßig auf der Grundlage der Ausführungspläne abgerechnet, soweit diese die erforderlichen Informationen bereitstellen. Die Mengen werden mithilfe von Formblättern nach den gewerkespezifischen Vorgaben der VOB/C direkt aus den Abrechnungsplänen entnommen. Zusätzliche Eintragungen gegenüber den Ausführungsplänen dienen einer besseren Bezugnahme zwischen Zeichnung und Berechnung.

Erfolgt die Mengenermittlung sukzessive während der Bauausführung, ergeben sich im Hinblick auf die Abrechnung der Leistungen verschiedene Vorteile gegenüber einer abschließenden Ermittlung zum Ende der Baumaßnahme. So lassen sich z. B. Bauteile, die nach Abschluss der Baumaßnahme nicht mehr zugänglich sind, ausschließlich während der Leistungserstellung im Aufmaß erfassen (§ 14 Abs. 2 VOB/B). Weitere Vorteile

---

[20] Vgl. Hoffmann, M.: *Zahlentafeln für den Baubetrieb*, 8. Auflage, Teubner Verlag, Stuttgart/Leipzig/Wiesbaden 2011, S. 634.

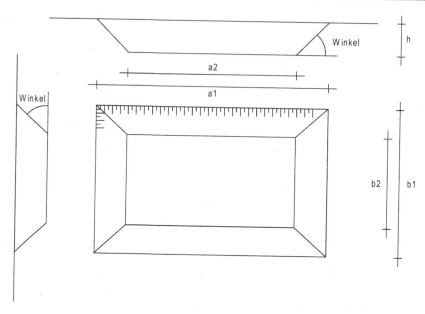

Abb. 6.6 Abrechnungszeichnung Erdarbeiten

entstehen aufgrund der zeitnahen Erfassung der Mengen hinsichtlich der Aufdeckung von Planungsfehlern, Unstimmigkeiten zwischen Leistungsbeschreibung und Ausführungsplanung und der Sicherstellung einer vollständigen Abrechnung aller erbrachten Leistungen.

Liegen für bestimmte Leistungen keine Ausführungspläne vor oder weichen die Leistungen von der vertraglich vereinbarten Leistung ab, können die erbrachten Leistungen nicht auf Basis der Ausführungspläne beschrieben werden. In diesen Fällen wird die Durchführung eines Aufmaßes vor Ort erforderlich. Die verantwortlichen Bauleiter der Vertragsparteien erfassen hierzu im Idealfall gemeinsam den Leistungsstand auf der Baustelle. Das Aufmaß enthält im Regelfall gleichermaßen Zeichnungen und Berechnungen, die ähnlich der Vorgehensweise bei bestehenden Ausführungsplänen zueinander in Bezug gesetzt werden (Abb. 6.7).

6.2.4.3 Grundsätzliche Vorgehensweise bei der Abrechnung

Die Abrechnung wird in der Regel schrittweise durchgeführt, indem zunächst alle Leistungen, die in der Abrechnung zu berücksichtigen sind, den Positionen des Vertrages zugeordnet werden. Auf dieser Grundlage können beim Einheitspreisvertrag später die tatsächlich erbrachten Mengen anhand der Leistungspositionen erfasst werden. Bei der nachfolgenden Rechnungslegung werden die ermittelten Mengen mit den vertraglichen Einheitspreisen multipliziert und über die Anzahl der Positionen eine Gesamtsumme ermittelt. Die Bruttoabrechnungssumme ergibt sich dementsprechend unter Aufschlag der

						Datum	
Bauvorhaben:						Blatt Nr.:	
Los/Gewerk:						LV-Pos.:	
Bauteil/Leistung	Anzahl	Länge	Breite	Höhe	Gewicht	Summe 1	Summe 2

Unterschrift Auftraggeber   Unterschrift Auftragnehmer

Abb. 6.7 Formblatt Mengenermittlung/Aufmaßurkunde

gesetzlich geforderten Umsatzsteuer. Alle dokumentierenden Unterlagen sind den Berechnungen für die spätere Prüfung beizulegen. Zuletzt werden alle Leistungen und insbesondere die strittigen Punkte einer gesonderten Überprüfung unterzogen, um sicherzustellen, dass sich keine Fehler in der Abrechnung befinden.

6.2.4.4 Abrechnung nach REB

Bei den Regelungen für die elektronische Bauabrechnung (REB) handelt es sich um eine Liste von Grundregeln, deren Verfahrensbeschreibungen als Basis für eine elektronische Durchführung der Abrechnung verwendet werden können. Der Grundgedanke hinter der REB verfolgt im Wesentlichen zwei Ziele. Zum einen soll sie die Aufstellung der Mengenermittlung auf Seiten des AN rationalisieren und zum anderen eine Vereinfachung der Rechnungsprüfung auf Seiten des AG ermöglichen. Die hinterlegte Systematik schafft auf beiden Seiten der Vertragspartner gleiche Voraussetzungen für die Aufstellung der Abrechnung bzw. deren Prüfung. Herausgeber der REB ist die Forschungsgesellschaft für das Straßenwesen. Im Bereich des Hochbaus ist die Anwendung der REB im „Vergabehandbuch für die Durchführung von Bauaufgaben des Bundes im Zuständigkeitsbereich der Finanzbauverwaltungen (VHB)" geregelt. Die REB gilt nur als verbindlich, wenn ihre Anwendung explizit im Bauvertrag vereinbart worden ist.[21]

---

[21] Vgl. Hoffmann, M.: *Zahlentafeln für den Baubetrieb*, 8. Auflage, Teubner Verlag, Stuttgart/Leipzig/Wiesbaden 2011, S. 628 ff.

Die Prüfprogramme der Auftraggeber und die Berechnungsprogramme der AN sind dabei derart aufeinander abgestimmt, dass sich bei der gemeinsamen Anwendung der elektronischen Datenverarbeitung erhebliche Vorteile durch Beschleunigung der Abrechnung und höhere Kostensicherheit generieren lassen. Grundsätzlich ändert die Anwendung der REB nichts an der Haftung des auftraggeberseitigen Bauleiters im Innenverhältnis zum Auftraggeber.[22]

6.3 Aufmaß

6.3.1 Allgemeines

Das Aufmaß (oder anders: die Bauaufnahme) ermöglicht die Erfassung von Mengen bzw. erbrachten Leistungen. Dabei ist ein Aufmaß zu den verschiedensten Zwecken dienlich. Es kann gleichermaßen bei einer Bestandsaufnahme, der Erstellung eines Angebots oder der Aufstellung einer prüfbaren Abrechnung Verwendung finden.

Wie in Abb. 6.8 dargestellt wird das Aufmaß für verschiedene Zwecke eingesetzt. In diesem Zusammenhang wird ausschließlich auf die Verwendung des Aufmaßes zur Aufstellung einer prüfbaren Abrechnung von Bauleistungen eingegangen.

Aufmaße als Bestandteil der Abrechnung liefern in der Regel Nachweise über erbrachte Leistungen, die nicht unmittelbar aus der Ausführungsplanung ersichtlich sind bzw. abweichend von den ursprünglichen Planungsunterlagen oder aufgrund von Leistungsmodifikationen zusätzlich oder geändert zur Ausführung kommen.

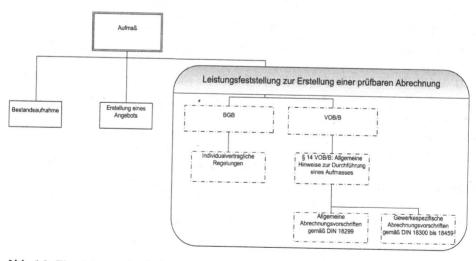

Abb. 6.8 Einsatzformen des Aufmaßes

---

[22] Vgl. Rösel, W.: *AVA-Handbuch*, 8. Auflage, Vieweg Verlag, Wiesbaden 2014, S. 60 f.

Ausdrückliche Regelungen des Aufmaßes finden sich ausschließlich in der VOB/B. Soll ein Aufmaß im Rahmen eines Werkvertrages nach BGB durchgeführt werden, so ist es individualvertraglich zu ergänzen. Ein Aufmaß kann allerdings auch ohne ausdrückliche Vereinbarung im Einheitspreisvertrag nach BGB Bedeutung bekommen, wenn der Auftragnehmer Nachweise über angezweifelte Mengen zu erbringen hat. Die wesentlichen Regelungen zum Aufmaß sind im § 14 Abs. 2 VOB/B sowie in den Abrechnungsregeln der VOB/C enthalten. Ferner bindet § 2 Abs. 2 VOB/B die Aufmaßerstellung unmittelbar in den Aufstellungsprozess der Abrechnung ein, da der Vergütung regelmäßig die tatsächlichen Leistungen zu Grunde zu legen ist.

Die Aufmaßerstellung dient folglich der Leistungsfeststellung für die Rechnungslegung. Die einzelnen Leistungen werden als Werte gemäß der vereinbarten Vergütung nach Maß, Zahl und Gewicht sowohl zeichnerisch als auch rechnerisch für das gesamte Bauobjekt vor Ort erfasst, soweit keine Angaben in den Planungsunterlagen vorzufinden sind. Eine Verpflichtung zur Aufmaßnahme vor Ort besteht allerdings nicht, sodass bei Einigkeit über die erbrachten Leistungen auch unabhängig von der Verfügbarkeit der Pläne auf ein Aufmaß verzichtet werden kann.[23] Im Umkehrschluss ist jedoch auch eine Durchführung eines Aufmaßes anhand der Planungsunterlagen möglich, ohne Leistungsstanderfassung vor Ort, soweit sich während des Projektverlaufs keine nennenswerten Abweichungen zwischen den erbrachten Leistungen und den vertraglich vereinbarten Leistungen einstellen, was im Vorfeld der Rechnungslegung vom verantwortlichen Bauleiter zu prüfen ist.[24]

Die Relevanz des Aufmaßes ist für die Abrechnung eines Einheitspreisvertrages selbsterklärend. Bei einem Pauschalpreisvertrag dagegen ist es nicht erforderlich, da prinzipiell nach dem vereinbarten Pauschalpreis abzurechnen ist.[25]

Ausnahmen bilden grundsätzlich zusätzliche oder geänderte Leistungen, die vom ursprünglich vereinbarten Pauschalpreis nicht erfasst werden. Soll diesbezüglich keine neue Pauschale festgelegt werden, kann zur Ermittlung des Vergütungsanspruchs ein Aufmaß verwendet werden.[26] Ein ähnliches Vorgehen wird bei einer vorzeitigen Vertragsbeendigung erforderlich, um den Wert der erbrachten Leistung im Verhältnis zur Gesamtleistung zu ermitteln.[27]

---

[23] Vgl. Heiermann, W./Riedl, R./Rusam, M.: *Handkommentar zur VOB*, 13. Auflage, Vieweg Verlag, Wiesbaden 2013, B § 14 Rdnr. 72.
[24] Vgl. Löffelmann, P./Fleischmann, G.: *Architektenrecht*, 6. Auflage, Werner Verlag, Neuwied 2012, Rdnr. 553.
[25] Vgl. Korbion, H./Mantscheff, J./Vygen, K.: *Honorarordnung für Architekten und Ingenieure*, 8. Auflage, Verlag C. H. Beck, München 2013, Rdnr. 247.
[26] Vgl. Korbion, H./Mantscheff, J./Vygen, K.: *Honorarordnung für Architekten und Ingenieure*, 8. Auflage, Verlag C. H. Beck, München 2013, Rdnr. 247.
[27] Vgl. Löffelmann, P./Fleischmann, G.: *Architektenrecht*, 6. Auflage, Werner Verlag, Neuwied 2012, Rdnr. 554.

6.3.2 Gemeinsames Aufmaß

6.3.2.1 Allgemeines

Bei dem gemeinsamen Aufmaß handelt es sich nicht um eine besondere Art des Aufmaßes, sondern vielmehr um die Durchführung eines Aufmaßes in Anwesenheit beider Vertragsparteien. Gemäß Anlage 10 zu § 34 HOAI versteht sich ein gemeinsames Aufmaß mit den bauausführenden Unternehmen als Grundleistung des verantwortlichen Bauleiters und ist damit in seinen Honoraransprüchen enthalten, soweit dieses im Architektenvertrag vereinbart wurde. Über die einfache Kontrolle der für die Abnahme erforderlichen Aufmessungen hinaus, ist in der aktuellen HOAI eine aktive Beteiligung an der Vornahme des gemeinsamen Aufmaßes durch den verantwortlichen Bauleiter vorgesehen. Dies steht im direkten sachlichen Zusammenhang mit dem § 14 Abs. 2 VOB/B, welcher die Empfehlung enthält, *„die für die Abrechnung notwendigen Feststellungen [. . .] möglichst gemeinsam"* und einvernehmlich vorzunehmen.[28]

Entgegen der Regelung zum gemeinsamen Aufmaß in dem Vertragsverhältnis zwischen auftraggeberseitigem Bauleiter und seinem Auftraggeber im o. g. Architektenvertrag, besteht nach VOB/B keine zwingende Vereinbarung für das gemeinsame Aufmaß zwischen Auftragnehmer und Auftraggeber bzw. dessen Bauleiter. Für den verantwortlichen Bauleiter empfiehlt es sich daher, aufgrund der eigenen Verpflichtung zur gemeinsamen Aufmaßnahme individualvertragliche Ergänzungen im Vertrag einzubringen.[29]

Da auch das Werkvertragsrecht keine vergleichbaren Regelungen zur Durchführung eines gemeinsamen Aufmaßes kennt, ist es auch hier grundsätzlich die Aufgabe des auftraggeberseitigen Bauleiters seine Leistungspflicht zu wahren und – ggf. auch im Interesse seines Auftraggebers – darauf hinzuwirken, dass entsprechende Vereinbarungen in den Vertrag zwischen Auftragnehmer und Auftraggeber aufgenommen werden.[30]

6.3.2.2 Anforderungen

Die Anforderungen an ein gemeinsames Aufmaß unterscheiden sich grundsätzlich nicht von denen an ein einfaches einseitiges Aufmaß. Ergänzend zu den formalen Anforderungen, wie z. B. der durchlaufenden Nummerierung der Aufmaße, der Benennung der Baumaßnahme und des betreffenden Bauteils sowie der Lage und der Art des Bauteils, ist vor allem eine beidseitige Gegenzeichnung mit den Unterschriften der verantwortlichen Bauleiter von Bedeutung. Zur Beweissicherung und Dokumentation des gemeinsamen Aufmaßes sollten die Messurkunden in Durchschrift erstellt und allen Vertragspartnern ausgehändigt werden.

---

[28] Vgl. Löffelmann, P./Fleischmann, G.: *Architektenrecht*, 6. Auflage, Werner Verlag, Neuwied 2012, Rdnr. 552/556.
[29] Koeble, W./Locher, U./Locher, H./Frik, W.: *Kommentar zur HOAI*, 12. Auflage, Werner Verlag, Neuwied 2013, § 34 Rdnr. 223.
[30] Vgl. Korbion, H./Mantscheff, J./Vygen, K.: *Honorarordnung für Architekten und Ingenieure*, 8. Auflage, Verlag C. H. Beck, München 2013, Rdnr. 247.

6.3.2.3 Zeitpunkt des gemeinsamen Aufmaßes

Der maßgebliche Zeitpunkt für eine gemeinsame Feststellung ist durch den aktuellen Leistungsstand, der abgerechnet werden soll, gegeben. In der Verantwortung für den Arbeitsablauf obliegt es dem Auftragnehmer, einen Termin für das gemeinsame Aufmaß an den Auftraggeber heranzutragen. Dies gilt insbesondere für Leistungen, die sich nach Ausführung der Arbeiten nur schwer feststellenlassen (§ 14 Abs. 2 VOB/B). Sind nur Teile einer Gesamtleistung abzurechnen, ist das Aufmaß auf die für den Abschlag erforderlichen Leistungen zu beschränken.[31]

6.3.2.4 Wirkung eines gemeinsamen Aufmaßes

Der auftraggeberseitige Bauleiter ist in seiner Position als fachtechnischer Bevollmächtigter des Auftraggebers zu sehen. Die Bindungswirkung eines zwischen dem Bauleiter und dem Auftragnehmer durchgeführten Aufmaßes tritt dementsprechend in technischer Hinsicht auch ohne Anwesenheit des Auftraggebers in Kraft. Gleichermaßen bindet es auch den Auftragnehmer.

Sobald zwischen den Vertragsparteien ein Einvernehmen über jede Einzelheit des gemeinsamen Aufmaßes als Grundlage für die Vergütung des Auftragnehmers besteht, liegt für alle erfassten Leistungen ein Aufmaßvertrag mit beiderseitiger Bindungswirkung vor.[32] In der Regel stellt sich dies rechtlich als sog. deklaratorisches Schuldanerkenntnis dar, „weil die Parteien damit einzelne Punkte des Vertrages dem Streit oder der Ungewissheit für die Zukunft entziehen wollten."[33]

Bestehen auf Seiten des Auftraggebers nachträglich Einwände bezüglich der Richtigkeit des gemeinsamen Aufmaßes, kann er diese im Falle einer Vergütungsklage nur unter Umkehr der Beweislast anzweifeln, soweit er belegen kann, dass er die zur Feststellung der Fehler erforderlichen Informationen nach Aufmaßerstellung erhalten hat.[34] Neben dem Nachweis der Unrichtigkeit des Aufmaßes ist ebenfalls die Voraussetzung der Irrtumsanfechtung gemäß §§ 119, 121 BGB (OLG Hamm, NJW-RR 1991, 1496 = BauR 1992, 242) darzulegen.[35]

Lassen sich die Fehler im Aufmaß, die zum Zeitpunkt der Erstellung für beide Vertragsparteien nicht ersichtlich waren, belegen, kann dies den Wegfall der Wirkung einer einvernehmlichen Feststellung zur Folge haben und das Aufmaß folglich nicht zur Berechnung der Vergütung des Auftragnehmers herangezogen werden. Trotz der Wirkung

---

[31] Vgl. Heiermann, W./Riedl, R./Rusam, M.: *Handkommentar zur VOB*, 13. Auflage, Vieweg Verlag, Wiesbaden 2013, B § 14 Rdnr. 81.

[32] Vgl. Korbion, H./Mantscheff, J./Vygen, K.: *Honorarordnung für Architekten und Ingenieure*, 8. Auflage, Verlag C. H. Beck, München 2013, Rdnr. 247; vgl. Löffelmann, P./Fleischmann, G.: *Architektenrecht*, 6. Auflage, Werner Verlag, Neuwied 2012, Rdnr. 556.

[33] Heiermann, W./Riedl, R./Rusam, M.: *Handkommentar zur VOB*, 13. Auflage, Vieweg Verlag, Wiesbaden 2013, B § 14 Rdnr. 75.

[34] Vgl. Werner, U./Pastor, W.: *Der Bauprozess*, 15. Auflage, Werner Verlag, Neuwied 2015 Rdnr. 1496.

[35] Vgl. Werner, U./Pastor, W.: *Der Bauprozess*, 15. Auflage, Werner Verlag, Neuwied 2015 Rdnr. 1496.

als deklaratorisches Schuldanerkenntnis leistet das gemeinsame Aufmaß keine Anerkennung der Leistungen, wie es im Rahmen der Abnahme geschieht.[36]

6.3.2.5 Verweigerung des gemeinsamen Aufmaßes

In der Praxis kommt es oftmals dazu, dass der Auftragnehmer das Aufmaß trotz Aufforderung zur Teilnahme an den Auftraggeber allein ausführt. Die Aufmaße sollten dann mit Prüfvermerken versehen werden, bilden allerdings keinen Ersatz für ein gemeinsames Aufmaß und damit kein deklaratorisches Schuldanerkenntnis des Auftraggebers. Im Streitfall kann der Auftraggeber seine Prüfvermerke bestreiten, wobei grundsätzlich eine Beweislastumkehr eintritt. Verzichtet der Auftragnehmer jedoch auf die Eintragung von Prüfvermerken durch den Auftraggeber, reicht das bloße Bestreiten der ermittelten Massen durch den Auftraggeber, ohne dass sich eine Beweislastumkehr einstellt.

Aus Sicht des verantwortlichen Bauleiters ist es aufgrund seiner Verpflichtung zum gemeinsamen Aufmaß, soweit diese im Architektenvertrag vereinbart wurde, nachlässig gegenüber dem Auftraggeber, eine Aufforderung des Auftragnehmers zu einem gemeinsamen Aufmaß auszuschlagen.

Kommt es umgekehrt auch unter Anstrengung des auftraggeberseitigen Bauleiters nicht zu einem gemeinsamen Aufmaß, hat dies bei entsprechender Darlegung nicht die Kürzung seines Honorars zur Folge.[37] Im Zusammenhang mit der fehlenden vertraglichen Bindung zwischen Bauleiter und Auftragnehmer zeigt sich, dass der Bauleiter keine Möglichkeit hat, den Unternehmer zur Durchführung des gemeinsamen Aufmaßes zu zwingen. Bei erkennbarem Bemühen darf dem Bauleiter folglich kein Schaden entstehen. Unterlässt er allerdings pflichtwidrig die Aufforderung zum gemeinsamen Aufmaß und es entstehen dem Auftraggeber dadurch wirtschaftliche Nachteile, können Schadensersatzansprüche seitens des Auftraggebers gegen ihn erhoben werden. Da ein beidseitig durchgeführtes Feststellen des Leistungsstandes aufgrund der Bindungswirkung für beide Vertragspartner durch die Anwesenheit eines fachkundigen Vertreters des Auftraggebers auch im Interesse des Auftragnehmers steht, sollte im Regelfall eine gemeinsame Lösung gefunden werden.[38]

Anders verhält es sich mit der Verpflichtung zum gemeinsamen Aufmaß für den Bauleiter, wenn ein Pauschalpreisvertrag zu Grunde liegt. Da ein gemeinsames Aufmaß bei Pauschalverträgen regelmäßig nicht erforderlich ist, stellt dies bei derartigen Verträgen keine vom Bauleiter zu beachtende Leistungspflicht dar. Etwas anderes gilt dann, wenn eine solche Pflicht dennoch aus dem Vertrag ersichtlich ist und/oder eine der oben genannten Ausnahmen einschlägig ist.

---

[36] Vgl. Heiermann, W./Riedl, R./Rusam, M.: *Handkommentar zur VOB*, 13. Auflage, Vieweg Verlag, Wiesbaden 2013, B § 14 Rdnr. 77 u. 79.
[37] Vgl. Korbion, H./Mantscheff, J./Vygen, K.: *Honorarordnung für Architekten und Ingenieure*, 8. Auflage, Verlag C. H. Beck, München 2013, Rdnr. 247.; Vgl. Koeble, W./Locher, U./Locher, H./Frik, W.: *Kommentar zur HOAI*, 12. Auflage, Werner Verlag, Neuwied 2013, § 34 Rdnr. 223.
[38] Vgl. Koeble, W./Locher, U./Locher, H./Frik, W.: *Kommentar zur HOAI*, 12. Auflage, Werner Verlag, Neuwied 2013, § 34 Rdnr. 223.

6.4 Rechnungsprüfung

6.4.1 Allgemeines

Neben dem gemeinsamen Aufmaß bildet die Rechnungsprüfung als Grundleistung der LP 8 HOAI ‚Bauobjektüberwachung' im Leistungsbild des Objektplaners bei Vereinbarung eine weitere abrechnungstechnische Verpflichtung des Bauleiters gegenüber dem Auftraggeber (Vgl. Anlage 10 zu § 34 HOAI).

Ihre wesentliche Aufgabe besteht in der Überprüfung der vom Auftragnehmer eingereichten Abrechnung im Hinblick auf Übereinstimmung der abgerechneten Werte mit den Vergabepositionen und den durchgeführten Aufmaßen. Die Prüfung aller vom Auftragnehmer eingereichten Rechnungen erfolgt ferner als fachtechnische und rechnerische Durchsicht aller zugehörigen Unterlagen.[39] Hierdurch soll verhindert werden, dass der in der Regel fachfremde Auftraggeber Zahlungen an den Auftragnehmer entrichtet, die falsch oder aufgrund falscher Grundlagen ermittelt wurden bzw. nicht Bestandteil des Vertrages waren.[40]

6.4.2 Stellung des auftraggeberseitigen Bauleiters

In der Funktion als Rechnungsprüfer ist der Bauleiter als Sachverwalter des Auftraggebers zu verstehen und hat damit auch ausschließlich dessen Position zu wahren.[41] Die vertragliche Beziehung zwischen Auftraggeber und Auftragnehmer bleibt von der Verpflichtung des Bauleiters aus der Grundleistung zur Rechnungsprüfung, soweit diese vertraglich vereinbart wurde, gänzlich unberührt. Der durch den Prüfvermerk des Bauleiters auf der Rechnung kontrollierte Betrag stellt damit auch kein Anerkenntnis einer Schuld gegenüber dem Auftragnehmer dar, sondern bestätigt lediglich, dass die Rechnung in sachlicher und rechnerischer Hinsicht fehlerfrei und eine Anweisung zur Zahlung zu empfehlen ist (vgl. i. e. BHG BauR 2002, 613 = NJW-RR 2002, 661; BGH NJW 1964, 647; OLG Hamm BauR 1996, 736).[42]

Die Rechnungsprüfung ist durch den auftraggeberseitigen Bauleiter, in der Rolle als Sachverwalter des Auftraggebers, ausschließlich zu dessen Gunsten vorzunehmen.[43]

---

[39] Vgl. Koeble, W./Locher, U./Locher, H./Frik, W.: *Kommentar zur HOAI*, 12. Auflage, Werner Verlag, Neuwied 2013, § 34 Rdnr. 224.

[40] Vgl. Löffelmann, P./Fleischmann, G.: *Architektenrecht*, 6. Auflage, Werner Verlag, Neuwied 2012, Rdnr. 574.

[41] Vgl. Koeble, W./Locher, U./Locher, H./Frik, W.: *Kommentar zur HOAI*, 12. Auflage, Werner Verlag, Neuwied 2013, § 34 Rdnr. 226.

[42] Vgl. Korbion, H./Mantscheff, J./Vygen, K.: *Honorarordnung für Architekten und Ingenieure*, 8. Auflage, Verlag C. H. Beck, München 2013, Rdnr. 249; Koeble, W./Locher, U./Locher, H./Frik, W.: *Kommentar zur HOAI*, 12. Auflage, Werner Verlag, Neuwied 2013, § 34 Rdnr. 225.

[43] Vgl. Koeble, W./Locher, U./Locher, H./Frik, W.: *Kommentar zur HOAI*, 12. Auflage, Werner Verlag, Neuwied 2013, § 34 Rdnr. 226.

Eine Korrektur offensichtlicher Fehler bzw. fehlender Angaben in der Abrechnung der Auftragnehmer mit Auswirkungen auf das rechnerische Ergebnis der Prüfung ist dem auftraggeberseitigen Bauleiter untersagt, da es prinzipiell den Interessen des Auftraggebers schadet.

Unterlässt der auftraggeberseitige Bauleiter jedoch die Rechnungsprüfung, ergeben sich aus der vertraglichen Bindung zum Auftraggeber Gewährleistungsansprüche gemäß BGB.[44]

6.4.3 Pflichten des auftraggeberseitigen Bauleiters

Der Bauleiter liefert dem Auftraggeber durch das Ergebnis seiner Rechnungsprüfung eine gesicherte Entscheidungsgrundlage, die ihn befähigt, eine Zahlungsanweisung vorzunehmen. Der o. g. Prüfvermerk ist dabei als Richtigkeitsvermerk im sachlichen und rechtlichen Sinn zu verstehen.

Die Prüfung soll im Wesentlichen gewährleisten, dass die Abrechnung fachgerecht entsprechend den vertraglichen Vereinbarungen erbracht, sowie die dafür erforderlichen Lieferungen und Leistungen richtig nach Art, Qualität und Umfang in der Rechnung vorgetragen wurden. Hierbei sind neben den verzeichneten Maßen und Mengen insbesondere auch die beigelegten Unterlagen und Berechnungen zu kontrollieren.[45] Ist eine direkte Übereinstimmung zwischen der vertraglichen Grundlage und den in der Rechnung aufgeführten Leistungen nicht erkennbar, kann dies ggf. dazu führen, dass die erbrachten Leistungen vor Ort durch den Bauleiter zu überprüfen sind.

Die ergänzenden Abrechnungsunterlagen sind dem Auftraggeber nach Abschluss der Prüfung mit dem Prüfungsergebnis für jede einzelne Position vorzulegen. Alle Korrekturen sind deutlich zu kennzeichnen. Solange in den abgerechneten Leistungen Mängel auftreten bzw. Leistungen abgerechnet wurden, die nicht zur Ausführung gelangten, sind diese Posten in der Rechnung zu streichen bzw. mit entsprechenden Anpassungen zu vermerken. Die Vornahme von Sicherheitseinbehalten und die Durchführung von Kürzungen des Rechnungsbetrages verstehen sich wiederum als Empfehlung des Bauleiters an den Auftraggeber. So kann dieser beurteilen, ob die vertraglich geschuldete Leistung in der gewünschten Menge und Qualität erbracht wurde und die Zahlungsaufforderung damit berechtigt ist. Darüber hinaus hat der Bauleiter den Auftraggeber derart über ggf. vorgenommene Rechnungskürzungen zu informieren, dass diese auch in einer gerichtlichen Auseinandersetzung einzelfallbezogen dargelegt werden können. Vor diesem Hintergrund besteht im Hinblick auf jede mangelhaft erbrachte Leistung auch schon während der Ausführung – jedoch immer dann, wenn erbrachte Teilleistungen durch den Auftrag-

---

[44] Vgl. Koeble, W./Locher, U./Locher, H./Frik, W.: *Kommentar zur HOAI*, 12. Auflage, Werner Verlag, Neuwied 2013, § 34 Rdnr. 223.

[45] Vgl. Löffelmann, P./Fleischmann, G.: *Architektenrecht*, 6. Auflage, Werner Verlag, Neuwied 2012, Rdnr. 574; Korbion, H./Mantscheff, J./Vygen, K.: *Honorarordnung für Architekten und Ingenieure*, 8. Auflage, Verlag C. H. Beck, München 2013, Rdnr. 249.

nehmer abgerechnet werden – eine grundsätzliche Hinweispflicht des Bauleiters auf das Zurückbehaltungsrecht des Auftraggebers in Höhe des 2-fachen der voraussichtlichen Mängelbeseitigungskosten (vgl. § 641 Abs. 3 BGB). Das Zurückbehaltungsrecht besteht sowohl bei Schluss- als auch bei Abschlagsrechnungen.

Neben der formellen und inhaltlichen Prüfung der Rechnung sind vor allem auch Fristen zu berücksichtigen, um ggf. vereinbarte Skonti wirksam werden zu lassen. Ein Unterlassen der Hinweispflicht kann zu Schadensersatzansprüchen des Auftraggebers führen.[46]

Die Rechnungsprüfung ist im Rahmen der Bauobjektüberwachung gemäß Anlage 10 zu § 34 HOAI ausdrücklich nur für die das Leistungsbild des Objektplaners betreffenden Gewerke durchzuführen, Rechnungen aus den Gewerken anderer Leistungsbilder sind gemäß Anlage 15 zu § 55 HOAI durch die jeweiligen Fachingenieure zu prüfen. Dies gilt für Abschlagsrechnungen, Teilschluss- und Schlussrechnungen gleichermaßen. Allerdings obliegt es dem auftraggeberseitigen Bauleiter im Sinne einer Koordinierungspflicht, dafür zu sorgen, dass die bei ihm eingegangenen Rechnungen an die verantwortlichen Fachingenieure weitergeleitet werden.[47]

Hinsichtlich der Honorarrechnungen der beteiligten Fachingenieure besteht wiederum eine indirekte Prüfungsverpflichtung des Bauleiters, soweit diese vom Auftraggeber vorgelegt wurden, da Fachingenieurshonorare gemäß HOAI in der Kostenfeststellung der Phase 9 zu berücksichtigen sind.[48]

6.4.4 Anforderungen an die Prüfbarkeit einer Rechnung

6.4.4.1 Allgemeines

Die Prüfbarkeit einer Abrechnung von Bauleistungen ist gemäß § 14 Abs. 1 VOB/B durch den Auftragnehmer zu gewährleisten.

Genauere Angaben zur Prüfbarkeit einer Rechnung gehen aus § 14 VOB/B hervor. So reicht es nicht, dass eine Rechnung betragsmäßig erstellt wird. Die Rechnung muss in einer Form aufgestellt werden, die es dem Auftraggeber erlaubt, die Konformität mit der vertraglichen Grundlage zu prüfen und den gegen ihn gerichteten Zahlungsanspruch nachzuvollziehen.[49] Die Regelung des § 14 Abs. 1 VOB/B definiert die geforderte Übersichtlichkeit demzufolge dahingehend, dass

... die Reihenfolge der Posten einzuhalten und die in den Vertragsbestandteilen enthaltenen Bezeichnungen zu verwenden ...

---

[46] Vgl. Koeble, W./Locher, U./Locher, H./Frik, W.: *Kommentar zur HOAI*, 12. Auflage, Werner Verlag, Neuwied 2012, § 34 Rdnr. 223.

[47] Vgl. Koeble, W./Locher, U./Locher, H./Frik, W.: *Kommentar zur HOAI*, 12. Auflage, Werner Verlag, Neuwied 2012, § 34 Rdnr. 224.

[48] Vgl. Löffelmann, P./Fleischmann, G.: *Architektenrecht*, 6. Auflage, Werner Verlag, Neuwied 2012, Rdnr. 575 und 576.

[49] Vgl. Heiermann, W./Riedl, R./Rusam, M.: *Handkommentar zur VOB*, 13. Auflage, Vieweg Verlag, Wiesbaden 2013, B § 14 Rdnr. 19.

sowie alle zum Nachweis der Leistungen erforderlichen Unterlagen beizufügen sind (§ 14 Abs. 1 VOB/B).

Die wesentlichen Anforderungen an die Prüfbarkeit einer Rechnung sollen im Folgenden gemäß § 14 Abs. 1 VOB/B zusammengefasst werden:

- Reihenfolge und Bezeichnung der Posten sind aus der vertraglichen Vereinbarung zu übernehmen. Für den Einheitspreisvertrag bedeutet dies, dass der Aufbau der Rechnung ein Spiegelbild des vertraglich vereinbarten Leistungsverzeichnisses darstellt.
- Die Leistungen sind in Art und Umfang und möglichst vollständig durch
  - Zeichnungen,
  - Mengenberechnungen,
  - und andere Belege (z. B. Lieferscheine, Wiegescheine etc.)

  nachzuweisen.
- Änderungen und Ergänzungen des Vertrages gemäß § 2 Abs. 4 bis 6 VOB/B sind besonders kenntlich zu machen und auf Verlangen getrennt abzurechnen.

Neben den Regelungen des § 14 Abs. 1 VOB/B ergeben sich aus der Forderung nach Übersichtlichkeit und Übereinstimmung mit der vertraglichen Grundlage weitere allgemeingültige Kriterien, die eine Aussage über die Prüfbarkeit einer Rechnung aus Sicht des Prüfenden erlauben. Die beigefügten Unterlagen sollten grundsätzlich einer einheitlichen Systematik unterstehen. Alle in der Abrechnung angesetzten Werte sollten direkt aus den Zeichnungen, Mengenermittlungen oder sonstigen Belegen hervorgehen. Eine eindeutige Zuordnung der ergänzenden Unterlagen zu den Abrechnungspositionen kann durch zusätzliche Informationen zum Bauteil und der Lage im Bauwerk, einer durchgehenden Nummerierung der Anlagen und die Verwendung von Formblättern unterstützt werden.

Eine weitere Forderung resultiert weniger aus der Form und dem Inhalt der Rechnung, als vielmehr aus der Tatsache, dass alle Beteiligten nach Abschluss der Rechnungsprüfung eine mit Prüfvermerken versehene Rechnung erhalten sollten.

Zwar ist die Richtigkeit der Rechnung in fachlicher und rechnerischer Hinsicht ein wesentlicher Bestandteil der Grundleistung Rechnungsprüfung, die Prüffähigkeit einer Rechnung wird davon jedoch nicht berührt, solange die Konformität zur vertraglich vereinbarten Leistungsbeschreibung gewährleistet ist.

Auch beim Fehlen von Unterlagen ergeben sich keine Implikationen im Hinblick auf die Prüffähigkeit einer Rechnung, wenn diesbezüglich keine Abrede des Auftraggebers bezüglich der abgerechneten Mengen besteht. Gleiches gilt für die Richtigkeit der Preisansätze innerhalb der Rechnung, da diese ausschließlich ein sachliches Kriterium darstellen.[50]

Andernfalls kann der Wegfall der Übereinstimmung mit dem Vertrag schon dann festgestellt werden, wenn eine Nebenleistung gemäß Abschn. 4.1 VOB/C abgerechnet wurde. Dies gilt zunächst für den Einheitspreisvertrag auf der Grundlage der VOB/B, kann im

---

[50] Vgl. Heiermann, W./Riedl, R./Rusam, M.: *Handkommentar zur VOB*, 13. Auflage, Vieweg Verlag, Wiesbaden 2013, B § 14 Rdnr. 23.

Hinblick auf die Vereinbarkeit der ATV mit der gewerblichen Verkehrssitte und der Üblichkeit auch für die Abrechnung von Werkverträgen herangezogen werden.[51]

Die o. g. Anforderungen an den Nachweis über die erbrachten Leistungen beziehen sich stets auf den Einheitspreisvertrag. Bei anderen Vertragstypen sind z. T. abweichende Aspekte zu berücksichtigen.

Entsprechend ist bei Stundenlohnarbeiten darauf zu achten, dass eine Übereinstimmung mit den Tageslohn- oder Rapportzetteln besteht, welche im Idealfall nach Ankündigung und Ausführung in kurzen Intervallen durch eine vom Auftraggeber bevollmächtigte Person abgerechnet werden. Beim Selbstkostenerstattungsvertrag gelten prinzipiell dieselben Maßstäbe an die Prüffähigkeit einer Rechnung. Demgemäß werden die jeweiligen Kosten, die mit der Durchführung einer Leistung entstanden sind, in einer übersichtlichen Aufstellung mit den vertraglich vereinbarten Zuschlägen aufgelistet.

6.4.4.2 Teilschluss- und Schlussrechnungen

Der bindende Charakter einer Teilschlussrechnung bzw. Schlussrechnung im Hinblick auf einen in sich geschlossenen Teil einer Bauleistung bzw. die Gesamtbauleistung erfordert vom Auftragnehmer die vollständige Aufstellung und Abrechnung der erbrachten Leistungen. Vor dem Hintergrund der Rechtswirkung einer endgültigen und abschließenden Rechnung muss eine Schlussrechnung gem. § 16 Abs. 3 Nr. 1 VOB/B für den Adressaten als solche erkennbar sein. Inwieweit dies durch eine eindeutige Kennzeichnung der Rechnung als Schlussrechnung oder ggf. schlüssiges Handeln des Auftragnehmers erfolgt, ist dabei unerheblich.[52] Darüber hinaus ist sie mit einem Datum und den notwendigen Angaben zur Zuordnung zum Bauvorhaben sowie der Steuernummer bzw. Umsatzsteuer-Identifikationsnummer des leistenden Unternehmens zu versehen.

Ferner sind in einer Schlussrechnung alle zuvor gezahlten Abschläge und Vorauszahlungen als autonome Rechnungsposten in chronologischer Reihenfolge zu berücksichtigen. Fehlen entsprechende Eintragungen zu den vereinbarten Abschlagszahlungen in der Schlussrechnung, kann diese als nicht prüfbar zurückgewiesen werden, wenn das Prüf- und Kontrollinteresse des AG deren Berücksichtigung erfordert. Dies gilt gleichermaßen auch für Schlussrechnungen auf Grundlage eines Pauschalpreisvertrages.[53]

Die Abrechnung muss die gesetzliche Umsatzsteuer für alle tatsächlich erbrachten Leistungen enthalten. Leistungen mit Vergütungsansprüchen, die nicht erbracht wurden, sind ohne anteilige Umsatzsteuer zu berücksichtigen.[54]

---

[51] Vgl. Heiermann, W./Riedl, R./Rusam, M.: *Handkommentar zur VOB*, 13. Auflage, Vieweg Verlag, Wiesbaden 2013, B § 14 Rdnr. 26.

[52] Vgl. Leupertz, S./von Wietersheim, M.: *VOB Teile A und B Kommentar*, 19. Auflage, Werner Verlag, Neuwied 2015, § 16 Nr. 3 VOB/B Rdnr. 5 u. 6.

[53] Vgl. Heiermann, W./Riedl, R./Rusam, M.: *Handkommentar zur VOB*, 13. Auflage, Vieweg Verlag, Wiesbaden 2013, B § 14 Rdnr. 58 u. 34 u. 22.

[54] Vgl. Heiermann, W./Riedl, R./Rusam, M.: *Handkommentar zur VOB*, 13. Auflage, Vieweg Verlag, Wiesbaden 2013, B § 14 Rdnr. 12.; Werner, U./Pastor, W.: Der Bauprozess, 15. Auflage, Werner Verlag, Neuwied 2015 Rdnr. 1682.

Wie bereits angesprochen basiert die Schlussrechnung beim Einheitspreisvertrag auf der Gliederungssystematik des vertraglich vereinbarten Leistungsverzeichnisses. Die entsprechenden Unterlagen, wie z. B. Aufmaße, Abrechnungszeichnungen, Wiegekarten oder Bestandspläne, aber auch Abnahmebescheinigungen und sonstige Berichte, sind insbesondere auch bei einer Schlussrechnung Bestandteil des Abrechnungsergebnisses.

6.4.4.3 Abschlagsrechnungen

Ausgehend von den allgemeinen und im Speziellen für die Schlussrechnung aufgeführten Grundsätzen für die Prüfung von Rechnungen kann festgestellt werden, dass diese prinzipiell auch für die Prüfung einer Abschlagsrechnung Gültigkeit besitzen. Eine Abschlagsrechnung muss prüffähig sein und in Übereinstimmung mit den vertraglichen Vereinbarungen der erbrachten Leistungen stehen.[55]

In den Regelungen des § 16 Abs. 1 Nr. 1 VOB/B heißt es, dass die Bauleistungen durch eine prüfbare Aufstellung nachzuweisen sind, die eine rasche und sichere Beurteilung der Leistungen ermöglichen muss. Die fehlende Verbindlichkeit einer Abschlagsrechnung und die vorgesehene Funktion zur schnellen Sicherung liquider Mittel auf Seiten des vorfinanzierenden Auftragnehmers führen dazu, dass grundsätzlich auch überschlägige Berechnungen zulässig sind. Die reduzierten Maßstäbe bei der Aufstellung einer Abschlagsrechnung gelten entsprechend auch im Hinblick auf die Prüfung der Rechnung, solange keine Abweichungen von den vertraglichen Grundlagen zu erkennen sind. Aufgrund der umstrittenen Rechtslage sollten prinzipiell auch bei der Abschlagsrechnung die Maßstäbe der Schlussrechnung bei der Aufstellung und Prüfung zu Grunde gelegt werden. Hinsichtlich der beizulegenden Aufmaße, Abrechnungszeichnungen und sonstigen Belege sind an die Abschlagsrechnungen erheblich geringere Anforderungen gestellt, da keine endgültigen und bindenden Wechselbeziehungen durchgeführt werden.

Da in der Regel mehrere Abschlagsrechnungen während der Abwicklung eines Bauvorhabens gestellt werden, bevor die Gesamtleistung über eine Schlussrechnung abgerechnet wird, sollte grundsätzlich eine eindeutige Bezeichnung mit fortlaufender Nummerierung erfolgen. Ferner sind Abschlagszahlungen gem. § 16 Abs. 1 VOB/B „auf Antrag in Höhe des Wertes der jeweils nachgewiesenen vertragsgemäßen Leistungen einschließlich des ausgewiesenen, darauf entfallenden Umsatzsteuerbetrags in möglichst kurzen Zeitabständen zu gewähren". Die „jeweils nachgewiesene Leistung" ergibt sich in der Regel aus allen bis zum Zeitpunkt der Abrechnung tatsächlich vor Ort erbrachten Mengen und den vertraglich vereinbarten Preisen.

Es ist jedoch immer zu prüfen, ob auf Basis des geschlossenen Vertrages überhaupt ein Anspruch auf Abschlagszahlungen besteht. Liegt ein VOB/B-Vertrag vor, sind alle erforderlichen Voraussetzungen für die Zahlung von Abschlägen durch die Regelungen des § 16 VOB/B gegeben. Im Einzelfall sind diese durch projektspezifische Vereinbarungen zu konkretisieren. Das Werkvertragsrecht des BGB enthält gemäß § 632 a BGB seit der

---

[55] Vgl. Löffelmann, P./Fleischmann, G.: *Architektenrecht*, 6. Auflage, Werner Verlag, Neuwied 2012, Rdnr. 589.

Änderung durch das Forderungssicherungsgesetz von Oktober 2008 ebenfalls ein Recht auf Abschlagszahlungen für den Auftragnehmer. Für den Einzelfall sind immer auch einzelvertragliche Regelungen erforderlich.

6.4.5 Ergebnis und Folgen der Rechnungsprüfung

6.4.5.1 Allgemeines

Das Ergebnis der Rechnungsprüfung wird durch den Prüfvermerk des Bauleiters bestätigt. Die Übergabe der geprüften Unterlagen und die Mitteilung des Prüfungsergebnisses bilden den Abschluss der originären Prüfungstätigkeit. Ein positives Prüfungsergebnis steht für Richtigkeit in sachlicher und rechnerischer Weise und wird durch den o. g. Prüfvermerk datumsgetreu gekennzeichnet. Negative Prüfungsergebnisse resultieren aus abgerechneten Leistungen, die nicht in der vertraglich geforderten Menge und/oder Qualität erbracht und vom Bauleiter in der Rechnung gekürzt wurden. Derartige Beanstandungen sind dem Grund und der Höhe nach deutlich zu vermerken.

Auf Grundlage der Prüfvermerke sollte es dem Auftraggeber möglich sein, eine fundierte Entscheidung über die vom Auftragnehmer erbrachten Leistungen und deren Abrechnung zu treffen. Ein Anerkenntnis der Zahlungsverpflichtung besteht erst durch den schriftlich geäußerten bzw. stillschweigenden Willen des Auftraggebers. Vom auftraggeberseitigen Bauleiter vorgenommene Prüfungsvermerke sind für das Vertragsverhältnis zwischen Auftragnehmer und Auftraggeber daher unerheblich.

Die Schlusszahlung wird unter Erwirkung eines Ausschlusses weiterer Ansprüche mit einem sog. Schlusszahlungsvermerk versehen, sodass der Auftragnehmer über die Ausschlusswirkung gemäß § 16 Abs. 3 Nr. 2 informiert ist und bei vorbehaltloser Annahme der Schlussrechnung keine Nachforderungen stellen kann.

6.4.5.2 Fristen

Die Abrechnung und Abrechnungsprüfung sind in der VOB/B durch konkrete Fristenvorgaben geregelt. Die Fälligkeitszeitpunkte der Einzelfristen sind dem Auftraggeber durch den Bauleiter mitzuteilen.[56] Die in diesem Kontext wichtigsten Fristen der VOB/B sollen nachfolgend aufgezählt werden.

§ 8 Abs. 6: Vorlage einer prüfbaren Rechnung nach Kündigung durch den AG *unverzüglich*.

§ 14 Abs. 3: Einreichen der Schlussrechnung bei Ausführungsdauer bis 3 Monate *12 Werktage*.

§ 14 Abs. 3: Verlängerung der vorstehenden Frist bei zusätzlichen 3 Monaten *6 Werktage*.

§ 15 Abs. 3: Rückgabe der Stundenlohnzettel durch den AG *6 Werktage*.

---

[56] Vgl. Löffelmann, P./Fleischmann, G.: *Architektenrecht*, 6. Auflage, Werner Verlag, Neuwied 2012, Rdnr. 595.

§ 15 Abs. 4: Einreichen von Stundenlohnzetteln durch den Auftragnehmer *4 Wochen.*

§ 16 Abs. 1: Fälligkeit der Abschlagszahlung nach Zugang der prüf. Leistungsaufstellung *18 Werktage.*

§ 16 Abs. 3: Fälligkeit der Schlusszahlung nach Zugang der prüfbaren Schlussrechnung *2 Monate, soweit dies nicht vorher schon durch das Ergebnis der Prüfung und Feststellung eingetreten ist.*

§ 16 Abs. 3: Geltendmachung eines Vorbehalts gegen die Schlusszahlung *24 Werktage + weitere 24 Werktage für die Begründung.*

Sollen abweichend von den o. g. Fristen andere Fristenregelungen greifen, sind diese ausdrücklich und AGB-konform im Vertrag zu vereinbaren. Im BGB werden Regelungen zum Fristbeginn, zum Fristende, zu der Berechnung einzelner Fristen, zu Fristverlängerungen sowie zu weiteren terminrelevanten Aspekten in allgemeiner Form in den §§ 186 ff. BGB festgelegt. Genauere Angaben zum Werkvertragsrecht des BGB finden sich im § 641, wo die Fälligkeit der Vergütung lediglich über die Voraussetzung der Abnahme geregelt ist.

Beim Werkvertrag ist die Fälligkeit ausschließlich an eine Abnahme gebunden, beim VOB/B-Vertrag wird zusätzlich eine prüfbare Rechnung gemäß § 14 Abs. 1 VOB/B gefordert.[57]

6.4.5.3 Folgen fehlender Prüfbarkeit

Ist eine Prüfung der Abrechnung gem. der in Abschn. 6.4.4.1 angegebenen Anforderungen nicht möglich, muss der Auftraggeber bzw. sein bevollmächtigter Bauleiter die fehlende Prüffähigkeit der Rechnung einzelfallbezogen darlegen. Allgemeine, pauschale oder undifferenzierte Einwände reichen für den Nachweis nicht aus. Dies gilt insbesondere dann, wenn eine Rechnung bereits durch den Bauleiter des Auftraggebers als prüfbar befunden worden ist.[58]

Grundsätzlich bildet die prüffähige Schlussrechnung auf Grundlage eines VOB/B-Vertrages neben der Abnahme eine weitere Voraussetzung für die Fälligkeit der Vergütung des Auftragnehmers.[59] Eine vergleichbare Regelung existiert im Werkvertragsrecht des BGB nicht. Abrechnungsverpflichtungen sind nicht vorgesehen, jedoch können ergänzende individualvertragliche Regelungen zur Abrechnung eine vergleichbare Fälligkeitsvoraussetzung durch eine Schlussrechnung auslösen.[60] Festzustellen ist, dass die Prüfung der Schlussrechnung und damit auch deren Prüffähigkeit wesentlichen Einfluss auf die Zahlung des Werklohns bzw. der Vergütung des Auftragnehmers hat.

---

[57] Vgl. Löffelmann, P./Fleischmann, G.: *Architektenrecht*, 6. Auflage, Werner Verlag, Neuwied 2012, Rdnr. 595

[58] Vgl. Heiermann, W./Riedl, R./Rusam, M.: *Handkommentar zur VOB*, 13. Auflage, Vieweg Verlag, Wiesbaden 2013, B § 14 Rdnr. 24.

[59] Vgl. ebenda, Rdnr. 58.

[60] Vgl. ebenda, Rdnr. 57.

Wurde eine prüffähige Rechnung nicht eingereicht, obwohl eine angemessene Bearbeitungsfrist für die Aufstellung gegeben war, kann der Auftraggeber gemäß § 14 Abs. 4 VOB/B die Abrechnung auf Kosten des Auftragnehmers selbst vornehmen sowie ggf. Schadensersatzansprüche erheben. Wesentlich dabei ist, dass solange keine prüffähige Rechnung vorliegt, auch nach § 14 Abs. 4 VOB/B kein Vergütungsanspruch fällig wird.

6.5 Abrechnung bei Vertragsabweichungen

Abrechnungsmodalitäten verändern sich, sobald vertraglich vereinbarte Leistungen in einer anderen Art und Weise oder in einem anderen Umfang ausgeführt werden bzw. überhaupt nicht zur Ausführung kommen. Beim Einheitspreisvertrag bedarf es zur Ermittlung der Vergütung der erbrachten Leistungen regelmäßig einer Abrechnung der tatsächlichen Leistungen. Dem Auftraggeber steht gem. § 1 Abs. 3 VOB/B frei, noch während der Bauausführung Änderungen anzuordnen, die durch den ursprünglich vereinbarten Inhalt des Vertrages nicht abgedeckt werden.

Kommen bestimmte Leistungen eines Einheitspreisvertrages oder auch eines Pauschalpreisvertrages nicht zur Ausführung, stellen sich ebenfalls Abweichungen von der vertraglich geregelten Vergütungsvereinbarung zwischen Auftragnehmer und Auftraggeber ein.

Alle o. g. Fälle sind in der Abrechnung der Leistungen besonders zu berücksichtigen und entsprechend getrennt von den Leistungen des Hauptvertrages auszuweisen.

Eine detaillierte Betrachtung dieser Thematik ist dem Kap. 8 *Nachtragsmanagement* zu entnehmen.

Literatur

Bielefeld B, Fröhlich P (2013) Kommentar zur VOB/C, 17. Aufl. Springer Vieweg, Wiesbaden

Gralla M (2001) Garantierter Maximalpreis, 1. Aufl. Teubner Verlag, Wiesbaden

Gralla M (2011) Baubetriebslehre – Bauprozessmanagement. Werner Verlag, S 43–47

Heiermann W, Riedl R, Rusam M (2013) Handkommentar zur VOB, 13. Aufl. Springer Vieweg, Wiesbaden

Hoffmann M (2012) Zahlentafeln für den Baubetrieb, 8. Aufl. Vieweg+Teubner Verlag, Wiesbaden

Koeble W, Locher U, Locher H, Frik W (2013) Kommentar zur HOAI, 12. Aufl. Werner Verlag, Neuwied

Korbion H, Mantscheff J, Vygen K (2013) Honorarordnung für Architekten und Ingenieure, 8. Aufl. Verlag C. H. Beck, München

Leupertz S, von Wietersheim M (2015) VOB Teile A und B Kommentar, 19. Aufl. Werner Verlag, Neuwied

Löffelmann P, Fleischmann G (2007) Architektenrecht, 6. Aufl. Werner Verlag, Neuwied

Rösel W, Busch A (2014) AVA-Handbuch, 8. Aufl. Springer Vieweg, Wiesbaden

Werner U, Pastor W (2015) Der Bauprozess, 15. Aufl. Werner Verlag, Neuwied

Kostenmanagement

Roland Schneider

7.1 Allgemeines

Die HOAI beschreibt in Anlage 10 (10.1. Leistungsbild Gebäude und Innenräume) zu den §§ 34 und 35, welche Grundleistungen bzw. auch welche Besonderen Leistungen in Bezug auf das Kostenmanagement zur Leistungsphase 8 der Objektplanung gehören (vgl. Tab. 7.1). Welche Leistungen der Planer konkret zu erbringen hat und wie Besondere Leistungen vergütet werden, richtet sich nach dem jeweiligen Planungsvertrag.[1] Die verschiedenen Termini zur Kostenermittlung und Kostenkontrolle regelt die DIN 276.

Tab. 7.1 Übersicht der Pflichten im Bereich Kostenmanagement nach Anlage 10 zu den §§ 34 Abs. 4 und 35 Abs. 7 HOAI

Beschreibung nach Anlage 10 zu den §§ 34 Abs. 4 und 35 Abs. 7 HOAI	Grund-leistung	Besondere Leistung	Besprechung in Kapitel
Rechnungsprüfung	X		Kap. 6
Vergleich der Ergebnisse der Rechnungsprüfungen mit den Auftragssummen einschließlich Nachträgen	X		Abschn. 7.2.2
Kostenfeststellung nach DIN 276 oder nach wohnungs-rechtlichem Berechnungsrecht	X		Abschn. 7.2.1
Kostenkontrolle durch Überprüfen der Leistungsabrech-nung der bauausführenden Unternehmen im Vergleich zu den Vertragspreisen	X		Abschn. 7.2.2
Aufstellen, Überwachen und Fortschreiben eines Zah-lungsplanes		X	Abschn. 7.2.4
Aufstellen, Überwachen und Fortschreiben von differen-zierten Zeit-, Kosten- und Kapazitätsplänen		X	Abschn. 7.2.4

---

[1] Vgl. Kap. 1.

© Springer Fachmedien Wiesbaden GmbH 2017
F. Würfele et al., *Bauobjektüberwachung*, DOI 10.1007/978-3-658-10039-1_7

7.1.1 Grundpflichten des Objektplaners

Neben den im Vertrag explizit aufgeführten Leistungspflichten hat der Bauleiter noch verschiedene weitere Aufgaben, da er seinen Auftraggeber stets so frühzeitig wie möglich auf Probleme hinweisen muss, damit dieser noch rechtzeitig reagieren kann. Neben der Kostenkontrolle, die den Abgleich der einzelnen Kostenermittlungsstufen selbst meint, muss der Planer bzw. Bauleiter auch die Kostenfortschreibung stetig aktualisieren, in der entgegen der Kostenkontrolle auch Änderungen und Ergänzungen erfasst werden müssen.

7.1.2 Grundlagen aus vorhergehenden Leistungsphasen

Der Bauleiter kann in Leistungsphase 8 auf die Ergebnisse der vorhergehenden Leistungsphasen zurückgreifen. Diese sind für das Kostenmanagement in der Regel:

- der Kostenanschlag und
- die den Bauverträgen zugrundeliegenden Leistungsverzeichnisse bzw. Angebote.

Sofern die Ausschreibungen baubegleitend erfolgen, sollten dem Bauleiter die Budgets der noch nicht ausgeschriebenen Teile der Bauleistung z. B. aus der Kostenberechnung bekannt sein.

Die Darstellung in Abb. 7.1 orientiert sich an der aktuellen DIN 276:2008/2009-08, die seit der Fassung von 2006 einen Paradigmenwechsel gegenüber der Ausgabe von 1993 vollzogen hat und nun:

- einen Kostenrahmen in Leistungsphase 1 enthält und
- den Kostenanschlag auf Basis der Ausführungsplanung bzw. Erstellung der Leistungsbeschreibungen vorsieht.

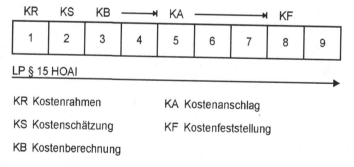

Abb. 7.1 Gegenüberstellung der Kostenermittlungsstufen und der Leistungsphasen der Objektplanung. (Aus: Bielefeld, B./Feuerabend, Th.:, *Thema: Baukosten- und Terminplanung*, Birkhäuser, Basel 2007, Abb. 5, S. 24)

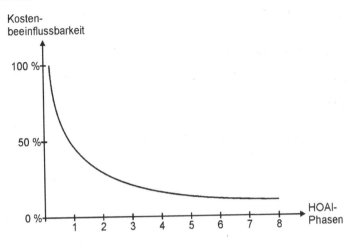

Abb. 7.2 Kostenbeeinflussbarkeit in Abhängigkeit vom Projektfortschritt. (Aus: Gralla, M., Garantierter Maximalpreis, Teubner, Stuttgart 2001, S. 22)

Mit dem Fortschreiten der Baudurchführung nimmt die Möglichkeit der Beeinflussung der Kosten immer weiter ab (vgl. Abb. 7.2). Spätestens mit Fertigstellung des Bauvorhabens gibt es keine Möglichkeit mehr, die bereits entstandenen Kosten zu beeinflussen. Maßnahmen zur Steuerung der Kosten sollten daher frühzeitig im Planungsprozess einsetzen. Nur mit einer bereits in den frühen Leistungsphasen einsetzenden und durchgehenden Methode der Kostenermittlung steht dem Planer ein Hilfsmittel zur Kostensteuerung zur Verfügung.[2]

7.2 Bestandteile und Werkzeuge des Kostenmanagements

Nachfolgend werden die Grundleistungen sowie weitere Besondere Leistungen im Rahmen des Kostenmanagements während der Bauobjektüberwachung anhand von Erläuterungen und Zahlenbeispielen beschrieben. Hierbei ist die tatsächlich final abschließende Kostenfeststellung grundsätzlich nicht als statisches Element, sondern als Ergebnis der Kostenkontrolle durch eine stetige Kostenfortschreibung zu sehen. Welche Eingriffsmöglichkeiten und Werkzeuge eine kontinuierliche Kostenkontrolle durch frühzeitige Kostenprognosen ermöglicht, wird im Abschn. 7.3 Kostensteuerung näher erläutert.

---

[2] Vgl. Bielefeld, B./Feuerabend, Th.: *Thema: Baukosten- und Terminplanung*, Birkhäuser, Basel 2007, Kap. B.

7.2.1 Kostenfeststellung

7.2.1.1 Zielsetzung und Anforderungen

Nach Abschluss der Baumaßnahme ist es notwendig, zu belegen, wofür die Finanzmittel aufgewendet wurden. Weil es sich um die tatsächlich entstandenen Kosten handelt, ist die Kostenfeststellung exakt.

7.2.1.2 Gliederungsarten

Die Kostenfeststellung ist der Nachweis der tatsächlich entstandenen Kosten.[3] Die DIN 276 lässt gemäß Punkt 4 wahlweise

- eine gebäudeorientierte Gliederung nach der Kostengliederung der DIN 276 oder
- eine ausführungsorientierte Gliederung nach den Leistungsbereichen des STLB oder der VOB/C zu.

Werden die Kosten lediglich bis zur dritten Ebene der Kostengruppen der DIN 276 gebäudeorientiert untergliedert, so führt das zu einer Durchmischung der Kosten verschiedener Vergabeeinheiten. Werden beispielsweise für die Kostengruppe 352 „Bodenbelagsarbeiten" insgesamt 150.000,– EUR angesetzt, ist unklar, welchen Anteil daran das Parkett und welchen der Teppichboden hat. Erst eine tiefergehende Gliederung über die dritte Stelle der DIN 276 hinaus schafft hier Abhilfe.

Die ausführungsorientierte Gliederung der Kosten ist nach Punkt 4.2 der DIN 276 über die Ebene der Vergabeeinheiten hinaus weiter zu untergliedern, beispielsweise in die verschiedenen Titel einer Vergabeeinheit. Diese weitere Gliederungsebene ist analog zur dritten Ebene der Kostengliederung zu sehen (vgl. Abb. 7.3).

Welche Art der Gliederung in Frage kommt, hängt vom Einzelfall ab. Im Regelfall ist jedoch eine Gliederung nach den Vergabeeinheiten des jeweiligen Projektes sinnvoll, weil diese in sich abgeschlossene Einheiten bilden und daher gut verwaltet werden können.

Im Folgenden wird daher davon ausgegangen, dass die Kostenermittlung während der Baudurchführung – wie in der Praxis üblich – auf Basis der Vergabeeinheiten erfolgt.

7.2.1.3 Bestandteile und Aufbau

Während der Baudurchführung erfolgen die einzelnen Leistungen und deren Abrechnung zeitversetzt. Zunächst werden z. B. Erdarbeiten und Rohbau, dann die Arbeiten an der Gebäudehülle wie Dachabdichtungs- und Fassadenarbeiten und schließlich die Ausbauarbeiten durchgeführt und abgerechnet.

Das führt dazu, dass die Kostenermittlung während der Baudurchführung ein baubegleitender Prozess ist, der sich immer weiter in Richtung der endgültigen Kostenfeststellung bewegt. Die eigentliche Kostenfeststellung ist demnach ein Nebenprodukt der ständig aktualisierten Kostenkontrolle, die im nachfolgenden Abschnitt detailliert behandelt wird.

---

[3] Vgl. DIN 276:2008-12, Punkt 3.4.5.

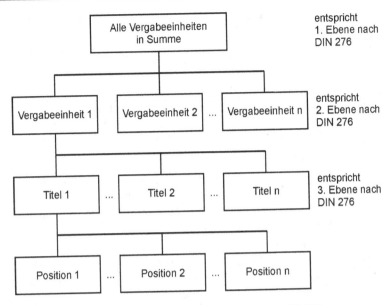

Abb. 7.3 Untergliederung der Vergabeeinheiten entsprechend der DIN 276

7.2.2 Kostenkontrolle

7.2.2.1 Zielsetzung und Anforderungen

Die Kostenkontrolle ist durch Überprüfen der Abrechnung der bauausführenden Unternehmen im Vergleich zu den Vertragspreisen und Auftragssummen einschließlich Nachträgen zu erstellen.[4]

Ziel ist es, Abweichungen durch die Gegenüberstellung von Soll- und Ist-Kosten zu erkennen. So soll sichergestellt werden, dass der Bauherr bei entsprechenden Abweichungen noch rechtzeitig steuernd eingreifen kann (vgl. Abschn. 7.3). Die Kostenkontrolle ist daher als wichtige Planungsaufgabe anzusehen, die während der gesamten Projektabwicklung für Transparenz und Finanzierungssicherheit sorgt.

7.2.2.2 Bestandteile und Aufbau

Die Kostenkontrolle ist der Vergleich einer aktuellen Kostenermittlung mit einer vorhergehenden bzw. mit der Kostenvorgabe gemäß DIN 276, Stand 2008/2009-08.[5] Hierbei liegt die Besonderheit bei dem Abgleich von Kostenanschlag und Kostenfeststellung darin, dass diese erst vollständig nach der Fertigstellung des Bauwerkes durchgeführt werden kann.

---

[4] Vgl. Kap. 6.
[5] Vgl. DIN 276:2008/2009-08, Punkt 2.4.

In der Praxis kann die Kostenkontrolle nur schrittweise baubegleitend dadurch erfolgen, dass die einzelnen Vergabeeinheiten je nach Baufortschritt mit

1. dem Budget der Vergabeeinheit,
2. der Auftragssumme der Vergabeeinheit,
3. der teilweise abgerechneten Zwischensummen inkl. Prognosen oder 4. der Abrechnungssumme der Vergabeeinheit dem Kostenanschlag gegenübergestellt werden.

a) Budget der Vergabeeinheit

Es kann vorkommen, dass einzelne Vergabeeinheiten noch nicht ausgeschrieben sind, wenn mit der Baudurchführung begonnen wird. Dies ist beispielsweise dann der Fall, wenn die Festlegung der Qualitäten der „späten" Vergabeeinheiten noch als Instrument dienen soll, um die Kosten zu steuern.[6] Dennoch ist es notwendig, alle Vergabeeinheiten in die Kostenermittlung aufzunehmen, weil sonst die Gesamtkosten nicht ermittelt werden könnten. Sofern eine Vergabeeinheit noch nicht ausgeschrieben wurde, kann eine Aufnahme der Vergabeeinheit in die Kostenermittlung zunächst nur mit deren Budget erfolgen (vgl. Tab. 7.2 und 7.3, Spalte 2).

Aus der Notwendigkeit, alle Vergabeeinheiten in die Kostenermittlung aufzunehmen, ergibt sich auch die Notwendigkeit, die Budgets der einzelnen Vergabeeinheiten zu kennen. Daher ist in den vorhergehenden Leistungsphasen eine Kostenermittlung, die das Budget jeder Vergabeeinheit ausweist, unerlässlich (vgl. unter Abschn. 7.1.2).

Tab. 7.2 Kostenkontrolle während der Baudurchführung ohne Kostenänderungen

Vergabeeinheit	Budget der Vergabeeinheit [EUR]	Auftragssumme der Vergabeeinheit [EUR]	Abrechnungssumme der Vergabeeinheit [EUR]	Abweichung [EUR]
(1)	(2)	(3)	(4)	(5)
Erdarbeiten	40.000,–	37.246,–	38.482,–	1236,–
Rohbau	450.000,–	474.897,–	469.157,–	−5740,–
Dachabdichtung	(60.000,–)	(53.891,–)		(−6109,–)
Bodenplatte	10.000,–	9876,–		−124,–
Flachdach	30.000,–	28.153,–		−1847,–
Balkone	20.000,–	15.862,–		−4138,–
WDVS	35.000,–	37.124,–		2124,–
…	…	…	…	
Malerarbeiten	55.000,–	49.317,–		−5683,–
Bodenbelagsarbeiten	40.000,–			
Grundreinigung	3500,–			
Summe netto				−14.172,–

---

[6] Vgl. unter Abschn. 7.3.

Tab. 7.3 Kostenkontrolle während der Baudurchführung einschließlich Kostenänderungen

Vergabeeinheit	Budget der Vergabeeinheit [EUR]	Auftragssumme der Vergabeeinheit [EUR]	Kostenänderung (Prognose) [EUR]	Abrechnungssumme der Vergabeeinheit [EUR]	Abweichung [EUR]
(1)	(2)	(3)	(4)	(5)	(6)
Erdarbeiten	40.000,–	37.246,–		38.482,–	1236,–
Rohbau	450.000,–	474.897,–	−10.000,–	469.157,–	−5740,–
Dachabdichtung	60.000,–	53.891,–	3000,–		−3109,–
WDVS	35.000,–	37.124,–			2124,–
…	…	…	…	…	
Malerarbeiten	55.000,–	49.317,–			−5683,–
Bodenbelagsarbeiten	40.000,–				
Grundreinigung	3500,–				
Summe netto					−11.172,–

b) Auftragssumme der Vergabeeinheit

Ist eine Vergabeeinheit bereits beauftragt, so ist deren Auftragssumme maßgeblich. Das Budget kann in der Aufstellung weiter mit aufgeführt werden, um den Prozess der Kostenermittlung zu dokumentieren, hat aber für diese Kostenprognose fortan keine Bedeutung mehr.

In der Leistungsphase 7 nach Anlage 10 zu den §§ 34 Abs. 4 und 35 Abs. 7 HOAI werden dem Bauherrn vor seiner Entscheidung über die Beauftragung eines Bauunternehmens entsprechende Unterlagen wie Preisspiegel, Verhandlungsprotokolle oder Produktinformationen der angebotenen Produkte (z. B. bei Bodenbelägen) zur Verfügung gestellt. Dem Bauherrn sind die Budgets der Vergabeeinheiten daher in aller Regel bereits bekannt.

Im Beispiel in Tab. 7.2 sind die Vergabeeinheiten Dachabdichtung, WDVS und Malerarbeiten bereits vergeben. Daher können die Angebotssummen in die Kostenermittlung aufgenommen werden und gehen als – zu diesem Zeitpunkt – maßgebliche Beträge in die Summe der Kosten ein (vgl. Tab. 7.2, Spalten 3 und 5).

c) Abrechnungssumme der Vergabeeinheit

In der Regel weichen Auftrags- und Abrechnungssummen voneinander ab.[7] Das liegt zum einen daran, dass die Mengen vom Ausschreibenden oftmals nicht mit allerletzter Genauigkeit ermittelt werden (können), zum anderen daran, dass über den Umfang der Ausführung einzelner Positionen erst nach Beauftragung entschieden wird. Ein Beispiel hierfür sind Stundenlohnarbeiten, deren tatsächlicher späterer Umfang vom Ausschreibenden im Vorfeld nur grob abgeschätzt werden kann, oder eine Wasserhaltung, die nur im Falle eines kritischen Grundwasserstandes bei ungünstigen Witterungsbedingungen

---

[7] Vgl. Kap. 6.

notwendig wird. Ggf. sind auch geänderte Leistungen oder zusätzliche Leistungen zu berücksichtigen.[8]

Im Beispiel in Tab. 7.2 sind die Erdarbeiten und der Rohbau bereits abgerechnet. Die Kosten für diese Vergabeeinheiten stehen damit bereits fest (vgl. Tab. 7.2 Spalten 4 und 5).

Als Nächstes ist zu klären, welchen Detaillierungsgrad die Kostenermittlung haben sollte. So fordert die DIN 276 eine weitere Unterteilung,[9] die formal der Detailtiefe der dritten Ebene der Kostengliederung DIN 276 entspricht (vgl. unter Abschn. 7.2.1.2). Dabei kommt für die Kostenverfolgung die Aufnahme von

1. ganzen Vergabeeinheiten in Summe,
2. Vergabeeinheiten mit ihren Titelsummen und
3. die Aufnahme der Einzelpositionen in Frage.

d) Ganze Vergabeeinheiten in Summe
Wird die Kostenermittlung nach Vergabeeinheiten gegliedert, so ist die Aufnahme der gesamten Vergabeeinheit in Summe die gröbste Möglichkeit der Erfassung. In einer derart aufgestellten Kostenermittlung kann bei Abweichungen der Abrechnungs- von der Auftragssumme nicht eingegrenzt werden, worauf diese Abweichungen zurückzuführen sind.

Im Beispiel in Tab. 7.3 sind die WDVS-Arbeiten ohne weitere Untergliederung mit aufgeführt. Die Angebotssumme liegt 2124,– EUR über dem Budget. Welcher Teil der Leistungen die Mehrkosten bedingt, kann jedoch nicht festgestellt werden.

Diese Vorgehensweise macht daher nur bei den Vergabeeinheiten Sinn, die inhaltlich nicht weiter unterteilt werden können bzw. bei denen es nicht sinnvoll ist, eine weitere Detaillierung vorzunehmen. Das trifft beispielsweise auf eine Vergabeeinheit „Bodenbelagsarbeiten" zu, falls der Auftragnehmer nur einen Bodenbelag zu liefern hat.

Ist die Vergabeeinheit inhaltlich unterteilbar, so empfiehlt sich die Aufnahme der Titelsummen. Beispiel: Die Vergabeeinheit „Bodenbelagsarbeiten" liefert Teppich- und Linoleumbeläge; das Leistungsverzeichnis weist die beiden Titel „Teppich" und „Linoleum" gesondert aus.

e) Vergabeeinheiten mit ihren Titelsummen
Sofern ein Leistungsverzeichnis in mehrere Titel unterteilt ist, können diese – in der Regel wenigen Titel – mit vertretbarem Aufwand in die Kostenermittlung übernommen werden. So wird nachvollziehbar, wofür die Kosten im Einzelnen anfielen und in welchen Titeln Abweichungen zu den vorhergehenden Beträgen vorhanden sind.

Im Beispiel in Tab. 7.2 wurden die Titelsummen der Dachabdichtung mit aufgenommen. Durch Vergleich der Spalten (2) und (3) lässt sich schnell erkennen, dass die Abweichungen zum Budget in allen Titeln unproblematisch sind. Wären größere Abweichungen insbesondere im Budget der Vergabeeinheit vorhanden, müsste geklärt werden, auf welchen Teil der Leistungen diese zurückgeführt werden können.

---

[8] Vgl. Kap. 8.
[9] Vgl. DIN 276:2008, Punkt 4.2.

f) Aufnahme der Einzelpositionen

Die detaillierteste Möglichkeit, Kosten in die Kostenermittlung aufzunehmen, führt über die einzelnen Positionen des Leistungsverzeichnisses. Allerdings erreicht eine solche Kostenermittlung schon bei einem Bauvorhaben mittlerer Größe leicht einen Umfang, der sehr unübersichtlich wird und zudem nur mit Hilfe von AVA-Programmen – zumindest mit vertretbarem Aufwand – erstellt werden kann.

Die Vor- und Nachteile dieser fein untergliederten Kostenermittlung sind im Einzelfall abzuwägen. Auf der einen Seite wird die Kostenermittlung durch höhere Detaillierung umfangreicher und auch unübersichtlicher; auf der anderen Seite können die konkreten Ursachen von Kostenabweichungen mithilfe einer feingliedrigen Kostenermittlung überhaupt erst aufgespürt werden. Eine detailliertere Aufstellung ist also in den Fällen sinnvoll, in denen es um das Nachvollziehen von Kostenabweichungen oder um das Aufspüren von Eingriffsmöglichkeiten geht. Diese Fälle werden unten im Abschn. 7.3.3 noch besprochen.

Bei den Vergabeeinheiten ohne Abweichungen kann auf die Aufnahme der Einzelpositionen verzichtet werden. Bei auftretenden Abweichungen kann eine detaillierte Gegenüberstellung im Bedarfsfall nachgeholt werden.

Im Beispiel in Tab. 7.2 erfolgt die Kostenkontrolle

- für die Vergabeeinheiten Erdarbeiten und Rohbau durch Gegenüberstellung der Abrechnungs- und der Auftragssummen,
- für die Vergabeeinheiten Dachabdichtung, WDVS und Malerarbeiten durch Gegenüberstellen der Auftragssumme und des Budgets,
- für die übrigen beiden Vergabeeinheiten Bodenbelagsarbeiten und Grundreinigung kann lediglich das Budget angegeben werden.

Die Abweichungen (Spalte 5) betragen insgesamt 14.172,– EUR. Im Vergleich zur prognostizierten Abrechnungssumme von 1.256.247,– EUR (vgl. Tab. 7.4, Spalte 6, letzte Zeile) ist die Abweichung als minimal anzusehen.

Inwieweit in so einem Fall Schritte zur Kostensteuerung unternommen werden sollten, wird noch unten im Abschn. 7.3 besprochen.

Durch das Herunterbrechen der Kostenkontrolle auf die Ebene der Vergabeeinheiten ist es möglich, sofort nach dem Vorliegen einer „neuen" Zahl einen Vergleich vorzunehmen. Insbesondere wenn im Bauprozess durch Zwischenrechnungen nur Teilleistungen abgerechnet werden, sollten diese durch Mengenvergleiche mit den LV-Mengen verglichen und bei kostenrelevanten Abweichungen in die Prognose aufgenommen werden. So lassen sich frühzeitig im Prozess Kostenveränderungen innerhalb einer Vergabeeinheit feststellen.

Im Beispiel in Tab. 7.3 werden bei der Dachabdichtung noch Mehrkosten von 3000,– EUR erwartet. Die Gegenüberstellung von Auftragssumme und Budget ergibt, dass die Auftragssumme um 6109,– EUR niedriger ist als vorgesehen. Dieser Differenz reduziert sich nun um die 3000,– EUR, die an Mehrkosten gegenüber der Auftragssumme zu erwarten sind. Die Abweichung beträgt daher 3109,– EUR (vgl. Spalte 6).

Tab. 7.4 Kostenermittlung während der Baudurchführung einschließlich Kostenänderungen

Vergabeeinheit	Budget der Vergabeeinheit [EUR]	Auftragssumme der Vergabeeinheit [EUR]	Kostenänderung (Prognose) [EUR]	Abrechnungssumme der Vergabeeinheit [EUR]	Maßgebliche Summe [EUR]
(1)	(2)	(3)	(4)	(5)	(6)
Erdarbeiten	40.000,–	37.246,–		38.482,–	38.482,–
Rohbau	450.000,–	474.897,–	–10.000,–	469.157,–	469.157,–
Dachabdichtung	60.000,–	53.891,–	3000,–		56.891,–
WDVS	35.000,–	37.124,–			37.124,–
…	…	…	…	…	…
Malerarbeiten	55.000,–	49.317,–			49.317,–
Bodenbelagsarbeiten	40.000,–				40.000,–
Grundreinigung	3500,–				3500,–
Summe netto					1.256.247,–

7.2.3 Gesamtkostenprognose durch stetige Kostenfortschreibung

Im vorangegangenen Abschnitt wurde die reine Kostenkontrolle ohne prognostizierte Kostenänderungen erläutert. Die Behandlung von prognostizierten Kostenänderungen erfolgt auf ähnliche Weise (siehe Tab. 7.4). Hierzu sind die prognostizierten Beträge zusätzlich mit in der Aufstellung aufzunehmen und dem Differenzbetrag, die sich durch die Kostenkontrolle ergibt, zuzuschlagen. Kostenänderungen können zu erwartende oder bereits genehmigte Nachträge oder z. B. auch Mehr- oder Mindermengen der abgerechneten Leistungspositionen sein. Somit kann man während des gesamten Ausführungszeitraums eine relativ realitätsnahe Gesamtkostenprognose abbilden (siehe Abb. 7.4).

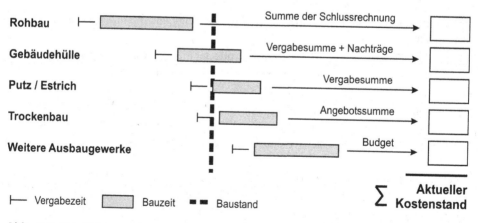

Abb. 7.4 Aktualisierung des Gesamtkostenstands während der Bauphase. (Aus Bielefeld, B./Wirths, M.: Entwicklung und Durchführung von Bauprojekten im Bestand, Vieweg+Teubner, Wiesbaden 2010, S. 249)

Auftrags- und Abrechnungssumme weichen in der Praxis in nahezu allen Fällen voneinander ab.[10] Neben den oben benannten Gründen sind Ursachen im Bereich der Nachträge z. B.

- fehlende, aber notwendige Leistungspositionen bei der Ausschreibung,
- unvorhersehbare Ereignisse auf der Baustelle (Witterungseinflüsse oder Unwägbarkeiten bei Umbauprojekten),
- Änderungsanordnungen des Bauherrn nach Auftragserteilung oder
- Bauzeitverzögerungen.

So können bereits marginale Änderungen des Bauentwurfs Mehr- oder Mindermengen der beauftragten Leistungspositionen bedingen, woraus sich ebenfalls Differenzbeträge ergeben.

Bereits im Rahmen der Prüfung von Abschlagsrechnungen oder von Nachtragsangeboten kann der Bauleiter Abweichungen des tatsächlich zu Bauenden (Bau-Ist) von den vertraglichen Vereinbarungen (Bau-Soll) noch vor der Schlussrechnungsstellung des Bauunternehmers bemerken.[11]

Bei zusätzlichen Leistungen muss das ausführende Unternehmen dem Bauherrn vor der Ausführung den zusätzlichen Vergütungsanspruch ankündigen.[12] In der Praxis gehen die meisten Unternehmen bei geänderten Leistungen entsprechend vor und weisen auch hier den Bauherrn auf etwaige Kostenänderungen hin. Daher sind die zusätzlichen Forderungen der bauausführenden Firmen dem Bauleiter in den meisten Fällen bekannt.

Die Nachtragsprüfung hinsichtlich der grundsätzlichen Rechtfertigung und der Nachtragshöhe wird in Kap. 8 ausführlich besprochen. Der nachfolgende Abschnitt soll aufzeigen, wie abzusehende Kostenänderungen in die Kostenermittlung aufgenommen werden können.

Grundsätzlich sollten Kostenänderungen stets der jeweiligen Vergabeeinheit zugeordnet werden, um eine Nachvollziehbarkeit der Kostenermittlung zu gewährleisten.

Die Aufnahme der prognostizierten Kostenänderungen kann dabei direkt als Summe in der Kostenermittlung erfolgen (vgl. Tab. 7.4, Spalte 4). Gegebenenfalls kann eine zusätzliche Bemerkungsspalte angefügt werden in der die Kostenänderung erläutert wird (Beispiel: „falsche Menge in Pos. x; daher Mehrmengen von $132\,m^2$ erforderlich").

7.2.4 Mittelbedarfsplanung als Besondere Leistung

7.2.4.1 Grundsätzliches

In vielen Fällen werden Baumaßnahmen öffentlich gefördert und/oder finanziert. In diesem Zusammenhang wird vom Bauherrn oftmals eine Aussage dazu verlangt, wann wel-

---

[10] Vgl. Kap. 6.
[11] Vgl. Kap. 8.
[12] Vgl. § 2 Nr. 6 Abs. 1 VOB/B sowie Kap. 8.

che Mittel bereitgestellt werden sollen. Eine solche Aufstellung nennt man Mittelbedarfsplanung.

Begrifflich ist die Mittelbedarfsplanung vom Zahlungsplan deutlich abzugrenzen. Ein Zahlungsplan ist eine Vereinbarung mit dem ausführenden Unternehmer, zu welchem Zeitpunkt welche Zahlungen erfolgen sollen. Eine solche Vereinbarung ist beispielsweise bei Pauschalverträgen sinnvoll, um eine Rechnungsstellung während der Baudurchführung zu ermöglichen.

7.2.4.2 Zielsetzung und Anforderungen

Die Vorhaltung von Liquidität ist für den Bauherrn in der Regel mit Kosten verbunden. So entstehen Zinsen für die Zwischenfinanzierung oder es bleiben Zinseinnahmen durch fehlende Anlagemöglichkeit in der Zeit der Vorhaltung der Mittel aus. Andererseits kann das erforderliche Kapital nicht für jede Handwerkerrechnung einzeln beschafft werden, weil dann der Aufwand für den Kapitalgeber unnötig hoch wäre. Bei öffentlichen Auftraggebern ergeben sich aus dem Jährlichkeitsprinzip zudem Probleme, Mittel in Folgejahre zu übertragen. Die Mittelbedarfsplanung sollte daher die Zahlungen möglichst realistisch prognostizieren, um auf keiner der beteiligten Seiten Probleme zu erzeugen. Zudem ist es durchaus üblich, dass Projekte von mehreren Stellen finanziert und gefördert werden, wodurch sich auch die Komplexität und die Anforderung an die Mittelbedarfsplanung erhöhen.

7.2.4.3 Bestandteile und Aufbau

Für die Erstellung einer Mittelbedarfsplanung muss deutlich sein, zu welchem Zeitpunkt welche Kosten (voraussichtlich) anfallen werden.

Es wird vorausgesetzt, dass die oben im Abschn. 7.2.1 vorgestellte Aufstellung zu den Kosten zum Zeitpunkt der Mittelbedarfsplanung vorliegt. Aus dieser Aufstellung geht hervor, welche Kosten für die einzelnen Vergabeeinheiten vorgesehen sind (gegebenenfalls weiter untergliedert in die Titel der Leistungsverzeichnisse).

Damit ist nur zu klären wann die Kosten anfallen. Hierzu wird auf Kap. 3 verwiesen, in dem erklärt wird, wie eine Terminplanung erstellt wird, der die Termine der Vergabeeinheiten entnommen werden können. Grundsätzlich kann die Mittelbedarfsplanung auch mit Hilfe gängiger Terminplanungssoftware durchgeführt werden. Im nachfolgenden Beispiel ist jedoch bewusst eine vereinfachte tabellarische Darstellung gewählt worden.

Diese Terminplanung wird so mit den Kosten verknüpft, dass die Kosten der Vergabeeinheiten entsprechend den Ausführungszeiten in die Mittelbedarfsplanung übernommen werden. Wie dem Beispiel in Tab. 7.5 zu entnehmen ist, erfolgt die Dachabdichtung der Balkone in den Monaten Juni und Juli. Aufgrund ungefähr identischer Ausführungsmengen und dementsprechend zu erwartenden Abschlagszahlungen kann die Titelsumme von 20.000,– EUR gleichmäßig auf diese beiden Monate aufgeteilt werden (vgl. Tab. 7.5). Im Gegensatz dazu kann es aber auch zu ungleichen Verteilungen der Titelsummen kommen. In dem dargestellten Beispiel ist dies bei der Vergabeeinheit WDVS der Fall, bei der im Juni 30.000,– EUR und im Juli hingegen nur noch 15.000,– EUR angesetzt sind.

Tab. 7.5 Mittelbedarfsplanung

Vergabeeinheit	Dauer	Budget	Juni	Juli	August
(1)	(2)	(3)	(4)	(5)	(6)
Erdarbeiten	1 Monat	40.000,–			
Rohbau	5 Monate	450.000,–	90.000,–		
Dachabdichtung	5 Monate	(60.000,–)	(40.000,–)	(10.000,–)	
Bodenplatte	2 Wochen	10.000,–			
Flachdach	1 Monat	30.000,–	30.000,–		
Balkone	2 Monate	20.000,–	10.000,–	10.000,–	
WDVS	2 Monate	35.000,–	20.000,–	15.000,–	
...		...			
Malerarbeiten	2,5 Monate	55.000,–			22.000,–
Bodenbelagsarbeiten	2 Monate	40.000,–			20.000,–
Grundreinigung	2 Wochen	3.500,–			

Falls die Terminplanung die Vergabeeinheiten ebenso wie die Ausschreibung untergliedert (Titel des Leistungsverzeichnisses und Untergliederung in Sammelvorgänge stimmen überein), kann relativ einfach eine detaillierte Mittelbedarfsplanung dadurch generiert werden, dass der Mittelbedarf für die einzelnen Titel den Terminen der Sammelbalken zugeordnet wird.

Falls die Unterteilung nicht übereinstimmend ist, müssen die Kosten der Vergabeeinheiten entsprechend plausibel mit dem Terminplan in Einklang gebracht werden.

Bei der Aufstellung von Zahlungsplänen kann analog vorgegangen werden. Hierbei ist jedoch zu beachten, dass die einzelnen Zahlungen nicht an feste Termine gebunden werden sollten (z. B. 100.000,– EUR am 01. August), sondern idealerweise an konkrete Leistungen des ausführenden Unternehmens (z. B. 100.000,– EUR mit Fertigstellung der Decke über dem KG).[13]

Bei Gewerken mit hohem Vorfertigungsgrad liegt ein besonderer Fall vor, bei dem Vorauszahlungen aufgrund der hohen finanziellen Vorleistung sinnvoll sein können. In diesen Fällen kann eine Vorauszahlung gegen Bürgschaft vereinbart werden. So können diese Summen bereits einige Monate vor Einbau bezahlbar werden. Weil diese Vorauszahlungen vertraglich vereinbart werden müssen, sind sie dem Bauleiter bekannt und er kann diese Zahlungen entsprechend in die Mittelbedarfsplanung einstellen.

Vorauszahlungen können aber auch ein Mittel sein, Ausgaben dann vorzuverlegen, wenn beispielsweise der Jahresetat eines öffentlichen Auftraggebers am Ende des Jahres noch nicht ausgeschöpft ist und die Finanzierung dadurch gesichert werden muss.

---

[13] Vgl. Langen, W./Schiffers, K.-H.: *Bauplanung und Bauausführung*, Werner Verlag, Neuwied 2005, Rdnr. 2467 ff.

7.3   Kostensteuerung

7.3.1   Grundsätzliches

Im Regelfall steht bei jedem Bauvorhaben ein gewisses Investitionsvolumen bzw. ein Investitionsrahmen von Beginn an fest. Es fällt in den Aufgabenbereich des Planers dieses Budget durch geeignete Steuerungsmaßnahmen möglichst genau einzuhalten.

Der folgende Abschnitt befasst sich mit den Möglichkeiten der Einflussnahme im Rahmen der Kostensteuerung. Mögliches Fehlverhalten eines Bauleiters und mögliche Schadensersatzansprüche bei Nichteinhaltung der Kostenvorgabe werden jedoch an dieser Stelle nicht behandelt.

Die Eingriffsmöglichkeiten innerhalb der Kostensteuerung sind in den frühen Leistungsphasen am höchsten und nehmen mit Weiterführung der Planung und natürlich der Erstellung des Gebäudes exponentiell ab. Spätestens nach Fertigstellung des Rohbaus nehmen die Steuerungsmöglichkeiten rapide ab und sind mitunter nur durch Qualitätsverluste oder minderwertige Ausstattungsmerkmale möglich, die zudem auf die Gesamtkosten je nach Gebäudetyp gesehen nur wenige Prozent Spielraum erlauben. Zu einem frühen Zeitpunkt der Planung kann es jedoch noch möglich sein, auf einige Bauwerksachsen zu verzichten oder sogar ein ganzes Geschoss entfallen zu lassen.

Hiermit sei in diesem Zusammenhang noch mal darauf hingewiesen, dass der genauen Kostenplanung und -verfolgung von Projektbeginn an eine sehr wichtige Rolle zu Teil wird.[14]

Eine Änderung des Bausolls nach Vertragsschluss birgt stets Probleme und bedeutet sowohl für die ausführenden Firmen als auch für den auftraggeberseitigen Bauleiter einen nicht unerheblichen Mehraufwand in der Koordination und Abrechnung gegenüber einer durchgängigen Planung, Ausschreibung und Ausführung.

7.3.2   Bewertung von Abweichungen

Grundsätzlich macht nicht jede Abweichung zwischen Vergabeeinheit und Budget sofort ein steuerndes Eingreifen erforderlich, so dass hier ein gewisses Augenmaß Anwendung finden muss. Trotzdem sollten natürlich die Abweichung festgehalten werden.

Selbst bei sorgfältigster Mengenermittlung sind in fast jeder Vergabeeinheit Kostenänderungen enthalten. Vor diesem Hintergrund sind auch die prognostizierten Abweichungen zu sehen. Bewegen sie sich im kleineren Prozentbereich des Budgets einer Vergabeeinheit, ist ein Eingriff in der Regel nicht nötig.

Anders verhält es sich bei erheblichen Abweichungen einer Vergabeeinheit. Hier muss überlegt werden, ob die Abweichungen im Gesamtzusammenhang der Baumaßnahme ak-

---

[14] Hierzu ausführlich: Bielefeld, B./Feuerabend, Th.: *Thema: Baukosten- und Terminplanung*, Birkhäuser, Basel 2007, Kap. B.

zeptabel sind und natürlich worin sich diese Abweichungen begründen. In Tab. 7.2 ist für die Grundreinigung beispielsweise ein Budget von 3500,– EUR vorgesehen. Liegt das günstigste Angebot bei 5000,– EUR, so ist die Steigerung prozentual betrachtet (42 %) erheblich – in Bezug auf die prognostizierten Baukosten von 1.256.247,– EUR beträgt sie jedoch nur 0,1 %.

Es ist also immer im Einzelfall zu prüfen, ob ein steuernder Eingriff tatsächlich notwendig bzw. möglich ist, um die Gesamtkosten einzuhalten oder ob es sich lediglich um geringfügige Kostenänderungen handelt. Hierbei sollte auch die Kommunikation mit dem Bauherrn möglichst transparent sein, da er letzten Endes die Entscheidung über Steuerungsmaßnahmen zu fällen hat.

7.3.3 Steuernde Eingriffe

Zweckmäßigerweise prüft der Planer zunächst, in welchen Vergabeeinheiten noch Leistungen erbracht werden müssen. Sodann stellt er zusammen, welche Kosten in den einzelnen Vergabeeinheiten noch entstehen werden. Die Prüfung auf Eingriffsmöglichkeiten kann mit den Vergabeeinheiten beginnen, die den größten Anteil an den noch entstehenden Kosten haben. Einsparungen bei Vergabeeinheiten mit kleineren Auftragssummen führen in der Regel nur selten zu spürbaren Veränderungen der Gesamtkosten des Gebäudes. Nach der Feststellung von wesentlichen Kostenabweichungen vom Budget zur Auftragssumme einschließlich eventueller Nachträge und der Sondierung möglicher Einsparpotentiale muss zunächst zusammen mit dem Bauherrn geklärt werden, welche Eingriffe für Ihn überhaupt akzeptabel sind. Wie zuvor bereits erwähnt können die Steuerungsmaßnahmen mit Qualitätsverlusten einhergehen oder aber Einschnitte im Ausstattungsstandard bedeuten.

Idealerweise sind Steuerungsmaßnahmen bei noch nicht beauftragten Gewerken vorzunehmen, da die Modifikation an bereits abgeschlossenen Bauverträgen weitere Probleme mit sich bringen kann. Grundsätzlich können sich die Kostenabweichungen bei mehreren Vergabeeinheiten zu einem großen Betrag summieren, so dass diese nicht allein innerhalb der betroffenen Vergabeeinheiten durch Einsparungen kompensiert werden können. Einsparpotentiale sind somit auch in anderen Vergabeeinheiten zu suchen, wodurch sich unter anderem auch ergibt, dass die Steuerungsmaßnahmen vor Allem Vergabeeinheiten betreffen, die relativ spät im Bauablauf stattfinden. Hierbei sind im Bereich der Innenausbaugewerke z. B. die Oberböden zu nennen oder grundsätzlich Arbeiten an den Außenanlagen.

Beispiel: Die Angebotssummen für die Malerarbeiten sind wesentlich höher als erwartet. In diesem Fall kann eine Prüfung auf Einsparmöglichkeiten auch die Fliesenarbeiten oder auch Natursteinarbeiten im Außenbereich mit einschließen, die noch nicht vergeben sind.

Der Bauleiter wird zunächst versuchen, mit möglichst kleinen Eingriffen, die Kosten wieder in den Griff zu bekommen, um so die Auswirkungen der Eingriffe beispielsweise

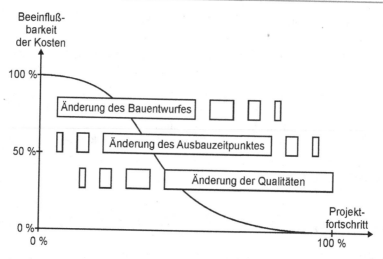

Abb. 7.5 Beeinflussbarkeit der Kosten über steuernde Eingriffe

auf die Terminplanung oder andere Vergabeeinheiten gering zu halten. Erst wenn festgestellt wird, dass kostenwirksamere Maßnahmen erforderlich sind, sollten diese genauer beleuchtet werden.

Als steuernde Maßnahmen kommen u. a.

1. die Änderung der Qualitäten,
2. die Änderung des Ausbauzeitpunktes oder
3. die Änderung des Bauentwurfes in Betracht (vgl. Abb. 7.5).

a) Änderung der Qualitäten

Der einfachste Ansatzpunkt für eine Kostenänderung ist eine Änderung der eingesetzten Materialien. Dieser Ansatz bietet den Vorzug, dass davon in der Regel keine weiteren Leistungsbereiche betroffen sind. Beispielsweise könnten Wände statt Glasfasertapeten mit Latexanstrich nur noch Raufasertapeten mit Dispersionsanstrich erhalten.

Welche Kostenänderung bewirkt würde, ergibt sich aus den entsprechenden Differenzen der Einheitspreise multipliziert mit den Mengen.

Derartige Änderungen können jedoch selbstverständlicher Weise nur einen relativ geringen Einfluss auf die Gesamtkosten haben. Die Methode der Änderung der Qualitäten entfaltet daher in der Regel nur eine geringe Wirkung und kann innerhalb der Lebenszyklusbetrachtung mit möglicherweise gesteigerten Nutzungskosten oder kürzeren Modernisierungszyklen nicht das Ziel sein.

b) Änderung des Ausbauzeitpunktes

In einzelnen Fällen ist es denkbar, dass ein Bauherr zunächst auf den Ausbau in einzelnen Bereichen verzichten kann. Beispielsweise können Carports nachträglich erstellt werden, wenn bereits die Fundamente und Anschlusspunkte vorgesehen werden oder aber einzelne Räume bzw. ganze Dachgeschosse werden erst in einem nächsten Bauabschnitt ausgebaut.

Diese Vorgehensweise kommt vor allem dann in Frage, wenn davon auszugehen ist, dass der Bauherr eine Änderung der Qualitäten ablehnt – eine Verzögerung jedoch in Kauf nehmen würde. Das ist besonders bei privaten Investoren im Wohnungsbau häufig der Fall. In diesem Fall ist allerdings sehr genau zu prüfen, welche Mehrkosten durch das „Nachholen" der noch zu erstellenden Bauwerksteile entstehen werden und ob diese zur eingesparten Summe verhältnismäßig erscheinen.

c) Änderung des Bauentwurfes

Eine weitreichende Möglichkeit, Baukosten zu beeinflussen, besteht in der Änderung des Bauentwurfes. Ein solcher Eingriff kommt während der Baudurchführung allerdings nur in der Rohbauphase in Frage, weil durch den Rohbau Fakten geschaffen werden, deren Änderung selbst nicht unerhebliche Mehrkosten bedingen kann.

Dennoch gibt es zahlreiche Beispiele, in denen während der Baudurchführung der Bauentwurf noch geändert wurde. Derartige Änderungen gehen in vielen Fällen auf den Bauherrn selbst zurück, der zusätzliche Wünsche verwirklicht haben möchte. Um die Auswirkungen eines solchen Eingriffs auf die Baukosten feststellen zu können, sind in der Regel umfangreiche Untersuchungen durchzuführen. Hierbei sollte es nicht unerwähnt bleiben, dass sich je nach Art und Umfang der Änderung des Bauentwurfs die Genehmigungsfrage erneut stellen kann. Die hierbei entstehenden Mehrkosten durch erhöhte Honorare der Planer oder zusätzliche Gebühren, sowie Mehrkosten durch eine Bauzeitverzögerung müssen natürlich dem Einsparpotential entgegengestellt werden und müssen somit für jeden Einzelfall geprüft werden.

Literatur

Bielefeld B, Feuerabend T (2007) Thema: Baukosten- und Terminplanung. Birkhäuser, Basel

Bielefeld B, Wirths M (2010) Entwicklung und Durchführung von Bauprojekten im Bestand. Vieweg+Teubner, Wiesbaden

Gralla M (2001) Garantierter Maximalpreis. Teubner, Stuttgart

Langen W, Schiffers K-H (2005) Bauplanung und Bauausführung. Werner Verlag, Neuwied

Nachtragsmanagement 8

Falk Würfele

8.1 Einleitung

Für den auftraggeberseitigen Bauleiter ist ein strukturiertes Nachtragsmanagement von erheblicher Bedeutung. Dies wird in der Praxis häufig unterschätzt und soll daher im Folgenden einer näheren Betrachtung unterzogen werden.

Der Begriff des **Nachtrags** ist weder im Gesetz noch in der VOB/B definiert. Üblicherweise werden unter diesem Begriff alle Konstellationen zusammengefasst, in denen der Auftragnehmer aufgrund geänderter und/oder zusätzlicher Leistungen und/oder einer längeren Bauzeit eine höhere Vergütung verlangt.

Folgende Nachträge kommen in Betracht:

- **zufällige Mengenänderungen,**
- **Leistungsmodifikationen,**
  - herausgenommene Leistungen,
  - geänderte Leistungen,
  - zusätzliche Leistungen,
- **Bauzeitverzögerungen,**
  - Mehrvergütung,
  - Schadensersatz,
  - Entschädigung.

Unter **Nachtragsmanagement** wird die Durchsetzung oder Abwehr solcher Nachträge als planvolles Handeln verstanden.[1] Aus Sicht des Auftraggebers ist insoweit die **Abwehr** etwaiger Nachträge des Auftragnehmers von Bedeutung. Als Auftragnehmer besteht der Schwerpunkt in der Geltendmachung von Nachträgen.

---

[1] Vgl. Würfele, F./Gralla, M.: *Nachtragsmanagement*, Werner Verlag, 2. Auflage, Neuwied 2016, S. 669.

© Springer Fachmedien Wiesbaden GmbH 2017
F. Würfele et al., *Bauobjektüberwachung*, DOI 10.1007/978-3-658-10039-1_8

Die nachfolgenden Ausführungen sollen dem Bauleiter eine Hilfestellung geben, den hohen Anforderungen der Praxis gerecht zu werden. Dabei wird im Grundsatz davon ausgegangen, dass die Vertragsparteien wirksam die VOB/B einbezogen haben. Gerade bei derartigen Verträgen ergeben sich häufig schwierige Fragestellungen, die nur bei einer systematischen Vorgehensweise richtig erfasst werden können.

8.2 Nachträge bei Leistungsabweichungen

8.2.1 Ursachen

Nachträge können unterschiedliche Ursachen haben.

Neben zufälligen Mengenänderungen oder einer verlängerten Bauzeit kommen insbesondere vom Auftraggeber angeordnete Leistungsabweichungen in Betracht.

Grundsätzlich können Änderungen eines Vertrages nur mit dem Willen beider Vertragsparteien vorgenommen werden. Im Baurecht gibt es nach § 1 Abs. 3, 4 VOB/B die Besonderheit, dass der Bauherr durch Änderungen des Bauentwurfes oder die Anordnung von zusätzlichen Leistungen einseitig auf den Bauvertrag Einfluss nehmen kann. Im Gegenzug regelt die VOB/B in § 2 Abs. 5 und 6 VOB/B, welche Ansprüche dem Auftragnehmer gegenüber dem Auftraggeber zustehen. Dadurch versucht die VOB/B einen Ausgleich zwischen den Interessen des Auftraggebers und denen des Auftragnehmers sicherzustellen. Im Folgenden wird die Ermittlung eines solchen Ausgleichs aus der Sicht eines Bauleiters beschrieben, der für den Bauherrn die Leistungsphase 8 erbringt.

Aus den obigen Ausführungen ergibt sich, dass Bauleistungen oftmals abweichend von dem ausgeführt werden, was ursprünglich vertraglich vereinbart wurde. Die Folge ist eine Abweichung des vertraglich vereinbarten Bau-Solls zum tatsächlichen Bau-Ist.[2]

Als Ursache derartiger Abweichungen kommen z. B.

- die Fertigstellung der Planung erst nach der Ausschreibung,
- Änderungswünsche des Bauherrn während der Baudurchführung oder
- behördliche Auflagen

in Betracht.

Darüber hinaus sind in der Praxis zahlreiche weitere Fälle anzutreffen.

8.2.2 Leistungsabweichungen (Prüfungsschema)

Macht der Auftragnehmer einen Nachtrag wegen einer Leistungsabweichung geltend, muss der auftraggeberseitige Bauleiter prüfen, ob eine vom Vertrag abweichende Leistung vorliegt oder diese Leistung als vom ursprünglichen Vertrag erfasst anzusehen ist.

---

[2] Würfele, F./Gralla, M.: *Nachtragsmanagement*, Werner Verlag, 2. Auflage, Neuwied 2016, S. 195 ff.

Dabei ist in folgenden Prüfungsschritten vorzugehen:

- Bestimmung des Bau-Solls,
- Bestimmung des Bau-Ist,
- Gegenüberstellung von Bau-Soll und Bau-Ist.

Erst wenn sich aus dieser Prüfung eine Leistungsabweichung ergibt, muss sich der Bauleiter mit den weiteren Voraussetzungen der jeweils einschlägigen Anspruchsgrundlage[3] und der Anspruchshöhe befassen.

8.2.2.1 Bestimmung des Bau-Solls

Zunächst muss der Bauleiter das zwischen den Vertragsparteien vereinbarte Bau-Soll feststellen.[4] Dies kann im Einzelfall erhebliche Schwierigkeiten mit sich bringen und muss daher mit besonderer Sorgfalt durchgeführt werden.

Aus dem vertraglich vereinbarten Bau-Soll ergeben sich die konkreten Bauleistungsverpflichtungen des Auftragnehmers. Zur Bestimmung des Bau-Solls muss der Bauleiter auf sämtliche vertragliche Leistungsbeschreibungselemente zurückgreifen. Die Leistungsbeschreibungselemente lassen sich in 3 Kategorien unterteilen:

- Werkerfolg,
- konkrete Leistungsbeschreibungselemente,
- standardisierte Leistungsbeschreibungselemente.

Bei einem Bauvertrag handelt es sich um einen Werkvertrag im Sinne der §§ 631 ff. BGB, der auf die Erbringung eines konkreten Werkerfolgs gerichtet ist. Soweit zwischen den Vertragsparteien nichts anderes vereinbart wurde, besteht der Werkerfolg (zumindest) in einem funktionstüchtigen Bauwerk, Gewerk oder Teilgewerk.[5]

Eine nähere Definition der konkret zu erbringenden Bauleistung ist den sog. konkreten Leistungsbeschreibungselementen zu entnehmen. Dabei handelt es sich um Leistungsbeschreibungselemente, die für das jeweilige Bauwerk gesondert erstellt werden (z. B. Leistungsverzeichnisse, Vergabeprotokolle, Baubeschreibungen, Vorbemerkungen etc.). Im Rahmen einer Prüfung der konkreten Leistungsbeschreibung hat der Bauleiter darauf zu achten, ob diese detailliert oder funktional erfolgt ist. Dies ist u. a. für die Bewertung von Wichtigkeit, ob eine nicht explizit aufgeführte Leistung dennoch als vom Bauvertrag erfasst anzusehen ist und ob diese Leistung vom Auftraggeber ggf. gesondert vergütet werden muss.[6]

---

[3] Siehe zu den einzelnen Anspruchsgrundlagen Abschn. 8.2.3.2.

[4] Zur Bestimmung des Bausoll siehe umfassend: Würfele, F./Gralla, M.: *Nachtragsmanagement*, Werner Verlag, 2. Auflage, Neuwied 2016, Kap. 1, Rdn 1 ff.

[5] Vgl. BGH, BauR 2000, 411.

[6] Vgl. Würfele, F./Gralla, M.: *Nachtragsmanagement*, Werner Verlag, 2. Auflage, Neuwied 2016, Rdn. 26 ff.

Im Gegensatz zu den konkreten Leistungsbeschreibungselementen gelten die sog. standardisierten Leistungsbeschreibungselemente für eine Vielzahl unterschiedlicher Bauvorhaben (z. B. DIN, VOB/B, VOB/C, zusätzliche Vertragsbedingungen, Herstellerrichtlinien etc.).

Aus der Gesamtheit aller Vertragsunterlagen muss der Bauleiter das für die Bewertung des vom Auftragnehmer geltend gemachten Nachtrags relevante Bau-Soll ermitteln.

8.2.2.2 Bestimmung des Bau-Ist

In einem zweiten Schritt muss der Bauleiter das Bau-Ist bestimmen.

Im Gegensatz zu dem aus dem Vertrag resultierenden Bau-Soll handelt es sich bei dem Bau-Ist um die tatsächlich ausgeführte Leistung.

Gegenüberstellung von Bau-Soll und Bau-Ist

In dem der Bauleiter das ermittelte Bau-Soll dem Bau-Ist gegenüberstellt, kann er feststellen, ob der vom Auftragnehmer geltend gemachte Nachtragsanspruch auf einer Leistungsabweichung beruht oder lediglich eine Konkretisierung des bereits vertraglich geschuldeten Bau-Solls vorliegt.

Um eine sachgemäße Prüfung der behaupteten Leistungsabweichung durchführen zu können, sollte der Bauleiter eine fundierte Anspruchsdarstellung vom Auftragnehmer verlangen, d. h., der Auftragnehmer ist gehalten, für jede einzelne Nachtragsposition die Gründe und rechtlichen Anspruchsgrundlagen zu nennen. Dadurch können etwaige Missverständnisse im Rahmen von Nachtragsverhandlungen vermieden werden. In Tab. 8.1 ist eine solche Anspruchsdarstellung beispielhaft abgebildet.

Ergibt sich aus der Gegenüberstellung des Bau-Solls mit dem Bau-Ist, dass keine Leistungsabweichung vorliegt, ist der Nachtrag bereits dem Grunde nach zurückzuweisen.

Soweit eine Leistungsabweichung festgestellt wurde, liegt die Grundvoraussetzung für einen Nachtragsanspruch des Auftragnehmers vor. Der Bauleiter muss nun weiter prüfen, ob diese Leistung vergütungspflichtig ist.

Tab. 8.1 Beispiel eines Nachweises dem Grunde nach

Bau-Soll		Bau-Ist		Differenz
Beschreibung	Beleg	Beschreibung	Beleg	
Raufasertapete	LV-Pos 7.21	Glasfasertapete	Telefax des Bauherrn vom 21.03. diesen Jahres	Anstatt einer Raufasertapete wünscht der Bauherr eine Glasfasertapete. Änderungsanordnung nach § 1 Abs. 3 VOB/B mit Preisanpassung nach § 2 Abs. 5 VOB/B

8.2.3 Vergütungspflichtigkeit

Aus der Leistungsabweichung allein ergibt sich noch kein Nachtragsanspruch des Auftragnehmers. Es stellt sich vielmehr die Frage, ob die Leistungsabweichung einen Vergütungsanspruch des Auftragnehmers begründen kann und wie ein etwaiger Anspruch zu berechnen wäre.

Die Vergütungspflichtigkeit der Leistungsabweichung bestimmt sich danach, ob sich der Auftragnehmer für seinen Anspruch auf eine geeignete Anspruchsgrundlage stützen kann und deren Voraussetzungen erfüllt sind. Die in Betracht kommenden Anspruchsgrundlagen (z. B. § 2 Nrn. 3, 5, 6, 8 VOB/B) und deren Voraussetzungen werden unter Abschn. 8.2.3.2 näher erläutert.

Die Hintergründe und Auswirkungen der jeweiligen Anspruchsgrundlagen werden anhand kurzer Berechnungsbeispiele veranschaulicht. Daher sollen im Vorfeld einige Grundlagen der Kalkulation erläutert werden, deren Kenntnis für den Bauleiter im Rahmen der Nachtragsprüfung unabdingbar ist.

8.2.3.1 Kalkulatorische Grundlagen

Kalkulationsverfahren des Auftragnehmers

Der Bieter führt auf Basis der Ausschreibungsunterlagen eine Kalkulation durch, um die Angebotspreise zu ermitteln (sog. Angebotskalkulation). Kommt es zum Vertragsschluss, wird die den Vertragspreisen zugrunde liegende Kalkulation auch Auftrags- oder Urkalkulation genannt. Die Urkalkulation ist im Rahmen des Nachtragsmanagements von erheblicher Bedeutung, da die jeweiligen Nachtragsansprüche grundsätzlich auf der Basis der Vertragspreise berechnet werden müssen. Es kommt also nicht auf den tatsächlich angefallenen Aufwand, die Marktpreise oder etwaige Stundenlöhne an. Der Auftragnehmer muss das aus der Auftragskalkulation resultierende Kosten- und Preisniveau auch für die Nachtragsansprüche beibehalten (vgl. Tab. 8.2).[7]

Zur Vorbereitung der Berechnung eines neuen Vertragspreises ist die Ermittlung der jeweiligen Preiselemente erforderlich. Dies soll im Folgenden anhand der Umlage- und der Zuschlagskalkulation erläutert werden. Ferner wird kurz auf den Sonderfall eingegangen, in dem zur Festlegung der Preise keine Kalkulation durchgeführt wurde.

---

[7] Vgl. Kapellmann, K. D./Schiffers, K.-H.: *Vergütung, Nachträge und Behinderungsfolgen beim Bauvertrag, Band 1: Einheitspreisvertrag*, Werner Verlag, 6. Auflage, Neuwied 2011, Rdn. 1012.

Tab. 8.2 Gliederung einer Kalkulation

	Einzelkosten der Teilleistungen (EKT)
+	Baustellengemeinkosten (BGK)
=	Herstellkosten der Bauleistung (HK)
+	Allgemeine Geschäftskosten der Unternehmung (AGK)
=	Selbstkosten der Auftragsdurchführung (SK)
+	Allgemeines Unternehmenswagnis und -gewinn (WuG)
=	Angebotsendsumme (netto)
+	Mehrwertsteuer
=	Angebotsendsumme (brutto)

a) Umlagekalkulation

Ein allgemein anerkannter Aufbau der Umlagekalkulation wird in der KLR-Bau beschrieben und im Folgenden vorgestellt.[8]

Zunächst werden die Einzelkosten der Teilleistungen (EKT) ermittelt, die der Erbringung der jeweiligen Leistung zuzuordnen sind. Dazu gehören beispielsweise Lohnkosten, Kosten für Baustoffe oder Gerätekosten. Kosten die der Leistungserbringung unmittelbar zugeordnet werden können, werden als direkte Kosten bezeichnet.

Im Gegensatz zu den direkten Kosten können die Baustellengemeinkosten (BGK) keiner bestimmten Leistungserbringung zugeordnet werden. Ein Beispiel für Baustellengemeinkosten sind Kosten für einen Baukran, der für zahlreiche Tätigkeiten verwendet wird.

Die Summe aus den Einzelkosten der Teilleistungen und den Baustellengemeinkosten ergibt die Herstellkosten (HK) der Bauleistung.

Zusätzlich zu den projektbezogenen Herstellkosten fallen in Unternehmen projektübergreifende Allgemeine Geschäftskosten (AGK) an. Beispiele hierfür sind Kosten für die Geschäftsführung, die Unternehmensverwaltung oder Versicherungen.

Aus der Addition der Allgemeinen Geschäftskosten und der Herstellkosten ergeben sich die Kosten, die dem Unternehmen bei der Auftragsdurchführung entstehen und als Selbstkosten (SK) bezeichnet werden.

Würde das Unternehmen die Bauleistung zu seinen Selbstkosten anbieten, könnte es keinen Gewinn erwirtschaften. Zusätzlich zu den Selbstkosten (SK) erfolgt in der Kalkulation daher ein Aufschlag für Wagnis und Gewinn (WuG).

Die verschiedenen Zuschläge auf die EKT werden als Deckungsbeiträge bezeichnet.

In der Praxis werden die EKT teilweise in verschiedene Kostenarten wie Lohnkosten, Stoffkosten, Gerätekosten und Fremdleistungskosten untergliedert. Für diese Kostenarten werden jeweils individuelle Zuschlagssätze festgelegt bzw. ermittelt.

---

[8] Vgl. *Kosten- und Leistungsrechnung der Bauunternehmen*, 6. Auflage, Werner Verlag, Düsseldorf 1995, S. 32.

b) Zuschlagskalkulation

Die Umlagekalkulation erfordert eine Berechnung der Baustellengemeinkosten der konkreten Baumaßnahme, ist relativ arbeitsaufwändig und wird in der Praxis in der Regel von den Unternehmen durchgeführt, deren Baustellengemeinkosten von Projekt zu Projekt stark schwanken.

Kleinere Unternehmen mit wenigen Mitarbeitern kalkulieren mit festen Zuschlagssätzen für die Baustellengemeinkosten, die sie bei allen Angeboten gleichmäßig veranschlagen.

Hintergrund dieser Vorgehensweise ist, dass viele Angebote nicht zum Auftrag führen und der Unternehmer seinen Aufwand für die Angebotsbearbeitung so gering wie nötig halten möchte.

Es ist jedoch zu bedenken, dass die Zuschlagskalkulation in den Fällen für den Unternehmer problematisch ist, in denen die tatsächlich erforderlichen Zuschläge für die Deckungsbeiträge deutlich über dem im Rahmen der Zuschlagskalkulation festgelegten Zuschlagssatz liegen. In diesen Fällen ist die Angebotssumme möglicherweise zu niedrig und der Auftragnehmer läuft Gefahr, im Fall der Auftragserteilung Verlust zu machen.

c) Ohne Kalkulation

In der Praxis kommt es besonders bei kleinen Unternehmen vor, dass diese ihre Angebotspreise ohne vorhergehende Kalkulation festlegen.

Häufig stützen sich derartige Unternehmen allein auf Erfahrungswerte und die Kenntnis der Marktpreise. Ferner werden die Kosten in einigen Fällen nicht auf die jeweiligen Baumaßnahmen aufgeteilt, sondern projektübergreifend ermittelt. Dies gilt beispielsweise bei der Bestellung von Materialien, die von dem Unternehmen auf mehreren Baustellen benötigt werden.

Bei einem solchen Vorgehen ist es unmöglich, die Wirtschaftlichkeit des einzelnen Auftrags nachzuvollziehen. Darüber hinaus fehlt es solchen Unternehmen an einer kalkulatorischen Basis, auf die im Falle von Leistungsänderungen zurückgegriffen werden könnte. Ein nachvollziehbar auf den vertraglichen Grundlagen beruhendes Nachtragsmanagement muss in solchen Fällen scheitern.

Nachweis der Auftragskalkulation durch den Auftragnehmer

Obwohl es sinnvoll ist, die Angebotskalkulation zu hinterlegen, wird in der Praxis in vielen Fällen nicht so verfahren. Viele Auftragnehmer fürchten, dass mit der Angebotskalkulation wichtige interne Informationen an den Auftraggeber weitergegeben werden.

Dabei ist das Hinterlegen der Kalkulation gerade in Streitfällen für den Unternehmer von Vorteil, weil er seine Ansprüche auf Basis der hinterlegten Kalkulation schlüssig und nachvollziehbar belegen kann. Der Auftraggeber kann die auf Basis der Angebotskalkulation vorgetragenen Ansprüche nicht ohne schlüssige Begründung bestreiten.

Liegt die Angebotskalkulation nicht vor, so können die Vertragsparteien die der Kalkulation zugrunde liegenden Zuschläge ggf. durch andere Unterlagen z. B. durch ausgefüllte

Formblätter EFB[9]-Preis 1a für die Zuschlagskalkulation oder EFB-Preis 1b für die Umlagekalkulation, dokumentieren.

Liegen hingegen nur die Preise des Leistungsverzeichnisses vor, so sind die angesetzten Deckungsbeiträge in der Regel nicht ohne weiteres nachvollziehbar. Hierin liegt ein Streitpotenzial, da je nach Situation für die eine oder andere Vertragsseite höhere oder niedrigere Deckungsanteile glaubhaft erscheinen. In der Regel kann von Deckungsbeiträgen jeweils im einstelligen Prozentbereich für AGK und WuG ausgegangen werden.

In der Praxis füllen einige Unternehmen sowohl das Formblatt für die Zuschlagskalkulation als auch das Formblatt für die Umlagekalkulation komplett aus. Werden jedoch beide Formblätter plausibel ausgefüllt, ist deren Nutzen sowohl für den Auftragnehmer als auch für den Auftraggeber fraglich. Hier ist der Auftraggeber gut beraten, vor Auftragserteilung vom Auftragnehmer Klarstellung zu verlangen.

Ausnahmen von der Vertragspreisbindung

In einigen Ausnahmefällen wird eine Bindung an das Vertragspreisniveau bei der Berechnung von Nachtragsansprüchen für unzumutbar erachtet. Dem Auftragnehmer ist es dann möglich, von der Fortschreibung der Auftragskalkulation abzuweichen und einen höheren Preis zu verlangen.[10]

In Betracht kommen insoweit (u. a.)

- Leistungsabweichungen, durch die Planungsfehler des Auftraggebers korrigiert werden sollen,[11]
- eine im Vergleich zur Gegenleistung gänzlich unverhältnismäßige Überschreitung des Leistungsumfangs (sog. Wegfall der Geschäftsgrundlage)[12] oder
- eine (vom Auftraggeber verursachte) spätere Leistungserbringung bei gleichzeitiger Erhöhung der Beschaffungspreise.[13]

Darüber hinaus machen Auftragnehmer in der Praxis häufig Nachtragsforderungen geltend, die auf etwaige Kalkulationsirrtümer gestützt werden. Dabei muss der Bauleiter beachten, dass ein Kalkulationsirrtum – als ein regelmäßig für den Auftraggeber nicht erkennbarer Irrtum in der Willensbildung (sog. Motivirrtum) – unbeachtlich ist und zu Lasten des fehlkalkulierenden Auftragnehmers geht.[14] Ein Kalkulationsirrtum muss vom Auftragnehmer also im Sinne einer Fortschreibung der Auftragskalkulation weiter berück-

---

[9] Einheitliche Formblätter des Vergabehandbuchs. Download unter http://www.bmvbs.de.
[10] Vgl. Kapellmann, K. D./Schiffers, K.-H.: *Vergütung, Nachträge und Behinderungsfolgen beim Bauvertrag, Band 1: Einheitspreisvertrag*, Werner Verlag, 6. Auflage, Neuwied 2011, Rdn. 1030 ff.
[11] Vgl. OLG Koblenz BauR 2001, 1442; Kapellmann, K. D./Schiffers, K.-H.: *Vergütung, Nachträge und Behinderungsfolgen beim Bauvertrag, Band 1: Einheitspreisvertrag*, a. a. O., Rdn. 1039 ff.
[12] Vgl. Kapellmann, K. D./Schiffers, K.-H.: *Vergütung, Nachträge und Behinderungsfolgen beim Bauvertrag, Band 1: Einheitspreisvertrag*, a. a. O., Rdn. 1035.
[13] Vgl. OLG Düsseldorf BauR 1995 706.
[14] BGH BauR 1998, 1089.

sichtigt werden. Der BGH[15] hat lediglich unter folgenden Voraussetzungen eine Ausnahme zugelassen:

- Der Auftraggeber kennt den Kalkulationsirrtum des Auftragnehmers vor Vertragsschluss.
- Die Vertragsdurchführung ist für den Auftragnehmer schlechthin unzumutbar, weil er dadurch in erhebliche wirtschaftliche Schwierigkeiten geriete (wovon der Auftraggeber wiederum bei Vertragsschluss Kenntnis haben muss).
- Der Auftraggeber will den Auftragnehmer dennoch an dessen Angebot binden und nimmt dieses Angebot daher an.

Rechtlich handelt es sich bei dieser Ausnahme nicht um eine Anfechtung im Sinne der §§ 119 ff. BGB, sondern um eine sog. „unzulässige Rechtsausübung".

8.2.3.2 Anspruchsgrundlagen

Mengenabweichungen nach § 2 Abs. 3 VOB/B

Weichen die Mengenansätze des Leistungsverzeichnisses bei Einheitspreisverträgen um mehr als 10 v. H. von der tatsächlich auszuführenden Mengen ab, so kann eine der Vertragsparteien nach § 2 Abs. 3 VOB/B eine Änderung der entsprechenden Einheitspreise verlangen.[16] In der Praxis werden Preisanpassungen zumeist durch die Auftragnehmer verlangt. Dies gilt insbesondere bei Mengenunterschreitungen nach § 2 Abs. 3 Nr. 3 VOB/B, da insoweit regelmäßig von einer Preiserhöhung auszugehen ist.

Die Regelung des § 2 Abs. 3 VOB/B soll dazu führen, dass bei größeren Mengenabweichungen die vom Unternehmer kalkulierten Deckungsbeiträge realisiert werden können. Bei Mengenminderungen werden die kalkulierten Deckungsbeiträge auf die verbleibende Menge umgelegt, bei Mengenmehrungen werden die Baustellengemeinkosten für die Mengen über 110 v. H. aus den Einheitspreisen herausgerechnet, weil diese bereits bei 100 v. H. der Menge voll gedeckt waren. Die Baustellengemeinkosten können für die Mengen über 100 v. H. allerdings nur dann herausgerechnet werden, soweit die Baustellengemeinkosten mit der zusätzlich ausgeführten Menge nicht weiter angestiegen sind.

Demnach wird versucht, die Kalkulation der Einheitspreise so durchzuführen, wie sie der Auftragnehmer durchgeführt hätte, falls von vornherein die tatsächlichen Mengen ausgeschrieben worden wären.

Anders als im Fall auftraggeberseitiger Anordnungen handelt es sich bei den Mengenabweichungen im Sinne des § 2 Abs. 3 VOB/B um **zufällige Mengenänderungen**. Diese können insbesondere aus bei Vertragsschluss lediglich geschätzten oder oberflächlich ermittelten Vordersätzen resultieren.

---

[15] BGH a. a. O.
[16] Zu der Situation beim Pauschalvertrag siehe Abschn. „Nachträge bei Pauschalpreisverträgen, § 2 Abs. 7 VOB/B".

Auch für den Auftraggeber kann es vorteilhaft sein, neue Einheitspreise zu verlangen. Ergeben sich deutliche Mehrmengen, können neue Einheitspreise für den Bauherrn einen finanziellen Vorteil darstellen, weil die Deckungsbeiträge für die Baustellengemeinkosten bereits mit 100 v. H. der Menge voll abgerechnet sind und daher aus den Einheitspreisen der Mengen über 110 v. H. herausgerechnet werden können.

Ansprüche aus § 2 Abs. 3 VOB/B sind keine Benachteiligung einer Seite, sondern setzen die bei Vertragsabschluss geschlossene Vereinbarung auf die tatsächlichen Mengen um.

In die Betrachtung fallen allerdings nur die Positionen, bei denen die Mengenabweichung größer als 10 v. H. ist.[17]

a) Mengenminderung

Im Falle einer Mengenminderung um mehr als 10 v. H. der ausgeschriebenen Menge hat der Auftragnehmer Anspruch darauf, die in der ausgeschriebenen Menge enthaltenen Deckungsanteile für BGK, AGK und WuG für die tatsächlichen Mengen zu erhalten.

Die Berechnung dieses Anspruches kann durch

- die Ermittlung eines neuen Einheitspreises pro Ordnungszahl oder
- durch eine Ausgleichsberechnung

erfolgen.

Dazu folgendes Beispiel:

Zur Ermittlung eines neuen Einheitspreises ist zunächst zu bestimmen, in welchem Umfang die kalkulierten Deckungsbeiträge wegen der eingetretenen Mindermenge von dem alten Einheitspreis nicht abgedeckt werden können. Dazu wird die Differenz zwischen der ausgeschriebenen und der tatsächlichen Menge ermittelt und berechnet, welcher Deckungsbeitrag in dieser Differenzmenge enthalten ist.

Im Beispiel (vgl.. Tab. 8.3) werden bei den Bodenbelagsarbeiten von den Leistungen „Linoleum, blau" und „Fußleisten, blau" weniger Mengen ausgeführt als ursprünglich angenommen. Es wird von einem Deckungsbeitrag von insgesamt 20 v. H. ausgegangen.

Die Mengendifferenzen werden ermittelt (Tab. 8.3, Spalte 5) und mit den Deckungsbeiträgen pro Einheit multipliziert (Tab. 8.3, Spalte 7). Es errechnet sich für das „Linoleum, blau" eine Unterdeckung von 735,– EUR und für die „Fußleisten, blau" eine Unterdeckung von 180,– EUR.

Sodann wird diese Unterdeckung auf die verbleibende Menge umgelegt und auf den alten EP aufgeschlagen (vgl. Tab. 8.3, Spalte 9), um den neuen Einheitspreis zu ermitteln.

Alternativ erscheint es möglicherweise praktikabel, nicht für jede Position einen neuen Einheitspreis zu bestimmen und mit diesem weiterzurechnen, sondern lediglich die Ausgleichssummen der Positionen zu addieren. Im Beispiel hat der Auftragnehmer aus der Mengenminderung einen Anspruch in Höhe von 915,– EUR. Beachtlich ist in diesem

---

[17] Vgl. § 2 Nr. 3 Abs. 1 VOB/B.

Tab. 8.3 Beispiel einer Berechnung der neuen Einheitspreise für Positionen mit Mindermengen größer als 10 v. H. der ausgeschriebenen Menge

OZ	Kurztext	Ausgeschriebene Menge	Ausgeführte Menge	Abweichung	Alter EP [EUR]	DB (20%) [EUR]	Ausgleichsumme [EUR]	Neuer EP [EUR]
(1)	(2)	(3)	(4)	(5) = (3) − (4)	(6)	(7) = 0,2 × (6)	(8) = (5) × (7)	(9) = (6) + (8)/(4)
4	Linoleum, „blau"	1000 m²	850 m²	150 m²	24,50	4,90	735,00	25,36
6	Fußleisten, „blau"	500 m	400 m	100 m	9,00	1,80	180,00	9,45
Summe netto							915,00	

Zusammenhang, dass nach § 2 Abs. 3 Abs. 3 VOB/B der Einheitspreis bei Mengenminderungen nur erhöht werden kann.

Ein weiteres Problem im Zusammenhang mit Mengenminderungen ist die sog. „**Null**"-**Menge**. Darunter ist die Reduzierung einer Position auf 0 %, also ein Wegfall der gesamten Leistung zu verstehen. Zum Teil wird in der Literatur vertreten, dabei handele es sich nicht um einen Fall des § 2 Abs. 3 VOB/B, vielmehr sei dem Auftragnehmer eine „Teilvergütung nach Maßgabe des § 8 Abs. 1 Nr. 2 VOB/B zuzubilligen".[18] Danach soll es sich im Ergebnis um eine Teilkündigung handeln. Dem kann nicht gefolgt werden. Anders als bei einer willensgesteuerten (Teil-)kündigung des Auftraggebers handelt es sich bei einer Mengenminderung auf Null um eine zufällige Mengenabweichung. Der Wegfall der Position beruht daher nicht auf einer gestaltenden Kündigungserklärung. Einschlägig ist allein § 2 Abs. 3 VOB/B als Spezialvorschrift.[19] Es darf keinen Unterschied machen, ob sich die Leistung auf 10, 5, 3 oder 0 % reduziert hat.

Rechnerisch sind dem Auftragnehmer zumindest die kalkulierten Deckungsanteile zu vergüten.[20]

b) Mengenmehrung

Beim Fall der Mengenmehrung ist nach § 2 Abs. 3 Nr. 2 VOB/B der neue Einheitspreis für den Teil der Mengenmehrung zu ermitteln, der über 110 v. H. hinausgeht. Der Teil bis 110 v. H. der ausgeschriebenen Menge wird stets mit dem bisherigen Einheitspreis abgerechnet.

Für den Teil der über 110 v. H. der ausgeschriebenen Menge hinausgeht, hat der Auftragnehmer Ansprüche auf anteilige AGK und WuG. Dies gilt grundsätzlich nicht für die BGK, weil diese regelmäßig mit der Abrechnung der ausgeschriebenen Menge vollstän-

---

[18] Heiermann, W./Riedl, R./Rusam, M.: *Handkommentar zur VOB*, Springer Vieweg, 13. Auflage, Wiesbaden 2013, § 2, Rdn. 92.
[19] Kapellmann, K. D./Schiffers, K.-H.: *Vergütung, Nachträge und Behinderungsfolgen beim Bauvertrag, Band 1: Einheitspreisvertrag*, a. a. O., Rdn. 539.
[20] Dazu näher: Würfele, F./Gralla, M.: *Nachtragsmanagement*, a. a. O., Rdn. 1350.

dig gedeckt sind.[21] In den meisten Fällen wird daher der Einheitspreis der über 110 v. H. hinausgehenden Menge dem alten Einheitspreis abzüglich der Deckungsanteile für BGK entsprechen.

Beispiel

Im Beispiel (vgl. Tab. 8.4) ergibt sich für die Position „Untergrund reinigen" eine tatsächliche Mengendifferenz in Höhe von 300 m² und eine über 110 % liegende Mengenabweichung in Höhe von 150 m².

Sodann wird errechnet, welche Überdeckung an BGK für die Mengen über 110 v. H. besteht (vgl. Tab. 8.4, Spalte 7). Dabei wird in dem Berechnungsbeispiel von einem Deckungsbeitrag in Höhe von 10 v. H. für BGK ausgegangen.

Mit dem Wissen um diesen auszugleichenden Betrag kann der neue Einheitspreis dadurch ermittelt werden, dass die auf die Differenzmenge umgelegte Ausgleichsumme vom alten EP abgezogen wird (vgl. Tab. 8.4, Spalte 9).

Auch hier kann die Abrechnung der Mengen über 110 v. H. mit den neuen Einheitspreisen erfolgen (vgl. Tab. 8.4, Spalte 9) oder der Gesamtanspruch als Summe über alle Positionen zu 1169,75 EUR zu Gunsten des Auftraggebers ermittelt werden.

Tab. 8.4 Beispiel einer Berechnung der neuen Einheitspreise für Positionen mit Mehrmengen größer als 10 v. H. der ausgeschriebenen Menge

OZ	Kurztext	Ausge-schrie-bene Menge	Ausge-führte Menge	Abweichung über 110 v. H.	Alter EP (bis 110 %) [EUR]	DB BGK (10 %) [EUR]	Aus-gleich-summe [EUR]	Neuer EP (ab 110 %) [EUR]
(1)	(2)	(3)	(4)	$(5) = (4) - 1,1 \times (3)$	(6)	(7)	$(8) = -(5) \times (7)$	$(9) = (6) - (8)/(5)$
1	Untergrund reinigen	1500 m²	1800 m²	150 m²	1,00	0,10	−15,00	0,90
2	Untergrund spachteln	1500 m²	1800 m²	150 m²	4,00	0,40	−60,00	3,60
3	Linoleum, „grau"	500 m²	950 m²	400 m²	24,50	2,45	−980,00	22,05
5	Fußleisten, „grau"	250 m	400 m	125 m	9,00	0,90	−112,50	8,10
7	Übergangs-leisten	50 St.	58 St.	3 St.	7,50	0,75	−2,25	6,75
Summe netto							−1169,75	

---

[21] Vgl. Langen, W./Schiffers, K.-H.: *Bauplanung und Bauausführung*, Werner Verlag, 2. Auflage, Neuwied 2012, Rdn. 2181.

c) Ausgleichsberechnung

Die Ausgleichsberechnung basiert auf dem Gedanken, dass die Abrechnung der Einfachheit halber weiterhin mit den ursprünglichen Einheitspreisen erfolgt und sich der Ausgleichsbetrag zwischen Auftraggeber und Auftragnehmer durch Summierung der positionsweise berechneten Ausgleichbeträge ergibt.

Das Verfahren ist wesentlich einfacher als die positionsweise Berechnung der modifizierten Einheitspreise.

Eine Ausgleichsberechnung bietet sich daher nicht nur an, um Mengenmehrungen und -minderungen gemeinsam zu erfassen, sondern ist auch im Fall der ausschließlichen Mengenmehrung bzw. Mengenminderung mehrerer Positionen eine zeitsparende und exakte Methode.

Die Ermittlung von Ansprüchen aus Mengenminderung und Mengenmehrung erfolgt methodisch identisch und ist leicht nachvollziehbar.

Bei einer Anpassung der Einheitspreise nach § 2 Abs. 3 VOB/B ist beachtlich, dass die Ansprüche aus Mengenmehrung und Mengenminderung gegeneinander aufgerechnet werden, § 2 Abs. 3 Nr. 3 S. 1 VOB/B. Würde die Mengenminderung oder die Mengenmehrung isoliert betrachtet, widerspräche dies dem Gedanken eines gerechten Ausgleichs.

Zudem ist beachtlich, dass ein „anderer Ausgleich" im Sinne des § 2 Abs. 3 VOB/B durch modifizierte Leistungen erfolgen kann. Daher sind diese Nachtragspositionen in die Untersuchung einzubeziehen.

In unserem Beispiel hat der Auftragnehmer aus der Mengenminderung einen Anspruch von insgesamt 915,00 EUR netto und der Auftraggeber aus der Mengenmehrung einen Anspruch von 1169,75 EUR netto. Insgesamt hat der Auftraggeber also einen Ausgleichsanspruch in Höhe von 254,75 EUR netto.

In der Praxis sind die dem Auftrag zugrunde liegenden Kalkulationen häufig komplexer aufgebaut, als es bei dem vorgestellten Beispiel der Fall ist. So können die Zuschlagssätze beispielsweise je nach Kostenart unterschiedlich hoch sein. Ebenso sind Fälle vorstellbar, in denen die Baustellengemeinkosten mit der ausgeführten Menge weiter ansteigen. Hier ist eine Betrachtung des konkreten Einzelfalls erforderlich.

Herausnahme von Leistungen nach § 2 Abs. 4 VOB/B

In § 2 Abs. 4 VOB/B heißt es:

> Werden im Vertrag ausbedungene Leistungen des Auftragnehmers vom Auftraggeber selbst übernommen (z. B. Lieferung von Bau-, Bauhilfs- und Betriebsstoffen), so gilt, wenn nichts anderes vereinbart wird, § 8 Abs. 1 Nr. 2 entsprechend.

Da § 2 Abs. 4 VOB/B für die Rechtsfolgen auf § 8 Abs. 1 Nr. 2 VOB/B verweist, ist rechtsdogmatisch umstritten, ob es sich bei dieser Regelung um eine Teilkündigung handelt.[22] Daran ist richtig, dass dem Auftragnehmer über § 2 Abs. 4 VOB/B Teilleistun-

---

[22] Für Viele: OLG Düsseldorf BauR 2001, 803; Ingenstau/Korbion: *VOB Kommentar*, Werner Verlag, 20. Auflage, München 2016, § 2 Nr. 4, Rdn. 2.

Tab. 8.5 Beispiel einer Ausgleichsberechnung über alle Positionen

OZ	Kurztext	Ausgeschriebene Menge	Ausgeführte Menge	Abweichung bei Menge unter 90 v. H.	Abweichung über 110 v. H.	Alter EP [EUR]	DB (20 %) [EUR]	DB BGK (10 %) [EUR]	Ausgleichsumme [EUR]
(1)	(2)	(3)	(4)	(5) = (3) − (4)	(6) = (4) − 1,1 × (3)	(7)	(8)	(9)	(10) = (5) × (8) oder (6) × (9)
1	Untergrund reinigen	1500 m²	1800 m²		150 m²	1,00		0,10	−15,00
2	Untergrund spachteln	1500 m²	1800 m²		150 m²	4,00		0,40	−60,00
3	Linoleum „grau"	500 m²	950 m²		400 m²	24,50		2,45	−980,00
4	Linoleum „blau"	1000 m²	850 m²	150 m²		24,50	4,90		735,00
5	Fußleisten „grau"	250 m	400 m		125 m	9,00		0,90	−112,50
6	Fußleisten „blau"	500 m	400 m	100 m		9,00	1,80		180,00
7	Übergangsleisten	50 St.	58 St.		3 St	7,50		0,75	−2,25
Summe netto:									−254,75

gen oder Teile von Teilleistungen faktisch entzogen werden können. Dennoch kann dieser Auffassung im Ergebnis nicht zugestimmt werden. Die Teilkündigung ist ausdrücklich in § 8 Abs. 3 Nr. 1 S. 2 VOB/B geregelt. Würde es sich bei § 2 Abs. 4 VOB/B um eine Teilkündigung handeln, wäre diese Regelung demnach überflüssig. Darüber hinaus verweist § 2 Abs. 4 VOB/B gerade nicht auf die Regelung des § 8 Abs. 3 Nr. 1 S. 2 VOB/B, sodass es sich auch aus diesem Grund nicht um eine Teilkündigung handeln kann. Aus dem Vorgesagten ergibt sich, dass es für § 2 Abs. 4 VOB/B eines eigenständigen Anwendungsbereichs bedarf.

Die Anwendung des § 2 Abs. 4 VOB/B hat folgende Voraussetzungen:

- Selbstübernahme einer Leistung durch den Auftraggeber,
- Übernahme in eigener Regie, ohne Abschluss eines neuen Bauvertrags mit Dritten,[23]
- übernommene Leistung war vom ursprünglichen Bau-Soll des Auftragnehmers erfasst,
- eindeutige und unmissverständliche Erklärung des Auftraggebers vor Durchführung der Leistung.

Liegen diese Voraussetzungen vor, verbleibt dem Auftragnehmer die vereinbarte Vergütung. Er muss sich jedoch anrechnen lassen, was er an Kosten einspart oder einzusparen unterlässt bzw. durch anderweitige Verwendung seiner Arbeitskraft und seines Betriebs erwirbt oder zu erwerben böswillig unterlässt, § 2 Abs. 4, § 8 Abs. 1 Nr. 2 VOB/B. Für die Rechtsfolge gelten also die Regelungen über die Kündigung.

In der Regel können in einem solchen Fall die direkten Kosten eingespart werden, weil diese durch die Leistungserbringung selbst entstehen.[24] In dem Fall, dass das Personal nicht anderweitig eingesetzt werden kann oder könnte, steht dem Auftragnehmer jedoch die Vergütung für die entsprechenden Teile der direkten Kosten zu.

Inwieweit die Baustellengemeinkosten eingespart werden können, hängt davon ab, ob die Baustelleneinrichtung bereits erfolgt ist und ob gegebenenfalls für die Bauzeit kalkulierte Geräteanmietungen noch kostenfrei storniert werden können.

Allgemeine Geschäftskosten und Wagnis und Gewinn können allenfalls eingespart werden, soweit der Auftragnehmer diese durch einen anderweitigen Einsatz seiner Arbeitskraft und seines Betriebs erwirbt oder einen solchen Erwerb böswillig unterlässt.

Im einfachsten Fall ergibt sich der Vergütungsanspruch als Differenz von Angebotssumme und Herstellkosten der Bauleistung. Zur Veranschaulichung soll das folgende Beispiel (vgl. Tab. 8.6) einer vollumfänglichen Kündigung dienen, wobei davon ausgegangen wird, dass der Auftragnehmer die allgemeinen Geschäftskosten sowie Wagnis und Gewinn nicht einsparen konnte.

Nach obigem Beispiel erfordert die Erbringung einer Bauleistung direkte Kosten in Höhe von 50.000,– EUR sowie Baustellengemeinkosten in Höhe von 5000,– EUR. Die weiteren Deckungsanteile können der Tabelle entnommen werden.

---

[23] Vgl. Ingenstau/Korbion: *VOB Kommentar*, a. a. O., § 2 Nr. 4, Rdn. 5.
[24] Siehe dazu Abschn. „Kalkulationsverfahren des Auftragnehmers".

Tab. 8.6 Beispiel einer Vergütungsberechnung bei einer Kündigung der gesamten Bauleistung

Bestandteil	Deckungs-beitrag [v. H.]	Angebots-betrag [EUR]	Einsparbarer Betrag [EUR]	Vergütungs-anspruch [EUR]
(1)	(2)	(3)	(4)	(5) = (3) − (4)
Einzelkosten der Teilleistungen EKT		50.000,00	50.000,00	0,00
+ Baustellengemeinkosten BGK	10,0	5000,00	1000,00	4000,00
= Herstellkosten der Bauleistung HK		55.000,00		4000,00
+ Allgemeine Geschäftskosten der Unternehmung AGK	5,0	2750,00		2750,00
= Selbstkosten der Auftragsdurch-führung SK		57.750,00		4750,00
+ Allgemeines Unternehmenswagnis und -gewinn WuG	5,0	2887,50		2887,50
= Endsumme (netto)		60.637,50		7637,50
+ Mehrwertsteuer	(19,0)	11.521,13		1451,13
= Endsumme brutto		72.158,63		9088,63

Wird nun die Leistung vollständig gekündigt, so können die direkten Kosten in Höhe von 50.000,– EUR vollständig eingespart werden, weil der Auftragnehmer sein Personal auf einer anderen Baustelle einsetzen kann und die Kosten nicht anfallen.

Die Baustellengemeinkosten können bis auf 1000,– EUR nicht eingespart werden, die aus Stornierungskosten für eine bereits gemietete Baumaschine resultieren.

Im Ergebnis steht dem Auftragnehmer nach der Kündigung ein Vergütungsanspruch in Höhe von brutto 9088,63 EUR zu.

Werden nur einzelne Teile der Leistung gekündigt, so ermittelt sich die Vergütung für die bereits ausgeführten Teile über die Einheitspreise. Die Vergütung der gekündigten Teile ergibt sich wie oben dargestellt.

Die Fälle von § 2 Abs. 4 VOB/B und die der (Teil-)Kündigung von Bauleistungen sind in der Praxis häufig anzutreffen. Dennoch machen Auftragnehmer ihre (berechtigten) Vergütungsansprüche oftmals nicht geltend, weil diese beispielsweise

- befürchten, bei zukünftigen Ausschreibungen nicht mehr berücksichtigt zu werden,
- hoffen, die finanziellen Einbußen bei kommenden Aufträgen ausgleichen zu können,
- der finanzielle Ausgleich ihnen im Verhältnis zum Aufwand zu gering erscheint oder
- schlicht ihre Rechte nicht kennen.

Der Auftragnehmer muss grundsätzlich die vereinbarte Vergütung und die oben genannten Anspruchsvoraussetzungen zu § 2 Abs. 4 VOB/B darlegen und beweisen. Darüber hinaus muss er seine Abrechnung der wegen § 2 Abs. 4 VOB/B nicht erbrachten Leistungen vortragen. Dies gilt insbesondere dafür, was er sich hinsichtlich der hier maßgeblichen nicht (von ihm) erbrachten Leistungen anrechnen lässt, § 8 Abs. 1 Nr. 2 S. 2 VOB/B. Der

Auftraggeber muss darlegen und beweisen, dass der Auftragnehmer höhere Ersparnisse hatte.

Änderung des Bauentwurfs nach § 2 Abs. 5 VOB/B

Nach § 1 Abs. 3 VOB/B hat der Bauherr das Recht, in den Bauentwurf einzugreifen und diesen zu ändern. Der Auftragnehmer hat diese Änderungen unter Maßgabe von § 1 Abs. 3 VOB/B auszuführen, sofern sein Betrieb auf derartige Leistungen eingerichtet ist.

Eine Änderung des Bauentwurfes kann

- schriftlich,
- mündlich oder
- konkludent (durch schlüssiges Verhalten)

erfolgen.

Die Änderung kann vom Auftraggeber oder einem von diesem bevollmächtigten Vertreter angeordnet werden. Denkbar ist z. B., dass der Auftraggeber dem Bauleiter eine solche Vollmacht erteilt bzw. erteilt hat. Dies ist am jeweiligen Einzelfall zu prüfen. Keineswegs umfasst die Beauftragung des Architekten/Ingenieurs mit der Bauobjektüberwachung automatisch eine Vollmacht zur Anordnung zusätzlicher oder abgeänderter Leistungen.[25] Das wird in der Praxis häufig verkannt.

Zu unterscheiden ist die Änderung des Bauentwurfes von der bloßen Konkretisierung der vertraglichen Leistung. Anders als die Anordnung abgeänderter Leistungen, betrifft die Konkretisierung eine ohnehin im ursprünglichen Bau-Soll enthaltene Leistung und stellt diese nur genauer dar.[26]

Dies kann beispielsweise in Form von Plänen erfolgen, die näher beschreiben, in welchen Räumen welche Wandoberflächen auszuführen sind. Ein anderes Beispiel findet sich häufig bei der Ausschreibung von Bodenbelägen. Dort ist oftmals die Formulierung „Farbton nach Wahl des Bauherrn" anzutreffen. Diese Formulierung dient dazu, dem Bauherrn für seine endgültige Farbfestlegung einen gewissen zeitlichen Aufschub zu gewähren. Der Auftragnehmer kann in diesem Fall bei seiner Angebotsbearbeitung grundsätzlich davon ausgehen, dass der Bauherr schließlich eine Standard-Farbe festlegen wird.[27] Legt er jedoch eine Sonderfarbe fest, die für den Auftragnehmer höhere Materialkosten verursacht, so handelt es sich nicht mehr um eine Konkretisierung, sondern um den hier behandelten Fall der Änderung.

Mit der Änderung des Bauentwurfes weicht das Bau-Soll vom Bau-Ist ab. Gemäß § 2 Abs. 5 VOB/B löst dies einen entsprechenden Vergütungsanspruch des Auftragnehmers aus. Einer gesonderten Vergütung für die geänderte Vergütung bedarf es dafür nicht.

---

[25] Vgl. BGH BauR 1994, 760 (761); Quack BauR 1995, 441 (442).

[26] Vgl. Kapellmann, K. D./Schiffers, K.-H.: *Vergütung, Nachträge und Behinderungsfolgen beim Bauvertrag, Band 1: Einheitspreisvertrag*, a. a. O., Rdn. 863 ff.

[27] OLG Köln BauR 1998, 1096, in Fortsetzung des Rechtsstreits zum Urteil des BGH vom 22.04.1993 (BauR 1993, 595).

Der Auftragnehmer kann die Vergütung jedoch nicht nach eigenem Ermessen bestimmen. Vielmehr regelt § 2 Abs. 5 VOB/B, dass der Preis unter Berücksichtigung der Mehr- und Minderkosten zu ermitteln ist. Insoweit ist erneut das durch den Vertrag festgelegte Preisniveau zu beachten.

Die Idee der VOB/B, die Neuberechnung der Preise auf der Basis der Urkalkulation durchzuführen ist nicht unproblematisch. Jüngst greift Reichert[28] in einem lesenswerten Aufsatz die Thematik auf und führt u. a. aus:

> Die Entscheidung des OLG Düsseldorf v. 21.11.2014[29] sowie des OLG Dresden v. 15.01.2015[30] zu den Anforderungen an die Darlegung der Preisgrundlagen der Ur- bzw. Nachtragskalkulation gibt erneut Anlass, das System von Anordnungsrecht und Nachtragsvergütung zu überprüfen. Die beiden Entscheidungen stellen darauf ab, dass ein auf § 2 Nr. 5 VOB/B gestützter Mehrvergütungsanspruch ohne eine nachvollziehbare Darlegung der Preisgrundlagen aufgrund der vorzulegenden Urkalkulation bzw. einer plausiblen Nachkalkulation unschlüssig und die Klage als endgültig unbegründet abzuweisen ist. Dies ist prozessual völlig zutreffend. Aber welche materiell-rechtlichen Anforderungen bestehen für eine „nachvollziehbare Darlegung der Preisgrundlagen" bzw. „plausible Nachkalkulation"? Kann die Konsequenz richtig sein, dass der Unternehmer keinerlei Vergütung für seine unstreitig erbrachte Leistung erhält?

Reichert betrachtet das Thema vor allem aus AGB-rechtlicher Sicht. Er kommt unter diesem Blickwinkel zu der berechtigten Frage, ob der § 2 Abs. 5 VOB/B tatsächlich einen für die Parteien von vornherein überschaubaren Modus für die Bildung des neuen Preises schafft. Es ist auch nach hiesiger Auffassung fraglich, ob der Unternehmer tatsächlich einen Preis kalkuliert hat, den er auch ohne Weiteres auf Nachträge übertragen kann. Der Unternehmer kann bei Angebotserstellung nicht voraussehen, welche Anordnungen der Auftraggeber fordern wird. Es ist daher für den Unternehmer unmöglich bei Angebotserstellung alle preisbeeinflussenden Umstände von Nachträgen zu kalkulieren, die bei Angebotserstellung unbekannt sind. Umgekehrt müsse sich dann der Auftraggeber fragen lassen, warum er sich nicht an die einmal erstellten Pläne halten kann. Insoweit wäre von beiden Parteien zu verlangen, dass sie alle Umstände vorhersehen können. Daher müssen die Preisanpassungsmechanismen flexibel bleiben. Die VOB/B versucht dies auch, bürdet letztendlich jedoch dem Unternehmer die Aufgabe auf, in der Kalkulation alle künftigen Umstände vorherzusehen. Andererseits ist der Unternehmer ggf. in der Lage durch Spekulationspreise einen Vorteil aus der Preisfortschreibung im Rahmen von Nachträgen zu ziehen. Im Ergebnis muss also die Preisfortschreibung nicht immer zu gerechten oder gewünschten Ergebnissen führen. *Leupertz*[31] hat auf diesen Umstand bereits 2010 im Zusammenhang mit Bauzeitverzögerungen hingewiesen. Er erwähnt das Beispiel auf welche Beschaffungskosten abzustellen sei, auf die Beschaffungskosten von denen der Unternehmer bei der Angebotskalkulation ausging oder auf die Einkaufspreise,

---

[28] Reichert, Stefan, BauR 2015, 1549 ff.
[29] OLG Düsseldorf, Urteil v. 21.11.2014 – 22 U 37/14 – IBR 2015, 2317.
[30] OLG Dresden, Urteil v. 15.01.2015 – 9 U 764/14 – IBR 2015, 118.
[31] Leupertz, Stefan in BauR 2010, S. 675 ff.

die der Unternehmer bei Einhaltung der Bauzeit tatsächlich hätte zahlen müssen. Nach seiner Auffassung sind maßgebend für die Ermittlung der Mehrkosten, nicht die enttäuschte Erwartung des Unternehmers, seine kalkulatorischen Preisannahmen realisieren zu können, sondern der kausale Zusammenhang zwischen der durch die Verschiebung der Bauzeit bedingten Änderungen des vertraglichen Leistungsumfangs und der Entwicklung der Marktpreise.

Es ist daher die weitere Entwicklung der Rechtsprechung des Bundesgerichtshofs abzuwarten, ob und wie ggf. die Preise der Urkalkulation in Nachtragsfällen fortzuschreiben sind.

In diesem Zusammenhang gibt es eine Kooperationspflicht zwischen Auftraggeber und Auftragnehmer, die Preisvereinbarung vor der Durchführung der Arbeiten zu treffen. Legt der Auftragnehmer eine ordnungsgemäße Berechnung der Vergütung der geänderten Leistung vor, so darf der Auftraggeber diese nicht dem Grunde nach ablehnen. Macht der Auftraggeber dies dennoch, so steht dem Auftragnehmer ein Leistungsverweigerungsrecht zu.

Ein solches Leistungsverweigerungsrecht des Auftragnehmers besteht bei Meinungsverschiedenheiten über die Höhe des neuen Preises nicht. Dem Auftraggeber ist daher zu raten, im Falle einer Meinungsverschiedenheit aus Änderungsanordnungen resultierende berechtigte Ansprüche dem Grunde nach anzuerkennen und die Einigung der Höhe nach ggf. später herbeizuführen.

a) Fortschreibung der Kalkulation

Gemäß § 2 Abs. 5 VOB/B sollen die Parteien einen neuen Preis vereinbaren, wobei die Mehr- und Minderkosten Berücksichtigung finden müssen. Das bedeutet, dass für die Preisbildung die bisherigen Kosten herangezogen und diesen die Differenzkosten für die geänderte Leistung zugerechnet werden müssen. Die Auftragskalkulation soll demnach fortgeschrieben werden.

Zur Fortschreibung ist es notwendig, dass der Auftragnehmer seine Mehr- oder Minderkosten belegt. Mehrkosten kommen z. B. in Betracht, wenn der Auftragnehmer längere Transportwege, zusätzliche Geräte, zusätzliches Personal, kostenintensivere Materialien, etc. benötigt. Legt der Auftragnehmer entsprechende Berechnungen und Nachweise nicht vor, so ist die Höhe seines Anspruchs für den Auftraggeber nicht prüfbar.

b) Feststellung des Vertragspreisniveaus

Bei Leistungen, die bislang nicht zum Bau-Soll des Auftragnehmers zählten, ist es mitunter schwierig, den neuen Preis in oben beschriebener Weise aus der Auftragskalkulation zu entwickeln und fortzuschreiben. Dies resultiert daraus, dass es für die abgeänderte Leistung häufig an einer entsprechenden Position im Leistungsverzeichnis und damit einem kalkulatorischen Ansatz fehlt.

In solchen Fällen kann sich der Auftragnehmer eines objektiven Bezugssystems mit Durchschnittspreisen bedienen, dem die Preise des Vertrags gegenübergestellt werden. Derartige Bezugssysteme existieren in unterschiedlich umfangreichen Ausführungen und für eine Vielzahl von Leistungsbereichen. Als Beispiele seien die BKI[32]-Tabellen für Bauelemente oder *sirAdos*[33] für LV-Positionen genannt.

Zur Feststellung, auf welchem Niveau die Preise eines Vertrages liegen, werden die Preise des Vertrages mit denen des Bezugssystem verglichen und ermittelt, welches Niveau sie in Bezug auf dieses spezielle Bezugssystem haben. Dieser Faktor wird als Vertragspreisniveaufaktor bezeichnet.[34]

Beispiel

Ausgeschrieben war ein Bodenbelag aus Linoleum, 2 mm stark. Der Auftraggeber möchte nunmehr einen Textilbelag als Nadelvlies mit hohem Komfortwert. Das Linoleum war mit einem Einheitspreis von 19,– EUR angeboten. Eine Kalkulation liegt nicht vor.

Zunächst ist festzustellen, welche Leistung des Bau-Solls als Bezugsleistung in Frage kommt. In unserem Beispiel kommt hierfür der Bodenbelag aus Linoleum in Betracht, weil diese Leistung der geänderten Leistung am Nächsten kommt (vgl. Tab. 8.7, Punkt 1). Für diese Bezugsleistung weist der Vertrag einen Bewertungsansatz von 19,00 EUR pro m^2 aus (vgl. Tab. 8.7, Punkt 2).

Sodann wird ein Bezugssystem festgelegt. In unserem Beispiel fällt die Entscheidung auf das Bezugssystem *sirAdos*[35], da in diesem Bezugssystem auch die geänderte Leistung „Nadelvlies" enthalten ist (vgl. Tab. 8.7, Punkt 3). Dieses Bezugssystem weist für die Vertragsleistung „Linoleum" einen durchschnittlichen Einheitspreis von 20,10 EUR pro m^2 aus (vgl. Tab. 8.7, Punkt 4).

Tab. 8.7 Feststellung des Vertragspreisniveaus

Beschreibung, allgemein	Beispiel	
	Beschreibung	Betrag
(1)	(2)	(3)
1. Feststellung einer Bezugsleistung des Bausolls	LV-Pos. 23.4: Linoleumbelag, 2 mm	
2. Bewertungsansatz im Vertrag	EP zur LV-Pos. 23.4	19,00 EUR/m^2
3. Festlegung eines Bezugssystems	*sirAdos*, 07/2003	
4. Bewertungsansatz im Bezugssystem	1036015010[a]	20,10 EUR/m^2
5. Feststellung des Vertragspreisniveaus (dimensionslos)	19,00/20,10	0,945

[a]Kennung der Position in sirAdos, Baudaten für Kostenplanung und Ausschreibung, EDITION AUM GmbH, Dachau, 07/2003.

---

[32] Baukosteninformationszentrum Deutscher Architektenkammern.

[33] sirAdos, Baudaten für Kostenplanung und Ausschreibung, EDITION AUM GmbH, Dachau.

[34] Eine ausführliche Beschreibung findet sich in Kapellmann, K. D./Schiffers, K.-H.: *Vergütung, Nachträge und Behinderungsfolgen beim Bauvertrag, Band 1: Einheitspreisvertrag*, a. a. O., Rdn. 1000 ff.

[35] sirAdos, Baudaten für Kostenplanung und Ausschreibung, EDITION AUM GmbH, Dachau.

Tab. 8.8 Fortschreiben des Vertragspreisniveaus für die modifizierte Leistung

Beschreibung, allgemein	Beispiel	
	Beschreibung	Betrag
(1)	(2)	(3)
1. Dokumentation der modifizierten Leistung	Textilbelag als Nadelvlies mit hohem Komfortwert	
2. Bewertung mit Bezugssystem	*sirAdos*, 07/2003, 1036021240[a]	23,80 EUR/m^2
3. Anpassung an das Vertragspreisniveau	23,80 × 0,945	22,49 EUR/m^2

[a]Kennung der Position in sirAdos, Baudaten für Kostenplanung und Ausschreibung, EDITION AUM GmbH, Dachau, 07/2003.

Wird dem Durchschnittspreis der Vertragspreis gegenüber gestellt, ergibt sich ein Vertragspreisniveaufaktor von 0,945. Das Preisniveau liegt also bei 94,5 % eines durchschnittlichen Vertragspreises (vgl. Tab. 8.7, Punkt 5).

Nachdem das Vertragspreisniveau auf diese Weise festgestellt wurde, ist es hinsichtlich der modifizierten Leistung fortzuschreiben. Dafür wird der Preis der geänderten Leistung mithilfe des Bezugssystems ermittelt und durch Multiplikation mit dem Vertragspreisfaktor auf das Preisniveau des Vertrags gebracht.

Bei unserem Beispiel wird zunächst die modifizierte Leistung dokumentiert (vgl. Tab. 8.8, Punkt 1).

Sodann wird die modifizierte Leistung mit dem Bezugssystems bewertet. Im Beispiel liegt der Durchschnittspreis für einen Nadelvlies mit hohem Komfortwert bei 23,80 EUR (vgl. Tab. 8.8, Punkt 2).

Um diesen Preis wieder auf das Niveau des Vertrages zu bringen, wird er mit dem Vertragspreisniveaufaktor multipliziert. Es ergibt sich ein Preis von 22,49 EUR pro m^2.

Das hier vorgestellte Verfahren bietet den Vorteil, dass es auf allgemein anerkannte Bezugssysteme zurückgreift und daher nicht im Verdacht steht, die Preisermittlung willkürlich zu konstruieren.

Bei der Anwendung ist jedoch zu bedenken, dass das gewählte Bezugssystem sowohl die Preise der Bezugsleistung im Vertrag als auch die Preise der modifizierten Leistung enthalten muss. Ein Wechsel der Bezugssysteme innerhalb einer einheitlichen Berechnung ist nicht zulässig, da anderenfalls „Sprünge" im Niveau der Preise zu verzeichnen wären und das Ergebnis verfälscht würde.

Ob das Ermittlungssystem „hohe" oder „niedrige" Preise ausweist ist hingegen unerheblich, weil es im Ergebnis nur zur Feststellung des Preisverhältnisses der einzelnen Leistungen untereinander dient.

Lässt sich kein Bezugssystem finden, das die vorgenannten Bedingungen erfüllt, müssen die Preise der modifizierten Leistungen analytisch ermittelt oder (nur) geschätzt werden.

Ein wesentlicher Nachteil des Anordnungsprinzips von § 1 Nr. 3 und Nr. 4 VOB/B liegt darin, dass Anordnungen auch unbewusst durch den Bauherrn erfolgen können.

Beispielsweise können in den baubegleitend erstellten Ausführungsplänen geänderte und zusätzliche Leistungen enthalten sein, die der Auftraggeber selbst nicht als solche erkennt.

Um dieses Problem zu umgehen, wird in der Praxis vereinzelt eine Schriftformklausel vereinbart, wonach Ansprüche aus geänderten und zusätzlichen Leistungen nur dann zugestanden werden, wenn der Auftragnehmer vor der Leistungserbringung ein schriftliches Angebot vorgelegt und der Auftraggeber dieses Angebot angenommen hat.

Eine solche Schriftformklausel ist allerdings unwirksam, wenn Sie in Form einer Allgemeinen Geschäftsbedingung vereinbart wird und bei Nichteinhaltung der Schriftform sämtlich Ansprüche des Auftragnehmers (auch solche aus Bereicherungsrecht und „Geschäftsführung ohne Auftrag") ausschließt.[36]

In der Praxis findet sich häufig der Fall, dass der Auftragnehmer für einen Nachtrag einen frei kalkulierten Preis verlangt und nicht bereit oder in der Lage ist, diesen schlüssig zu belegen. Besteht der Nachtragsanspruch dem Grunde nach, sollte der Auftraggeber bzw. der bevollmächtigte Bauleiter die Vergütung des Nachtrags nicht vollumfänglich zurückweisen. Vielmehr ist zu empfehlen, den Anspruch dem Grunde nach anzuerkennen und lediglich der Höhe nach zurückzuweisen. Hintergrund dessen ist, dass dem Auftragnehmer ein Leistungsverweigerungsrecht hinsichtlich dieser modifizierten Leistung zustehen kann, wenn der Anspruch dem Grunde nach besteht und der Auftragnehmer technisch in der Lage ist, nur die Erbringung des geänderten oder zusätzlichen Leistungsteils zu verweigern.[37]

Zusätzliche Leistungen nach § 2 Abs. 6 VOB/B

Gemäß § 2 Nr. 6 VOB/B hat der Auftragnehmer einen Anspruch auf gesonderte Vergütung, wenn der Auftraggeber eine im Vertrag nicht vorgesehene Leistung fordert und der Auftragnehmer den Anspruch auf gesonderte Vergütung vor Ausführung dieser zusätzlichen Leistung ankündigt.

Der § 2 Abs. 6 VOB/B regelt insoweit die vergütungsrechtlichen Folgen einer auftraggeberseitigen Anordnung nach § 1 Abs. 4 VOB/B. In einem ersten Schritt muss daher geprüft werden, ob eine Anordnung des Auftraggebers nach § 1 Abs. 4 VOB/B vorliegt.

In § 1 Abs. 4 S. 1 VOB/B heißt es:

Nicht vereinbarte Leistungen, die zur Ausführung der vertraglichen Leistung erforderlich werden, hat der Auftragnehmer auf Verlangen des Auftraggebers mit auszuführen, außer wenn sein Betrieb auf derartige Leistungen nicht eingerichtet ist.

Daraus ergeben sich folgende Voraussetzungen einer Anordnung nach § 1 Abs. 4 VOB/B:

- Verlangen des Auftraggebers,
- nicht vereinbarte (also zusätzliche) Leistung,

---

[36] Vgl. OLG Köln BauR 2004, 135.
[37] BGH BauR 2004, 1613; Vygen, BauR 2005, 431 (432).

- zur Ausführung der vertraglichen Leistung erforderlich,
- Betrieb des Auftragnehmers ist darauf eingerichtet.

Das „Verlangen" kann vom Auftraggeber selbst oder einem von ihm dafür bevollmächtigten Dritten geäußert werden. Als bevollmächtigter Dritter kommt auch der Bauleiter in Betracht, wenn diesem eine entsprechende Vollmacht erteilt wurde. Eine solche Vollmacht liegt nicht bereits in der Beauftragung des Bauleiters mit der Bauobjektüberwachung.[38]

Zusätzliche Leistungen sind solche Leistungen, die bisher nicht zum Vertragsinhalt gehörten, die also nach den Vertragsunterlagen (Leistungsbeschreibung, DIN etc.) nicht schon ohnehin zu erbringen sind. Dabei muss es sich zudem um Leistungen handeln, die die vertraglich geschuldete Leistung erst vollständig und mängelfrei ermöglichen und damit in einem Abhängigkeitsverhältnis zum bisherigen Bau-Soll stehen.

Andere Leistungen stellen einen (isolierten) Zusatzauftrag dar, zu dessen Erfüllung der Auftragnehmer nicht einseitig verpflichtet werden kann. In diesen Fällen kann der Auftragnehmer die Ausführung davon abhängig machen, dass der Auftraggeber eine frei kalkulierte Vergütung akzeptiert. Eine Vertragspreisbindung existiert insoweit nicht.[39] Führt der Auftragnehmer den (isolierten) Zusatzauftrag ohne weitere (Preis-)Absprachen mit dem Auftraggeber aus, kommt eine Berechnung der Vergütung unter der Maßgabe von § 2 Abs. 6 VOB/B in Betracht.[40] Dies wird zum Teil damit begründet, dass in einem solchen Fall von einer konkludenten Ergänzung des ursprünglichen Vertrags ausgegangen werden könne, für die auch die vertraglichen Preise gelten sollen. Ob dem Verhalten des Auftragnehmers eine konkludente Zustimmung zu einer Vertragsergänzung entnommen werden kann, muss allerdings im jeweiligen Einzelfall ermittelt werden.

Neben einer Abgrenzung zum (isolierten) Zusatzauftrag kann auch die Abgrenzung zu einer abgeänderten Leistung nach § 1 Abs. 3 i. V. m. § 2 Abs. 5 VOB/B relevant werden. Diese Abgrenzung kann den Parteien im Einzelfall Schwierigkeiten bereiten.

Soll beispielsweise eine Mauerwerkswand durch eine Stahlbetonwand ersetzt werden, kann es im Einzelfall unklar sein, ob es sich dabei um eine „geänderte" Mauerwerkswand oder um eine „zusätzliche" Stahlbetonwand handelt. Eine Unterscheidung kann Bedeutung haben, da § 2 Abs. 6 VOB/B fordert, dass der Auftragnehmer seinen zusätzlichen Vergütungsanspruch vor der Ausführung ankündigen „muss"; bei geänderten Leistungen gemäß § 2 Abs. 5 VOB/B hingegen nur „soll". Bereits aus Gründen der Vorsicht ist dem Auftragnehmer zu raten, modifizierte Leistungen immer vor Ausführung anzukündigen, um seine Ansprüche nicht zu verlieren.

Die Ankündigung ist nach der VOB/B Anspruchsvoraussetzung ohne deren Vorliegen der Anspruch schon dem Grunde nach grundsätzlich nicht besteht. Die Wahl der Form der Ankündigung steht dem Auftragnehmer frei. Er kann die Ankündigung daher auch

---

[38] Siehe dazu Kap. 8.2.3.2.3 Abschn. „Änderung des Bauentwurfs nach § 2 Abs. 5 VOB/B".
[39] Kapellmann, K. D./Messerschmidt, B.: *VOB Teile A und B – Vergabe und Vertragsordnung für Bauleistungen*, C.H. Beck, 4. Auflage, Düsseldorf 2012, § 1, Rdn. 115 ff.
[40] Vgl. OLG Düsseldorf NJW-RR 2001, 1597; Kapellmann, K. D./Messerschmidt, B.: *VOB Teile A und B – Vergabe und Vertragsordnung für Bauleistungen*, a. a. O., § 1, Rdn. 115 ff.

mündlich vornehmen. Unter dem Aspekt der späteren Beweisbarkeit empfiehlt es sich jedoch, die Ankündigungen grundsätzlich schriftlich vorzunehmen. Die Ankündigung von Mehrkosten muss vor der Ausführung nur dem Grunde nach erfolgen. Es muss keine Berechnung der Höhe nach vorgelegt werden, um die Anspruchsvoraussetzungen zu erfüllen.

Bleibt eine vorherige Ankündigung des Auftragnehmers aus, sollte daraus nicht der Schluss gezogen werden, dass kein Anspruch des Auftragnehmers vorliegt. Vielmehr existieren zahlreiche Ausnahmen, die immer dann in Betracht kommen, wenn die Ankündigung für den Schutz des Auftraggebers nicht erforderlich ist. Dies gilt insbesondere in den Konstellationen, in denen der Auftraggeber von der Entgeltlichkeit der zusätzlichen Leistung ausging oder davon ausgehen musste.[41]

Liegen die Voraussetzungen einer Anordnung im Sinne des § 1 Abs. 4 VOB/B vor und hat der Auftragnehmer – soweit erforderlich – die daraus resultierenden Mehrkosten vor Ausführung angekündigt, steht ihm gemäß § 2 Abs. 6 VOB/B eine Mehrvergütung zu. Der Bauleiter hat daher in einem zweiten Schritt zu prüfen, in welcher Höhe dieser Anspruch begründet ist. Die Höhe des Mehrvergütungsanspruchs richtet sich gemäß § 2 Abs. 6 Nr. 2 VOB/B nach den Grundlagen der Preisermittlung für die vertragliche Leistung und damit erneut nach dem Vertragspreisniveau. Auf die Ausführungen zur Ermittlung des Anspruchs nach § 2 Nr. 5 VOB/B kann insoweit verwiesen werden. Dabei ist den zusätzlichen Leistungen besonders, dass sich deren Vergütung regelmäßig nicht aus der vorhandenen Auftragskalkulation ergibt. Sie ist daher häufig mithilfe von Bezugssystemen zu ermitteln.[42]

Dogmatische Probleme entstehen dann eher bei der Anwendung des § 1 Abs. 4 VOB/B. Wenn nach Ansicht des BGH aus mangelrechtlicher Sicht immer der Werkerfolg erreicht werden muss, ist dieser Werkerfolg also geschuldet. Damit ist die streitige zusätzliche Leistung dann eben doch vereinbart und nicht wie § 1 Abs. 4 VOB/B vorausetzt „nicht vereinbart". Leupertz weist auf diesen Umstand ebenfalls bereits seit 2010 hin in dem er ausführt:

> Die ganz h.M. geht davon aus, dass die werkvertragliche Erfolgsverpflichtung des Unternehmers auch dann in der Herstellung eines funktionstauglichen (Bau-)Werkes besteht, wenn der Besteller die Baumaßnahme plant und detailliert vorgibt, wie der Bauerfolg erreicht werden soll 6. Der Unternehmer „schuldet" also auch die nicht ausgeschriebenen Leistungen, wenn sie zur Verwirklichung des so verstandenen Bauerfolgs erforderlich sind. Dem liegt die Erwägung zugrunde, dass die Leistungsvereinbarung der Parteien überlagert wird von der Herstellungsverpflichtung, die auf die Verwirklichung eines nach den Vertragsumständen zweckentsprechenden, funktionstauglichen Werkes gerichtet ist 7. Das ist richtig. Denn die dem funktionalen Mangelbegriff innewohnende Funktionalitätserwartung des Bestellers wird nicht dadurch außer Kraft gesetzt, dass er die Planung des Bauvorhabens an sich zieht und dem Unternehmer durch eine hieraus entwickelte Leistungsbeschreibung vorgibt, welche Leistungen er konkret für die Verwirklichung des Bauerfolges erbringen soll.

---

[41] Ausführlich in: Kapellmann, K. D./Messerschmidt, B.: *VOB Teile A und B – Vergabe und Vertragsordnung für Bauleistungen*, a. a. O., § 2 VOB/B Rdn. 200 m. w. N.
[42] Siehe dazu unter Abschn. 8.3.3.2.

Im Einzelfall kann diese Ansicht jedoch zu Streitfragen führen.

Der Erfolg steht mit dieser BGH-Entscheidung über der gesamten Bau-Soll-Beschreibung als zu erreichendes Fixum (z. B. Schule, Chip-Herstellungsanlage, Werft usw.). Der Bauunternehmer hat dieses Ziel zu erreichen und alle für die Mangelfreiheit erforderlichen Leistungen zu erbringen. Ob er für diese Leistungen eine zusätzliche Vergütung verlangen kann, ist gesondert zu ermitteln.

Nachträge bei Pauschalpreisverträgen, § 2 Abs. 7 VOB/B

In § 2 Abs. 2 VOB/B heißt es, dass die Vergütung nach den vertraglichen Einheitspreisen abgerechnet wird, soweit keine andere Berechnungsart (z. B. Pauschalsumme) vereinbart ist. Die VOB/B geht daher im Grundsatz von einem Einheitspreisvertrag aus und regelt in § 2 Abs. 7 VOB/B die Vergütung bei davon abweichend vereinbarten Pauschalpreisverträgen. Gerade bei größeren Bauvorhaben werden häufig Pauschalpreisverträge abgeschlossen. Abweichend von dem System der VOB/B kann den Pauschalpreisverträgen daher kein Ausnahmecharakter zugesprochen werden.

a) Formen von Pauschalpreisverträgen

Der Pauschalpreisvertrag zeichnet sich dadurch aus, dass die **Vergütung** pauschaliert wird. Die Pauschalierung im Sinne des § 2 Abs. 7 VOB/B bezieht sich **nicht** auf die vom Auftragnehmer zu erbringende Bauleistung, was in der Praxis häufig missverstanden wird.

Darüber hinausgehend kann zwischen folgenden Arten von Pauschalpreisverträgen unterschieden werden:

- Detail-Pauschalpreisverträge,
- Global-Pauschalpreisverträge,
- Mischformen.

Die Differenzierung zwischen Detail-Pauschalpreisvertrag und Global-Pauschalpreisvertrag bezieht sich auf die Beschreibung der vom Auftragnehmer zu erbringenden Bauleistung.

Bei **Detail-Pauschalpreisverträgen** wird das vom Auftragnehmer zu erbringende Bau-Soll genau („detailliert") beschrieben. Diese Form eines Pauschalpreisvertrags kommt einem Einheitspreisvertrag sehr nahe. Auch wenn dem Detail-Pauschalpreisvertrag ebenfalls Annahmen zu den zu erbringenden Mengen zugrunde gelegt werden, soll die Abrechnung aber nicht nach Aufmaß und damit nicht nach den tatsächlich ausgeführten Mengen erfolgen. Dem Auftragnehmer wird damit das Risiko etwaiger Mehrmengen und insoweit auch das Mengenermittlungsrisiko übertragen.

Innerhalb der **Global-Pauschalpreisverträge** kann zwischen dem „einfachen Global-Pauschalpreisvertrag" und dem „komplexen Global-Pauschalpreisvertrag" unterschieden werden.

Bei einem **einfachen Global-Pauschalpreisvertrag** wird eine detaillierte Leistungsbeschreibung des Auftraggebers mit einer sog. „Komplettheitsklausel" versehen.[43] Dadurch wird der originäre Werkerfolg ausdrücklich als funktionales Leistungsbeschreibungselement in den Vertrag aufgenommen.[44] Der Zweck einer solchen Vorgehensweise liegt darin, dass ein etwaig unzureichend beschriebenes Bau-Soll ausgeglichen werden soll und der Auftragnehmer auch die nicht im Vertrag beschriebenen Leistungen zum Pauschalpreis schuldet. Eine solche Klausel ist individualvertraglich wirksam, wird im Rahmen Allgemeiner Geschäftsbedingungen jedoch als unwirksam erachtet.[45] Dies kann damit begründet werden, dass der Auftraggeber durch die detaillierte Leistungsbeschreibung die Leistung faktisch geplant hat, der Auftragnehmer jedoch für etwaige Planungsmängel (des Auftraggebers) haften soll. Darin ist eine unangemessene Benachteiligung des Auftragnehmers zu sehen. Dies kann nur dann anders bewertet werden, wenn dem Auftragnehmer tatsächlich die Planung des Werks übertragen wurde.[46]

Im Rahmen des sog. **komplexen Globalpauschalpreisvertrags** wird das Bau-Soll „global" beschrieben. In der Leistungsbeschreibung legt der Auftraggeber häufig nur die Mindestanforderungen und den Zweck des Werks fest.[47] Die Planung wird überwiegend dem Auftragnehmer übertragen, wobei weitere Ausführungswünsche des Auftraggebers grundsätzlich unberücksichtigt bleiben. Der Auftragnehmer trägt demnach nicht „nur" das Mengenermittlungsrisiko für etwaige Mehrmengen, sondern auch das Planungsrisiko. Derartige Verträge finden sich häufig im Tiefbau und im Anlagenbau.

b) Vergütungsfolgen bei Mengenabweichungen

Bei Pauschalpreisverträgen wird die Vergütung unabhängig von den tatsächlich ausgeführten Mengen berechnet; Mengenabweichungen bleiben demnach unberücksichtigt. Dies geht bei Mengenmehrungen zu Lasten des Auftragnehmers und bei den eher selten anzutreffenden Mengenminderungen zu Lasten des Auftraggebers.

Nur ausnahmsweise kann nach § 2 Abs. 7 Nr. 1 S. 2 VOB/B auf Verlangen ein vergütungsrechtlicher Ausgleich unter Berücksichtigung der Mehr- und Minderkosten gewährt werden. Daran knüpft § 2 Abs. 7 VOB/B sehr strenge Voraussetzungen (Wegfall der Geschäftsgrundlage):

---

[43] Vgl. Kapellmann, K. D./Schiffers, K.-H.: *Vergütung, Nachträge und Behinderungsfolgen beim Bauvertrag, Band 2: Pauschalvertrag einschließlich Schlüsselfertigbau*, Werner Verlag, 5. Auflage, Neuwied 2011, Rdn. 406 ff.

[44] Vgl. Würfele, F./Gralla, M.: *Nachtragsmanagement*, a. a. O., Rdn. 866.

[45] Vgl. Kapellmann, K. D./Schiffers, K.-H.: *Vergütung, Nachträge und Behinderungsfolgen beim Bauvertrag, Band 2: Pauschalvertrag einschließlich Schlüsselfertigbau*, Werner Verlag, 5. Auflage, Neuwied 2011, Rdn. 407.

[46] Vgl. Würfele, F./Gralla, M.: *Nachtragsmanagement*, a. a. O., Rdn. 871.

[47] Vgl. Kapellmann, K. D./Schiffers, K.-H.: *Vergütung, Nachträge und Behinderungsfolgen beim Bauvertrag, Band 2: Pauschalvertrag einschließlich Schlüsselfertigbau*, a. a. O., Rdn. 56, 69 ff.

- Die ausgeführte Mengenänderung muss die vereinbarte Gesamtleistung in unzumutbarer Art und Weise erheblich über- oder unterschreiten. Für die Unzumutbarkeit gibt es keine festen Werte.[48] Eine Abweichung von **weniger als 20 %** dürfte noch nicht als unzumutbar gewertet werden.[49]
- Es treten weitere Umstände hinzu, aus denen sich ergibt, dass das Festhalten an der ursprünglichen Vergütung als **treuwidrig** zu bezeichnen ist. Dabei gilt: Je größer die Abweichung, desto eher kann ein Festhalten an der ursprünglichen Vergütung als treuwidrig bezeichnet werden.

Die Voraussetzungen einer solchen Vergütungsanpassung sind äußerst streng und liegen in der Praxis sehr selten vor.

c) Vergütungsfolgen bei Leistungsmodifikationen

Durch die Pauschalierung des Vertragspreises soll lediglich das Mengenermittlungsrisiko verlagert werden. Ausgeschlossen ist daher nur eine Mehrvergütung für zufällige Mengenabweichungen. Greift der Auftraggeber durch Anordnungen nach § 1 Abs. 3, 4 VOB/B oder eine Selbstvornahme im Sinne des § 2 Abs. 4 VOB/B aktiv in das Bau-Soll ein, stehen dem Auftragnehmer daraus resultierende Mehrvergütungsansprüche gemäß § 2 Abs. 4, 5, 6 VOB/B weiterhin zu. Dies stellt § 2 Abs. 7 VOB/B ausdrücklich klar.

Insbesondere bei Global-Pauschalpreisverträgen besteht in solchen Fällen die Schwierigkeit festzustellen, ob die Leistung bereits vom ursprünglichen Bau-Soll erfasst war oder eine Leistungsmodifikation darstellt. Dabei handelt es sich jedoch um ein Problem der Vertragsauslegung und nicht um ein Problem des § 2 Abs. 7 VOB/B.

Auch bei Pauschalverträgen ergibt sich die Vergütung der geänderten bzw. zusätzlichen Leistungen durch die Fortschreibung der Auftragskalkulation und damit analog dem bereits oben vorgestellten Verfahren. Das ergibt sich aus § 2 Abs. 7 Abs. 1 Satz 4 VOB/B: „Regelungen der Absätze 4, 5 und 6 bleiben unberührt". Dazu ist zunächst das Vertragspreisniveau festzustellen. Bei Pauschalverträgen gestaltet sich die Feststellung des Vertragspreisniveaus regelmäßig schwieriger als bei Einheitspreisverträgen. Erforderlich ist insoweit zunächst die Feststellung, in welchem Verhältnis die vom Pauschalpreis erfassten Einzelleistungen zu der Pauschalvergütung stehen. Erst wenn auf diese Weise das Vertragspreisniveau ermittelt wurde, kann die Vergütung für die Leistungsmodifikation mithilfe eines Bezugssystems festgestellt werden.

Leistungserbringung ohne Anordnung, § 2 Abs. 8 VOB/B

Führt ein Auftragnehmer eigenmächtig Leistungen aus, die nicht in seinem Auftrag enthalten sind, so werden diese grundsätzlich nicht vergütet, § 2 Abs. 8 Abs. 1 S. 1 VOB/B. Der Auftragnehmer hat diese Leistungen auf Verlangen des Auftraggebers innerhalb einer angemessenen Frist wieder zu beseitigen. Anderenfalls kann der Auftraggeber die Beseitigung zu Lasten des Auftragnehmers veranlassen, § 2 Abs. 8 Abs. 1 S. 2 VOB/B.

---

[48] Vgl. BGH NJW-RR, 1996, 401.
[49] OLG Frankfurt, NJW-RR 1986, 572.

Ausnahmsweise steht dem Auftragnehmer gemäß § 2 Nr. 8 VOB/B eine Vergütung jedoch zu, wenn

- der Auftraggeber die Leistungen nachträglich anerkennt (§ 2 Abs. 8 Nr. 2 S. 1 VOB/B) bzw.
- die Leistungen zur Vertragserfüllung notwendig waren, dem mutmaßlichen Willen des Auftraggebers entsprachen und ihm unverzüglich angezeigt wurden (§ 2 Abs. 8 Nr. 2 S. 2 VOB/B) oder
- die Voraussetzungen der Geschäftsführung ohne Auftrag vorliegen (§ 2 Abs. 8 Nr. 3 VOB/B i. V. m. §§ 677 ff. BGB).

a) Vergütung nach § 2 Nr. 8 Abs. 2 S. 1 VOB/B

Ausnahmsweise erhält der Auftragnehmer für die von ihm eigenmächtig ausgeführte Leistung eine Vergütung, wenn der Auftraggeber diese nachträglich anerkennt.

Dieses Anerkenntnis stellt kein Anerkenntnis im rechtlichen Sinne gemäß § 781 BGB dar, vielmehr handelt es sich dabei um die tatsächliche Zustimmung des Auftraggebers zu der ausgeführten Leistung. Das Anerkenntnis kann auch durch schlüssiges Verhalten erklärt werden.

Ein (schlüssiges) Anerkenntnis kann insbesondere in folgenden Konstellationen angenommen werden:

- Auftraggeber sieht deutlich die Notwendigkeit der ausgeführten Leistung und lässt daher weiterbauen,[50]
- Abschlagszahlungen auf die entsprechende Nachtragsforderung,[51]
- Mängelrüge hinsichtlich der betreffenden Leistung,[52]
- Abnahme der betreffenden Leistung.

Unzureichend ist hingegen ein gemeinsames Aufmaß[53] oder die Tatsache, dass der Auftraggeber bei Ausführung der Leistung nicht protestiert hat.[54]

Jeweils im Einzelfall ist zu prüfen, ob dem Verhalten des Auftraggebers der Wille entnommen werden kann, dass er die ursprünglich nicht vorgesehene Leistung behalten will und billigt.[55]

Die Ermittlung dieses Vergütungsanspruchs richtet sich nach den Berechnungsgrundlagen des § 2 Absätze 5 und 6 VOB/B. Darauf wird in § 2 Abs. 8 Nr. 2 S. 3 VOB/B ausdrücklich hingewiesen.

---

[50] Vgl. Ingenstau/Korbion: *VOB Kommentar*, a. a. O., § 2 Nr. 8, Rdn. 23.

[51] LG Berlin IBR 1999,518; Kapellmann, K. D./Messerschmidt, B.: *VOB Teile A und B – Vergabe und Vertragsordnung für Bauleistungen*, a. a. O., § 2 VOB/B, Rdn. 303.

[52] Vgl. Kapellmann, K. D./Messerschmidt, B.: *VOB Teile A und B – Vergabe und Vertragsordnung für Bauleistungen*, a. a. O., § 2 VOB/B Rdn. 303.

[53] BGH BauR 1974, 2001.

[54] OLG Stuttgart BauR 1993, 743.

[55] OLG Stuttgart BauR 1993, 743; Ingenstau/Korbion: *VOB Kommentar*, a. a. O., § 2 Nr. 8, Rdn. 22.

b) Vergütung nach § 2 Abs. 8 Nr. 2 S. 2 VOB/B

Als weitere Ausnahme sieht § 2 Abs. 8 Nr. 2 S. 2 VOB/B auch einen Vergütungsanspruch vor, wenn

- die Leistung für die Erfüllung des Vertrags notwendig war,
- die Leistung dem mutmaßlichen Willen des Auftraggebers entspricht und
- die Leistung unverzüglich dem Auftraggeber angezeigt wurde.

Nach einheitlicher Auffassung in Rechtsprechung und Literatur ist die Leistung notwendig, wenn anderenfalls der Werkerfolg nicht hätte mangelfrei herbeigeführt werden könnten.[56] Liegt eine Notwendigkeit in diesem Sinne vor, darf grundsätzlich davon ausgegangen werden, dass sie dem mutmaßlichen Willen des Auftraggebers entspricht. Dies gilt nicht, wenn entgegenstehende Umstände ersichtlich sind. Solche Umstände können z. B. daraus resultieren, dass der Auftraggeber die Leistung hätte selbst erbringen können oder der Auftraggeber über die vom Auftragnehmer verwendeten Materialien selbst verfügt und dadurch Kosten hätte sparen können.

In der Praxis scheitern etwaige Ansprüche aus § 2 Abs. 8 Nr. 2 S. 2 VOB/B häufig daran, dass der Auftragnehmer die Leistung nicht oder nicht unverzüglich angezeigt hat. Die Anzeige muss gegenüber dem Auftraggeber oder einem von ihm zur Entgegennahme der Anzeige bevollmächtigten Dritten erfolgen. Das Erfordernis der Unverzüglichkeit wird streng gehandhabt. Unter Heranziehung der Legaldefinition in § 121 BGB wird gefordert, dass der Auftragnehmer die Anzeige „ohne schuldhaftes Zögern" abgegeben hat.[57] Wie viel Zeit dem Auftragnehmer tatsächlich verbleibt, muss am jeweiligen Einzelfall geprüft werden. Erforderlich ist eine Anzeige, sobald es dem Auftragnehmer – unter Berücksichtigung der Zeit für die Prüfung, Bearbeitung und Versendung der Anzeige – möglich und zumutbar ist.

Die Ermittlung des Anspruchs aus § 2 Abs. 8 Nr. 2 S. 2 VOB/B bemisst sich nach den Berechnungsgrundlagen in § 2 Abs. 5, 6 VOB/B.

c) „Vergütung" aus Geschäftsführung ohne Auftrag, §§ 677 ff. BGB

Der Auftragnehmer kann zudem einen „Vergütungsanspruch" aus Geschäftsführung ohne Auftrag (GoA) gemäß §§ 677, 683, 670 BGB haben. § 2 Abs. 8 Abs. 3 VOB/B weist ausdrücklich darauf hin, dass die Regelungen über die Geschäftsführung ohne Auftrag unberührt bleiben.

Ein Anspruch aus GoA hat folgende Voraussetzungen:

- Leistung ohne entsprechenden Auftrag,
- Führung eines fremden Geschäfts,

---

[56] Vgl. Ingenstau/Korbion: *VOB Kommentar*, a. a. O., § 2 Nr. 8, Rdn. 33.
[57] BGH BauR 1994, 625.

- Wille des Auftragnehmers, ein fremdes Geschäft zu führen,
- Geschäftsübernahme (also Erbringung der auftragslosen Leistung) steht im Interesse und Willen des Auftraggebers.

Der Anspruch aus GoA ist dem Anspruch aus § 2 Abs. 8 Abs. 2 S. 2 VOB/B ähnlich. Der Vorteil des Anspruchs aus GoA soll darin liegen, dass der Auftragnehmer die Leistung nicht vor Ausführung anzeigen muss. Zwar sieht § 681 S. 1 BGB auch für den Fall der GoA eine Anzeigepflicht vor, dabei handelt es sich jedoch nicht um eine Voraussetzung für den Vergütungsanspruch.

Dies bewegte einige Stimmen in der Literatur zu der Annahme, der Anspruch aus § 2 Abs. 8 Abs. 2 S. 2 VOB/B habe in der Praxis keinerlei eigenständige Bedeutung mehr.[58] Dem kann nicht gefolgt werden. Handelt es sich bei der Leistung um eine auftragslose geänderte oder zusätzliche Leistung, die im Rahmen eines bestehenden Vertrags erbracht wurde, sind die Vorschriften der GoA nur dann anwendbar, wenn diese Leistung für den Werkerfolg **nicht erforderlich** war.[59] Dies folgt daraus, dass der Auftragnehmer im Rahmen des bestehenden Werkvertrags ohnehin sämtliche Leistungen schuldet, die zur Herbeiführung des Werkerfolgs erforderlich sind. Derartige Leistungen sind daher nicht „ohne Auftrag", sondern dem Vertrag entsprechend erbracht worden. Die GoA ist auf diese Fälle nicht anwendbar.

Darüber hinaus weist Leupertz zu Recht darauf hin, dass der Anspruch aus GoA grundsätzlich nur auf Aufwendungsersatz gerichtet ist, der die allgemeinen Geschäftskosten (AGK) und Wagnis und Gewinn (WuG) **nicht umfasse**.[60] Dem könnte in denjenigen Fällen, in denen die Leistung dem Interesse und Willen des Auftraggebers entspricht, allenfalls entgegengehalten werden, dass es gegen Treu und Glauben verstieße, wollte man den Anspruch des Auftragnehmers auf einen Aufwendungsersatz beschränken. Da der Auftraggeber die Leistung in diesen Fällen jedoch häufig durch schlüssiges Handeln billigen und damit nachträglich anerkennen wird, steht dem Auftragnehmer bereits ein Anspruch aus § 2 Abs. 8 Nr. 2 S. 1 VOB/B zu. Relevant dürfte die Entscheidung zwischen Aufwendungsersatz und Vergütungsanspruch daher vornehmlich dann werden, wenn dem Verhalten des Auftraggebers kein exakter Erklärungswert beigemessen werden kann und sich der Auftraggeber auf die Rechtsprechung beruft, wonach ein reines „Geschehenlassen ohne Protest" kein Anerkenntnis darstelle.[61]

---

[58] Vgl. Kapellmann, K. D./Messerschmidt, B.: *VOB Teile A und B – Vergabe und Vertragsordnung für Bauleistungen*, a. a. O., § 2 VOB/B Rdn. 304.

[59] Oberhauser BauR 2005, 919 (922 f.); Würfele, F./Gralla, M.: *Nachtragsmanagement*, a. a. O., Rdn. 1126.

[60] Leupertz BauR 2005, 775 (781).

[61] OLG Stuttgart BauR 1993, 743.

8.3 Nachträge bei Bauzeitverzögerungen

Bauzeitverzögerungen und deren Folgen sind komplexe Themen, mit denen sich der auftraggeberseitige Bauleiter im Rahmen des Nachtragsmanagements auseinandersetzen muss.

8.3.1 Leistungsmodifikationen oder Mengenabweichungen

Häufig resultieren aus der Anordnung geänderter oder zusätzlicher Leistungen Bauzeitverzögerungen. Dies gilt insbesondere dann, wenn durch die Leistungsmodifikation ein veränderter Einsatz von Geräten und/oder Arbeitskräften erforderlich wird. Erhebliche Mengenabweichungen sind in der Praxis ebenfalls oft Ursache für Bauzeitverzögerungen.

Umstritten ist, ob derartige Bauzeitverzögerungen nach den Regeln der Vergütungsansprüche (§ 2 Abs. 3, 5, 6 VOB/B) oder im Wege des Schadensersatzanspruchs gem. § 6 Abs. 6 VOB/B geltend zu machen sind.[62]

Diese Unterscheidung ist von erheblicher praktischer Bedeutung. Das resultiert zum einen daraus, dass Schadensersatzansprüche verschuldensabhängig sind und dem Auftraggeber insoweit zumindest Fahrlässigkeit nachgewiesen werden müsste. Zum anderen werden hohe Anforderungen an die Darlegung und den Nachweis des aus der Bauzeitverzögerung resultierenden Schadens gestellt. Der BGH fordert insoweit, dass der Auftragnehmer die einzelnen Behinderungsfolgen adäquat kausal darstellt und belegt, dass diese Behinderung zu einer Verlängerung der Gesamtbauzeit geführt hat.[63] Damit stellt er das Erfordernis einer konkreten bauablaufbezogenen Darstellung der jeweiligen Behinderung auf.

Ob für mittelbare Bauzeitverzögerungen auf die Vergütungsvorschriften zurückgegriffen werden darf, hat der BGH bislang nicht ausdrücklich entschieden und bleibt daher abzuwarten. Die Rechtsprechung der Oberlandesgerichte ist uneinheitlich.[64] Im Ergebnis dürfte sich die Berechnung jedoch **allein nach den Vorschriften über die Vergütung** richten. Schadensersatzansprüche greifen nur bei einem rechts- bzw. vertragswidrigen Verhalten des Schädigers. Weder bei ordnungsgemäßen Anordnungen nach § 1 Abs. 3, 4 VOB/B noch bei zufälligen Mengenänderungen kann von einem rechtswidrigen Verhalten des Auftraggebers ausgegangen werden. Es wäre nun widersinnig, den Auftragnehmer auf Schadensersatzansprüche zu verweisen, die ihm schon im Grundsatz nicht zustehen können.

Damit gilt für alle zufälligen Mengenänderungen und für alle Leistungsmodifikationen (geänderte und zusätzliche Leistungen), dass die hieraus entstandenen Bauzeitverzöge-

---

[62] Zum Streitstand siehe Würfele, F./Gralla, M.: *Nachtragsmanagement*, a. a. O., Rdn. 1122, 1669 ff.
[63] BGH NJW 2002, 2716.
[64] Für eine parallele Anwendung von § 2 Nr. 5 VOB/B und § 6 Nr. 6 VOB/B: OLG Koblenz NJW-RR 1988, 851; OLG Nürnberg BauR 2001, 409; zweifelnd OLG Braunschweig BauR 2001, 1739.

rungskosten in diese Ansprüche mit hinein gerechnet werden muss und kein gesonderter Anspruch auf Bezahlung der Bauzeitverzögerung besteht.

8.3.2 Isolierte Anordnungen zur Bauzeit

Bauzeitverzögerungen können auch auf unmittelbaren Anordnungen des Auftraggebers zur Bauzeit beruhen (z. B. Baustoppanordnung).

Dabei ist bereits umstritten, ob der Auftraggeber überhaupt derartige Anordnungen nach § 1 Abs. 3 VOB/B treffen darf. Aus dem Wortlaut des § 1 Abs. 3 VOB/B ergibt sich, dass der Auftraggeber Änderungen des **Bauentwurfs** anordnen kann. Unter Bauentwurf wird der vom Auftragnehmer zu erbringende Leistungsinhalt verstanden. Nach der überwiegenden Auffassung werden Änderungen zur Bauzeit davon nicht erfasst.[65]

Steht dem Auftraggeber kein Anordnungsrecht aus § 1 Abs. 3 VOB/B oder aus einer anderweitigen vertraglichen Vereinbarungen zu, hat er kein Recht, isolierte Bauzeitanordnungen zu treffen. Je nach Reaktion des Auftragnehmers können sich unterschiedliche Vergütungsfolgen ergeben:

- Der Auftragnehmer verweigert die Ausführung der rechtswidrigen Anordnung und kann ggf. Schadensersatz gemäß § 6 Abs. 6 VOB/B geltend machen.
- Ist der Auftragnehmer mit der (rechtswidrigen) Anordnung des Auftraggebers einverstanden und folgt er dieser, kann eine übereinstimmende Vertragsergänzung vorliegen und dem Auftragnehmer ein Vergütungsanspruch nach § 2 Abs. 5 VOB/B zustehen. Der Auftragnehmer hat also die Wahl, ob er einer solchen Anordnung folgt und einen Vergütungsanspruch erhält oder die Erfüllung der Anordnung verweigert und ggf. Schadensersatz geltend macht.
- Folgt der Auftragnehmer der rechtswidrigen Anordnung des Auftraggebers allein aus faktischen Zwängen, ohne dass er damit einverstanden wäre, stehen dem Auftragnehmer nach herrschender Meinung sowohl der Anspruch aus § 2 Abs. 5 VOB/B als auch der Schadensersatzanspruch nach § 6 Abs. 6 VOB/B zu.[66]

8.3.3 Anderweitige Behinderungen

Eine weitere Ursache von Bauzeitverzögerungen kann in einer Behinderung im Sinne des § 6 Abs. 1 VOB/B liegen. Unter einer Behinderung sind sämtliche Ereignisse zu verstehen,

---

[65] Vgl. Kapellmann, K. D./Schiffers, K.-H.: *Vergütung, Nachträge und Behinderungsfolgen beim Bauvertrag, Band 1: Einheitspreisvertrag*, a. a. O., Rdn. 785 ff. m. w. N.; a. A. mit beachtlicher Begründung Wirth/Würfele BrBp 2005, 214 ff.

[66] Vg. Kapellmann, K. D./Schiffers, K.-H.: *Vergütung, Nachträge und Behinderungsfolgen beim Bauvertrag, Band 1: Einheitspreisvertrag*, a. a. O., Rdn. 1335; anders Thode ZfBR 2004, 214.

die den Produktionsablauf des Auftragnehmers in sachlicher, zeitlicher oder räumlicher Hinsicht hemmen oder verzögern.[67]

Aus derartigen Behinderungen können im Einzelfall Ansprüche auf Verlängerung der Ausführungsfrist und/oder Schadensersatzansprüche hergeleitet werden.

8.3.3.1 Anspruch auf Verlängerung der Ausführungsfrist, § 6 Abs. 6 VOB/B

Der Auftragnehmer hat einen Anspruch auf Verlängerung der Ausführungsfrist, wenn

- er in seinem Produktionsablauf behindert ist,
- er die Behinderung dem Auftraggeber unverzüglich schriftlich angezeigt hat und
- die Behinderung auf eine der in § 6 Abs. 2 Abs. 1 VOB/B aufgezählten Ursachen zurückzuführen ist.

In der Praxis ist die schriftliche Anzeige der Behinderung durch den Auftragnehmer von besonderer Relevanz. Diese ist entbehrlich, wenn dem Auftraggeber die Behinderung und deren hemmende Wirkung offenkundig bekannt waren.[68]

In der Praxis schreiben Auftragnehmer häufig „vorsorgliche" Behinderungsanzeigen, um sich nicht nachher der Einrede auszusetzen, eine entsprechende Behinderungsanzeige habe nicht vorgelegen. Ein solches vorsorgliches Vorgehen ist unzulässig, wenn die Behinderungsanzeige nicht auf einer begründeten Vermutung oder Gewissheit beruht. Die Behinderung muss daher Folge eines bereits gegenwärtigen Zustands sein.[69]

Inhaltlich müssen aus der Behinderungsanzeige die behindernden Tatsachen und die hindernde Wirkung konkret hervorgehen. Formulierungen wie *„wir kommen nicht weiter, weil uns noch ihre Angaben fehlen"* sind zu allgemein und damit unzureichend.

In jedem Fall sollte der Bauleiter prüfen, ob der hindernde Umstand tatsächlich vorliegt, die Ergebnisse dieser Prüfung dokumentieren und diese dem Auftragnehmer mitteilen.

Als Ursache von Behinderungen kommen insbesondere Umstände in Betracht, die aus dem Risikobereich des Auftraggebers stammen, § 6 Abs. 2 Abs. 1 lit. a) VOB/B. Der jeweilige Behinderungstatbestand ist daher genau dahingehend zu untersuchen, wessen Sphäre er zuzuordnen ist.

Im Rahmen seiner Fürsorgepflicht nach § 6 Abs. 3 VOB/B hat der Auftragnehmer alles zu tun, was ihm billigerweise zugemutet werden kann, um die Weiterführung der Arbeiten zu ermöglichen. Beispielsweise könnte ein Auftragnehmer im ersten Bauabschnitt behindert sein, im zweiten jedoch unbehindert arbeiten können. In diesem Fall darf der Auftragnehmer nicht darauf bestehen, dass die ursprünglich vorgesehene Reihenfolge eingehalten wird, sondern muss die Ablaufreihenfolge anpassen.

Liegen sämtliche Voraussetzungen vor, kann der Auftragnehmer für die Zeit der Behinderung eine Verlängerung der Ausführungsfristen geltend machen. Für die Wiederauf-

---

[67] Vgl. Ingenstau/Korbion.: *VOB Kommentar*, a. a. O., § 6, Rdn. 2.
[68] Vgl. § 6 Nr. 1 VOB/B.
[69] Dazu ausführlich: Ingenstau/Korbion: *VOB Kommentar*, a. a. O., § 6 Nr. 1, Rdn. 3.

nahme der Arbeiten und eine etwaige Verschiebung in ungünstigere Jahreszeiten kann ein Zuschlag berechnet werden, § 6 Nr. 4 VOB/B.

8.3.3.2 Anspruch auf Schadensersatz, § 6 Abs. 6 VOB/B

Neben dem Anspruch auf Ausführungsfristverlängerung kann dem Auftragnehmer auch ein Anspruch auf Schadensersatz gemäß § 6 Abs. 6 VOB/B zustehen.

Dafür müssen folgende Voraussetzungen vorliegen:

- tatsächliches Vorliegen einer Behinderung,
- unverzügliche schriftliche Behinderungsanzeige,
- Behinderung stellt ein *vertragswidriges* Leistungshindernis dar,
- Auftraggeber muss die Behinderung zu vertreten haben,
- Auftragnehmer muss durch die Behinderung einen Verzögerungsschaden erlitten haben.

Zunächst decken sich die Voraussetzungen des Anspruches auf Schadensersatz mit den Ansprüchen auf Ausführungsfristverlängerung. Darüber hinaus muss die Behinderung rechtswidrig und vom Auftraggeber zu vertreten sein, § 6 Abs. 6 VOB/B. Der Auftraggeber muss die Behinderung demnach fahrlässig oder vorsätzlich hervorgerufen haben. Einen Anspruch auf entgangenen Gewinn kann der Auftragnehmer nur geltend machen, wenn dem Auftraggeber grobe Fahrlässigkeit oder Vorsatz vorgeworfen werden kann, § 6 Abs. 6 letzter Halbsatz VOB/B.

Liegen diese Voraussetzungen vor, ist der Auftragnehmer vermögensrechtlich so zu stellen, als hätte es den vom Auftraggeber verschuldeten Behinderungsumstand nicht gegeben. Wie bereits beschrieben, müssen insoweit die bauablaufsbezogenen Auswirkungen jeder einzelnen Behinderung dargestellt und muss vom Auftragnehmer belegt werden, dass dadurch die Gesamtbauzeit überschritten wurde.

Dazu ein (sehr vereinfachtes) Beispiel

Aufgrund einer vom Bauherrn zu vertretenden Behinderung tritt während einer Baumaßnahme, die sich im Rohbau befindet, eine Unterbrechung der Arbeiten von einem Monat Dauer ein. Das Personal kann auf einer anderen Baustelle eingesetzt werden.

Der Auftragnehmer möchte seinen Schaden geltend machen und berechnet dem Auftraggeber zunächst die Kranmiete, die er selbst an den Kranverleiher zahlen muss (vgl. Tab. 8.9, Zeile 1).

Darüber hinaus musste die Baustelle beim Verlassen gesichert werden. Die entsprechend angefallenen Lohnstunden sind dokumentiert und die hierauf entfallenen Kosten von der Lohnbuchhaltung mit 1200,00 EUR ermittelt worden (vgl. Tab. 8.9, Zeile 2).

Bei der Wiederbesetzung der Baustelle wurden die Sicherungsmaßnahmen entfernt. Die Kosten dafür betrugen 1400,00 EUR (vgl. Tab. 8.9, Zeile 3).

Insgesamt verlangt der Auftragnehmer daher seinen Schaden in Höhe von 14.600,00 EUR ersetzt.

Tab. 8.9 Berechnung des Schadensersatzes für eine Bauzeitverzögerung

Nr.	Beschreibung	Beleg	Betrag
(1)	(2)	(3)	(4)
1	Kranmiete für einen Monat	Rechnung der Fa. Frobisch vom 12.02., Anlage A	12.000,00 EUR
2	Personalkosten für das Verlassen der Baustelle	Lohnbuchhaltung, Anlage B	1200,00 EUR
3	Personalkosten für das Anfahren der Baustelle	Lohnbuchhaltung, Anlage C	1400,00 EUR
Summe:			14.600,00 EUR

8.3.4 Entschädigungsanspruch nach § 642 BGB

Darüber hinaus kann eine Bauzeitverzögerung auch auf einer Mitwirkungspflichtverletzung beruhen. Daraus kann ein verschuldensunabhängiger **Entschädigungsanspruch** gemäß § 642 BGB resultieren.

Im Unterschied zum Schadensersatzanspruch knüpft der Entschädigungsanspruch nicht an einen verschuldeten Pflichtverstoß, sondern an einen verschuldensunabhängigen Verstoß gegen eine Obliegenheit des Auftraggebers an. Eine solche Mitwirkungspflicht kann z. B. darin bestehen, das Baugrundstück als für die Leistung des Auftragnehmers aufnahmebereit zur Verfügung zu stellen.

Der Entschädigungsanspruch gemäß § 642 BGB kann unabhängig neben einen Anspruch auf Vergütung treten und ist von folgenden Voraussetzungen abhängig:

- Nichtannahme der vom Auftragnehmer angebotenen Leistung durch den Auftraggeber,
- der Auftragnehmer darf leisten und ist dazu auch im Stande (§ 297 BGB),
- der Auftragnehmer bietet dem Auftraggeber seine Leistung wie geschuldet an, wobei ein wörtliches Angebot genügt (§§ 294–296 BGB),
- Anzeige der hindernden Umstände nach § 6 Abs. 1 VOB/B (beim VOB/B-Vertrag),
- Unterlassen einer zur Herstellung des Werks erforderlichen Mitwirkungshandlung.

Liegen diese Voraussetzungen vor, steht dem Auftragnehmer ein Entschädigungsanspruch gemäß § 642 BGB zu. Zur Höhe führt § 642 Abs. 2 BGB folgendes aus:

Die Höhe der Entschädigung bestimmt sich einerseits nach der Dauer des Verzugs und der Höhe der vereinbarten Vergütung, andererseits nach demjenigen, was der Unternehmer infolge des Verzugs an Aufwendungen ersparte oder durch anderweitige Verwendung seiner Arbeitskraft erwerben kann.

Der Anspruch umfasst weder entgangenen Gewinn noch Wagnis.[70] Er kommt nur in Betracht, wenn durch die unterlassene Mitwirkungshandlung eine Überschreitung der Regelbauzeit erfolgt.

---

[70] BGH BauR 2000, 722 (725).

Literatur

Heiermann W, Riedl R, Rusam M (2013) Handkommentar zur VOB, 13. Aufl. Springer Vieweg, Wiesbaden

Ingenstau H, Korbion H (2016) VOB Kommentar, 20. Aufl. Werner Verlag, München

Kapellmann KD, Messerschmidt B (2012) VOB Teile A und B – Vergabe und Vertragsordnung für Bauleistungen, 4. Aufl. C. H. Beck, Düsseldorf

Kapellmann KD, Schiffers K-H (2011) Einheitspreisvertrag, 6. Aufl. Vergütung, Nachträge und Behinderungsfolgen beim Bauvertrag, Bd. 1. Werner Verlag, Neuwied

Kapellmann KD, Schiffers K-H (2011) Pauschalvertrag einschließlich Schlüsselfertigbau, 5. Aufl. Vergütung, Nachträge und Behinderungsfolgen beim Bauvertrag, Bd. 2. Werner Verlag, Neuwied

KLR Bau (2016) Kosten-, Leistungs- und Ergebnisrechnung der Bauunternehmen, herausgegeben vom Hauptverband der Deutschen Bauindustrie und dem Zentralverband Deutsches Baugewerbe, 8. Auflage. Verlagsgesellschaft Rudolf Müller, Köln

Langen W, Schiffers K-H (2012) Bauplanung und Bauausführung, 2. Aufl. Werner Verlag, Neuwied

Würfele F, Gralla M (2016) Nachtragsmanagement, 2. Aufl. Werner, Neuwied

Objektübergabe

9

Pecco Becker und Jürgen Palgen

9.1 Beantragung behördlicher Abnahmen

Gemäß § 34 HOAI gehört zum Leistungsbild der Objektüberwachung (Bauüberwachung) und Dokumentation in der Leistungsphase 8 der „Antrag auf behördliche Abnahme und Teilnahme daran" Hierbei handelt es sich um eine Leistung aus der Anlage 10 der HOAI, Leistungsphase 8, Punkt l). Die öffentlich-rechtlichen Abnahmen dienen – wie in Abschn. 5.4.2 dargelegt – dem Zweck, die Einhaltung der Sicherheitsvorschriften und die Übereinstimmung der Ausführung mit den Auflagen und Bedingungen der Baugenehmigung sicherzustellen.[1] Die jeweiligen Landesbauordnungen (LBO) bzw. die Musterbauordnung der Bauministerkonferenz (MBO) definieren die von der Bauaufsichtsbehörde durchzuführenden Bauzustandsbesichtigungen wie beispielsweise Rohbau- oder Schlussabnahme.

Die termingerechte Erlangung der behördlichen Abnahmen ist für den Auftraggeber aus einer Vielzahl von Gründen von besonderer Bedeutung. Im Regelfall ist die sukzessive Bereitstellung der Projektfinanzierung durch die Investoren oder die finanzierenden Banken an Meilensteine wie z. B. der „Fertigstellung Rohbau" gebunden, welche mit der Erteilung der Rohbauabnahme durch die Baubehörde gleichzusetzen ist. Auch ist die Inbetriebnahme des fertigen Bauwerks für den späteren Nutzer erst nach erfolgreicher behördlicher Abnahme möglich. Ein nicht termingerechtes Herbeiführen der öffentlich-rechtlichen Abnahme kann somit unmittelbare finanzielle Auswirkungen haben, aus denen ggf. Haftungsrisiken für den Bauleiter erwachsen können.[2]

---

[1] Vgl. Kuffer, J./Wirth, A,.: *Handbuch des Fachanwalts Bau- und Architektenrecht*, 3. Auflage, Werner Verlag, Neuwied 2011, S. 338 Rdnr. 4.
[2] Vgl. Korbion, H./Mantscheff, J./Vygen, K.: *Honorarordnung für Architekten und Ingenieure*, 7. Auflage, Verlag C. H. Beck, München 2009, § 15 Rdnr. 181.

© Springer Fachmedien Wiesbaden GmbH 2017
F. Würfele et al., *Bauobjektüberwachung*, DOI 10.1007/978-3-658-10039-1_9

Die Verantwortung des auftraggeberseitigen Bauleiters liegt hier im Besonderen in der Koordination der Abnahmeprozesse[3] und der erforderlichen Vorleistungen. So sind entsprechend den Vorgaben der Landesbauordnungen in Abhängigkeit von der Klassifizierung des Bauvorhabens und den Auflagen der Baugenehmigung mit Anzeige der Fertigstellung und Beantragung der Abnahme die Bescheinigungen der beteiligten Sachverständigen (Brandschutz, Bauphysik, Prüfstatiker usw.) vorzulegen. Erst wenn diese Dokumente vollständig bei der Baubehörde vorliegen, werden dort die notwendigen Schritte zur Durchführung der Abnahme vorgenommen.

Dies bedeutet, dass der Bauleiter bereits zu Beginn des Projektes entsprechend den Forderungen der jeweiligen Bauordnung, der Prüfverordnungen der Länder und der Baugenehmigung dafür Sorge tragen muss, dass sich die erforderlichen Fachingenieure und Sachverständigen während der Bauausführung zur Verfügung stehen. Sie müssen sich durch stichprobenartige Kontrollen während der Bauzeit darüber vergewissern, dass die baulichen Anlagen auch tatsächlich entsprechend den Anforderungen und Auflagen erstellt werden. Diese Dokumentation ist dann als Bescheinigung zusammen mit der Fertigstellungsanzeige der Bauaufsichtsbehörde vorzulegen (Abb. 9.1, 9.2).

An den Abnahmen der Sonderfachleute muss der Bauleiter nicht teilnehmen, da es sich hierbei (beispielsweise bei der Abnahme der technischen Ausrüstung) um Leistungen der jeweiligen Fachingenieure handelt. Die Teilnahme an den Bauzustandsbesichtigungen der Bauaufsichtsbehörde gehört jedoch ausdrücklich zum Leistungsbild des Bauleiters, um beispielsweise auf Nachfrage der Behördenvertreter Erläuterungen abzugeben und durch Einleitung ggf. erforderlicher Maßnahmen die Inbetriebnahme des Bauwerks sicherstellen zu können.[4]

Nach ganz überwiegender Auffassung ist der auftraggeberseitige Bauleiter für die behördlichen Abnahmen grundsätzlich als Vertreter des Bauherrn anzusehen und somit zur Stellung der Anträge auf öffentlich-rechtliche Abnahme, zur Anzeige der Fertigstellung des Rohbaus oder der abschließenden Fertigstellung des Bauvorhabens gegenüber der Bauaufsichtsbehörde bevollmächtigt.[5]

Die Leistung „Antrag auf behördliche Abnahme" erfordert unbedingt eine frühzeitige und sorgfältige Vorbereitung sowie terminliche Planung und Struktur. Die Anforderungen an die Koordination der beteiligten Sachverständigen und die zu erfüllenden Vorbedingungen für die Herbeiführung einer behördlichen Abnahme nehmen mit der Komplexität eines Bauvorhabens meist erheblich zu.

Ausgehend von dem vorgesehenen Fertigstellungstermin sollten die Termine und Abhängigkeiten für die Durchführung der abschließenden Bauzustandsbesichtigung von Anfang an im Projekt-Terminplan mit berücksichtigt und aufgeführt werden. Hier sind dann

---

[3] Vgl. Locher, H./Locher, U./Koeble, W./Frik, W.: *Kommentar zur HOAI*, 10. Auflage, Werner Verlag, Neuwied 2010, S. 799 Rdnr. 231.

[4] Vgl. Löffelmann, P./Fleischmann, G.: *Architektenrecht*, 5. Auflage, Werner Verlag, Neuwied 2007, Rdnr. 607.

[5] Vgl. Korbion, H./Mantscheff, J./Vygen, K.: *Honorarordnung für Architekten und Ingenieure*, 7. Auflage, Verlag C. H. Beck, München 2009, § 15 Rdnr. 181.

A - Fachunternehmerbescheinigungen

Fachunternehmerbescheinigungen und Fachbauleitererklärungen sämtlicher Gewerke mit brandschutztechnischen Anforderungen (Türen usw.) sowie Haustechnik, Aufzüge und Fahrtreppen

B - Prüfbescheide nach PrüfVo, DIN EN 81 (Aufzüge), DIN EN 115 (Fahrtreppen)

   1. Protokolle der Prüfungen durch staatlich anerkannte Sachverständige
       (Inbetriebnahmebescheinigungen z. B. TÜV oder VdS)
     1.1.   lüftungstechnische Anlagen
     1.2.   elektrische Anlagen
     1.3.   Sicherheitsbeleuchtung und Sicherheitsstromversorgung
     1.4.   Brandmeldeanlagen, Alarmierungseinrichtungen
     1.5.   Rauch- oder Rauch-Wärme-Abzugsanlagen, Überdrucklüftungsanlagen zur Rauchfreihaltung von Rettungswegen
     1.6.   ortsfeste, selbsttätige Feuerlöschanlagen (z. B. Sprinkleranlagen)
     1.7.   Aufzugsanlagen
     1.8.   Fahrtreppen

   2. Protokolle der Prüfungen durch Sachkundige
       (z. B. sachkundige Facharbeiter der ausführenden Unternehmen)
     2.1.   ortsfeste, nicht selbsttätige Feuerlöschanlagen (z. B. Löschleitungen trocken, Wandhydranten)
     2.2.   tragbare Feuerlöscher
     2.3.   Einrichtungen zum selbsttätigen Schließen von Rauch- und Feuerschutzabschlüssen (z. B. Türen, Tore, Klappen mit Feststellanlagen)
     2.4.   kraftbetätigte Tore (z. B. Rolltore mit Antrieb)
     2.5.   elektrische Verriegelungen von Türen in Rettungswegen
     2.6.   Blitzschutzanlagen
     2.7.   Aufschaltung Brandmeldeanlage zur Feuerwehr

C - Zulassungen, Prüfzeugnisse und ausgefüllte Ü-Erklärungen der jew. Zulassung

   1. qualifizierte Türen und Tore (T30, T30-RS, T90, RS usw.)
   3. Brandschutzverglasungen
   4. Rauch- und Rauch-Wärme-Abzugsanlagen
   5. Brandschutztechnisch bemessene Wandkonstruktionen
   6. Kabel, Kanäle, Verkleidungen und Schottungen mit brandschutztechnischen Anforderungen
   7. Brandschutzklappen

D – Bescheinigungen über stichprobenhafte Kontrollen nach LBO bzw. MBO

   1. Brandschutzsachverständiger (gem. § 16 SV-VO)
   2. Prüfstatiker (gem. § 12 SV-VO)
   3. Energieeinsparung/ Wärmeschutz (gem. § 23 SV-VO und EnEV-UVO)
   4. Schallschutz (gem. § 23 SV-VO)

Abb. 9.1 Beispielhafte Auflistung der vorzulegenden Nachweise für eine öffentlich-rechtliche Abnahme

		Prüffrist in Jahren nicht mehr als		
		wiederkehrende Prüfung		
	Prüfung vor der ersten Inbetriebnahme und nach wesentlicher Änderung durch bauaufsichtlich anerkannte Sachverständige (Prüfsachverständige gem. §3 PrüfVO NRW):			
1.	CO-Warnanlagen in geschlossenen Großgaragen	X	X	3
2.	ortsfeste, selbsttätige Feuerlöschanlagen	X	X	3
3.	lüftungstechnische Anlagen	X	X	3
4.	maschinelle Lüftungsanlagen in geschlossenen Mittel- und Großgaragen	X	X	3
5.	Druckbelüftungsanlagen zur Rauchfreihaltung von Rettungswegen	X	X	3
6.	maschinelle Rauchabzugsanlagen	X	X	3
7.	Sicherheitsbeleuchtungs- und Sicherheitsstromversorgungsanlagen	X	X	3
8.	Brandmelde- und Alarmierungsanlagen	X	X	3
9.	elektrische Anlagen - in Krankenhäusern nur elektr. Anlagen und Einrichtungen, die der Aufrechterhaltung des Betriebes dienen, - in Garagen nur elektr. Anlagen in geschlossenen Großgaragen, - in den übrigen Gebäuden gem. Satz 1 PrüfVO NRW alle elektrischen Anlagen	X	X	6
10.	natürliche Rauchabzugsanlagen	X	X	6
11.	ortsfeste, nicht selbsttätige Feuerlöschanlagen	X	X	6

Abb. 9.2 Anhang zur Prüfverordnung NRW (PrüfVO NRW)

Termine, Fristen und Vorlaufzeiten für die Erstellung und Übermittlung der notwendigen Unterlagen enthalten und jederzeit ablesbar.

Grundsätzlich ist es empfehlenswert, bereits im Vorfeld mit der Baubehörde Umfang und Form der vorzulegenden Nachweise abzustimmen, da die einzelnen Anforderungen variieren können. Auf dieser Grundlage kann dann mit allen beteiligten Fachplanern ein dementsprechender Terminplan koordiniert und schriftlich vereinbart werden. So sind Zwänge und Konsequenzen für den Bauablauf aufgezeigt und alle Beteiligte dahingehend sensibilisiert.

So ist der Bauleiter in die Lage versetzt, die Fachingenieure zu steuern, ihre Unterstützung gezielt einzufordern und für eine termingerechte Inbetriebnahme zu sorgen. Beispielsweise sollten für die Aufschaltung und Inbetriebnahme von Brandschutz- und Alarmierungsanlagen bereits Wochen vor der Anzeige der Fertigstellung gegenüber dem Bauaufsichtsamt die entsprechenden Prüfungen durchgeführt werden. Diese sind von Rahmenbedingungen (wie z. B. einer funktionstüchtigen Anbindung der Anlage an die Feuerwehrleitstelle) abhängig, für die wiederum entsprechende Vorlaufzeiten zu berücksichtigen sind. Insbesondere bei der Prüfung von Anlagen der Technischen Ausrüstung kann eine derartige Vorbereitung nur durch die betreffenden Fachingenieure erfolgen. Der

Bauleiter ist daher umso mehr in der Planung, Steuerung, Kontrolle und Zusammenführung dieser Vorgänge gefordert.

9.2 Zusammenstellung und Übergabe der erforderlichen Unterlagen

Der Auftraggeber benötigt für die Nutzung des fertigen Bauwerks und aller zugehörigen technischen Einbauten eine vollständige Dokumentation. Angefangen von den Planunterlagen (Grundrisse, Schnitte, Details im As-built-Status) über die Dokumentation der erforderlichen öffentlich-rechtlichen Abnahmen und Sachverständigenprüfungen (vgl. Abb. 9.1) bis hin zu Bedienungsanleitungen sind eine Vielzahl von Dokumenten während der Bauausführung zu sammeln und bei Übergabe des Bauwerks dem Auftraggeber zur Verfügung zu stellen. Die Übergabe dieser „erforderlichen Unterlagen" ist im Leistungsbild gemäß § 34 HOAI Anlage 10, Leistungsphase 8, Punkt m) vorgesehen und somit bei entsprechender Beauftragung Aufgabe des Bauleiters.[6]

Angesichts der Menge von Unterlagen, die für die Inbetriebnahme, die Nutzung, spätere Um- und Erweiterungsbauten oder auch eine Veräußerung erforderlich sind, muss der Bauleiter auch die Zusammenstellung dieser Unterlagen sorgfältig vorbereiten.

Dies gilt insbesondere vor dem Hintergrund, dass die Übergabedokumentation – die lange Zeit als notwendiges Übel betrachtet und entsprechend unprofessionell erstellt wurde – in den vergangenen Jahren für viele Auftraggeber derart an Bedeutung gewonnen hat, dass im Bauvertrag für den Fall einer mangelhaften Dokumentation oftmals mit der Verweigerung der Abnahme gedroht wird.[7]

Diese Entwicklung wird durch die zunehmende Tendenz, den Betrieb der Gebäude an Facility Management Dienstleister zu vergeben, begünstigt. Anbieter eines professionellen Gebäudemanagements sind auf die Bereitstellung aller relevanten Pläne und Dokumente – optimalerweise in digitaler Form – angewiesen; eine nachträgliche Aufbereitung ist mit Umständen und Kosten verbunden.[8]

Die Untersuchung einer Vielzahl von Gebäudedokumentationen zeigt, dass es bisher keinen einheitlichen Ansatz für die Gliederung der Dokumentation zum Zeitpunkt der Gebäudeabnahme gibt. Die Strukturen in der Bauausführungsphase (Gewerke, Vergabeeinheiten usw.) und die daraus resultierenden Anforderungen an den Aufbau der Dokumentation zum Zeitpunkt der Abnahme unterscheiden sich stark von den Gliederungskriterien einer für die Nutzungsphase optimierten Gebäudeakte.[9] Als Basis hierfür

---

[6] Vgl. Korbion, H./Mantscheff, J./Vygen, K.: *Honorarordnung für Architekten und Ingenieure*, 7. Auflage, Verlag C. H. Beck, München 2009, § 15 Rdnr. 182.

[7] Vgl. Schach, R./Flemming, I.: *Übergabe- und Nutzungsdokumentation für Bauwerke*, Bauingenieur 80, Febr. 2005.

[8] Vgl. Schiffner, M.: „*Wie kommt das Facility zum Management?*" oder „*Bestand bekannt?*", BDB-Nachrichten, Landesausgabe NRW, Juli 2002, S. 6 f.

[9] Vgl. Schach, R./Flemming, I.: *Übergabe- und Nutzungsdokumentation für Bauwerke*, Bauingenieur 80, Febr. 2005.

kann die DIN 32835 Teil 1 und 2 dienen, welche Grundlagen für die Dokumentation des Facility Managements liefert.

Einerseits ist nur ein Teil der im Planungs- und Bauprozess gewonnenen Daten für den Betrieb der Immobilie erforderlich, andererseits können auch zum Zeitpunkt der Fertigstellung des Gebäudes „ungültige" oder „überholte" Dokumente (wie verschiedene Indizes der Ausführungsplanung) im Sinne einer Übergabedokumentation für den Auftraggeber von Bedeutung sein. Daher empfiehlt es sich, im Einzelfall zu hinterfragen, welche Anforderungen der Auftraggeber an seine Dokumentation stellt bzw. einen Vorschlag zu unterbreiten.

Die frühzeitige Erstellung eines Gesamtkonzeptes für die Sammlung und Bereitstellung der Dokumente unter Einbeziehung des Auftraggebers, der Vertreter der Bauphase (Architekt, Fachplaner, bauausführende Unternehmen) und der Nutzungsphase (FM-Dienstleister) reduziert den Aufwand für alle Beteiligten und führt zugleich zu den besten Ergebnissen in der Praxis.[10]

Zusammengefasst sollten die folgenden Punkte bereits frühzeitig (noch in der Planungsphase) abgestimmt und initiiert werden, um den Aufwand zu optimieren:

- Gliederung der Unterlagen,
- Umfang der Unterlagen (Bestandspläne und/oder Zwischenstände),
- Art der Bereitstellung der Unterlagen (Papierform, Datenträger bzw. Ablageort, Dateiformate usw.).

Diese präzise Definition der zu erbringenden Übergabedokumentation mit entsprechenden Terminvorgaben kann anschließend mit allen am Projekt Beteiligten (Planer, Fachplaner, ausführende Unternehmen usw.) für die Bereitstellung der Unterlagen vertraglich vereinbart werden. Sofern der Auftraggeber keine konkreten eigenen Vorgaben hat, sollte der Bauleiter eine Dokumentation auf Basis der DIN 32835 oder (im Wohnungsbau) der so genannten „Hausakte" des Bundesministeriums für Verkehr, Bau- und Wohnungswesen[11] vorschlagen.

Im Rahmen seiner Aufgaben zur Zusammenstellung und Übergabe der erforderlichen Unterlagen ist der Bauleiter auf die Mitwirkung aller Planer und Fachplaner zwar angewiesen, aber gleichzeitig im Rahmen seiner Koordinierungspflicht aufgefordert, deren Mitwirkung zu veranlassen.[12]

---

[10] Vgl. Schnarr, W: Baubegleitende Datenerfassung im Facility Management, industrieBAU 6/2003, S. 51 f.
[11] *Hausakte für den Neubau von Einfamilienhäusern*, Herausgeber: Bundesministerium für Verkehr, Bau- und Wohnungswesen, Berlin.
[12] Vgl. Locher, H./Locher, U./Koeble, W./Frik, W.: *Kommentar zur HOAI*, 10. Auflage, Werner Verlag, Neuwied 2010, S. 799 Rdnr. 232.

9.3 Übergabe an den Bauherrn

Der in der HOAI verwendete Begriff der „Übergabe" ist nach einhelliger Auffassung der HOAI-Kommentarliteratur weder mit einer Abnahme der Bauleistung[13] noch mit der Abnahme des Architektenwerks gleichzusetzen.

Verschiedene Leistungen der Leistungsphase 8 wie Kostenkontrolle, das Auflisten der Gewährleistungsansprüche und das Überwachen der Beseitigung der bei der Abnahme festgestellten Mängel sind im Regelfall zum Zeitpunkt der Übergabe noch nicht abgeschlossen. Dennoch ist der Bauleiter zur Übergabe des Objekts auch vor Erbringung dieser noch ausstehenden Teilleistungen verpflichtet.[14]

Die Objektübergabe erfolgt durch die Mitteilung der Fertigstellung des Bauwerks durch den Bauleiter und die Übergabe der erforderlichen Unterlagen an den Auftraggeber. Kleinere Nachbesserungsarbeiten, welche die bestimmungsgemäße Nutzung nicht wesentlich beeinträchtigen, stehen im Übrigen einer Übergabe nicht entgegen.

Diese „vorzeitige" Übergabe (d. h. vor der Abnahme) birgt jedoch die Gefahr, dass im Nachhinein gerügte Ausführungsmängel nur schwer von Nutzungsfehlern zu unterscheiden sein werden.[15] Daher muss der Bauleiter den Auftraggeber bei der Ingebrauchnahme auch auf die Folgen einer damit möglicherweise einhergehenden Interpretation als fiktive oder stillschweigende Abnahme hinweisen (siehe hierzu Abschn. 5.4).[16]

9.4 Auflisten der Gewährleistungsfristen

Für den Auftraggeber ist eine übersichtliche Zusammenfassung der Gewährleistungsfristen aller Projektbeteiligten (bauausführende Unternehmen, Planer, Fachplaner und Sonderfachleute) eine wertvolle Hilfe bei der Überwachung von Verjährungsfristen. Mittels dieser Liste wird er in die Lage versetzt, bei Mängeln zielgerichtet zu prüfen, ob er noch Gewährleistungsansprüche geltend machen kann und gegen wen er seine Ansprüche richten muss.

Von der Auflistung der Gewährleistungsansprüche (Leistung der Leistungsphase 8) abzugrenzen ist die Leistung der Leistungsphase 9 (Objektbegehung zur Mängelfeststellung vor Ablauf der Gewährleistungsansprüche gegenüber den bauausführenden Unternehmen), bei der gezielt vor Ablauf der Gewährleistungsfrist durch eine gemeinsame Begehung mit dem entsprechenden Unternehmen oder durch einen Sachverständigen eine

---

[13] Vgl. Korbion, H./Mantscheff, J./Vygen, K.: *Honorarordnung für Architekten und Ingenieure*, 7. Auflage, Verlag C. H. Beck, München 2009, § 15 Rdnr. 182.

[14] Locher, H./Locher, U./Koeble, W./Frik, W.: *Kommentar zur HOAI*, 10. Auflage, Werner Verlag, Neuwied 2010, S. 799 Rdnr. 233.

[15] Vgl. Jochem, R.: *HOAI Kommentar*, 4. Auflage, Bauverlag Wiesbaden und Berlin 1998, S. 356.

[16] Vgl. Löffelmann, P./Fleischmann, G.: *Architektenrecht*, 5. Auflage, Werner Verlag, Neuwied 2007, Rdnr. 612.

abschließende Überprüfung der Leistung durchgeführt wird, um ggf. bisher unentdeckte Mängel festzustellen und so die Gewährleistungsansprüche optimal auszuschöpfen.

Nach Auffassung der HOAI-Kommentarliteratur[17] ist das Auflisten der Gewährleistungspflichten für den Bauleiter mit erheblichen Haftungsrisiken verbunden. So kann er gegenüber dem Auftraggeber für Nachbesserungskosten schadenersatzpflichtig gemacht werden, wenn der Auftraggeber aufgrund einer unzureichenden Auflistung von Gewährleistungsfristen zu spät eine Begehung zur Mängelfeststellung durchführt und sich der bauausführende Unternehmer mit Hinweis auf eine bereits eingetretene Verjährung seiner Gewährleistungspflichten entziehen kann.[18]

Angesichts der Vielzahl an juristisch schwierigen Detailfragen, die in diesem Zusammenhang zu lösen sind (richtige Definition des Beginns der Gewährleistungsfrist unter Berücksichtigung des Abnahmezeitpunktes, Unterbrechungen und Hemmungen der Gewährleistungsfrist usw.), sollte sich der Bauleiter dieser Aufgabe mit besonderer Sorgfalt annehmen. Dies gilt umso mehr, da die Pflichten des Bauleiters bezüglich der Auflistung auch Leistungen betreffen, an deren Vergabe er nicht beteiligt war.[19] Sofern die Leistungsphase 8 und somit auch die Leistung der Auflistung der Gewährleistungsfristen von Beginn an beauftragt wurde, kann der Bauleiter sich die Bearbeitung bereits im Vorfeld erleichtern, indem er die förmliche Abnahme gemäß § 12 Abs. 4 VOB/B bereits in den Ausschreibungsunterlagen vorsieht.[20]

Es gibt keine bindenden Vorgaben für die formale Ausgestaltung dieser „Auflistung" der Gewährleistungsfristen; die Wiedergabe von Beginn und Ende der Gewährleistungsfristen durch den Bauleiter auf den einzelnen Abnahmeprotokollen reicht jedoch nicht aus.[21] Aufgrund der drohenden Nachteile bei Verjährung von Gewährleistungsansprüchen ist eine systematische, für den Auftraggeber effizient nutzbare Zusammenfassung der zu erhebenden Daten gefordert, die sich bei entsprechender Vorbereitung mit verhältnismäßig geringem Aufwand erstellen lässt.

Daher sollte der Bauleiter zur Vervollständigung seiner eigenen Aktenlage vom Auftraggeber alle ihm noch nicht vorliegenden Verträge mit bauausführenden Unternehmen, Planungsbeteiligten, Gutachtern usw. sowie die zugehörigen schriftlichen Abnahmeerklärungen einfordern, um auch die Leistungen zu berücksichtigen, an deren Vergabe er nicht beteiligt war. Die entsprechende Abfrage und Übergabe dieser Gewährleistungsdaten vom

---

[17] Vgl. Locher, H./Locher, U./Koeble, W./Frik, W.: *Kommentar zur HOAI*, 10. Auflage, Werner Verlag, Neuwied 2010, S. 800 ff. Rdnr. 234 ff.; Pott, W./Dahlhoff, W./Kniffka, R.: *Verordnung über die Honorarordnung für Leistungen der Architekten und der Ingenieure, Kommentar*, 9. Auflage, Verlag für Wirtschaft und Verwaltung Hubert Wingen GmbH & Co., Essen Dez. 2010, S. 267 ff. Rdnr. 122.

[18] Vgl. Korbion, H./Mantscheff, J./Vygen, K.: *Honorarordnung für Architekten und Ingenieure*, 7. Auflage, Verlag C. H. Beck, München 2009, § 15 Rdnr. 181 ff.

[19] Vgl. OLG Stuttgart IBR 2002, 428.

[20] Vgl. Pott, W./Dahlhoff, W./Kniffka, R.: *Verordnung über die Honorarordnung für Leistungen der Architekten und der Ingenieure, Kommentar*, 9. Auflage, Verlag für Wirtschaft und Verwaltung Hubert Wingen GmbH & Co., Essen Dez. 2010, S. 269 Rdnr. 126.

[21] Vgl. Löffelmann, P./Fleischmann, G.: *Architektenrecht*, 5. Auflage, Werner Verlag, Neuwied 2007, Rdnr. 616.

	VOB/ B	BGB
Beginn der Gewähr-leistungsfrist	§ 13 Abs. 4 Nr. 3 mit der Abnahme bzw. Teilabnahme	§ 634a Abs. 2 mit der Abnahme
Regelfristen (sofern keine individu-ellen Fristen vertrag-lich vereinbart wurden)	§ 13 Abs. 4 • für Bauwerke – 4 Jahre, • Für andere Werke, deren Erfolg in der Herstellung, Wartung oder Veränderung einer Sache besteht (gemeint sind insbesondere Land-schaftsbauarbeiten) – 2 Jahre • vom Feuer berührte Teile von Feue-rungsanlagen – 2 Jahre • feuerberührte und abgasdämmende Teile von industriellen Feuerungs-anlagen – 1 Jahr • für maschinelle und elektrotechni-sche/ elektronische Anlagen ohne Wartungsvertrag beim Ersteller für die Dauer der Gewährleistung – 2 Jahre	§ 634a Abs. 1 Ziff. 2 • für Bauwerke und Planungs- oder Überwachungsleistungen für Bau-werke – 5 Jahre

Abb. 9.3 Übersicht der Regelungen der Gewährleistungsfristen in VOB/B und BGB

Auftraggeber sollte dokumentiert werden, um die Herkunft der Daten jederzeit nachwei-sen zu können.

Anhand der Vertragsunterlagen sind die Regelungen zu Gewährleistungsbeginn und -dauer zu ermitteln. Hierbei darf der Bauleiter zunächst von der Gültigkeit der vertrag-lichen Vereinbarungen ausgehen, solange sich ihm Zweifel hinsichtlich der rechtlichen Unwirksamkeit nicht geradezu aufdrängen müssen.[22] Bei der auf dieser Grundlage durch den Bauleiter vorzunehmenden Ermittlung und Ausweisung des Endzeitpunktes der Ge-währleistungsfrist werden grundlegende Kenntnisse der entsprechenden Regelungen des BGB und der VOB/B vorausgesetzt.

Die in Abb. 9.3 zusammengefassten Regelungen können nur einen grundlegenden Überblick geben. Zu einer Vielzahl von Fragestellungen, wie z. B. dem Vorliegen ei-nes „Anerkenntnisses" eines Auftragnehmers zur Mängelbeseitigung, das gemäß § 212 BGB einen Neubeginn der Gewährleistungsfrist auslöst, ist im Einzelfall eine juristische Beratung zu empfehlen.

Wie in Abb. 9.4 dargestellt, können sich im Laufe des Gewährleistungszeitraums die Verjährungsfristen für einzelne Teilleistungen verlängern. Dies verdeutlicht beim Auftre-ten von Mängeln die Erfordernis einer Fortschreibung der Auflistung über den gesamten Gewährleistungszeitraum. Da der Bauleiter im Rahmen der Leistungsphase 8 nur die Grundlagen für eine konsequente Berücksichtigung der Gewährleistungsfristen schaffen

---

[22] Vgl. Löffelmann, P./Fleischmann, G.: *Architektenrecht*, 5. Auflage, Werner Verlag, Neuwied 2007, Rdnr. 618.

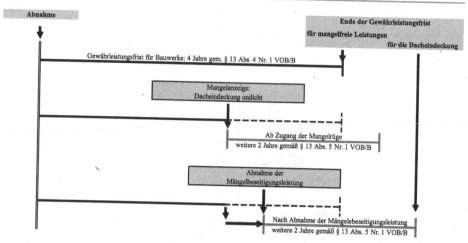

Abb. 9.4 Mögliche Aufgliederung der Gewährleistungsfrist am Beispiel Dacheindeckung

---

A – Gewährleistungsfristen und Mängelanzeigen

1. Übersichtsliste der Gewährleistungsfristen auf dem aktuellen Stand
2. Projektbeteiligtenliste mit Adressen und Ansprechpartnern aller beteiligten bauausführenden Unternehmen, (Fach-) Planer und Gutachter
3. fortlaufend nummerierte Mängelanzeigen mit zugehörigem Schriftverkehr

B – Ergänzende Dokumentation Abnahmen und Gewährleistung

1. Kopien der Verträge der Projektbeteiligten mit Regelung der Gewährleistungsfristen
2. Kopien der Abnahmeprotokolle der Projektbeteiligten
3. Kopien der Wartungsverträge (sofern erforderlich, z. B. für Aufzüge oder andere Anlagen der Technischen Ausrüstung)

Abb. 9.5 Beispiel für den Aufbau einer Gewährleistungsakte

kann, empfiehlt es sich, den Auftraggeber schriftlich auf diesen Umstand und ggf. erforderliche Beratungsleistungen hinzuweisen.

Für die Ermittlung und Fortschreibung der Gewährleistungsfristen ist im Zweifel eine Vielzahl von Dokumenten relevant. Daher ist die Schaffung einer entsprechenden Aktenordnung sinnvoll, die zunächst dem Bauleiter für die Zusammenstellung der Daten dient und nach Übergabe an den Auftraggeber diesem bei der Fortschreibung der Fristen und der Mängelverfolgung hilft (Abb. 9.5).

Bei wartungsintensiven technischen Gewerken (siehe Abb. 9.6) bieten die ausführenden Unternehmen oftmals nur bei Abschluss entsprechender Wartungs- und Instandsetzungsverträge eine Verlängerung der Gewährleistungsfristen an. Die Abfrage von Wartungsverträgen für die entsprechenden Gewerke bereits im Zuge der Ausschreibung bietet

Gewerke, für die üblicherweise bei Abschluss von Wartungs- und Instandhaltungsverträgen längere Gewährleistungsfristen eingeräumt werden, sind

o Förderanlagen, Aufzüge, Fahrtreppen
o Technische Gebäudeausrüstung (Elektro, Lüftung, Kälte, Heizung, Sanitär, MSR-Technik, Sprinkleranlagen, Blitzschutz)
o Fassade, Fenster, Türen, Tore, Rollläden, Sonnenschutzanlagen
o Dachabdichtung (Flachdach)

Abb. 9.6 Wartungsintensive Gewerke

dem Auftraggeber den Vorteil, dass die Gesamtkosten für die Betriebsphase (und somit letztlich die Wirtschaftlichkeit des Angebotes) frühzeitig dargestellt werden können.

Für die Leistungsphase 8 endet die Aufgabe des Bauleiters, die Gewährleistungsfristen aufzulisten und diese Liste zu pflegen und fortzuschreiben (z. B. durch Eintragen von Hemmungs- oder Unterbrechungstatbeständen) mit der Fertigstellung des Gebäudes.[23] Nur bei Beauftragung der Leistungsphase 9 (Objektbetreuung) gem. § 33 HOAI muss er den Auftraggeber im Gewährleistungszeitraum auf drohende Verjährung von Mängelansprüchen gegen die Projektbeteiligten hinweisen.[24]

Zusammenfassend ist dem Bauleiter dringend anzuraten, „. . . selbst geringste Zweifel hinsichtlich der Rechtsauslegung von Klauseln oder bei der rechtlichen Bewertung von Tatsachen dem Auftraggeber – ggf. schriftlich – zur Kenntnis zu bringen und die Zuziehung eines Baurechts-kundigen zu empfehlen, um sonst drohende Haftungsrisiken oder einen Konflikt mit dem Rechtsberatungsgesetz zu vermeiden."[25]

9.5 Überwachen der Mängelbeseitigung

Die Leistung der Überwachung der Mängelbeseitigung ist für die Leistungsphase 8 auf die Mängel beschränkt, die bereits während des Bauprozesses (vor der Abnahme) oder im Zuge der Abnahme (sog. „Abnahmemängel") festgestellt werden. Eine Überwachung der Beseitigung der im Zeitraum der Gewährleistung auftretenden Mängel (sog. „Gewährleistungsmängel") ist Leistung der Leistungsphase 9.

---

[23] Vgl. Löffelmann, P./Fleischmann, G.: *Architektenrecht*, 5. Auflage, Werner Verlag, Neuwied 2007, Rdnr. 628.
[24] Vgl. OLG Stuttgart IBR 2002, 428.
[25] Vgl. Pott, W./Dahlhoff, W./Kniffka, R.: *Verordnung über die Honorarordnung für Leistungen der Architekten und der Ingenieure, Kommentar*, 9. Auflage, Verlag für Wirtschaft und Verwaltung Hubert Wingen GmbH & Co., Essen Dez. 2010, S. 269 Rdnr. 126.

Negative Abweichungen der ausgeführten Bauleistung (Bau-Ist) vom vertraglich geschuldeten Zustand (Bau-Soll) werden als Mangel bezeichnet.[26] Neben den individualvertraglichen Vereinbarungen, die erfüllt werden müssen, ist der Mangelbegriff auch in der VOB/B und dem BGB definiert.

§ 13 Abs. 1 VOB/B:

Der Auftragnehmer hat dem Auftraggeber seine Leistung zum Zeitpunkt der Abnahme frei von Sachmängeln zu verschaffen. Die Leistung ist zur Zeit der Abnahme frei von Sachmängeln, wenn sie die vereinbarte Beschaffenheit hat und den anerkannten Regeln der Technik entspricht. Ist die Beschaffenheit nicht vereinbart, so ist die Leistung zur Zeit der Abnahme frei von Sachmängeln,

1) wenn sie sich für die nach dem Vertrag vorausgesetzte
   sonst
2) für die gewöhnliche Verwendung eignet und eine Beschaffenheit aufweist, die bei Werken der gleichen Art üblich ist und die der Auftraggeber nach der Art der Leistung erwarten kann.

§ 633 BGB:

1) Der Unternehmer hat dem Besteller das Werk frei von Sach- und Rechtsmängeln zu verschaffen.
(2) Das Werk ist frei von Sachmängeln, wenn es die vereinbarte Beschaffenheit hat. Soweit die Beschaffenheit nicht vereinbart ist, ist das Werk frei von Sachmängeln,
   1. wenn es sich für die nach dem Vertrag vorausgesetzte, sonst
   2. für die gewöhnliche Verwendung eignet und eine Beschaffenheit aufweist, die bei Werken der gleichen Art üblich ist und die der Besteller nach der Art des Werks erwarten kann.
Einem Sachmangel steht es gleich, wenn der Unternehmer ein anderes als das bestellte Werk oder das Werk in zu geringer Menge herstellt.
(3) Das Werk ist frei von Rechtsmängeln, wenn Dritte in Bezug auf das Werk keine oder nur die im Vertrag übernommenen Rechte gegen den Besteller geltend machen können.

Oftmals werden Ausschreibungs- und Planungsmängel erst bei Ausführung der Bauleistung offenbar und dann als „Mangel" gegenüber dem ausführenden Unternehmen gerügt. Hier ist der auftraggeberseitige Bauleiter besonders gefordert, da er die Mängelursachen feststellen und den Auftraggeber über seine Erkenntnisse aufklären muss. Etwaige eigene Fehler darf er nicht verschweigen, sondern muss seine Mitverantwortung aufgrund von Planungs- oder Überwachungsfehlern offenbaren.[27]

Auch hinsichtlich der Überwachung der Mängelbeseitigung ist der Bauleiter für die Koordination der Fachplaner zuständig. Diese sind von ihm für die Überwachung der Mängelbeseitigung in den entsprechenden Leistungsbereichen heranzuziehen.

[26] Vgl. Hankammer, G.: *Abnahme von Bauleistungen*, 3. Auflage, Verlagsgesellschaft Rudolf Müller, Köln 2007, S. 73.
[27] Vgl. BGH BauR 1978, 235.

Der Bauleiter ist insbesondere im Zuge der Abnahme verpflichtet, den Auftraggeber hinsichtlich der Feststellung und Geltendmachung von Mängeln zu beraten. Alle im Zuge der Abnahme festgestellten Mängel und solche, die bereits während der Bauausführung erkannt und gerügt – jedoch noch nicht beseitigt wurden, müssen im Abnahmeprotokoll vorbehalten werden.[28]

Der Bauleiter ist, ohne dass es einer Aufforderung durch den Auftraggeber bedarf, dazu verpflichtet, die betreffenden Unternehmer zur Mangelbeseitigung aufzufordern, diese Arbeiten zu überwachen[29] und die Mängelbeseitigungsleistungen technisch abzunehmen.[30] Die rechtsgeschäftliche Abnahme der Mängelbeseitigungsleistungen, die gemäß § 13 Abs. 5 Nr. 1 VOB/B eine „neue" Gewährleistungsfrist für diese Leistung bewirkt, obliegt dem Auftraggeber. Der Bauleiter kann jedoch durch den Auftraggeber schriftlich bevollmächtigt werden. Sofern die aufgetretenen Mängel für ein mangelhaftes Qualitätsbewusstsein des betroffenen Unternehmens sprechen, ist die Überwachung der Mängelbeseitigungsleistungen durch den Bauleiter entsprechend zu intensivieren.[31]

Die Art der Mängelbeseitigung können weder Bauleiter noch Auftraggeber dem Unternehmer vorschreiben, da dieser auch allein das Nachbesserungsrisiko trägt.[32]

Weigert sich der Unternehmer, die gerügten Mängel zu beseitigen, so muss der Bauleiter den Auftraggeber unverzüglich hierüber in Kenntnis setzen, damit dieser weitere Maßnahmen ergreifen kann.[33] Hiermit endet jedoch die Leistungspflicht des Bauleiters. Die Abgabe weiterer Erklärungen wie die Aussprache einer Kündigung und die Beauftragung von Dritten mit der Ersatzvornahme obliegt dem Auftraggeber.[34] Sollte der Auftraggeber eine Ersatzvornahme veranlassen, und den Bauleiter mit der Vorbereitung und Mithilfe bei der Vergabe der Nachbesserung durch Dritte beauftragen, so ist diese Tätigkeit eine Besondere Leistung mit zusätzlichem Vergütungsanspruch.[35]

Die Berechtigung für eine zusätzliche Vergütung ist sicherlich vom Einzelfall abhängig, da gemäß § 3 Abs. 2 und 3 HOAI eine Honorarerhöhung nur dann vorgesehen ist, wenn „andere Leistungen, die durch eine Änderung des Leistungsziels, des Leistungsumfangs, einer Änderung des Leistungsablaufs oder anderer Anordnungen des Auftraggebers

---

[28] Vgl. Damm, H.-T., Brinkmann, Tanja, Helmbrecht, Horst: *Systematisierte Abnahme von Bauleistungen nach VOB*, 4. Auflage, Fraunhofer IRB Verlag 2009, S. 28.

[29] Vgl. Pott, W./Dahlhoff, W./Kniffka, R.: *Verordnung über die Honorarordnung für Leistungen der Architekten und der Ingenieure, Kommentar*, 9. Auflage, Verlag für Wirtschaft und Verwaltung Hubert Wingen GmbH & Co., Essen Dez. 2010, S. 269 Rdnr. 127.

[30] Vgl. Löffelmann, P./Fleischmann, G.: *Architektenrecht*, 5. Auflage, Werner Verlag, Neuwied 2007, Rdnr. 632.

[31] Vgl. ebenda, Rdnr. 630.

[32] BGH BauR 1973, 313, BauR 1976, 430.

[33] Vgl. Löffelmann, P./Fleischmann, G.: *Architektenrecht*, a. a. O., Rdnr. 631.

[34] Vgl. Korbion, H./Mantscheff, J./Vygen, K.: *Honorarordnung für Architekten und Ingenieure*, 7. Auflage, Verlag C. H. Beck, München 2009, § 15 Rdnr. 184.

[35] Vgl. Pott, W./Dahlhoff, W./Kniffka, R.: *Verordnung über die Honorarordnung für Leistungen der Architekten und der Ingenieure, Kommentar*, 9. Auflage, Verlag für Wirtschaft und Verwaltung Hubert Wingen GmbH & Co., Essen Dez. 2010, S. 269 Rdnr. 127.

erforderlich werden". Dies ist bei einem geringfügigen Mangel (z. B. optischer Mangel im Anstrich) nur schwer darstellbar. Eine Ersatzvornahme bei wesentlichen Mängeln (wie z. B. einem gravierenden Konstruktionsfehler einer Fassade) kann jedoch z. B. mit einer Änderung des Leistungsablaufs und erheblichem zusätzlichen Aufwand verbunden sein.

Vor dem gleichen Hintergrund ist die umstrittene Frage[36] zu beantworten, ob die Überwachung der Mängelbeseitigung auch bei Drittunternehmen von den Leistungen des Bauleiters abgedeckt ist. Die dem Auftraggeber entstehenden Honorarmehrkosten können als Schadenersatz gegenüber dem Unternehmen, das die Mängelbeseitigung zu Unrecht verweigert, geltend gemacht werden.[37]

Um den Auftraggeber in die Lage zu versetzen, Schritte wie z. B. eine Ersatzvornahme durch Dritte einleiten zu können, sollte der Bauleiter bereits bei der Mängelrüge die entsprechenden formalen Voraussetzungen schaffen. So sollte er die Mängel gegenüber den Unternehmen schriftlich anzeigen und eine Frist für die Beseitigung setzen.[38] Sowohl § 13 Abs. 5 Nr. 2 VOB/B als auch § 637 Abs. 1 BGB erfordern keine Nachfristsetzung oder die Androhung der Ersatzvornahme. Unter der Voraussetzung, dass eine angemessene Frist für die Mängelbeseitigung gesetzt wurde, ist der Auftraggeber nach Ablauf dieser Frist berechtigt, die Ersatzvornahme einzuleiten.

In Abhängigkeit von den Kosten der Ersatzvornahme ist zu prüfen, ob zur Sicherung der Ansprüche ein gerichtliches Beweissicherungsverfahren eingeleitet oder ein Privatgutachten eingeholt werden sollte. Denn nach erfolgreicher Beseitigung des Mangels durch Dritte wird der Beweis für das Vorliegen eines Mangels im Nachhinein nicht mehr zu erbringen sein.

Die Angemessenheit einer Nachbesserungsfrist beurteilt sich nach dem Zeitaufwand, der für den Auftragnehmer erforderlich ist, um unter normalen Geschäftsverhältnissen den gerügten Mangel zu beseitigen. Die Angemessenheit richtet sich nach den Umständen des Einzelfalls, wie Art und Umfang der notwendigen Arbeiten, aber auch nach dem Interesse des Bauherrn an einer alsbaldigen Mängelbeseitigung.[39]

---

[36] Vgl. Jochem, R.: *HOAI Kommentar*, 4. Auflage, Bauverlag Wiesbaden und Berlin 1998, S. 358 Rdnr. 76 – anderer Meinung: Löffelmann, P./Fleischmann, G.: *Architektenrecht*, 5. Auflage, Werner Verlag, Neuwied 2007, Rdnr. 567 ff.
[37] Vgl. Jochem, R.: *HOAI Kommentar*, 4. Auflage, Bauverlag Wiesbaden und Berlin 1998, S. 358 Rdnr. 76.
[38] Vgl. Korbion, H./Mantscheff, J./Vygen, K.: *Honorarordnung für Architekten und Ingenieure*, 7. Auflage, Verlag C. H. Beck, München 2009, § 15 Rdnr. 184.
[39] BGH NJW–RR 1993, 309.

Literatur

Damm H-T, Brinkmann T, Helmbrecht H (2009) Systematisierte Abnahme von Bauleistungen nach VOB, 4. Aufl. Fraunhofer IRB Verlag

Hankammer G (2007) Abnahme von Bauleistungen, 3. Aufl. Verlagsgesellschaft Rudolf Müller, Köln

Jochem R (1998) HOAI Kommentar, 4. Aufl. Bauverlag, Wiesbaden und Berlin

Korbion H, Mantscheff J, Vygen K (2009) Honorarordnung für Architekten und Ingenieure, 7. Aufl. Verlag C. H. Beck, München

Kuffer J, Wirth A (2011) Handbuch des Fachanwalts Bau- und Architektenrecht, 3. Aufl. Werner Verlag, Neuwied

Locher H, Locher U, Koeble W, Frik W (2010) Kommentar zur HOAI, 10. Aufl. Werner Verlag, Neuwied

Löffelmann P, Fleischmann G (2007) Architektenrecht, 5. Aufl. Werner Verlag, Neuwied

Pott W, Dahlhoff W, Kniffka R (2010) Verordnung über die Honorarordnung für Leistungen der Architekten und der Ingenieure, Kommentar, 9. Aufl. Verlag für Wirtschaft und Verwaltung Hubert Wingen GmbH & Co., Essen

Karsten Prote

Das vorliegende Kapitel befasst sich speziell mit den für die Bauobjektüberwachung relevanten Vergütungsfragen. Es soll dem auftraggeberseitigen Bauleiter als Leitfaden dienen. Für die vergütungsrechtlichen Erwägungen ist das zwingende Preisrecht der HOAI zu beachten. Entscheidend dabei ist, welche Fassung der HOAI auf den Vertrag zwischen dem Auftraggeber und seinem Objektüberwacher angewendet werden muss. Am 17.07.2013 ist eine neue Fassung der HOAI (sog. „HOAI 2013") in Kraft getreten, die einige Veränderungen zur bisherigen Rechtslage mit sich brachte. Gemäß § 57 HOAI n. F. gilt die HOAI 2013 für Leistungen, die ab dem Inkrafttreten (17.07.2013) vertraglich vereinbart wurden. Für davor vertraglich vereinbarte Leistungen bleibt die vorherige Fassung der HOAI (Stand 2009) einschlägig. Das vorliegende Kapitel befasst sich ausschließlich mit der Rechtslage nach der neuen HOAI (Stand 2013). Für sog. „Altfälle" verweisen wir auf die Vorauflagen.

Die HOAI sieht in § 34 HOAI n. F. i. V. m. Anlage 10.1, Leistungsphase 8 Regelungen für die Vergütung der Bauobjektüberwachung vor. Dem Architekten und Ingenieur stellt sich oft die Frage, ob er auch andere Honorararten (Pauschalhonorare, Erfolgshonorare etc.) wirksam vereinbaren kann. Ferner ist von Interesse, welche Zahlungsmodalitäten von der HOAI zur Verfügung gestellt werden und welche darüber hinausgehenden Zahlungsmodalitäten sinnvollerweise vereinbart werden sollten. Das gilt insbesondere für die Fragen, ob der Bauleiter innerhalb der Leistungsphase 8 sukzessive Abschlagsrechnungen stellen kann und/oder ob Vorauszahlungen vereinbart werden sollten. Um derartige spezielle Problemstellungen richtig einordnen zu können, sollen zunächst einige Grundlagen des Honorarrechts[1] erörtert werden.

---

[1] Zum Architektenrecht siehe ausführlich Wirth, A./Würfele, W./Brooks, S.: *Rechtsgrundlagen des Architekten und Ingenieurs*, Vieweg Verlag, Wiesbaden 2004.

© Springer Fachmedien Wiesbaden GmbH 2017
F. Würfele et al., *Bauobjektüberwachung*, DOI 10.1007/978-3-658-10039-1_10

10.1 Allgemeines

Die Honorierung einer Architektenleistung setzt grundsätzlich eine Honorarvereinbarung voraus. Aus § 7 HOAI ist zu entnehmen, welche Anforderungen an die Honorarvereinbarung gestellt werden. Will der Architekt eine wirksame Honorarvereinbarung schließen, muss er sich an die dort geregelten Anforderungen halten. Die HOAI stellt zwingendes Preisrecht dar.[2] Sollten die Vertragsparteien eine von § 7 HOAI abweichende Vereinbarung schließen, ist diese unwirksam.[3] Dies ist in der Praxis häufig zu beobachten.

Sämtliche aus § 7 HOAI zu entnehmenden Einschränkungen gelten nur so lange, bis die geschuldete **Architektentätigkeit beendet** ist.[4] Nach der Rechtsprechung des BGH können nach Abschluss der Architektentätigkeit von der HOAI abweichende Vereinbarungen getroffen werden.[5] Diese sind wirksam, da in solchen Fällen der Anwendungsbereich des § 7 HOAI nicht berührt wird. Die HOAI soll u. a. einen ruinösen Preiswettbewerb unter Architekten verhindern. Eine solche Zweckrichtung kann sich jedoch nur auf künftige, nicht auf die Abwicklung bereits ausgeführter Aufträge beziehen.[6] Wollen die Vertragsparteien nach Beendigung der Architektentätigkeit über ein etwaig noch ausstehendes Honorar eine Regelung treffen, fallen solche Vergleiche ohnehin nicht in den Anwendungsbereich des § 7 HOAI. Die HOAI erfasst nur die Vereinbarung eines Honorars. Durch einen nachträglichen Vergleich soll jedoch regelmäßig das Rechtsverhältnis zwischen den Parteien **insgesamt** abgewickelt werden (Honoraransprüche, Nebenkosten, Gegenansprüche des Auftraggebers). Das ist nicht Regelungsgegenstand des § 7 HOAI.[7]

10.1.1 Honorarvereinbarung

Die HOAI stellt an eine wirksame Honorarvereinbarung folgende Voraussetzungen:

- Schriftform nach § 126 BGB;
- Vereinbarung „bei Auftragserteilung";
- Bestimmtheit des vereinbarten Honorars;
- Beachtung der Mindest- und Höchstsätze.

---

[2] BGH BauR 1997, 154; BauR 1999, 187.
[3] Vgl. Pott, W./Dahlhoff, W./Kniffka, R./Rath, H.: *HOAI – Honorarordnung für Architekten und Ingenieure – Kommentar*, 9. Auflage, Verlag für Wirtschaft und Verwaltung Hubert Wingen, Essen 2011, § 7, Rdn. 4.
[4] BGH BauR 2003, 748 f.
[5] BGH NZBau 2001, 572.
[6] BGH BauR 1987, 112 (113).
[7] Vgl. dazu BGH BauR 1987, 112 (113).

10.1.1.1 Schriftform

§ 7 Abs. 1 HOAI setzt voraus, dass die Honorarvereinbarung schriftlich getroffen wurde. Welche Anforderungen an das Schriftformerfordernis zu stellen sind, ergibt sich aus § 126 BGB.

In § 126 BGB heißt es:

(1) *Ist durch Gesetz schriftliche Form vorgeschrieben, so muss die Urkunde von dem Aussteller eigenhändig durch Namensunterschrift oder mittels notariell beglaubigten Handzeichens unterzeichnet werden.*

(2) *Bei einem Vertrag muss die Unterzeichnung der Parteien auf derselben Urkunde erfolgen. Werden über den Vertrag mehrere gleichlautende Urkunden aufgenommen, so genügt es, wenn jede Partei die für die andere Partei bestimmte Urkunde unterzeichnet.*

(3) *Die schriftliche Form kann durch die elektronische Form ersetzt werden, wenn sich nicht aus dem Gesetz ein anderes ergibt.*

(4) *Die schriftliche Form wird durch die notarielle Beurkundung ersetzt.*

Danach müssen die Vertragsparteien die Vereinbarung eigenhändig auf derselben Urkunde unterschreiben. Das ist nach § 126 Abs. 2 BGB nur dann entbehrlich, wenn über den Vertrag mehrere gleich lautende Urkunden aufgenommen wurden. In diesem Fall genügt es, wenn jede Partei das Exemplar unterzeichnet, welches für die jeweils andere Partei bestimmt ist.

In der Praxis werden Verträge und Vereinbarungen häufig unter Einsatz von Telefaxgeräten geschlossen. Bei dieser Vorgehensweise fehlt es an einer unmittelbaren eigenhändigen Unterschrift auf dem von der Gegenseite unterschriebenen Exemplar. Das jeweilige Originalexemplar verbleibt bei dem Versender des Telefaxes. Dennoch wird diese Vorgehensweise von der Rechtsprechung als mit § 126 BGB vereinbar erachtet, soweit der Empfänger des Faxes unmittelbar auf diesem unterschreibt und dieses Exemplar zurückfaxt.[8] Nicht ausreichend ist hingegen, wenn der Empfänger des Angebotfaxes ein eigenes bestätigendes Schriftstück aufsetzt und nur dieses zurückfaxt.[9]

10.1.1.2 Vereinbarung „bei Auftragserteilung"

§ 7 Abs. 1 HOAI setzt zudem voraus, dass die schriftliche Honorarvereinbarung „bei Auftragserteilung" geschlossen wird.

Damit wurde eine zeitliche Komponente aufgenommen, die in der Praxis häufig nicht eingehalten wird. Bei Nichtbeachtung ergeben sich oft Probleme, da diese Voraussetzung von Literatur und Rechtsprechung streng gehandhabt wird. Der BGH fordert z. B. einen unmittelbaren zeitlichen Zusammenhang zwischen Auftragserteilung und Honorarvereinbarung.[10] Dieser zeitliche Zusammenhang wurde von der Rechtsprechung im Falle einer

---

[8] KG BauR 1994, 791.
[9] Vgl. Wirth, A./Würfele, F./Brooks, S.: *Rechtsgrundlagen des Architekten und Ingenieurs*, Vieweg Verlag, Wiesbaden 2004, S. 272.
[10] BGH BauR 1988, 364.

nur **einige Tage nach der mündlichen Auftragserteilung** getroffenen schriftlichen Honorarvereinbarung bereits als **nicht erfüllt** angesehen.[11]

10.1.1.3 Bestimmtheit des vereinbarten Honorars

Die Honorarvereinbarung muss hinreichend bestimmt sein. Die Vereinbarung ist hinreichend bestimmt, wenn sich das Honorar aus ihr unzweifelhaft ergibt. Gefordert wird nicht die Vereinbarung eines bestimmten Betrages, was zumindest im Falle einer baukostenabhängigen Vergütung auch noch nicht möglich wäre. Das Honorar muss jedoch hinreichend **bestimmbar** sein. Unzureichend ist der pauschale Hinweis darauf, dass das Honorar nachträglich durch einen Dritten oder einen Schiedsgutachter bestimmt wird.[12]

10.1.1.4 Beachtung des Honorarrahmens

Das durch die Vertragsparteien vereinbarte Honorar muss sich im Rahmen der durch die HOAI festgesetzten Mindest- und Höchstsätze halten, soweit die HOAI nicht selbst Ausnahmen vorsieht.

10.1.1.5 Folgen der Nichtbeachtung

Sollte die Honorarvereinbarung die oben beschriebenen Voraussetzungen nicht erfüllen, ist sie unwirksam. Dies bedeutet jedoch nicht, dass die Architektenleistung nunmehr vergütungsfrei zu erbringen ist. Es gelten vielmehr die in der HOAI festgehaltenen Berechnungsgrundsätze, wobei diesen der jeweilige Mindestsatz zugrunde zu legen ist (§ 7 Abs. 5 HOAI). Im Falle einer unzulässigen **Höchstsatzüberschreitung** soll – wenn die weiteren Voraussetzungen einer Honorarvereinbarung eingehalten sind – das Honorar auf den zulässigen Höchstsatz reduziert werden.[13] Diese umstrittene Auffassung widerspricht dem Wortlaut des § 7 Abs. 5 HOAI, stellt jedoch eine pragmatische Auslegung des von den Parteien Gewollten dar und wird daher von der Rechtsprechung zu Recht vertreten.[14]

10.1.2 Art der Vergütung

Sind die oben dargestellten Voraussetzungen einer wirksamen Honorarvereinbarung eingehalten, kann der Bauleiter mit seinem Auftraggeber das Honorar für die Bauobjektüberwachung innerhalb des ihm von der HOAI zur Verfügung gestellten Rahmens frei vereinbaren. Dies gilt nicht nur für die **Höhe**, sondern auch für die **Art** der Vergütung.

Die HOAI sieht für die Vereinbarung unterschiedlicher Honorararten keine ausdrückliche Einschränkung vor. Neben der in der HOAI selbst geregelten baukostenabhängigen

---

[11] OLG Düsseldorf BauR 1988, 766.
[12] Zur Voraussetzung der Bestimmtheit näher: Locher, H./Koeble, W./Frik, W.: *Kommentar zur HOAI*, 12. Auflage, Werner Verlag, Köln, 2014, § 7, Rn. 32.
[13] Vgl. BGH NJW 2008, 55.
[14] Vgl. BGH BauR 1990, 239.

Vergütung kommen auch Pauschalhonorare, Erfolgshonorare und Zeithonorare in Betracht.

10.1.2.1 Baukostenabhängiges Honorar

Haben die Vertragsparteien keine besondere Art der Honorierung vereinbart, ist das Honorar des Objektüberwachers baukostenabhängig zu ermitteln. Als Grundlage der Honorarberechnung dienen die anrechenbaren Kosten, das Leistungsbild, die Honorarzone, der Honorarsatz und die Honorartafel, § 6 Abs. 1 HOAI.

Unter Berücksichtigung der einschlägigen Honorarzone und Honorartafel kann der Bauleiter für die Bauobjektüberwachung ein Honorar in Höhe von 32 v. H. verlangen. Beachtlich ist dabei, welchen Honorarsatz die Parteien vereinbart haben. Liegt keinerlei Vereinbarung vor, gelten die jeweiligen Mindestsätze als vereinbart.

Die anrechenbaren Kosten sind für alle Leistungsphasen gleichermaßen auf der Grundlage der Kostenberechnung (soweit diese nicht vorliegt auf der Grundlage der Kostenschätzung) zu ermitteln. Damit werden die dem Honorar zugrunde zu legenden anrechenbaren Kosten von den tatsächlichen Baukosten abgekoppelt.

Daneben sieht die HOAI in § 6 Abs. 3 HOAI mit dem sog. „Baukostenvereinbarungsmodell" die Möglichkeit vor, die Ermittlung des Honorars weitergehend zu beeinflussen.

§ 6 Abs. 3 HOAI n. F.:

(3) Wenn zum Zeitpunkt der Beauftragung noch keine Planungen als Voraussetzung für eine Kostenschätzung oder Kostenberechnung vorliegen, können die Vertragsparteien abweichend von Absatz 1 schriftlich vereinbaren, dass das Honorar auf der Grundlage der anrechenbaren Kosten einer Baukostenvereinbarung nach den Vorschriften dieser Verordnung berechnet wird. Dabei werden nachprüfbare Baukosten einvernehmlich festgelegt.

Diese Klausel ist nach der Rechtsprechung des BGH unwirksam.[15] Ungeachtet dessen sind die Vertragsparteien grundsätzlich nicht daran gehindert, eine Honorarvereinbarung im Rahmen der Mindest- und Höchstsätze wirksam zu treffen, in der die anrechenbaren Kosten oder die ihnen zugrunde liegenden Faktoren im Vertrag festgelegt werden.

Ferner wurde in § 10 Abs. 1 HOAI ein ausdrücklicher Anspruch auf Anpassung des Honorars eingeführt.

§ 10 Abs. 1 HOAI:

Einigen sich Auftraggeber und Auftragnehmer während der Laufzeit des Vertrags darauf, dass der Umfang der beauftragten Leistung geändert wird, und ändern sich dadurch die anrechenbaren Kosten oder Flächen, so ist die Honorarberechnungsgrundlage für die Grundleistungen, die infolge des veränderten Leistungsumfangs zu erbringen sind, durch schriftliche Vereinbarung anzupassen.

§ 10 Abs. 1 HOAI ermöglicht eine Anpassung der Honorarvereinbarung während der Vertragslaufzeit. Voraussetzung dafür ist, dass sich die Vertragsparteien auf eine Änderung

---

[15] BGH, Urteil vom 24.04.2014 – VII ZR 164/13, IBR 2014, 352 zur gleichlautenden Klausel in § 6 Abs. 2 HOAI 2009.

des Leistungsumfangs einigen und sich dadurch die anrechenbaren Kosten oder Flächen ändern. Die Einigung bedarf keiner besonderen Form. Aus Gründen der Beweissicherung ist allerdings eine schriftliche Einigung zu empfehlen. Liegen diese Voraussetzungen vor, haben beide Vertragsparteien einen Anspruch auf Anpassung der Honorarberechnungsgrundlage. Trotz des in § 10 Abs. 1 HOAI formulierten Erfordernisses einer schriftlichen Vereinbarung muss die die Anpassung verlangende Vertragspartei nicht erst auf Anpassung klagen, wenn der andere Teil eine solche Vereinbarung verweigert. Der Auftraggeber kann vielmehr direkt auf Rückzahlung eines etwaig überzahlten Betrags und der Auftragnehmer direkt auf Zahlung eines etwaig erhöhten Honorars klagen.[16]

10.1.2.2 Pauschalhonorar

Liegen die Voraussetzungen einer wirksamen Honorarvereinbarung nach § 7 HOAI vor, können auch Pauschalhonorare vereinbart werden. Zwar findet sich in der HOAI keine Regelung zu Pauschalhonoraren, die HOAI schließt solche aber auch nicht aus.

Im Rahmen einer Pauschalhonorarvereinbarung stellt sich regelmäßig die Frage, ob dadurch die von der HOAI festgesetzten Mindestsätze unterschritten werden. Ist dies der Fall, ist die Pauschalhonorarvereinbarung grundsätzlich unwirksam.[17] Gemäß § 7 Abs. 5 HOAI gelten dann die Mindestsätze als vereinbart. Die Überprüfung einer Honorarvereinbarung erfolgt in einem Rechtsstreit allerdings nicht von Amts wegen. Will sich der Bauleiter in einem Rechtsstreit auf eine höhere Vergütung nach den Mindestsätzen berufen, muss er die unwirksame Honorarvereinbarung beanstanden sowie das höhere Honorar nach den Mindestsätzen darlegen und beweisen.[18]

Ein Architekt, der ein die Mindestsätze unterschreitendes Pauschalhonorar vereinbart hat, kann sich allerdings nicht darauf verlassen, dass er nach Abschluss seiner Tätigkeit die Mindestsätze abrechnen darf.[19] In der Rechtsprechung gab es bereits zahlreiche Entscheidungen, die sich mit solchen oder ähnlichen Konstellationen befasst haben. Maßgeblich ist, ob der Auftraggeber auf die Wirksamkeit der Vereinbarung vertraut hat und vertrauen durfte und er sich in einer Weise darauf eingerichtet hat, dass ihm die Zahlung des Differenzbetrags zwischen dem vereinbarten Honorar und den Mindestsätzen nach Treu und Glauben nicht zugemutet werden kann.[20] Dies ist am jeweiligen Einzelfall zu entscheiden. Diskutiert wurden insbesondere Konstellationen, in denen der Architekt oder Ingenieur mit seinem Auftraggeber ein unter den Mindestsätzen liegendes Pauschalhonorar vereinbart und dieses an seinen Subunternehmer (Subplaner) weitergegeben hatte. Das OLG Stuttgart[21] und das OLG Nürnberg[22] haben in ähnlichen Fällen dem Architekten

---

[16] Locher, H./Koeble, W./Frik, W.: Kommentar zur HOAI, 12. Auflage, Werner Verlag, Köln, 2014, § 10, Rn. 16.
[17] BGH BauR 1993, 239; OLG Nürnberg IBR 2001, 495.
[18] OLG Jena, IBR 2010, 461; BGH, IBR 2005, 262.
[19] BGH BauR 1997, 677; NJW 2009, 435.
[20] BGH NJW-RR 1997, 2329 (2331); OLG Düsseldorf IBR 2011, 646.
[21] OLG Stuttgart IBR 2005, 377.
[22] OLG Nürnberg NJW-RR 2003, 1326.

die Geltendmachung der Mindestsätze verwehrt, das OLG Koblenz[23] hat hingegen einer solchen Forderung zugestimmt.

Der Architekt sollte sich darüber im Klaren sein, ob das zu vereinbarende Pauschalhonorar die Mindestsätze unterschreitet. Wusste er dies und rechnet er später trotzdem die Mindestsätze ab, kann ihm dies im Einzelfall aus Treu und Glauben verwehrt werden.[24] Rechnet er zunächst das vereinbarte Pauschalhonorar ab und macht er mit einer weiteren Schlussrechnung die Mindestsätze geltend, kann er die Mindestsätze möglicherweise bereits aus Gründen der Bindungswirkung nicht erfolgreich durchsetzen. Eine Bindungswirkung der 1. Schlussrechnung kann auch dann bestehen, wenn die darin abgerechneten Honorare die Mindestsätze unterschreiten.[25] Darauf wird an späterer Stelle noch näher eingegangen.[26]

Der Architekt bleibt an das vereinbarte Pauschalhonorar grundsätzlich auch dann gebunden, wenn sich der Arbeitsaufwand erweitert hat. Das liegt gerade in der Natur einer pauschalierten Vergütung.

Etwas anderes kann gelten, wenn sich der Aufwand ganz erheblich verändert hat. Dann kann eine Anpassung des Honorars unter dem Aspekt des Wegfalls der Geschäftsgrundlage (§ 313 BGB) in Betracht kommen. Deren Voraussetzungen sind streng. Gemäß **§ 313 BGB** erfordert ein Wegfall der Geschäftsgrundlage in den hier maßgeblichen Fällen:

- eine bei Vertragsschluss unvorhersehbare und ungewöhnlich lange Dauer der Bauzeit,
- dass die ungewöhnlich lange Dauer des Bauvorhabens nicht aus der Sphäre des Architekten entstammt,
- dass dadurch erhebliche Kosten und zusätzlicher Arbeitsaufwand verursacht werden *und*
- ein untragbares Missverhältnis zwischen der Architektenleistung und dem Honoraranspruch entsteht.

Klare Richtlinien oder Prozentsätze existieren dafür nicht. Das Vorliegen der Voraussetzungen ist am jeweiligen Einzelfall gesondert zu ermitteln.

Daneben kommt auch eine Anpassung des Honorars auf der Grundlage des unter Ziffer 10.1.2.1 dargestellten § 10 Abs. 1 HOAI in Betracht. Da von §§ 10 Abs. 1 HOAI sämtliche Honorarvereinbarungen gemäß § 7 Abs. 1 HOAI n. F. erfasst sind, dürfte dies auch für ein gemäß § 7 Abs. 1 HOAI vereinbartes Pauschalhonorar gelten.[27]

---

[23] OLG Koblenz IBR 2006, 35.
[24] BGH BauR 1997, 677.
[25] Vgl. Locher, H./Koeble, W./Frik, W./Locher, U.: *Kommentar zur HOAI*, 12. Auflage, Werner Verlag, Köln 2014, § 15, Rdn. 85; BGH NJW 2009, 435.
[26] Siehe Ziffer 10.2.3.3.3.
[27] Vgl. Locher, H./Koeble, W./Frik, W.: *Kommentar zur HOAI*, 12. Auflage, Werner Verlag, Köln 2014, § 10, Rdn. 15.

10.1.2.3   Erfolgshonorar

Der Architekt kann mit seinem Auftraggeber auch Erfolgshonorare vereinbaren.
Die HOAI sieht in § 7 Abs. 6 HOAI eine Bonus-Malus-Regelung vor.

§ 7 Abs. 6 HOAI:

(6) Für Planungsleistungen, die technisch-wirtschaftliche oder umweltverträgliche Lösungsmöglichkeiten nutzen und zu einer wesentlichen Kostensenkung ohne Verminderung des
vertraglich festgelegten Standards führen, kann ein Erfolgshonorar schriftlich vereinbart
werden. Das Erfolgshonorar kann bis zu 20 Prozent des vereinbarten Honorars betragen.
Für den Fall, dass schriftlich festgelegte anrechenbare Kosten überschritten werden, kann
ein Malus-Honorar in Höhe von bis zu 5 Prozent des Honorars schriftlich vereinbart werden.

Diese Vorschrift wirft eine Vielzahl von Fragen auf, die den Umgang mit dieser Regelung erheblich erschweren.[28] Die Praxisrelevanz von Erfolgshonoraren ist allerdings
gering. Das gilt insbesondere für die Leistungsphase der Bauobjektüberwachung. Die an-
gesprochenen Kosten optimierende Erfolge kommen in der Leistungsphase 8 kaum in
Betracht. In der Leistungsphase 8 geht es insbesondere darum, die Ausführung der bereits
geplanten und vergebenen Bauleistungen zu überwachen und zu koordinieren. Ein zu ver-
zeichnender Verbesserungs- oder Optimierungsvorschlag mag zwar zeitlich in die Leistungsphase 8 fallen, stellt jedoch streng genommen ein Überdenken der bereits erbrachten
Planungsleistung dar. Dementsprechend wurde in § 7 Abs. 6 HOAI 2013 klarstellend aufgenommen, dass die Kostensenkung durch „Planungsleistungen" herbeigeführt sein muss.
Die Bauobjektüberwachung betrifft dann wieder „lediglich" die Ausführung der (nunmehr
abgeänderten) Bauleistungen.

Die isolierte Vereinbarung einer Malus-Regelung ist für den Objektüberwacher nur mit
Rechtsnachteilen verbunden und daher nicht zu empfehlen.

10.1.2.4   Zeithonorar

Als weitere Honorierungsmöglichkeit kommt ein Zeithonorar in Betracht.

Die HOAI sieht seit ihrer Fassung von 1996 keine Regelung zu Zeithonoraren mehr
vor. Damit sind Zeithonorare aber nicht ausgeschlossen. Nach der amtlichen Begründung
des Verordnungsgebers zur HOAI 2009 wurde die Regelung vielmehr gestrichen, um den
„Planern" mehr Flexibilität bei der Vertragsgestaltung zu ermöglichen. Dies gilt für die
HOAI 2013 gleichermaßen. Die Vereinbarung eines Zeithonorars ist im Rahmen einer
wirksamen Honorarvereinbarung gemäß § 7 Abs. 1 HOAI daher weiterhin zulässig.[29] Die
Stundensätze sind in sämtlichen Fällen frei verhandelbar. Das letztlich entstehende Ge-
samthonorar muss sich im Rahmen der Mindest- und Höchstsätze bewegen.

---

[28] Vgl. dazu Locher, H./Koeble, W./Frik, W.: *Kommentar zur HOAI*, 12. Auflage, Werner Verlag,
Köln 2014, § 7, Rdn. 170 ff.
[29] Messerschmidt, B.: HOAI *2009 ermöglicht freie Vereinbarung von Zeithonoraren*, IBR 2009, 560.

10.1.3 Höhe der Vergütung

Neben der Art der Vergütung kann auch die Höhe der Vergütung frei vereinbart werden. Dies gilt, so lange sich die Vereinbarung im Rahmen des § 7 HOAI bewegt. Maßgeblich ist die Einhaltung der Mindest- und Höchstsätze.

Ob sich ein Honorar im Rahmen der Mindest- und Höchstsätze bewegt, kann erst dann bestimmt werden, wenn dieser Rahmen zahlenmäßig beziffert wurde. Vor Abschluss einer solchen Vereinbarung ist es daher grundsätzlich immer erforderlich, das nach der HOAI vorgesehene Honorar im Sinne einer Vergleichsrechnung zu berechnen. Im Fall der Abrechnung der Leistungsphase 8 müssten daher zunächst die Honorarzone und die anrechenbaren Kosten ermittelt und sodann mithilfe der Honorartafeln und der Interpolation die Mindest- und Höchstsätze bestimmt werden.

Bewegt sich das vereinbarte Honorar im Rahmen der Mindest- und Höchstsätze der HOAI, sind die Vertragsparteien bei der Vereinbarung nicht weiter eingeschränkt. Sie können im Rahmen dessen eigene Kriterien für die Bewertung des Honorars treffen. Dabei bieten sich insbesondere der Arbeitsaufwand, die Bauzeit und der Schwierigkeitsgrad des zu erstellenden Objektes an.[30]

Von der Voraussetzung der Einhaltung von Mindest- und Höchstsätzen sieht die HOAI eigene Ausnahmetatbestände vor.

10.1.3.1 Ausnahme: Unterschreitung der Mindestsätze

Nach § 7 Abs. 3 HOAI können die festgesetzten Mindestsätze durch schriftliche Vereinbarung in Ausnahmefällen unterschritten werden.

Wann ein solcher Ausnahmefall vorliegt, wird durch die HOAI selbst nicht definiert. Die Konkretisierung wurde der Literatur und Rechtsprechung überlassen. Dabei sind jeweils die besonderen Umstände des Einzelfalls maßgeblich. Diskutiert werden unter anderem folgende Fallgruppen:

- Überwiegend wurden **persönliche und soziale Gründe** als Ausnahmefall akzeptiert.[31] Das gilt insbesondere für verwandtschaftliche Beziehungen. Ob auch freundschaftliche Beziehungen ausreichen, wird in der Rechtsprechung unterschiedlich bewertet. Der BGH hat eine freundschaftliche Beziehung bisher für nicht hinreichend erachtet; insbesondere wenn sich eine solche erst im Laufe der geschäftlichen Kontakte entwickelt hat.[32]
- Selbst enge **rechtliche und wirtschaftliche Beziehungen** sollen gelegentlich Ausnahmetatbestände begründen. Ein solcher Fall soll z. B. dann in Betracht kommen, wenn der Auftraggeber in Form einer Gesellschaft organisiert und der Architekt an dieser Ge-

---

[30] Vgl. Locher, H./Koeble, W./Frik, W./Locher, U.: *Kommentar zur HOAI*, 12. Auflage, Werner Verlag, Köln 2014, § 7, Rdn. 18 ff.
[31] Vgl. OLG Köln NJW-RR 1998, 1109.
[32] Vgl. BGH BauR 1997, 1062.

sellschaft nicht unerheblich beteiligt ist.[33] Als Beziehung wirtschaftlicher Art können ständige Geschäftsbeziehungen, z. B. ein Rahmenvertrag zwischen einem Wohnungsbauunternehmen und einem Architekten, genügen.[34] Nicht ausreichend ist hingegen, wenn dem Architekten bei deutlicher Unterschreitung der Mindestsätze weitere Aufträge in Aussicht gestellt werden.[35]

- Ferner kann eine Unterschreitung der Mindestsätze im Einzelfall auch gerechtfertigt sein, wenn die vereinbarten Leistungen von **ganz außergewöhnlich geringem Umfang** sind.[36] In einem solchen Fall ist dieser Umstand jedoch vorrangig bei den anderen Honorarbemessungsmerkmalen der HOAI (z. B. Honorarzone) zu berücksichtigen. Wurde also wegen eines nur geringfügigen Leistungsumfangs bereits die Honorarzone herabgesetzt, kann nicht zusätzlich ein die Mindestsätze unterschreitendes Honorar vereinbart werden.

- Aufgrund der Überschreitung schriftlich vereinbarter anrechenbarer Kosten greift eine wirksam vereinbarte Malus-Regelung gemäß § 7 Abs. 6 S. 3 HOAI, die das Honorar auf einen unterhalb der Mindestsätze liegenden Betrag senkt.

Darüber hinaus können noch weitere Ausnahmekonstellationen in Betracht kommen. Eine vollständige Aufzählung ist wegen des jeweiligen Einzelfallcharakters nicht möglich.

Liegen mehrere Kriterien vor, die jeweils isoliert betrachtet keine Mindestsatzunterschreitung rechtfertigen würden, die in einer Zusammenschau jedoch zu einer erheblichen Abweichung von den üblichen Vertragsverhältnissen führen, kann ein Ausnahmefall gemäß § 7 Abs. 3 HOAI begründet sein.[37]

10.1.3.2 Ausnahme: Überschreitung der Höchstsätze

Eine Überschreitung der Höchstsätze ist ebenfalls nur in den vom Gesetz vorgesehenen Fällen erlaubt. In Betracht kommt eine Höchstsatzüberschreitung insbesondere, wenn

- nach der HOAI freie Honorarvereinbarungen zulässig sind;
- bei außergewöhnlichen oder ungewöhnlich lange dauernden Grundleistungen eine die Höchstsätze überschreitende Honorarvereinbarung schriftlich getroffen wurde, § 7 Abs. 4 HOAI;
- eine Bonus-Regelung gemäß § 7 Abs. 6 S. 1 HOAI vereinbart wurde, die dort geregelten Voraussetzungen vorliegen und dadurch die Höchstsätze überschritten werden.[38]

---

[33] Vgl. OLG Dresden IBR 2003, 423.

[34] Vgl. Locher, H./Koeble, W./Frik, W./Locher, U.: *Kommentar zur HOAI*, 12. Auflage, Werner Verlag, Köln 2014, § 7, Rdn. 124.

[35] Vgl. OLG Köln, Urt. v. 2.10.1998; Beschluss des BGH vom 16.03.2000, IBR 2000, 439.

[36] Vgl. dazu OLG Naumburg BauR 2009, 267 ff.

[37] OLG Bamberg IBR 2009, 396.

[38] Steeger, F.: HOAI *2009: Anwendungsbereich Bonus/Malus, § 7 Abs. 7 HOAI*, IBR 2010, 4.

Haben die Parteien ein die Höchstsätze überschreitendes Honorar vereinbart, ist diese Honorarvereinbarung nicht insgesamt nichtig. Sie bleibt insoweit wirksam, als die nach der HOAI zulässige Höchstvergütung nicht überschritten wird.[39]

10.2   Zahlungsmodalitäten

10.2.1   Vorauszahlungen

Der Bauleiter kann mit seinem Auftraggeber Vorauszahlungen vereinbaren. § 15 Abs. 4 HOAI lässt ausdrücklich andere Zahlungsweisen zu. Unter „andere Zahlungsweisen" sind solche zu verstehen, die nicht in den Absätzen 1 und 2 des § 15 HOAI geregelt sind.[40] Da die Vorauszahlung in den Absätzen 1 und 2 des § 15 Abs. 4 HOAI nicht geregelt ist, stellt sie eine „andere Zahlungsweise" in diesem Sinne dar.

Die Vorauszahlung muss als „andere Zahlungsweise" gemäß § 15 Abs. 4 HOAI schriftlich vereinbart werden.[41]

Die Einschränkung durch das Schriftformerfordernis wird zum Teil mit dem Argument abgelehnt, § 15 HOAI sei von der Ermächtigungsvorschrift des Art. 10 § 3 MRVG nicht gedeckt und damit verfassungswidrig.[42] Gestützt wird diese Auffassung darauf, dass es sich bei § 15 HOAI um keine preisrechtliche Vorschrift handele.

Demgegenüber hat der **BGH** ausdrücklich die **Verfassungsmäßigkeit des § 8 HOAI 1996 festgestellt.**[43] Die MRVG rechtfertige eine umfassende Honorarordnung, die auch Regelungen zur Fälligkeit der Honorarforderung beinhalten dürfe. Dies muss entsprechend für die gleichlautende Regelung des § 15 HOAI gelten. Dem Bauleiter ist in der Praxis dringend anzuraten, dem BGH zu folgen und die in § 15 HOAI geregelten Voraussetzungen einzuhalten.

Die Vereinbarung einer Vorauszahlung kann für einen auftraggeberseitigen Bauleiter sehr sinnvoll sein. Dies gilt insbesondere bei Großprojekten. Die Bauausführungsphase kann sich über viele Monate oder sogar Jahre erstrecken. Der Bauleiter erbringt daher im Rahmen der Leistungsphase 8 (Bauobjektüberwachung) ganz erhebliche Vorleistungen, deren Vergütung möglicherweise ungewiss ist. Der Bauleiter sollte daher versuchen, eine Vorauszahlung des Auftraggebers zu erreichen. Dabei mag es hilfreich sein, dem Auftraggeber als Ausgleich konkrete Sicherheiten (z. B. Bürgschaften) anzubieten. Sollte der Bauleiter dem Auftraggeber Bürgschaften anbieten, muss unbedingt eine Regelung über die Kostentragungspflicht hinsichtlich zu zahlender Avalprovisionen herbeigeführt werden.

---

[39] BGH NJW 2008, 55.
[40] Vgl. Locher, H./Koeble, W./Frik, W./Locher, U.: *Kommentar zur HOAI*, 12. Auflage, Werner Verlag, Köln 2014, § 15, Rdn. 114.
[41] Vgl. ebenda, Rdn. 65.
[42] Vgl. Locher, H./Koeble, W./Frik, W./Locher, U.: *Kommentar zur HOAI*, 12. Auflage, Werner Verlag, Köln 2014, § 15, Rdn. 114.
[43] Vgl. BGH BauR 1988, 624.

In der Praxis wird der Vorauszahlung in der Regel zu wenig Bedeutung beigemessen. Viele Bauleiter halten eine Vorauszahlung nicht für erforderlich, da § 15 Abs. 2 HOAI die Forderung von Abschlagszahlungen ermöglicht. Dabei wird jedoch das Problem übersehen, dass im Rahmen von Abschlagsrechnungen der Nachweis der bereits erbrachten Leistungen geführt werden muss. Dies mag im Fall einer Abrechnung von kompletten Leistungsphasen zwar weniger problematisch sein, kann im Falle einzelner Teilleistungen innerhalb einer Leistungsphase jedoch zu erheblichen Schwierigkeiten führen. Darauf wird an späterer Stelle noch eingegangen werden. Entfällt die Möglichkeit, eine Abschlagsrechnung zu stellen, kann dies für einen Bauleiter im Rahmen eines Großprojektes von existenzieller Bedeutung sein.

10.2.2 Abschlagsrechnung

10.2.2.1 Grundlagen

Nach § 15 Abs. 2 HOAI hat der Architekt das Recht, in angemessenen zeitlichen Abständen für nachgewiesene Leistungen Abschlagszahlungen zu fordern. Der Architekt übergibt dem Auftraggeber dazu eine Abschlagsrechnung.

Im Unterschied zu Schlussrechnungen handelt es sich bei Abschlagsrechnungen lediglich um Rechnungen mit vorläufigem Charakter. Der Architekt gibt mit einer Abschlagsrechnung demnach **nicht** zu erkennen, dass die abgerechneten Leistungen bereits endgültig und verbindlich abgerechnet sein sollen.

Die HOAI hat damit eine spezialgesetzliche Regelung getroffen. Im allgemeinen Werkvertragsrecht des Bürgerlichen Gesetzbuches findet sich eine Regelung zu Abschlagszahlungen in § 632a BGB. Beide Vorschriften treten grundsätzlich nebeneinander. Der Architekt wird in der Praxis regelmäßig § 15 Abs. 2 HOAI anwenden. Nur dort, wo diese Vorschrift nicht greift und eine anderweitige Regelung nicht wirksam vereinbart wurde, muss der Architekt auf § 632a BGB zurückgreifen.[44] Zwar sind die Voraussetzungen einer Abschlagszahlung gemäß § 632a BGB in der seit dem 01.01.2009 gültigen Fassung dadurch etwas entschärft worden, dass für das Recht auf Abschlagszahlung nicht mehr „in sich abgeschlossene Teile des Werks" verlangt werden. Ungeachtet dessen ist die Regelung des § 632a BGB weiterhin mit strengeren Voraussetzungen behaftet (z. B. „Wertzuwachs" für den Besteller) als es bei § 15 Abs. 2 HOAI der Fall ist. § 15 Abs. 2 HOAI ermöglicht Abschlagszahlungen schon „in angemessen zeitlichen Abständen" und „für nachgewiesene Leistungen". Als derartige Leistungen können ganze Leistungsphasen, aber auch wesentliche Teilleistungen einer einzigen Leistungsphase angesehen werden.

---

[44] Vgl. Locher, H./Koeble, W./Frik, W./Locher, U.: *Kommentar zur HOAI*, 12. Auflage, Werner Verlag, Köln 2014, § 15, Rdn. 95.

10.2.2.2 Voraussetzungen eines Anspruchs auf Abschlagszahlung

Keine schriftliche Vereinbarung erforderlich

Der Architekt kann nach § 15 Abs. 2 HOAI Abschlagszahlungen vom Auftraggeber verlangen. Der Auftraggeber ist zur Leistung einer solchen Abschlagszahlung verpflichtet.[45] Dies gilt unabhängig davon, ob zwischen den Vertragspartnern eine entsprechende schriftliche Vereinbarung vorliegt oder nicht.[46] In § 15 Abs. 4 HOAI werden lediglich „andere Zahlungsweisen" von einer schriftlichen Vereinbarung abhängig gemacht. § 15 Abs. 2 HOAI hingegen sieht das Erfordernis einer schriftlichen Vereinbarung gerade nicht vor.

Prüfbare Rechnung

Die Abschlagsrechnung muss ebenso prüfbar sein, wie es nach § 15 Abs. 1 HOAI auch von einer Honorarschlussrechnung verlangt wird. In der Abschlagsrechnung müssen demnach sämtliche Angaben gemacht werden, die für ihre Nachvollziehbarkeit erforderlich sind (Honorarzone, Nachweis erbrachter Leistungen etc.).[47] Auf die Anforderung einer prüfbaren Rechnung wird im Rahmen der Honorarschlussrechnung näher eingegangen.

Nachgewiesene Leistungen

Nach § 15 Abs. 2 HOAI dürfen Abschlagszahlungen nur für nachgewiesene Leistungen gefordert werden. Darin liegt der Unterschied zu den oben beschriebenen Vorauszahlungen oder Vorschüssen, die jeweils im Vorfeld etwaig zu erbringender Leistungen zu zahlen sind.

Angemessene zeitliche Abstände

Nach § 15 Abs. 2 HOAI kann der Architekt die Abschlagszahlungen in angemessenen zeitlichen Abständen fordern. Der Wortlaut dieser Regelung ist missverständlich. Anknüpfungspunkt für die Forderung von Abschlagszahlungen ist der **Leistungsfortschritt**. Dies war in § 21 GOA noch ausdrücklich geregelt („nach dem jeweiligen Stand der Leistungen"). Trotz der abweichenden Formulierung in § 15 Abs. 2 HOAI hat sich an diesem Hintergrund nichts geändert. Mit der neuen Formulierung sollte lediglich eine Forderung unzählig vieler Abschlagszahlungen verhindert werden. Wenn ein nennenswerter Leistungsfortschritt zu verzeichnen ist, hat der Architekt das Recht, eine Abschlagszahlung zu fordern. Dies gilt auch dann, wenn der zeitliche Abstand zwischen zwei Abschlagszahlungen gering ist.[48]

---

[45] Vgl. Locher, H./Koeble, W./Frik, W./Locher, U.: *Kommentar zur HOAI*, 12. Auflage, Werner Verlag, Köln 2014, § 15, Rdn. 90 ff.

[46] Vgl. BGH BauR 1981, 582.

[47] Vgl. BGH BauR 2005, 1951; BauR 1999, 267.

[48] Vgl. Pott, W./Dahlhoff, W./Kniffka, R./Rath, H.: *HOAI – Honorarordnung für Architekten und Ingenieure – Kommentar*, 9. Auflage, Verlag für Wirtschaft und Verwaltung Hubert Wingen, Essen 2011, § 15, Rdn. 33.

Wann ein Leistungsfortschritt soweit gediehen ist, dass er eine Forderung auf Abschlagszahlung rechtfertigt, ist nicht geregelt. Zweifellos kann der Architekt eine die gesamte Leistungsphase betreffende Abschlagszahlung fordern, wenn er diese Leistungsphase vollumfänglich erbracht hat.[49] Da es sich bei der Bauobjektüberwachung um eine umfangreiche Leistungsphase handelt, dürfte auch die Erbringung der jeweiligen Grundleistung der Leistungsphase 8 ein Recht auf Abschlagszahlung begründen.[50] Ob auch Teilleistungen von Grundleistungen der Leistungsphase 8 zur Abschlagszahlungsforderung berechtigen können, ist fraglich. Dies muss am jeweiligen Einzelfall entschieden werden. Dabei gilt, dass die geforderte Abschlagszahlung sich auf eine nennenswerte und abgrenzbare Teilleistung beziehen muss. Andernfalls bestünden ohnehin Schwierigkeiten, die abzurechnende Leistung (abgrenzbar) nachzuweisen und damit eine prüfbare Abschlagsrechnung zu stellen.

In der Praxis wird diese Nachweisproblematik häufig dadurch zu vermeiden versucht, indem im Architektenvertrag ein **Zahlungsplan** vereinbart wird. Dies kann ein hilfreiches Instrument sein. Allerdings wird die Rechtsposition des Bauleiters durch einen Zahlungsplan oftmals nicht verbessert. Denn auch bei der Vereinbarung eines Zahlungsplans werden die jeweiligen Teilzahlungen in der Regel an das Erreichen einer nennenswerten und abgrenzbaren Teilleistung geknüpft. In solchen Fällen kann der Auftraggeber dem Bauleiter erneut entgegenhalten, die Voraussetzungen (Leistungsfortschritt) seien bislang nicht erfüllt. Anders ist dies allerdings zu bewerten, wenn ein Zahlungsplan vereinbart wird, der den jeweiligen Teilzahlungsanspruch **nicht** an einen (nachweisbaren) Fortschritt der über die Bauleistung hinausgehenden Architektenleistung knüpft. Denkbar sind z. B. prozentuale Abschläge in regelmäßigen Zeitabständen. Muss der Auftraggeber als Folge eines solchen vom Leistungsfortschritt „entkoppelten" Zahlungsplans Honorare für Leistungen entrichten, die der Bauleiter bislang (noch) nicht erbracht hat, handelt es sich insoweit nicht um Abschlagszahlungen, sondern um Vorauszahlungen. Diese stellen eine „andere Zahlungsweise" im Sinne des § 15 Abs. 4 HOAI dar, die schriftlich vereinbart werden müssen.[51] Um Streitigkeiten zu vermeiden, sollte hinreichend kenntlich gemacht werden, ob es für die Teilzahlung auf den Nachweis eines konkreten Leistungsfortschrittes ankommen soll oder nicht.

---

[49] Vgl. Pott, W./Dahlhoff, W./Kniffka, R./Rath, H.: *HOAI – Honorarordnung für Architekten und Ingenieure – Kommentar*, 9. Auflage, Verlag für Wirtschaft und Verwaltung Hubert Wingen, Essen 2011, § 15, Rdn. 33.

[50] Vgl. Locher, H./Koeble, W./Frik, W./Locher, U.: *Kommentar zur HOAI*, 12. Auflage, Werner Verlag, Köln 2014, § 15, Rdn. 96.

[51] Vgl. Pott, W./Dahlhoff, W./Kniffka, R./Rath, H.: *HOAI – Honorarordnung für Architekten und Ingenieure – Kommentar*, 9. Auflage, Verlag für Wirtschaft und Verwaltung Hubert Wingen, Essen 2011, § 8, Rdn. 21.

Grenzen der Forderung von Abschlagsrechnungen

Der Bauleiter hat das Recht Abschlagszahlungen zu fordern bis der Vertrag vollumfänglich abgewickelt worden ist. Hat er sämtliche Leistungen vollständig erbracht, endet sein Recht auf Abschlagszahlungen.[52]

Das gleiche gilt, wenn der Vertrag vorzeitig beendet wurde. Dafür ist unerheblich, ob der Vertrag durch Kündigung beendet oder einvernehmlich aufgehoben wurde. Das Recht auf Abschlagszahlung erlischt. Da der Architekt in diesen Fällen in der Lage ist, eine Honorarschlussrechnung zu stellen, wird ihm das Recht zur Abschlagszahlungsforderung nicht mehr zugesprochen.[53]

10.2.2.3 Rechtsfolgen

Fälligkeit

Von der Fälligkeit eines aus einer Abschlagsrechnung resultierenden Anspruches auf Abschlagszahlung hängt ab, wann der Bauleiter diese Zahlung fordern kann, der Auftraggeber möglicherweise in Verzug gerät und die Verjährung dieser Abschlagsforderung beginnt.

§ 15 Abs. 2 HOAI gibt dem Architekten lediglich die „Möglichkeit", Abschlagszahlungen zu fordern. Von diesem Recht muss er keinen Gebrauch machen. Daraus wird deutlich, dass eine Abschlagsrechnung nur dann fällig werden kann, wenn die in § 15 Abs. 2 HOAI genannten Voraussetzungen vorliegen und der Architekt die Zahlung verlangt hat. Dies hat die Rechtsprechung bestätigt.[54] Anderenfalls würden ständig neue Fälligkeiten und damit neue Verjährungsfristen in Gang gesetzt. Dies wäre sinnwidrig.

Ist die vom Architekten übergebene Abschlagsrechnung nicht prüffähig, hindert dies die Fälligkeit des Anspruchs auf Abschlagszahlung nur, wenn die mangelnde Prüffähigkeit in einer angemessenen Frist vom Auftraggeber gerügt wird. Für die Schlussrechnung hat der BGH unabhängig vom Einzelfall und in Anlehnung an § 16 Abs. 3 Nr. 1 VOB/B einen Zeitraum von zwei Monaten ab Zugang als angemessene Rügefrist angesehen.[55] Diese Frist wird auch auf Abschlagsrechnungen angewendet.[56] Ob die Rechtsprechung auch zukünftig an der Prüffrist von zwei Monaten festhält, bleibt abzuwarten, da § 16 Abs. 3 Nr. 1 VOB/B seit der Fassung von 2012 statt einer Frist von zwei Monaten nur noch eine Frist von 30 Tagen vorsieht.

[52] Vgl. Locher, H./Koeble, W./Frik, W./Locher, U.: *Kommentar zur HOAI*, 12. Auflage, Werner Verlag, Köln 2014, § 15, Rdn. 90 ff.
[53] Vgl. OLG Köln BauR 1973, 324.
[54] Vgl. BGH BauR 1974, 215.
[55] BGH, BauR 2004, 316.
[56] OLG Celle IBR 2009, 399; BGH IBR 2005, 689; eine Entscheidung des VII. Senats des BGH steht zu dieser Frage noch aus.

Verjährung

In der Vergangenheit bestand Streit darüber, ob Abschlagsrechnungen überhaupt einer Verjährung unterliegen. Dies wurde zum Teil mit dem Argument verneint, dass es sich bei der Abschlagszahlung um eine Art Vorschuss handele.

Diese Auffassung ist unzutreffend und wurde von der überwiegenden Auffassung in der Literatur und der Rechtsprechung nicht weiterverfolgt. Nach § 15 Abs. 2 HOAI gesteht der Verordnungsgeber dem Architekten einen einklagbaren Anspruch auf Abschlagszahlung zu. Ansprüche unterliegen nach § 194 BGB der Verjährung. Dies ist bereits aus Gründen der Rechtssicherheit und Rechtsklarheit geboten. Darüber hinaus handelt es sich bei der Abschlagszahlung nicht um einen Vorschuss, sondern um einen Anspruch auf vorläufige Zahlung für nachgewiesene, bereits erbrachte Teilleistungen.[57] Der Anspruch auf Abschlagszahlung unterliegt mithin der Verjährung.

Ist die Verjährungsfrist eines Anspruchs auf Abschlagszahlung abgelaufen, bedeutet dies nicht zwingend, dass der damit vorläufig geltend gemachte Vergütungsanspruch nicht mehr durchgesetzt werden kann. Nach dem BGH und der überwiegenden Auffassung in der Literatur können an sich verjährte Abschlagszahlungen innerhalb der Schlussrechnung wieder aufgegriffen werden.[58] Maßgeblich ist dann allein eine etwaige Verjährung des Vergütungsanspruchs aus der Honorarschlussrechnung. Dies macht auch Sinn. Die Ansprüche auf Abschlagszahlung nach § 15 Abs. 2 HOAI und die Ansprüche auf Schlusszahlung nach § 15 Abs. 1 HOAI werden zu unterschiedlichen Zeitpunkten eigenständig fällig. Da die Fälligkeit und die Verjährung jedoch nicht voneinander getrennt werden können,[59] müssen diese Ansprüche auch einer selbständigen Verjährung unterliegen. Ferner würde eine gegenteilige Auffassung in der Praxis zu untragbaren Ergebnissen führen. Der Bauleiter wäre dann gezwungen, allein aus verjährungsrechtlichen Gründen seine jeweilige Abschlagszahlung gerichtlich geltend zu machen, obwohl das Bauvorhaben noch nicht abgeschlossen ist. Dies kann gerade bei Großprojekten zu unerträglichen und folgenreichen Bauablaufstörungen führen.

Dem werden z. T. dogmatische Bedenken entgegengehalten. Eine Auffassung in der Literatur.[60] bezieht sich dafür auf eine Entscheidung des BGH vom 11.11.2004.[61] In der Entscheidung hatte der BGH darüber zu befinden, ob bei einem prozessualen Übergang von einer Abschlagsrechnung zu einer Schlussrechnung ein neuer Klagegegenstand vorliegt. In diesem Zusammenhang äußerte der BGH die Auffassung, *„der Anspruch auf Abschlagszahlung sei lediglich eine modifizierte Form des Anspruchs auf Werklohn"*.[62] Daraus hat ein Teil der Literatur gefolgert, dass auch die Annahme einer eigenständigen

---

[57] Vgl. Locher, H./Koeble, W./Frik, W./Locher, U.: *Kommentar zur HOAI*, 12. Auflage, Werner Verlag, Köln 2014, § 15, Rdn. 98.
[58] Vgl. BGH BauR 1999, 267.
[59] Vgl. OLG Celle BauR 1991, 371; BGH BauR 1974, 213; BGH BauR 1982, 187.
[60] Vgl. Locher, H./Koeble, W./Frik, W./Locher, U.: *Kommentar zur HOAI*, 12. Auflage, Werner Verlag, Neuwied 2014, § 15, Rdn. 107.
[61] Vgl. BGH BauR 2005, 400.
[62] Vgl. BGH BauR 2005, 400.

Verjährung bedeutungslos sei. Dieser Literaturmeinung ist nicht zu folgen. Bereits aus der unterschiedlichen Fälligkeit ergibt sich eine unterschiedliche und eigenständige Verjährung. Darüber hinaus ist erneut auf die untragbaren Ergebnisse für die Praxis zu verweisen, die oben bereits erläutert wurden. Daran hat sich durch die vorbenannte Entscheidung des BGH nichts geändert.

Es ist daher weiterhin davon auszugehen, dass Ansprüche auf Abschlagszahlungen selbständig verjähren, der insoweit geltend gemachte Honoraranteil jedoch im Rahmen der Honorarschlussrechnung erneut aufgenommen werden kann.

10.2.3 Schlussrechnung

10.2.3.1 Begriff

Bei einer Honorarschlussrechnung handelt es sich um eine Rechnung, die aus Sicht des Auftraggebers über einen eindeutig abschließenden Charakter verfügt. Dafür ist nicht erforderlich, die Rechnung als Schlussrechnung zu bezeichnen. Hinreichend ist, wenn aus der Rechnung hervorgeht, dass die gesamten Leistungen abgerechnet werden sollen.[63] Auch eine als Abschlagsrechnung bezeichnete Rechnung kann eine Schlussrechnung darstellen. Das kann z. B. dann der Fall sein, wenn zur Abschlagsrechnung verbindlich erklärt wurde, dass keinerlei zusätzliche Forderungen geltend gemacht würden.[64] Sollte aus der Rechnung jedoch hervorgehen, dass diese noch keinen endgültigen Charakter hat, handelt es sich lediglich um eine Abschlagsrechnung.[65]

10.2.3.2 Voraussetzungen eines Anspruchs auf Schlusszahlung

Leistungen vertragsgemäß erbracht

Nach § 15 Abs. 1 HOAI setzt eine fällige Honorarschlussrechnung die vertragsgemäße Erbringung der Leistungen voraus. Dabei handelt es sich regelmäßig um die Kernvoraussetzung des geforderten Architektenhonorars.

In einem **ersten Schritt** stellt sich die Frage, welche Leistungen von dem Architekten vertraglich erbracht werden müssen. Das ist dem Architektenvertrag zu entnehmen. Dafür darf grundsätzlich nicht auf die HOAI abgestellt werden. Diese stellt reines Preisrecht dar und enthält keine Regelungen über die vom Architekten zu erbringenden Leistungen.[66] Da in der Praxis häufig die in der HOAI genannten Leistungsphasen vorbehaltlos zum Vertragsbestandteil gemacht werden, muss in solchen Fällen zur Auslegung des Vertrags zumindest indiziell auf die HOAI zurückgegriffen werden. Eine solche Auslegung ergibt oftmals, dass dem auftraggeberseitigen Bauleiter die Grundleistungen der Leis-

---

[63] Vgl. OLG Koblenz NJW-RR 1999, 1250.

[64] Vgl. Locher, H./Koeble, W./Frik, W./Locher, U.: *Kommentar zur HOAI*, 12. Auflage, Werner Verlag, Neuwied 2014, § 15, Rdn. 22.

[65] Vgl. Koeble, W.: *Festschrift für Werner*, Werner Verlag, Neuwied 2005, S. 123.

[66] Vgl. BGH IBR 1999, 170 mit Anm. Wirth.

tungsphase 8 übertragen wurden. Ob die Erbringung **sämtlicher** Grundleistungen der Leistungsphase 8 geschuldet ist und was dies im Einzelfall bedeutet, muss dem Vertrag – im Zweifel durch Auslegung – entnommen werden.

Früher wurde allein auf den erfolgreichen Abschluss des mangelfreien Bauvorhabens abgestellt, also auch der Architektenvertrag objektbezogen behandelt.[67] Daneben wurde die Erbringung sog. „zentraler Leistungen" (Kostenermittlungen, Erarbeitung des Planungskonzepts, Entwurfs- und Ausführungsplanung, Massenermittlung und Leistungsbeschreibung, Einholung von Angeboten und die Überwachung der Ausführung) gefordert.[68] Spätestens seit der Entscheidung des BGH vom 24.06.2004[69] hat jedoch ein Umdenken in Rechtsprechung und Literatur stattgefunden. Nach wie vor ist ein erfolgreicher Abschluss des mangelfreien Bauvorhabens erforderlich. Daneben schuldet der Architekt jedoch viele weitere Teilerfolge. Der BGH führte dazu aus:

> Eine an den Leistungsphasen des § 15 HOAI orientierte vertragliche Vereinbarung begründet im Regelfall, dass der Architekt die vereinbarten Arbeitsschritte als Teilerfolg des geschuldeten Gesamterfolgs schuldet. Erbringt der Architekt einen derartigen Teilerfolg nicht, ist sein geschuldetes Werk mangelhaft.

Hintergrund dessen ist, dass der Auftraggeber ein regelmäßiges Interesse an diesen Arbeitsschritten hat. Dadurch werde es ihm ermöglicht, die Erbringung des geschuldeten Erfolgs zu überprüfen, etwaige Gewährleistungsansprüche gegen den Bauunternehmer durchzusetzen und die Maßnahmen zur Unterhaltung des Bauvorhabens und dessen Bewirtschaftung zu planen.[70] Daraus folgt für die vom BGH entschiedenen Fälle: Erbringt der Architekt eine Leistungsphase oder Grundleistung nicht oder unvollständig, ist sein Werk mangelhaft. Das gilt unabhängig davon, ob es sich bei der (Teil-)Leistung um eine „zentrale Leistung" handelt. Er kann sich nicht (mehr) damit verteidigen, das Bauvorhaben selbst sei mangelfrei abgeschlossen.

Wurde der Leistungsumfang des Architekten ermittelt, ist in einem **zweiten Schritt** zu prüfen, ob der Architekt die vertraglich geschuldete (Teil-)Leistung ordnungsgemäß erbracht oder mangelhaft geleistet hat.

Erst in einem **dritten Schritt** stellt sich die Frage, wie sich eine mangelhaft erbrachte Leistung auf das Honorar des Bauleiters auswirkt. Für eine Minderung des Honoraranspruchs muss nach der Bedeutung und dem Gewicht der Teilleistung gefragt werden.[71] Nicht jegliche geringfügige Teilleistung löst bei deren Nichterbringung einen bezifferba-

---

[67] Vgl. BGH NJW 1982, 1387; ausführlich zum Thema der unvollständig erbrachten Teilleistung: Werner, U./Pastor, W.: *Der Bauprozess*, 15. Auflage, Werner Verlag, Köln 2015, Rdn. 862.

[68] Vgl. OLG Düsseldorf, BauR 2002, 1726; OLG Hamm BauR 1994, 793; OLG Celle BauR 1991, 371; Preussner, M.: *Voller Honoraranspruch des Architekten trotz unvollständiger Teilleistung?*, BauR 1991, 683.

[69] Vgl. BGH BauR 2004, 1640.

[70] Vgl. BGH BauR 2004, 1640 (1643).

[71] Vgl. Werner, U./Pastor, W.: *Der Bauprozess*, 15. Auflage, Werner Verlag, Köln 2015, Rdn. 1017.

ren Minderwert des Architektenwerks aus. Eine starre Anwendung der Steinfort-Tabelle oder ähnlicher Tabellen verbietet sich.[72]

Abnahme

In § 15 Abs. 1 HOAI 2013 wird die Fälligkeit des sich aus der Schlussrechnung ergebenden Honorars erstmals zusätzlich von der Abnahme der Leistungen des Bauleiters abhängig gemacht. Damit erfolgte eine Anpassung an die Vorschriften zum Werkvertragsrecht gemäß §§ 640 ff. BGB. Davon soll gemäß § 15 Abs. 1 HOAI durch schriftliche Vereinbarung abgewichen werden können. Das Schriftformerfordernis wird in der Literatur zum Teil kritisch gesehen. Da das Werkvertragsrecht in §§ 640, 641 BGB seinerseits kein Schriftformerfordernis vorsieht, liege darin eine verschärfende Änderung. Diese sei von der Ermächtigungsgrundlage der HOAI nicht gedeckt und daher unwirksam.[73] Es bleibt abzuwarten, wie die Rechtsprechung die Wirksamkeit dieser Regelung bewertet.

Honorarschlussrechnung überreicht

Aus dem Wortlaut des § 15 Abs. 1 HOAI ergibt sich, dass die Schlussrechnung dem Auftraggeber übergeben worden sein muss.

Dafür ist nicht erforderlich, dem Auftraggeber die Schlussrechnung persönlich auszuhändigen. Hinreichend ist der Zugang der Honorarschlussrechnung beim Auftraggeber (§ 130 BGB). Für den Zugang genügt es, wenn die Schlussrechnung in den Macht- bzw. Einwirkungsbereich des Auftraggebers gelangt.[74] Dafür ist grundsätzlich der Einwurf in den Briefkasten des Auftraggebers hinreichend, auch wenn dieser den Briefkasten nicht geleert haben sollte.[75] Da der Bauleiter für den Zugang der Rechnung die Beweislast trägt, ist ihm jedoch **dringend** zu empfehlen, die Honorarschlussrechnung als Einschreiben zu übersenden oder eine persönliche Übergabe unter der Anwesenheit von Zeugen vorzunehmen.

Prüffähigkeit der Honorarschlussrechnung

a) Maßstab und Kriterien

Die vom Bauleiter gestellte Honorarschlussrechnung muss prüfbar sein. Maßstab der Prüfbarkeit ist nach der ständigen Rechtsprechung des BGH das Informations- und Kontrollinteresse des konkreten Auftraggebers.[76] Der Auftraggeber muss anhand der Honorarschlussrechnung in die Lage versetzt werden, die abgerechneten Leistungen sicher zu beurteilen. Die Rechnung muss daher sämtliche erbrachten Leistungen und die zugrun-

---

[72] Vgl. Werner, U./Pastor, W.: *Der Bauprozess*, 15. Auflage, Werner Verlag, Köln 2015, Rdn. 1017.
[73] Vgl. Locher, H./Koeble, W./Frik, W.: *Kommentar zur HOAI*, 12. Auflage, Werner Verlag, Köln 2014, § 15, Rdn. 19.
[74] Vgl. BGH NJW 1983, 929.
[75] Vgl. Palandt: *Bürgerliches Gesetzbuch*, 74. Auflage, Verlag C.H. Beck, München 2015, § 130, Rdn. 6.
[76] Vgl. BGH BauR 1998, 1108.

de gelegten Berechnungsfaktoren enthalten.[77] Wie detailliert die Honorarschlussrechnung zu erstellen ist, hängt von der jeweiligen Sachkunde des Empfängers ab. Der Inhalt einer Honorarschlussrechnung hängt zudem davon ab, welche Art der Vergütung die Vertragsparteien vereinbart haben. Sollten die Parteien z. B. ein Erfolgshonorar vereinbart haben, muss aus der Rechnung hervorgehen, worin der Erfolg bestand und ob dieser Erfolg eingetreten ist.

Auch wenn die Anforderungen an die Prüfbarkeit einer Schlussrechnung vom jeweiligen Einzelfall abhängig sind, gibt es für eine Abrechnung nach der HOAI Grundvoraussetzungen, die vom schlussrechnenden Bauleiter eingehalten werden sollten. Rechnet der Bauleiter nach den Grundsätzen der HOAI ab, ist eine Schlussrechnung dann prüffähig, wenn sie sämtliche nach der HOAI zu beachtende Berechnungsfaktoren enthält. Als **Mindeststandard** für eine Abrechnung von baukostenabhängigen Honoraren sind folgende Angaben zu berücksichtigen:

- Angaben zu den anrechenbaren Kosten[78] und den Kostenermittlungsarten,
- Angaben zum Umfang der vertragsgemäß erbrachten Leistungen und deren Bewertung,
- Angaben der zugrunde gelegten Honorarzone, des Honorarsatzes und der verwandten Honorartafel.

Eine lediglich aus steuerrechtlichen Gesichtspunkten (§ 14 UStG) unzureichende Schlussrechnung hindert die Fälligkeit des Schlusszahlungsanspruchs hingegen nicht, sondern begründet ein Zurückbehaltungsrecht des Architekten aus § 273 BGB.[79]

b) Anrechenbare Kosten und richtige Kostenermittlung

Der Architekt muss der von ihm abgerechneten Leistung die richtige Kostenermittlung zugrunde gelegt haben. Daraus müssen sich die relevanten anrechenbaren Kosten ergeben. Für die Leistungsphase 8 ist die Kostenberechnung maßgeblich. Liegt diese noch nicht vor, ist nach der Kostenschätzung abzurechnen (§ 6 Abs. 1 Nr. 1 HOAI).

Für die Erstellung der Honorarschlussrechnung müssen die Kostenermittlungen nach den Vorgaben der DIN 276 in der Fassung von Dezember 2008 (§ 4 Abs. 1 HOAI) erfolgen.

c) Erbrachte Leistungen

Die von dem Bauleiter vertragsgemäß erbrachten Leistungen müssen in der Rechnung aufgeführt sein. Eine pauschale Verweisung auf die Leistungsphasen ist nicht hinreichend.[80]

---

[77] Vgl. Locher, H./Koeble, W./Frik, W.: *Kommentar zur HOAI*, 12. Auflage, Werner Verlag, Köln 2014, § 15, Rdn. 26.

[78] Vgl. LG Hannover BauR 2013, 644.

[79] OLG Düsseldorf IBR 2009, 460.

[80] Vgl. Locher, H./Koeble, W./Frik, W.: *Kommentar zur HOAI*, 12. Auflage, Werner Verlag, Köln 2014, § 15, Rdn. 26.

Bei der Erbringung sämtlicher Leistungen aus einer Leistungsphase müssen die Teilleistungen nicht gesondert angegeben werden.[81] Im Hinblick auf die dargestellte neue Rechtsprechung muss der Bauleiter jedoch im Zweifel die Erbringung sämtlicher geschuldeter (Teil-)Leistungen darlegen und beweisen, um sicher eine Minderung seines Honorars zu vermeiden.

Der Auftraggeber muss erkennen können, für welche etwaig erbrachten Leistungen er eine Vergütung zahlen soll. Zur Darlegungs- und Beweislast gilt das oben Gesagte.

d) Honorarzone/Honorartafel

Aus der Honorarschlussrechnung müssen auch die Honorarzone und die herangezogene Honorartafel ersichtlich werden. Wurde die Honorarzone nicht nach der Objektliste (§ 5 HOAI i. V. m. Anlage 10.2) bestimmt, müssen die einzelnen Bewertungsmerkmale der Punktbewertung nach § 35 Abs. 2, 4 HOAI angeführt werden. Anderenfalls kann der Auftraggeber nicht nachvollziehen, wie der Bauleiter zu der von ihm bestimmten Honorarzone gelangte.

e) Sonstige Kriterien

Darüber hinaus kann es im Einzelfall noch eine Reihe weiterer Kriterien geben, die bei der Erstellung einer prüffähigen Honorarschlussrechnung zu beachten sind. Dies gilt insbesondere für den Umbauzuschlag nach § 36 HOAI oder etwaig getrennte Abrechnungen nach den § 11 HOAI. Die Angabe von Interpolationsformeln ist nicht erforderlich.[82]

f) Einwand der mangelnden Prüffähigkeit

Sollten die oben dargestellten Voraussetzungen einer prüffähigen Honorarschlussrechnung nicht vorliegen, muss der Auftraggeber dies rügen. Mit dieser Rüge muss der Auftraggeber verdeutlichen, dass er nicht bereit ist, in die sachliche Auseinandersetzung einzutreten, solange er keine prüfbare Rechnung erhalten hat.[83]

Der Auftraggeber kann mit dem Einwand der mangelnden Prüfbarkeit ausgeschlossen sein, wenn er die Rechnung eingehend geprüft und Anmerkungen zur inhaltlichen Richtigkeit gemacht hat.[84] Durch eine intensive Bearbeitung der Schlussrechnung gibt er in der Regel zu verstehen, dass die Rechnung für ihn zumindest nachvollziehbar und damit prüffähig gewesen ist.[85] Ob die Rechnung inhaltlich tatsächlich richtig ist, ist für die Frage der Prüffähigkeit nicht relevant.

Rügt der Auftraggeber eine etwaige mangelnde Prüffähigkeit nicht innerhalb einer **angemessenen Frist**, kann er mit solchen Einwendungen für die Zukunft ausgeschlossen sein. Anders als in einem VOB-Bauvertrag gibt es keine kodifizierte Regelung über den insoweit zur Verfügung stehenden Prüfungszeitraum. Der BGH hat sich in einer generali-

---

[81] Vgl. OLG Frankfurt BauR 1982, 600 (601).
[82] Vgl. OLG Düsseldorf BauR 1996, 893.
[83] BGH IBR 2010, 395.
[84] Vgl. BGH BauR 1997, 1065; OLG Düsseldorf BauR 2001, 1137 (1139).
[85] Vgl. OLG Naumburg IBR 2010, 344.

sierenden Entscheidung jedoch an § 16 Abs. 3 Nr. 1 VOB/B angelehnt und geht von einem Zeitraum von zwei Monaten seit Zugang der Schlussrechnung aus.[86] Ob die Rechtsprechung auch zukünftig an der Prüffrist von zwei Monaten festhält, bleibt abzuwarten, da § 16 Abs. 3 Nr. 1 VOB/B seit der Fassung von 2012 statt einer Frist von zwei Monaten nur noch eine Frist von 30 Tagen vorsieht.

Es ist unzureichend, wenn der Auftraggeber innerhalb dieser Frist unsubstantiiert die etwaig mangelnde Prüffähigkeit rügt. Er muss innerhalb dieser Frist vielmehr kundtun, inwiefern die Schlussrechnung für ihn nicht prüfbar ist. Der Bauleiter muss nach einer solchen Prüfbarkeitsrüge in die Lage versetzt werden, die fehlenden Anforderungen an die Prüffähigkeit nachzuholen.[87]

Sollte der Auftraggeber innerhalb der 2 Monate die mangelnde Prüffähigkeit nicht (hinreichend substantiiert) gerügt haben, ist ihm der Einwand der mangelnden Nachvollziehbarkeit im Honorarprozess nicht vollends abgeschnitten. Zwar wird ihm die „Prüffähigkeitsrüge" verwehrt, jedoch muss jeder in einer Klage geltend gemachte Anspruch schlüssig und damit nachvollziehbar dargelegt sein.[88] Dies gilt auch für den Honoraranspruch. Die schlüssige Darlegung des Honoraranspruchs kann im Honorarprozess nachgeholt werden. Die Vorlage einer modifizierten, korrigierten oder ergänzten Schlussrechnung im Verlaufe des Honorarprozesses setzt dann allerdings keine neue Prüffrist in Gang.[89]

10.2.3.3 Rechtsfolgen

Fälligkeit

Entspricht die Honorarschlussrechnung den Voraussetzungen des § 15 Abs. 1 HOAI, wird der darin enthaltene Honoraranspruch fällig. Fälligkeit bedeutet, dass der Bauleiter das Honorar ab diesem Zeitpunkt von seinem Auftraggeber verlangen kann.[90] Die Fälligkeit ist darüber hinaus maßgeblich für den Verjährungsbeginn und etwaige Verzugsfolgen. Bereits aus diesem Gesichtspunkt ist die Honorarschlussrechnung mit besonderer Sorgfalt zu erstellen.

Verjährung

Der aus der Honorarschlussrechnung resultierende Honoraranspruch unterliegt der Verjährung. Ist der Honoraranspruch verjährt, ist der Auftraggeber berechtigt, die Leistung (also die Zahlung des Honorars) zu verweigern, § 214 BGB. Demnach besteht der Ho-

---

[86] Vgl. BGH BauR 2004, 316; IBR 2010, 395.
[87] Vgl. Locher, H./Koeble, W./Frik, W./Locher, U.: *Kommentar zur HOAI*, 12. Auflage, Werner Verlag, Köln 2014, § 15, Rdn. 25.
[88] OLG Celle IBR 2009, 1338.
[89] OLG Düsseldorf IBR 2009, 1375.
[90] Vgl. Pott, W./Dahlhoff, W./Kniffka, R./Rath, H.: *HOAI – Honorarordnung für Architekten und Ingenieure – Kommentar*, 9. Auflage, Verlag für Wirtschaft und Verwaltung Hubert Wingen, Essen 2011, § 8, Rdn. 5.

noraranspruch zwar weiterhin, er kann bei Geltendmachung der Verjährung jedoch nicht mehr gerichtlich durchgesetzt werden.

Zur Berechnung der Verjährung ist der Beginn und die Dauer der Verjährungsfrist maßgeblich. Anhand dieser Eckdaten kann eine etwaige Verjährung berechnet werden.

Bei **nach** dem 01.01.2002 geschlossenen Verträgen beträgt die regelmäßige Verjährungsfrist gemäß § 195 BGB drei Jahre. Sie beginnt am Ende des Jahres, in dem auch die Fälligkeit eingetreten ist.

Sollte der Architektenvertrag bereits **vor** dem 01.01.2002 geschlossen worden sein, ist über § 196 Abs. 1 Nr. 7 BGB a. F. i. V. m. Art. 229 § 6 Abs. 3 EGBGB in der Regel die alte zweijährige Verjährungsfrist maßgeblich. Diese begann am 01.01.2002 und endete am 31.12.2003 um 24 Uhr.[91]

a) Verjährung bei fehlender Rechnungsstellung

Die Verjährung des Honoraranspruchs beginnt grundsätzlich mit Abschluss des Jahres, in dem die oben beschriebenen Fälligkeitsvoraussetzungen vorlagen, insbesondere eine prüffähige Honorarschlussrechnung gestellt wurde. Der Bauleiter kann den Verjährungsbeginn hinauszögern, wenn er keine Schlussrechnung überreicht. Dies ist grundsätzlich zulässig. Da er ein Interesse an der Honorierung seiner Leistung hat, wird er sich damit im Regelfall selbst schaden. Andererseits können zwischenzeitliche Mängelansprüche des Auftraggebers verjähren.

Der Auftraggeber kann sich im Nachhinein nicht darauf berufen, der Bauleiter habe zwischenzeitlich eine prüffähige Honorarrechnung stellen können. Will der Auftraggeber Rechtssicherheit erlangen, kann er dem Bauleiter eine angemessene Frist zur Rechnungsstellung setzen.[92] Überreicht der Bauleiter innerhalb dieser Frist keine Honorarschlussrechnung, muss er sich nach Treu und Glauben so behandeln lassen, als sei die Honorarschlussrechnung innerhalb dieser angemessenen Frist gestellt worden.[93] Dies hat zur Folge, dass ab dem Zeitpunkt des Fristablaufs eine Honorarrechnung **als gestellt gilt** und mit Ablauf des in diesen Zeitraum fallenden Jahres die Verjährung beginnt.

Beispiel *Die Parteien haben am 01.01.2003 einen Architektenvertrag über eine Bauobjektüberwachung geschlossen. Das gesamte Vorhaben ist abgeschlossen, der Bauleiter hat aber noch keine Honorarschlussrechnung gestellt. Daraufhin setzt ihm der Auftraggeber eine Frist bis zum 31.10.2006, die der Bauleiter fruchtlos verstreichen lässt. Ab dem 01.11.2006 gilt die Honorarschlussrechnung als gestellt und die Verjährungsfrist beginnt mit Ablauf des 31.12.2006 zu laufen. Wegen der 3-jährigen Verjährungsfrist des § 195 BGB ist der Honoraranspruch demnach am 01.01.2010 um 0 Uhr verjährt.*

---

[91] Ausnahmsweise war in solchen Altverträgen eine vierjährige Verjährungsfrist denkbar, wenn es sich bei dem Bauleiter um einen Kaufmann handelte und er die Leistung für den Gewerbebetrieb des Schuldners (= Auftraggeber) erbrachte, § 196 Abs. 1 Nr. 1, Abs. 2 BGB a. F.

[92] Vgl. BGH BauR 1986, 596.

[93] Vgl. BGH BauR 1986, 596; BauR 2000, 589; BauR 2001, 1610.

b) Verjährung bei nicht prüffähiger Schlussrechnung

In Literatur und Rechtsprechung ist zum Teil umstritten, wann die Verjährung im Falle einer nicht prüffähigen Schlussrechnung beginnt.

Der BGH hat in mehreren Entscheidungen festgestellt, dass bei Erteilung einer nicht prüffähigen Schlussrechnung auch die Verjährungsfrist nicht zu Laufen beginnt.[94] Da es sich bei der Prüfbarkeit gemäß § 15 Abs. 1 HOAI um eine Fälligkeitsvoraussetzung handelt und der Verjährungsbeginn vom Beginn der Fälligkeit abhängig ist, ist diese Entscheidung sachlogisch.

Dennoch sollen im Folgenden unterschiedliche Konstellationen differenziert werden:

- Soweit der Auftraggeber die mangelnde Prüffähigkeit der Schlussrechnung **nicht rügt**, wird die Rechnung nach der oben bereits beschriebenen generalisierenden Betrachtungsweise innerhalb von zwei Monaten nach Zugang fällig.[95] Ab diesem Zeitpunkt – bzw. mit Ablauf des entsprechenden Kalenderjahres – beginnt die Verjährungsfrist.
- Rügt der Auftraggeber die mangelnde Prüffähigkeit der Schlussrechnung und erstellt der Architekt daraufhin eine zweite Schlussrechnung, ist diese zweite Schlussrechnung für den Verjährungsbeginn maßgeblich.[96]
- Umstritten ist nachfolgende Konstellation: Der Bauleiter erstellt eine nicht prüfbare Schlussrechnung. Dies wird vom Auftraggeber fristgerecht gerügt. Anders als in der zweiten Konstellation erstellt der Bauleiter aber nicht unmittelbar eine weitere (prüfbare) Schlussrechnung. Eine weitere Schlussrechnung wird vom Bauleiter erst zu einem Zeitpunkt erstellt, in dem der Anspruch aus der ursprünglichen (nicht prüfbaren) Schlussrechnung verjährt wäre.

Diese Konstellation nehmen einige Stimmen in der Literatur zum Anlass, die Prüffähigkeit der Schlussrechnung als für den Verjährungsbeginn unerheblich anzusehen.[97] Das wird damit begründet, dass der Auftragnehmer (Bauleiter) sich anderenfalls zu seinem eigenen Verhalten in Widerspruch setzen könne. Er könne eine nicht prüfbare Schlussrechnung stellen und hätte insoweit noch den Vorteil eines späteren Verjährungsbeginns. Daher müsse sich der Auftragnehmer (Bauleiter) nach Treu und Glauben so behandeln lassen, als ob er eine prüffähige Honorarschlussrechnung gestellt habe. Dem ist der BGH jedoch entgegengetreten.[98] Danach verhindert auch die Übergabe einer nicht prüfbaren Schlussrechnung die Verjährung. Weder die Vorlage einer nicht prüfbaren Rechnung, noch die späte Vorlage einer prüfbaren Rechnung bedeuten für sich allein eine treuwidrige Verhaltensweise des Architekten.[99] Für ein solches Ver-

---

[94] Vgl. BGH BauR 2000, 589 ff.; 1991, 489.
[95] Vgl. BGH BauR 2004, 316.
[96] BGH NZBau 2001, 574.
[97] Vgl. z. B. Locher, H./Koeble, W./Frik, W./Locher, U.: *Kommentar zur HOAI*, 12. Auflage, Werner Verlag, Köln 2014, § 15, Rdn. 65.
[98] Vgl. BGH BauR 2000, 589.
[99] Vgl. BGH BauR 2000, 589.

halten könne es durchaus Gründe geben. Dies müsse im jeweiligen Einzelfall geklärt werden. Darüber hinaus begründe die Übergabe einer nicht prüffähigen Schlussrechnung nicht nur Vorteile des Architekten. Immerhin brauche der Auftraggeber auf eine nicht prüfbare Schlussrechnung (mangels Fälligkeit) auch nicht zu leisten.

Dem Bauleiter ist in der Praxis anzuraten, mit dem BGH die Stellung einer prüffähigen Schlussrechnung als für den Verjährungsbeginn maßgeblich anzusehen. Ihm sollte aber in jedem Fall bewusst sein, dass es ihm bei einem etwaig missbräuchlichen Verhalten verwehrt sein kann, sich auf die mangelnde Prüffähigkeit der eigenen Schlussrechnung berufen zu dürfen.

Bindungswirkung

a) Grundlagen

Besondere Sorgfalt sollte der Bauleiter bei der Erstellung seiner Honorarschlussrechnung auch im Hinblick auf die Bindungswirkung walten lassen.

Der Bauleiter ist an den Inhalt seiner jeweiligen Schlussrechnung gebunden. Zur Begründung wird ausgeführt, dass der Auftraggeber im Regelfall damit rechnen könne und sich darauf verlassen dürfe, dass der Bauleiter die in seiner Schlussrechnung enthaltene Erklärung einhält und keine zusätzlichen Ansprüche geltend macht.[100]

Die insoweit sehr streng ausgelegte Bindungswirkung hat der BGH mittlerweile etwas gelockert.[101] Grundsätzlich hält der BGH an einer Bindungswirkung fest. Allerdings könne es gute Gründe für eine nachträgliche Änderung geben. Es sei nicht zwingend, dass die Schlussrechnung des Architekten ein begründetes Vertrauen des Auftraggebers bilde und dieses Vertrauen des Auftraggebers auch schutzwürdig sei. Es habe eine umfangreiche Abwägung der Interessen des Architekten mit den Interessen seines Auftraggebers zu erfolgen.[102] Im Rahmen eines Rechtsstreits hat der Bauleiter darzulegen und zu beweisen, dass seine bisherige Rechnung fehlerhaft zu niedrig war. Er muss die Umstände darlegen, die ihn zur Geltendmachung einer höheren Rechnung berechtigen. Der Auftraggeber muss sodann darlegen und beweisen, dass durch die erste Schlussrechnung ein Vertrauenstatbestand geschaffen wurde, auf den er sich eingerichtet hat und ihm deshalb eine Nachforderung nach Treu und Glauben nicht zugemutet werden kann. Darüber hinaus hat er darzulegen, dass er auf diesen Tatbestand auch tatsächlich vertraut hat und vertrauen durfte.[103]

---

[100] Vgl. Locher, H./Koeble, W./Frik, W.: *Kommentar zur HOAI*, 12. Auflage, Werner Verlag, Köln 2014, § 15, Rdn. 73 f.

[101] Vgl. BGHZ 120, 133; BauR 1993, 239.

[102] Vgl. BGHZ 120, 133.

[103] Vgl. Locher, H./Koeble, W./Frik, W.: *Kommentar zur HOAI*, 12. Auflage, Werner Verlag, Köln 2014, § 15, Rdn. 74.

b) Bindungswirkung als Einzelfallentscheidung

Ob eine Bindungswirkung besteht oder nicht, ist demnach im jeweiligen Einzelfall zu entscheiden. Da der Architekt mit seiner Schlussrechnung grundsätzlich zu verstehen gibt, seine Leistungen abschließend berechnet zu haben, kann eine Bindungswirkung selbst dann bestehen, wenn mit der Honorarschlussrechnung die Mindestsätze unterschritten werden.[104] Sofern der Auftraggeber

- auf den abschließenden Charakter der Honorarschlussrechnung vertraut hat,
- darauf vertrauen durfte *und*
- er sich im berechtigten Vertrauen auf die Endgültigkeit der Schlussrechnung in schutzwürdiger Weise so eingerichtet hat, dass ihm eine Nachforderung nicht mehr zugemutet werden kann,

kann der Architekt an diese die Mindestsätze unterschreitende Vergütung gebunden sein.[105]

Dies gilt allerdings nicht, wenn der Auftraggeber die Prüffähigkeit der Schlussrechnung gerügt hat. Damit hat der Auftraggeber gerade zu verstehen gegeben, dass er auf den Bestand dieser Schlussrechnung nicht vertraut.[106] Eine Bindungswirkung ist auch dann zu versagen, wenn sie offensichtliche Fehler enthält, soweit der Auftraggeber diese entweder erkannt hat oder hätte erkennen müssen. Dies hat der BGH zum Beispiel für eine offensichtlich falsche Berechnung der Mehrwertsteuer anerkannt.[107] Ferner dürfte eine Bindungswirkung der Honorarschlussrechnung dann nicht gegeben sein, wenn sich der Bauleiter die Erhöhung der Rechnung ausdrücklich vorbehalten hat. Nach der aufgelockerten Rechtsprechung des BGH dürfte insoweit kein Vertrauenstatbestand hinsichtlich der Höhe der konkret überreichten Honorarschlussrechnung bestehen. In einem solchen Fall ist jedoch streng zu prüfen, ob es sich überhaupt um eine Honorarschlussrechnung handelt. Denn der Architekt gibt mit der Honorarschlussrechnung grundsätzlich an, sämtliche Leistungen abschließend berechnet zu haben. Dies wäre in dem oben genannten Fall fraglich. Zudem stellt allein die Bezahlung der Schlussrechnung keine Maßnahme dar, mit der sich der Auftraggeber in schutzwürdiger Weise auf die Endgültigkeit der Schlussrechnung einrichtet.[108]

Insbesondere wegen der Bindungswirkung sollte der Bauleiter große Sorgfalt darauf verwenden, die Honorarschlussrechnung möglichst umfassend und nachvollziehbar zu erstellen. Das spätere Nachschieben von Honorarelementen ist in der Praxis zwar häufig anzutreffen, in einem gerichtlichen Verfahren jedoch schwer durchzusetzen.

---

[104] Vgl. Locher, H./Koeble, W./Frik, W./Locher, U.: *Kommentar zur HOAI*, 12. Auflage, Werner Verlag, Köln 2014, § 15, Rdn. 85.
[105] Vgl. BGH IBR 1993, 157; NJW 2009, 435.
[106] Vgl. BGHZ 120, 133 (140).
[107] Vgl. BGH BauR 1986, 953.
[108] BGH NJW 2009, 435.

10.2.3.4 Teilschlussrechnung

In der Praxis ergeben sich häufig Probleme, wenn Architekten und Ingenieure Teilschlussrechnungen stellen. Bei einer Teilschlussrechnung handelt es sich um eine Rechnung, mit der der Architekt die abgerechnete Teilleistung abschließend berechnet wissen will. Sie entspricht für den abgerechneten Teil einer Honorarschlussrechnung und ist daher ebenfalls mit besonderer Vorsicht und Sorgfalt zu erstellen.

Abgrenzung zur Abschlagsrechnung

Liegt eine als Teilschlussrechnung bezeichnete Rechnung vor, ist zunächst auszulegen, ob es sich dabei tatsächlich um eine Teilschlussrechnung handelt. Denkbar ist auch, dass es sich um eine Abschlagszahlungsrechnung handelt. Weder das BGB noch die HOAI kennen den Begriff der „Teilschlussrechnung". Demnach gibt es keine gesetzliche Grundlage für ein Recht des Architekten, Teile seiner Leistung durch eine „Teilschlussrechnung" einzufordern. Ein solches Recht muss sich aus dem geschlossenen Vertrag ergeben. Dies ist häufig nicht der Fall. Haben die Parteien eine Teilschlussrechnungsstellung nicht vertraglich vereinbart, ist eine als solche bezeichnete Rechnung in der Regel als Abschlagsrechnung zu werten.

Selbst im Falle der Stellung und (ggf. teilweisen) Begleichung einer Teilschlussrechnung kann nicht von einer nachträglichen (konkludenten) Vertragsänderung ausgegangen werden, wonach eine Teilschlussrechnung nunmehr zulässig sein soll. Bei einer Teilschlussrechnung handelt es sich um eine anderweitige Zahlungsmodalität nach § 15 Abs. 4 HOAI. Diese müssen schriftlich vereinbart werden.

Sieht der Vertrag keine Teilschlussrechnungsstellung vor, hat der Architekt keinen Anspruch darauf und kann eine entsprechende Zahlung nicht verlangen. Für den Architekten ist es regelmäßig vorteilhaft, wenn seine Rechnung als Abschlagsrechnung gewertet wird. Dies ist ihm häufig nicht bewusst, da er anderenfalls von vornherein eine Abschlagsrechnung stellen würde.

Rechtsfolgen einer Teilschlussrechnung

Teilschlussrechnungen unterliegen einer eigenständigen **Verjährung**. Anders als bei Abschlagsrechnungen ist für Teilschlussrechnungen anerkannt, dass diese im Falle der Verjährung nicht nachträglich in die Honorarschlussrechnung eingebunden werden können. Der durch Teilschlussrechnung abgerechnete Vergütungsanteil bleibt damit verjährt und kann nicht mit Erfolg erneut geltend gemacht werden.

Darüber hinaus entfaltet eine Teilschlussrechnung hinsichtlich der abgerechneten Vergütungsbestandteile eine **Bindungswirkung**.[109] Dies ist darauf zurückzuführen, dass der Architekt mit einer Teilschlussrechnung ebenso die Endgültigkeit dieser Berechnung zum Ausdruck bringt, wie es bei einer Honorarschlussrechnung für das gesamte Honorar der Fall wäre. Soweit dem Auftraggeber ein schutzwürdiges Vertrauen nicht abgesprochen

---

[109] Locher, H./Koeble, W./Frik, W./Locher, U.: *Kommentar zur HOAI*, 12. Auflage, Werner Verlag, Köln 2014, § 15, Rdn. 76.

werden kann, ist es dem Architekten daher nicht möglich, für die bereits teilschlussge-rechneten Leistungen vergessene Positionen nachzuschieben. Fällt dem Architekten bei-spielsweise nachträglich ein, dass er einen Umbauzuschlag hätte geltend machen können, ist er dennoch an seine bisherige Rechnung gebunden. Die in Ziffer 10.2.3.3.3 erläuterten Einschränkungen gelten hier entsprechend.

Da es in der Regel keinen sinnvollen Grund gibt, anstelle einer Abschlagsrechnung eine Teilschlussrechnung zu stellen, sollte der Bauleiter damit äußerst zurückhaltend sein.

10.3　Sicherheiten

Für den Architekten ist es von Interesse, seine Honoraransprüche gegenüber dem Auf-traggeber abzusichern. Damit soll dem in der Praxis leider häufig anzutreffenden Fall begegnet werden, dass der Auftraggeber in die Insolvenz gerät und der Architekt mit seinen Honoraransprüchen ausfällt. Dieses Risiko betrifft insbesondere den auftraggeber-seitigen Bauleiter. Aufgrund der häufig langen Bauzeiten, muss dieser ganz erheblich in Vorleistung treten.

Viele Bauleiter sehen sich durch die in § 15 Abs. 2 HOAI geregelte Möglichkeit einer Abschlagszahlung für die von ihnen nachgewiesenen Leistungen hinreichend abgesichert. Dies kann im Einzelfall richtig sein und genügen. Häufig ist dem Sicherungsinteresse damit jedoch nicht Genüge getan. Dies gilt insbesondere, wenn die Forderungen von Ab-schlagszahlungen für Teile von Grundleistungen entweder von vorne herein als unzulässig betrachtet werden oder deren Erbringung zumindest nicht im hinreichenden Maße vom Bauleiter abgrenzbar nachgewiesen werden kann. Gerade in solchen Fällen wird deutlich, wie hoch das Ausfallrisiko des auftraggeberseitigen Bauleiters ist.

Dem Bauleiter stehen grundsätzlich mehrere Möglichkeiten zur Verfügung, seine Ho-noraransprüche abzusichern. Das Gesetz sieht Sicherungsmöglichkeiten des Werkunter-nehmers in § 648 und § 648a BGB vor. Darüber hinaus können bereits im Architektenver-trag Zahlungsbürgschaften zugunsten des Bauleiters vereinbart werden.

10.3.1　Zahlungsbürgschaften

Der Bauleiter kann seinen Zahlungsanspruch durch eine Bürgschaft gem. § 765 ff. BGB absichern lassen. Außerhalb der noch zu besprechenden gesetzlichen Vorgaben des § 648a BGB hat der Bauleiter darauf grundsätzlich keinen gesetzlichen Anspruch. Er muss die Hingabe einer solchen Bürgschaft vertraglich mit seinem Auftraggeber vereinbaren. Fer-ner sollte die Kostentragungspflicht für die zu leistenden Avalprovisionen vertraglich ge-regelt werden. Darüber besteht in der Praxis häufig Streit.

Gibt der Auftraggeber dem Bauleiter eine Bürgschaft zur Absicherung des Honoraran-spruchs, kann der Bauleiter den Bürgen in Anspruch nehmen, wenn der Auftraggeber mit

seiner Leistung ausfällt. Die Bürgschaftserklärung des Bürgen ist grundsätzlich schriftlich zu verfassen, § 766 BGB. Das ist im Falle einer Bürgschaft durch ein Kreditinstitut
oder einen anderen Kaufmann im Sinne des Handelsgesetzes gemäß § 350 HGB nicht
zwingend erforderlich. Dennoch sollte aus Gründen der Beweissicherung auch in solchen
Fällen eine schriftliche Bürgschaftserklärung gefordert werden.

Da der Honoraranspruch und die diesen absichernde Bürgschaft in einem untrennba-
ren Verhältnis zueinander stehen (sog. „Akzessorietät"), kann der Bürge grundsätzlich
diejenigen Einreden gegen seine Inanspruchnahme geltend machen, die der Auftraggeber
gegenüber dem Bauleiter hätte einwenden können. Dies gilt insbesondere auch für Män-
geleinreden. Hatte der Auftraggeber die Möglichkeit, den Architektenvertrag anzufechten
oder gegenüber dem Honoraranspruch mit einer weiteren ihm zustehenden Forderung auf-
zurechnen, kann der Bürge dem Bauleiter dies einredeweise entgegenhalten, § 770 BGB.
Die Anfechtung oder Aufrechnung braucht dabei nicht erklärt zu werden.

Ob sich der Bauleiter zunächst an den Auftragnehmer zu halten hat oder sofort gegenüber dem Bürgen vorgehen kann, hängt von der rechtlichen Ausgestaltung der Bürgschaft
ab. Nach § 771 BGB kann der Bürge die Befriedigung des Bauleiters verweigern, so lange dieser nicht eine Zwangsvollstreckung gegen den Auftraggeber erfolglos versucht hat
(sog. „Einrede der Vorausklage"). Dies gilt nicht, wenn es sich bei dem Bürgen um eine
Bank oder einen anderweitigen Kaufmann handelt. Solchen Bürgen steht nach § 349 HGB
keine Einrede der Vorausklage zu. Auf die Einrede der Vorausklage kann auch vertraglich
verzichtet werden. Das ist z. B. dann der Fall, wenn eine „selbstschuldnerische" Bürgschaft hingegeben wurde. Ferner gibt es grundsätzlich die Möglichkeit einer „Bürgschaft
auf das erste Anfordern". Dabei handelt es sich um eine Bürgschaft, bei der der Gläubiger (Bauleiter) den Haftungsfall gegenüber dem Bürgen behaupten kann und dieser zur
Zahlung verpflichtet ist. Der Bürge prüft dann (**nach** der Auszahlung), ob die Auszahlung
berechtigt erfolgte und muss im Zweifel seinen Rückforderungsanspruch aktiv gegen den
Bauleiter geltend machen.[110]

Durch eine solche Zahlungsbürgschaft ist der Honoraranspruch des Bauleiters hinreichend gesichert. In der Praxis ist die Vereinbarung einer Zahlungsbürgschaft jedoch nur
selten in Architektenverträgen zu finden. Oft wird an eine solche Möglichkeit nicht ge-
dacht oder der Auftraggeber ist nicht bereit, eine derartige Sicherheit zu stellen.

10.3.2 Bauhandwerkersicherungshypothek (§ 648 BGB)

In § 648 BGB ist das Sicherungsinstrument der Bauhandwerkersicherungshypothek geregelt.

---

[110] Vgl. Palandt-Sprau: *Bürgerliches Gesetzbuch*, 74. Auflage, Verlag C.H. Beck, München 2015,
Einf. v. § 765, Rdn. 14.

10.3.2.1 Voraussetzungen

In § 648 Abs. 1 BGB heißt es:

(1) Der Unternehmer eines Bauwerks oder eines einzelnen Teiles eines Bauwerks kann für seine Forderungen aus dem Vertrag die Einräumung einer Sicherungshypothek an dem Baugrundstück des Bestellers verlangen. Ist das Werk noch nicht vollendet, so kann er die Einräumung der Sicherungshypothek für einen der geleisteten Arbeit entsprechenden Teil der Vergütung und für die in der Vergütung nicht inbegriffenen Auslagen verlangen.

„Unternehmer eines Bauwerks"

§ 648 BGB richtet sich an den „Unternehmer eines Bauwerks". Nach ganz herrschender Auffassung in Literatur und Rechtsprechung ist diese Norm auch auf Architekten und Ingenieure anwendbar.[111]

„Baugrundstück des Bestellers"

In der Praxis ist oft problematisch, ob das Baugrundstück im Eigentum des Bestellers liegt. Nur dann kann der Bauleiter die Eintragung einer Sicherungshypothek verlangen. Gerade bei Großprojekten ist es jedoch nicht selten, dass der Auftraggeber eine Gesellschaft gründet, die Eigentümerin des Grundstücks ist. Der Auftraggeber und der Grundstückseigentümer sind in diesen Fällen nicht identisch. Eine Sicherung über § 648 BGB scheidet dann aus.

Wertsteigerung des Baugrundstücks

Darüber hinaus wurde in der Rechtsprechung und Literatur eine durch die Leistung des Werkunternehmers (hier: Bauleiter) verursachte Wertsteigerung des Grundstücks verlangt.[112] Davon hat sich der BGH distanziert.[113] Der Gesetzgeber habe in § 648 Abs. 1 S. 2 BGB den Sicherungsanspruch lediglich der Höhe nach eingeschränkt und damit dem Mehrwertprinzip in einer modifizierten Form Rechnung getragen. Ein solcher Mehrwert ist regelmäßig anzunehmen, wenn mit dem Bau zumindest begonnen wurde.[114] Der Anspruch auf Einräumung einer Bauhandwerkersicherungshypothek ist hingegen zweifelhaft, wenn der Auftraggeber dem Bauleiter kündigt, bevor mit den Wert steigernden Ausführungsleistungen begonnen worden ist.[115] Dies soll aber zumindest dann unschädlich sein, wenn die Kündigung des Auftraggebers unberechtigt erfolgte und der Auftraggeber dadurch im Einzelfall eine Vertragsverletzung begangen habe.[116]

---

[111] Vgl. BGHZ 51, 190 ff.; BGH 1982, 79; Palandt-Sprau: *Bürgerliches Gesetzbuch*, 74. Auflage, Verlag C.H. Beck, München 2015, § 648, Rdn. 2.

[112] Vgl. OLG Düsseldorf BauR 1999, 1482 (1483).

[113] BGH BauR 2000, 1083 (1085).

[114] Kniffka/Schmitz, ibr-online-Kommentar, Stand 12.01.2015, § 648, Rdn. 4 m. w. N.

[115] Vgl. Werner, U./Pastor, W.: *Der Bauprozess*, 15. Auflage, Werner Verlag, Köln 2015, Rdn. 242.

[116] Werner, U./Pastor, W.: *Der Bauprozess*, 15. Auflage, Werner Verlag, Köln 2015, Rdn. 242, unter Verweis auf BGH NJW 1969, 419.

Vorherige Abmahnung

Diskutiert wird, ob der Eintragung einer Sicherungshypothek eine Abmahnung voran gehen muss. Dies wird in der Rechtsprechung und der Literatur uneinheitlich gesehen. Nach dem OLG Karlsruhe kann der Architekt auch ohne vorherige Abmahnung eine einstweilige Verfügung auf Eintragung einer Vormerkung einer Bauhandwerkersicherungshypothek erwirken, wenn der Honoraranspruch des Architekten bestritten wird.[117]

10.3.2.2 Kein Ausschluss

Der Anspruch auf Eintragung einer Bauhandwerkersicherungshypothek bzw. einer darauf gerichteten Vormerkung darf nicht ausgeschlossen sein. Ein etwaiger Ausschluss kann gesetzlich oder vertraglich begründet sein.

Nach § 648a Abs. 4 BGB ist der Anspruch auf Eintragung einer Sicherungshypothek **gesetzlich** ausgeschlossen, soweit der Bauleiter für seinen Vergütungsanspruch eine Sicherheit im Sinne des § 648a Abs. 1 oder 2 BGB erlangt hat.

Der Anspruch auf Sicherungshypothek kann auch **vertraglich** ausgeschlossen werden. Soweit der Auftraggeber bei Vertragsschluss nicht arglistig gehandelt hat, ist dies im Falle von Individualvereinbarungen möglich. Ein Ausschluss des Anspruchs innerhalb von allgemeinen Geschäftsbedingungen ist hingegen unwirksam. Dies verstößt gegen das gesetzliche Leitbild des Werkvertragsrechts und damit gegen § 307 BGB. In der Systematik des Werkvertragsrechts stellt die Sicherungshypothek ein Äquivalent zur Vorleistungspflicht des Werkunternehmers dar.[118] Sollte der Anspruch auf Sicherungshypothek durch allgemeine Geschäftsbedingungen ausgeschlossen sein, würde dies gegen wesentliche Grundgedanken der Werkvertragssystematik verstoßen und den Auftragnehmer unangemessen benachteiligen.

10.3.2.3 Rechtsfolgen

Liegen die Voraussetzungen des § 648 BGB vor und ist kein Ausschlussgrund einschlägig, hat der Bauleiter einen Anspruch auf Eintragung einer Bauhandwerkersicherungshypothek.

Die Durchsetzung dieses Anspruchs ist oft mit einem nicht unerheblichen Zeitaufwand verbunden. Dem Bauleiter steht jedoch die Möglichkeit einer vorläufigen Sicherung zur Verfügung, indem er sich im Wege einer einstweiligen Verfügung eine Vormerkung für die Eintragung der Sicherungshypothek eintragen lässt. Eine solche Vormerkung ist deutlich schneller zu erwirken.

Der Auftraggeber versucht häufig, eine Sicherung nach § 648 BGB dadurch zu unterbinden, dass er Mängel an der Architektenleistung glaubhaft macht. Auf diese Art und Weise kann sich die Höhe des zu sichernden Honorars reduzieren.

---

[117] Vgl. OLG Karlsruhe IBR 2003, 29.
[118] Vgl. Wirth, A./Würfele, F./Brooks, S.: *Rechtsgrundlagen des Architekten und Ingenieurs*, Vieweg Verlag, Wiesbaden 2004, S. 290.

10.3.3 Bauhandwerkersicherung (§ 648a BGB)

Dem Werkunternehmer steht mit § 648a BGB eine weitere Möglichkeit zur Verfügung, seinen Honoraranspruch abzusichern.

10.3.3.1 Voraussetzungen

In der seit dem Inkrafttreten des Forderungssicherungsgesetzes am 01.01.2009 gültigen Fassung des **§ 648a Abs. 1 BGB** heißt es dazu:

> Der Unternehmer eines Bauwerks, einer Außenanlage oder eines Teils davon kann vom Besteller Sicherheit für die auch in Zusatzaufträgen vereinbarte und noch nicht gezahlte Vergütung einschließlich dazugehöriger Nebenforderungen, die mit 10 vom Hundert des zu sichernden Vergütungsanspruchs anzusetzen sind, verlangen. Satz 1 gilt in demselben Umfang auch für Ansprüche, die an die Stelle der Vergütung treten. Der Anspruch des Unternehmers auf Sicherheit wird nicht dadurch ausgeschlossen, dass der Besteller Erfüllung verlangen kann oder das Werk abgenommen hat. Ansprüche, mit denen der Besteller gegen den Anspruch des Unternehmers auf Vergütung aufrechnen kann, bleiben bei der Berechnung der Vergütung unberücksichtigt, es sei denn, sie sind unstreitig oder rechtskräftig festgestellt. Die Sicherheit ist auch dann als ausreichend anzusehen, wenn sich der Sicherungsgeber das Recht vorbehält, sein Versprechen im Falle einer wesentlichen Verschlechterung der Vermögensverhältnisse des Bestellers mit Wirkung für Vergütungsansprüche aus Bauleistungen zu widerrufen, die der Unternehmer bei Zugang der Widerrufserklärung noch nicht erbracht hat.

„Unternehmer eines Bauwerks"

Auch dieser Anspruch ist nach der herrschenden Meinung in Literatur und Rechtsprechung auf Architekten und Ingenieure anwendbar.[119]

Offener Zahlungsanspruch

Ein Anspruch auf Sicherheitsleistung gemäß § 648a BGB besteht grundsätzlich nur für offene Vergütungsansprüche des Unternehmers (inkl. Nebenforderungen in Höhe von 10 v. H.) oder für Ansprüche, die an die Stelle der Vergütungsansprüche treten. Bei den zuletzt genannten Ansprüchen handelt es sich z.B. um Schadensersatzansprüche gemäß § 280 BGB, die zugunsten des Unternehmers bestehen, wenn der Besteller durch ein Fehlverhalten eine berechtigte Kündigung des Unternehmers auslöst.[120]

Mängel am Werk bleiben für die Berechnung der Sicherungshöhe grundsätzlich unberücksichtigt.[121] Etwas anderes gilt nur dann, wenn diese unstreitig oder rechtskräftig festgestellt wurden.

---

[119] Vgl. Kniffka/Schmitz, ibr-online-Kommentar, Stand 12.01.2015, § 648a, Rdn. 172.
[120] Kniffka/Schmitz, ibr-online-Kommentar, Stand 12.01.2015, § 648a, Rdn. 54.
[121] Palandt-Sprau: *Bürgerliches Gesetzbuch*, 74. Auflage, Verlag C.H. Beck, München 2015, § 648a, Rdn. 15.

Wertsteigerung des Baugrundstücks

Umstritten ist zum Teil, ob sich im Falle des § 648a BGB die Leistungen des Architekten im Bauwerk verwirklicht haben müssen.[122]

Wie bereits erwähnt, wird dies für eine Absicherung nach § 648 BGB zum Teil verlangt. Ein Unterschied zu § 648a BGB besteht jedoch darin, dass es sich bei der Sicherung nach § 648 BGB um eine dingliche Sicherung handelt, die zwingend grundstücksbezogen wirkt. Durch eine Wertsteigerung des Bauwerks wird auch eine Wertsteigerung des Grundstücks erlangt und so der dingliche Bezug hergestellt. Dies gilt für eine Sicherung nach § 648a BGB nicht. Dort geht es allein um die Sicherung eines aus einem schuldrechtlichen Werkvertrag resultierenden Honoraranspruches. Darüber hinaus ist anerkannt, dass der Werkunternehmer (Bauleiter) bereits nach Abschluss des Bauvertrags ein solches Sicherungsverlangen stellen darf.[123] Zu diesem Zeitpunkt sind regelmäßig aber keinerlei (wertsteigernde) Bauleistungen erbracht worden. Die Forderung nach einer Wertsteigerung widerspricht mithin der Systematik des § 648a BGB.

Vorherige Abmahnung

Der Anspruch auf eine Bauhandwerkersicherung gemäß § 648a BGB bedarf **keiner** vorherigen Abmahnung.

10.3.3.2 Kein Ausschluss

Der Anspruch aus § 648a BGB darf nicht ausgeschlossen sein.

Der Anspruch ist nach § 648a Abs. 6 BGB ausgeschlossen, wenn es sich bei dem Auftraggeber um eine juristische Person des öffentlichen Rechts oder ein öffentlich-rechtliches Sondervermögen handelt, über deren Vermögen ein Insolvenzverfahren unzulässig ist. Der Ausschluss gilt auch, wenn es sich bei dem Auftraggeber um eine natürliche Person handelt und die Leistungen zur Herstellung oder Instandsetzung eines Einfamilienhauses mit oder ohne Einliegerwohnung ausgeführt werden, es sei denn, es liegt eine Betreuung durch Baubetreuer vor.

Aus anderen als den in § 648a BGB selbst genannten Gründen kann der Sicherungsanspruch nicht ausgeschlossen werden. Dies ergibt sich aus der Regelung des § 648a Abs. 7 BGB.

Dennoch wird in Werkverträgen teilweise durch entsprechende Klauseln versucht, den Unternehmer (hier: Bauleiter) mittelbar von der Forderung einer Sicherheit nach § 648a BGB abzuhalten.

---

[122] Vgl. dazu Wirth, A./Würfele, F./Brooks, S.: *Rechtsgrundlagen des Architekten und Ingenieurs*, Vieweg Verlag, Wiesbaden 2004, S. 290, m. w. N.

[123] Vgl. Werner, U./Pastor, W.: *Der Bauprozess*, 15. Auflage, Werner Verlag, Köln 2015, Rdn. 326 ff.

Beispiel 1

„Fordert der Unternehmer eine Sicherheit nach § 648a BGB, wird das Recht zur Forderung von Abschlagszahlungen gemäß § 15 Abs. 2 HOAI n. F. (§ 8 Abs. 2 HOAI a. F.) abbedungen und durch die (strengere) gesetzliche Regelung des § 632a BGB ersetzt."

Beispiel 2

„Fordert der Unternehmer eine Sicherheit nach § 648a BGB, steht dem Besteller eine Sicherheit in gleicher Höhe zu."

Ob solche Klauseln wirksam sind, mit denen zumindest mittelbarer Druck ausgeübt wird, ist umstritten. Für die Wirksamkeit könnte sprechen, dass die Anwendung des § 648a BGB nicht berührt wird. Im Beispiel 1 wird der Bauleiter als Auftragnehmer lediglich auf die Anwendung des § 632a BGB und damit auf die Anwendung geltenden Rechts verwiesen.[124] Dem wird von Teilen der Literatur widersprochen. Dies verstoße gegen § 648a BGB, da diese Regelung keinerlei Einschränkungen vorsehe und durch solche Klauseln eine gesetzlich unerwünschte Zwangssituation geschaffen werde.[125]

Eine höchstrichterliche Stellungnahme zu der oben bezeichneten Klausel steht noch aus und bleibt abzuwarten.

10.3.3.3 Rechtsfolgen

Liegen die Voraussetzungen des § 648a BGB vor und ist kein Ausschlussgrund einschlägig, kann der Bauleiter die Stellung einer Sicherheit gemäß § 648a BGB verlangen. Dies gilt auch dann, wenn der Vertrag dazu keine Regelungen trifft.

Für den Anspruch aus § 648a BGB ist es unerheblich, ob zwischenzeitlich eine Abnahme oder eine Kündigung des Vertrags erfolgte.[126] Auch in diesen Fällen hat der Bauleiter Vorleistungen erbracht, ohne sein Honorar zu erhalten. Genau dies will § 648a BGB jedoch absichern.

Bei Verträgen, die **nach** dem Inkrafttreten des Forderungssicherungsgesetzes (01.01. 2009) geschlossen wurden, ist der Anspruch auf Sicherheitsleistung einklagbar. Für davor geschlossene Verträge gilt weiterhin die alte Fassung des § 648a BGB, wonach der Anspruch nicht eingeklagt werden konnte.[127]

Art der Sicherheitsleistung

§ 648a BGB regelt die Arten der möglichen Sicherheitsleistungen nicht abschließend. Insoweit ist auf die allgemeinen Vorschriften zur Sicherheitsleistung (§§ 232 ff. BGB) zu verweisen. Dort wird unter anderem auf die – zum Teil praxisfernen – Möglichkeiten der

---

[124] LG München I IBR 2005, 2001.

[125] Kniffka R./Schmitz, R.: *ibr-online-Kommentar*, Stand 12.01.2015, § 648a, Rdn. 154 m. w. N zum Streitstand.

[126] BGH, Urteil vom 06.03.2014 – VII ZR 349/12, IBR 2014, 344.

[127] Englert, K./Motzke, G./Wirth, A.: *Kommentar zum BGB-Bauvertragsrecht*, Werner Verlag, Neuwied, 2007, § 648a, Rdn. 1.

Sicherheitsleistung durch Hinterlegung, Verpfändung, Bestellung von Grundpfandrechten und Hingabe von Bürgschaften Bezug genommen.

Darüber hinaus wird in § 648a Abs. 2 BGB auf die Möglichkeit von Garantien und sonstigen Zahlungsversprechen eines im Geltungsbereich des BGB zum Geschäftsbetrieb befugten Kreditinstituts oder Kreditversicherers verwiesen.

Höhe der Sicherheitsleistung

Die Sicherheit kann bis zur Höhe der voraussichtlichen Vergütungsansprüche verlangt werden, wie sie sich aus dem Vertrag oder einem nachträglichen Zusatzauftrag ergeben.

Dagegen wird zum Teil einschränkend vertreten, dass sich die Höhe der Sicherheit lediglich an der Höhe der fälligen und noch nicht beglichenen Abschlagszahlungen zu orientieren habe.[128] Dies ist mit dem BGH abzulehnen und der Anspruch auf Sicherheit bezüglich der gesamten ausstehenden Vergütung einzuräumen.[129]

§ 648a BGB ist bei Architekten- und Ingenieurverträgen insoweit schwierig anzuwenden, als der voraussichtliche Vergütungsanspruch zum Zeitpunkt des Vertragsschlusses noch nicht gesichert festgelegt werden kann. Dies ist darauf zurückzuführen, dass die anrechenbaren Kosten zu diesem Zeitpunkt nicht feststehen. In einer solchen Situation kann sich damit geholfen werden, die zum Zeitpunkt des Sicherungsverlangens bereits vorhandene Kostenermittlung heranzuziehen.[130]

Sollten sich die Parteien über die richtige Höhe der Sicherheitsleistung im Sinne des § 648a BGB uneinig sein, muss der Besteller zumindest eine Sicherheitsleistung in derjenigen Höhe erbringen, die er für richtig hält.[131]

Kostentragung

Die durch die Sicherheitsleistung entstehenden Kosten sind nach § 648a Abs. 3 BGB von dem die Sicherheit verlangenden Bauleiter bis zu einem Höchstsatz von 2 v. H. für das Jahr zu tragen. Dies gilt in der Praxis insbesondere für die Avalprovision einer Bürgschaft.

Sanktionsmöglichkeiten bei Unterbleiben der Sicherheitsleistung

Liegen die Voraussetzungen des § 648a Abs. 1 BGB vor und stellt der Besteller trotz eines entsprechenden Verlangens des Bauleiters eine solche Sicherheit nicht, bemessen sich die Sanktionsmöglichkeiten des Bauleiters nach § 648a Abs. 5 BGB.

---

[128] Vgl. Locher, H./Koeble, W./Frik, W./Locher, U.: *Kommentar zur HOAI*, 12. Auflage, Werner Verlag, Köln 2014, Einleitung, Rdn. 281.

[129] Vgl. BGH BauR 2001, 386; Kniffka R./Schmitz, R.: *ibr-online-Kommentar*, Stand 12.01.2015, § 648a, Rdn. 58 ff.

[130] Vgl. Locher, H./Koeble, W./Frik, W./Locher, U.: *Kommentar zur HOAI*, 12. Auflage, Werner Verlag, Köln 2014, Einleitung, Rdn. 280.

[131] OLG Düsseldorf, Urteil v. 06.10.2009 – 21U 130/08.

§ 648a Abs. 5 BGB:

Hat der Unternehmer dem Besteller erfolglos eine angemessene Frist zur Leistung der Sicherheit nach Absatz 1 bestimmt, so kann der Unternehmer die Leistung verweigern oder den Vertrag kündigen. Kündigt er den Vertrag, ist der Unternehmer berechtigt, die vereinbarte Vergütung zu verlangen; er muss sich jedoch dasjenige anrechnen lassen, was er infolge der Aufhebung des Vertrages an Aufwendungen erspart oder durch anderweitige Verwendung seiner Arbeitskraft erwirbt oder böswillig zu erwerben unterlässt. Es wird vermutet, dass danach dem Unternehmer 5 vom Hundert der auf den noch nicht erbrachten Teil der Werkleistung entfallenden vereinbarten Vergütung zustehen.

Mit Inkrafttreten des Forderungssicherungsgesetzes am 01.01.2009 hat der Gesetzgeber die Rechtsfolgen bei Nichterfüllung eines berechtigten Sicherungsverlangens nach § 648a BGB nochmals deutlich verschärft.

Bei **vor** dem 01.01.2009 abgeschlossenen Verträgen durfte der Unternehmer nach Ablauf der gesetzten Frist lediglich seine Leistung verweigern und musste dem Besteller gemäß § 648a Abs. 5 BGB a. F. i. Vm. § 643 BGB für eine etwaige Kündigung eine weitere Frist setzen. Diese musste wiederum mit der Erklärung verbunden werden, dass er bei Ablauf dieser zweiten Frist den Vertrag kündigen werde.[132]

Nach der seit dem 01.01.2009 gültigen Fassung des § 648a BGB ist eine zweite Fristsetzung entbehrlich geworden. Der Unternehmer kann sich nach Ablauf der ersten (und einzigen) Frist aussuchen, ob er seine Leistung fortführt, verweigert oder den Vertrag kündigt. Entscheidet er sich für die Kündigung, wird diese einer freien Kündigung gemäß § 649 BGB in ihren Rechtsfolgen gleichgestellt.

Literatur

Englert K, Motzke G, Wirth A (2007) Kommentar zum BGB-Bauvertragsrecht. Werner Verlag, Neuwied

Koeble W (2005) Festschrift für Werner. Werner Verlag, Neuwied

Locher H, Koeble W, Frik W (2014) Kommentar zur HOAI, 12. Aufl. Werner Verlag, Köln

Palandt O (2015) Bürgerliches Gesetzbuch, 74. Aufl. Verlag C.H. Beck, München

Palandt O, Sprau H (2015) Bürgerliches Gesetzbuch, 74. Aufl. Verlag C.H. Beck, München

Pott W, Dahlhoff W, Kniffka R, Rath H (2011) HOAI – Honorarordnung für Architekten und Ingenieure – Kommentar, 9. Aufl. Verlag für Wirtschaft und Verwaltung Hubert Wingen, Essen

Werner U, Pastor W (2015) Der Bauprozess, 15. Aufl. Werner Verlag, Köln

Wirth A, Würfele W, Brooks S (2004) Rechtsgrundlagen des Architekten und Ingenieurs. Vieweg Verlag, Wiesbaden

---

[132] Englert, K./Motzke, G./Wirth, A.: *Kommentar zum BGB-Bauvertragsrecht*, Werner Verlag, Neuwied, 2007, § 648a, Rdn. 55.

Anhang: Gesetzestexte

BGB – Werkvertrag

§ 631 Vertragstypische Pflichten beim Werkvertrag

(1) Durch den Werkvertrag wird der Unternehmer zur Herstellung des versprochenen Werkes, der Besteller zur Entrichtung der vereinbarten Vergütung verpflichtet.

(2) Gegenstand des Werkvertrags kann sowohl die Herstellung oder Veränderung einer Sache als auch ein anderer durch Arbeit oder Dienstleistung herbeizuführender Erfolg sein.

§ 632 Vergütung

(1) Eine Vergütung gilt als stillschweigend vereinbart, wenn die Herstellung des Werkes den Umständen nach nur gegen eine Vergütung zu erwarten ist.

(2) Ist die Höhe der Vergütung nicht bestimmt, so ist bei dem Bestehen einer Taxe die tax-mäßige Vergütung, in Ermangelung einer Taxe die übliche Vergütung als vereinbart anzusehen.

(3) Ein Kostenanschlag ist im Zweifel nicht zu vergüten.

§ 632a Abschlagszahlungen

(1) Der Unternehmer kann von dem Besteller für eine vertragsgemäß erbrachte Leistung eine Abschlagszahlung in der Höhe verlangen, in der der Besteller durch die Leistung einen Wertzuwachs erlangt hat. Wegen unwesentlicher Mängel kann die Abschlagszahlung nicht verweigert werden. § 641 Abs. 3 gilt entsprechend. Die Leistungen sind durch eine Aufstellung nachzuweisen, die eine rasche und sichere Beurteilung der Leistungen ermöglichen muss. Die Sätze 1 bis 4 gelten auch für erforderliche Stoffe oder Bauteile, die angeliefert oder eigens angefertigt und bereitgestellt sind, wenn dem Besteller nach seiner Wahl Eigentum an den Stoffen oder Bauteilen übertragen oder entsprechende Sicherheit hierfür geleistet wird.

© Springer Fachmedien Wiesbaden GmbH 2017
F. Würfele et al., *Bauobjektüberwachung*, DOI 10.1007/978-3-658-10039-1

(2) Wenn der Vertrag die Errichtung oder den Umbau eines Hauses oder eines vergleichbaren Bauwerks zum Gegenstand hat und zugleich die Verpflichtung des Unternehmers enthält, dem Besteller das Eigentum an dem Grundstück zu übertragen oder ein Erbbaurecht zu bestellen oder zu übertragen, können Abschlagszahlungen nur verlangt werden, soweit sie gemäß einer Verordnung auf Grund von Artikel 244 des Einführungsgesetzes zum Bürgerlichen Gesetzbuche vereinbart sind.

(3) Ist der Besteller ein Verbraucher und hat der Vertrag die Errichtung oder den Umbau eines Hauses oder eines vergleichbaren Bauwerks zum Gegenstand, ist dem Besteller bei der ersten Abschlagszahlung eine Sicherheit für die rechtzeitige Herstellung des Werkes ohne wesentliche Mängel in Höhe von 5 vom Hundert des Vergütungsanspruchs zu leisten. Erhöht sich der Vergütungsanspruch infolge von Änderungen oder Ergänzungen des Vertrages um mehr als 10 vom Hundert, ist dem Besteller bei der nächsten Abschlagszahlung eine weitere Sicherheit in Höhe von 5 vom Hundert des zusätzlichen Vergütungsanspruchs zu leisten. Auf Verlangen des Unternehmers ist die Sicherheitsleistung durch Einbehalt dergestalt zu erbringen, dass der Besteller die Abschlagszahlungen bis zu dem Gesamtbetrag der geschuldeten Sicherheit zurückhält.

(4) Sicherheiten nach dieser Vorschrift können auch durch eine Garantie oder ein sonstiges Zahlungsversprechen eines im Geltungsbereich dieses Gesetzes zum Geschäftsbetrieb befugten Kreditinstituts oder Kreditversicherers geleistet werden.

§ 633 Sach- und Rechtsmangel

(1) Der Unternehmer hat dem Besteller das Werk frei von Sach- und Rechtsmängeln zu verschaffen.

(2) Das Werk ist frei von Sachmängeln, wenn es die vereinbarte Beschaffenheit hat. Soweit die Beschaffenheit nicht vereinbart ist, ist das Werk frei von Sachmängeln,
1. wenn es sich für die nach dem Vertrag vorausgesetzte, sonst
2. für die gewöhnliche Verwendung eignet und eine Beschaffenheit aufweist, die bei Werken der gleichen Art üblich ist und die der Besteller nach der Art des Werks erwarten kann.

Einem Sachmangel steht es gleich, wenn der Unternehmer ein anderes als das bestellte Werk oder das Werk in zu geringer Menge herstellt.

(3) Das Werk ist frei von Rechtsmängeln, wenn Dritte in Bezug auf das Werk keine oder nur die im Vertrag übernommenen Rechte gegen den Besteller geltend machen können.

§ 634 Rechte des Bestellers bei Mängeln

Ist das Werk mangelhaft, kann der Besteller, wenn die Voraussetzungen der folgenden Vorschriften vorliegen und soweit nicht ein anderes bestimmt ist,

1. nach § 635 Nacherfüllung verlangen,
2. nach § 637 den Mangel selbst beseitigen und Ersatz der erforderlichen Aufwendungen verlangen,
3. nach den §§ 636, 323 und 326 Abs. 5 von dem Vertrag zurücktreten oder nach § 638 die Vergütung mindern und
4. nach den §§ 636, 280, 281, 283 und 311a Schadensersatz oder nach § 284 Ersatz vergeblicher Aufwendungen verlangen.

§ 634a Verjährung der Mängelansprüche

(1) Die in § 634 Nr. 1, 2 und 4 bezeichneten Ansprüche verjähren
　　1. vorbehaltlich der Nummer 2 in zwei Jahren bei einem Werk, dessen Erfolg in der Herstellung, Wartung oder Veränderung einer Sache oder in der Erbringung von Planungs- oder Überwachungsleistungen hierfür besteht,
　　2. in fünf Jahren bei einem Bauwerk und einem Werk, dessen Erfolg in der Erbringung von Planungs- oder Überwachungsleistungen hierfür besteht, und
　　3. im Übrigen in der regelmäßigen Verjährungsfrist.
(2) Die Verjährung beginnt in den Fällen des Absatzes 1 Nr. 1 und 2 mit der Abnahme.
(3) Abweichend von Absatz 1 Nr. 1 und 2 und Absatz 2 verjähren die Ansprüche in der regelmäßigen Verjährungsfrist, wenn der Unternehmer den Mangel arglistig verschwiegen hat. Im Fall des Absatzes 1 Nr. 2 tritt die Verjährung jedoch nicht vor Ablauf der dort bestimmten Frist ein.
(4) Für das in § 634 bezeichnete Rücktrittsrecht gilt § 218. Der Besteller kann trotz einer Unwirksamkeit des Rücktritts nach § 218 Abs. 1 die Zahlung der Vergütung insoweit verweigern, als er auf Grund des Rücktritts dazu berechtigt sein würde. Macht er von diesem Recht Gebrauch, kann der Unternehmer vom Vertrag zurücktreten.
(5) Auf das in § 634 bezeichnete Minderungsrecht finden § 218 und Absatz 4 Satz 2 entsprechende Anwendung.

§ 635 Nacherfüllung

(1) Verlangt der Besteller Nacherfüllung, so kann der Unternehmer nach seiner Wahl den Mangel beseitigen oder ein neues Werk herstellen.
(2) Der Unternehmer hat die zum Zwecke der Nacherfüllung erforderlichen Aufwendungen, insbesondere Transport-, Wege-, Arbeits- und Materialkosten zu tragen.
(3) Der Unternehmer kann die Nacherfüllung unbeschadet des § 275 Abs. 2 und 3 verweigern, wenn sie nur mit unverhältnismäßigen Kosten möglich ist.
(4) Stellt der Unternehmer ein neues Werk her, so kann er vom Besteller Rückgewähr des mangelhaften Werks nach Maßgabe der §§ 346 bis 348 verlangen.

§ 636 Besondere Bestimmungen für Rücktritt und Schadenersatz

Außer in den Fällen des § 281 Abs. 2 und des § 323 Abs. 2 bedarf es der Fristsetzung auch dann nicht, wenn der Unternehmer die Nacherfüllung gemäß § 635 Abs. 3 verweigert oder wenn die Nacherfüllung fehlgeschlagen oder dem Besteller unzumutbar ist.

§ 637 Selbstvornahme

(1) Der Besteller kann wegen eines Mangels des Werkes nach erfolglosem Ablauf einer von ihm zur Nacherfüllung bestimmten angemessenen Frist den Mangel selbst beseitigen und Ersatz der erforderlichen Aufwendungen verlangen, wenn nicht der Unternehmer die Nacherfüllung zu Recht verweigert.

(2) § 323 Abs. 2 findet entsprechende Anwendung. Der Bestimmung einer Frist bedarf es auch dann nicht, wenn die Nacherfüllung fehlgeschlagen oder dem Besteller unzumutbar ist.

(3) Der Besteller kann von dem Unternehmer für die zur Beseitigung des Mangels erforderlichen Aufwendungen Vorschuss verlangen.

§ 638 Minderung

(1) Statt zurückzutreten, kann der Besteller die Vergütung durch Erklärung gegenüber dem Unternehmer mindern. Der Ausschlussgrund des § 323 Abs. 5 Satz 2 findet keine Anwendung.

(2) Sind auf der Seite des Bestellers oder auf der Seite des Unternehmers mehrere beteiligt, so kann die Minderung nur von allen oder gegen alle erklärt werden.

(3) Bei der Minderung ist die Vergütung in dem Verhältnis herabzusetzen, in welchem zur Zeit des Vertragsschlusses der Wert des Werkes in mangelfreiem Zustand zu dem wirklichen Wert gestanden haben würde. Die Minderung ist, soweit erforderlich, durch Schätzung zu ermitteln.

(4) Hat der Besteller mehr als die geminderte Vergütung gezahlt, so ist der Mehrbetrag vom Unternehmer zu erstatten. § 346 Abs. 1 und § 347 Abs. 1 finden entsprechende Anwendung.

§ 639 Haftungsausschluss

Auf eine Vereinbarung, durch welche die Rechte des Bestellers wegen eines Mangels ausgeschlossen oder beschränkt werden, kann sich der Unternehmer nicht berufen, wenn er den Mangel arglistig verschwiegen oder eine Garantie für die Beschaffenheit des Werkes übernommen hat.

§ 640 Abnahme

(1) Der Besteller ist verpflichtet, das vertragsmäßig hergestellte Werk abzunehmen, sofern nicht nach der Beschaffenheit des Werkes die Abnahme ausgeschlossen ist. We-

gen unwesentlicher Mängel kann die Abnahme nicht verweigert werden. Der Abnahme steht es gleich, wenn der Besteller das Werk nicht innerhalb einer ihm vom Unternehmer bestimmten angemessenen Frist abnimmt, obwohl er dazu verpflichtet ist.

(2) Nimmt der Besteller ein mangelhaftes Werk gemäß Absatz 1 Satz 1 ab, obschon er den Mangel kennt, so stehen ihm die in § 634 Nr. 1 bis 3 bezeichneten Rechte nur zu, wenn er sich seine Rechte wegen des Mangels bei der Abnahme vorbehält.

§ 641 Fälligkeit der Vergütung

(1) Die Vergütung ist bei der Abnahme des Werkes zu entrichten. Ist das Werk in Teilen abzunehmen und die Vergütung für die einzelnen Teile bestimmt, so ist die Vergütung für jeden Teil bei dessen Abnahme zu entrichten.

(2) Die Vergütung des Unternehmers für ein Werk, dessen Herstellung der Besteller einem Dritten versprochen hat, wird spätestens fällig,

1. soweit der Besteller von dem Dritten für das versprochene Werk wegen dessen Herstellung seine Vergütung oder Teile davon erhalten hat,
2. soweit das Werk des Bestellers von dem Dritten abgenommen worden ist oder als abgenommen gilt oder
3. wenn der Unternehmer dem Besteller erfolglos eine angemessene Frist zur Auskunft über die in den Nummern 1 und 2 bezeichneten Umstände bestimmt hat.

Hat der Besteller dem Dritten wegen möglicher Mängel des Werks Sicherheit geleistet, gilt Satz 1 nur, wenn der Unternehmer dem Besteller entsprechende Sicherheit leistet.

(3) Kann der Besteller die Beseitigung eines Mangels verlangen, so kann er nach der Fälligkeit die Zahlung eines angemessenen Teils der Vergütung verweigern; angemessen ist in der Regel das Doppelte der für die Beseitigung des Mangels erforderlichen Kosten.

(4) Eine in Geld festgesetzte Vergütung hat der Besteller von der Abnahme des Werkes an zu verzinsen, sofern nicht die Vergütung gestundet ist.

§ 642 Mitwirkung des Bestellers

(1) Ist bei der Herstellung des Werkes eine Handlung des Bestellers erforderlich, so kann der Unternehmer, wenn der Besteller durch das Unterlassen der Handlung in Verzug der Annahme kommt, eine angemessene Entschädigung verlangen.

(2) Die Höhe der Entschädigung bestimmt sich einerseits nach der Dauer des Verzugs und der Höhe der vereinbarten Vergütung, andererseits nach demjenigen, was der Unternehmer infolge des Verzugs an Aufwendungen erspart oder durch anderweitige Verwendung seiner Arbeitskraft erwerben kann.

§ 643 Kündigung bei unterlassener Mitwirkung

Der Unternehmer ist im Falle des § 642 berechtigt, dem Besteller zur Nachholung der Handlung eine angemessene Frist mit der Erklärung zu bestimmen, dass er den Vertrag kündige, wenn die Handlung nicht bis zum Ablauf der Frist vorgenommen werde. Der Vertrag gilt als aufgehoben, wenn nicht die Nachholung bis zum Ablauf der Frist erfolgt.

§ 644 Gefahrtragung

(1) Der Unternehmer trägt die Gefahr bis zur Abnahme des Werkes. Kommt der Besteller in Verzug der Annahme, so geht die Gefahr auf ihn über. Für den zufälligen Untergang und eine zufällige Verschlechterung des von dem Besteller gelieferten Stoffes ist der Unternehmer nicht verantwortlich.

(2) Versendet der Unternehmer das Werk auf Verlangen des Bestellers nach einem anderen Ort als dem Erfüllungsort, so finden die für den Kauf geltenden Vorschriften des § 447 entsprechende Anwendung.

§ 645 Verantwortlichkeit des Bestellers

(1) Ist das Werk vor der Abnahme infolge eines Mangels des von dem Besteller gelieferten Stoffes oder infolge einer von dem Besteller für die Ausführung erteilten Anweisung untergegangen, verschlechtert oder unausführbar geworden, ohne dass ein Umstand mitgewirkt hat, den der Unternehmer zu vertreten hat, so kann der Unternehmer einen der geleisteten Arbeit entsprechenden Teil der Vergütung und Ersatz der in der Vergütung nicht inbegriffenen Auslagen verlangen. Das Gleiche gilt, wenn der Vertrag in Gemäßheit des § 643 aufgehoben wird.

(2) Eine weitergehende Haftung des Bestellers wegen Verschuldens bleibt unberührt.

§ 646 Vollendung statt Abnahme

Ist nach der Beschaffenheit des Werkes die Abnahme ausgeschlossen, so tritt in den Fällen des § 634a Abs. 2 und der §§ 641, 644 und 645 an die Stelle der Abnahme die Vollendung des Werkes.

§ 647 Unternehmerpfandrecht

Der Unternehmer hat für seine Forderungen aus dem Vertrag ein Pfandrecht an den von ihm hergestellten oder ausgebesserten beweglichen Sachen des Bestellers, wenn sie bei der Herstellung oder zum Zwecke der Ausbesserung in seinen Besitz gelangt sind.

§ 648 Sicherungshypothek des Bauunternehmers

(1) Der Unternehmer eines Bauwerks oder eines einzelnen Teiles eines Bauwerks kann für seine Forderungen aus dem Vertrag die Einräumung einer Sicherungshypothek an dem Baugrundstück des Bestellers verlangen. Ist das Werk noch nicht vollendet,

so kann er die Einräumung der Sicherungshypothek für einen der geleisteten Arbeit entsprechenden Teil der Vergütung und für die in der Vergütung nicht inbegriffenen Auslagen verlangen.

(2) Der Inhaber einer Schiffswerft kann für seine Forderungen aus dem Bau oder der Ausbesserung eines Schiffes die Einräumung einer Schiffshypothek an dem Schiffsbauwerk oder dem Schiff des Bestellers verlangen; Absatz 1 Satz 2 gilt sinngemäß. § 647 findet keine Anwendung.

§ 648a Bauhandwerkersicherung

(1) Der Unternehmer eines Bauwerks, einer Außenanlage oder eines Teils davon kann vom Besteller Sicherheit für die auch in Zusatzaufträgen vereinbarte und noch nicht gezahlte Vergütung einschließlich dazugehöriger Nebenforderungen, die mit 10 vom Hundert des zu sichernden Vergütungsanspruchs anzusetzen sind, verlangen. Satz 1 gilt in demselben Umfang auch für Ansprüche, die an die Stelle der Vergütung treten. Der Anspruch des Unternehmers auf Sicherheit wird nicht dadurch ausgeschlossen, dass der Besteller Erfüllung verlangen kann oder das Werk abgenommen hat. Ansprüche, mit denen der Besteller gegen den Anspruch des Unternehmers auf Vergütung aufrechnen kann, bleiben bei der Berechnung der Vergütung unberücksichtigt, es sei denn, sie sind unstreitig oder rechtskräftig festgestellt. Die Sicherheit ist auch dann als ausreichend anzusehen, wenn sich der Sicherungsgeber das Recht vorbehält, sein Versprechen im Falle einer wesentlichen Verschlechterung der Vermögensverhältnisse des Bestellers mit Wirkung für Vergütungsansprüche aus Bauleistungen zu widerrufen, die der Unternehmer bei Zugang der Widerrufserklärung noch nicht erbracht hat.

(2) Die Sicherheit kann auch durch eine Garantie oder ein sonstiges Zahlungsversprechen eines im Geltungsbereich dieses Gesetzes zum Geschäftsbetrieb befugten Kreditinstituts oder Kreditversicherers geleistet werden. Das Kreditinstitut oder der Kreditversicherer darf Zahlungen an den Unternehmer nur leisten, soweit der Besteller den Vergütungsanspruch des Unternehmers anerkennt oder durch vorläufig vollstreckbares Urteil zur Zahlung der Vergütung verurteilt worden ist und die Voraussetzungen vorliegen, unter denen die Zwangsvollstreckung begonnen werden darf.

(3) Der Unternehmer hat dem Besteller die üblichen Kosten der Sicherheitsleistung bis zu einem Höchstsatz von 2 vom Hundert für das Jahr zu erstatten. Dies gilt nicht, soweit eine Sicherheit wegen Einwendungen des Bestellers gegen den Vergütungsanspruch des Unternehmers aufrechterhalten werden muss und die Einwendungen sich als unbegründet erweisen.

(4) Soweit der Unternehmer für seinen Vergütungsanspruch eine Sicherheit nach den Absätzen 1 oder 2 erlangt hat, ist der Anspruch auf Einräumung einer Sicherungshypothek nach § 648 Abs. 1 ausgeschlossen.

(5) Hat der Unternehmer dem Besteller erfolglos eine angemessene Frist zur Leistung der Sicherheit nach Absatz 1 bestimmt, so kann der Unternehmer die Leistung verweigern oder den Vertrag kündigen. Kündigt er den Vertrag, ist der Unternehmer berechtigt,

die vereinbarte Vergütung zu verlangen; er muss sich jedoch dasjenige anrechnen lassen, was er infolge der Aufhebung des Vertrages an Aufwendungen erspart oder durch anderweitige Verwendung seiner Arbeitskraft erwirbt oder böswillig zu erwerben unterlässt. Es wird vermutet, dass danach dem Unternehmer 5 vom Hundert der auf den noch nicht erbrachten Teil der Werkleistung entfallenden vereinbarten Vergütung zustehen.

(6) Die Vorschriften der Absätze 1 bis 5 finden keine Anwendung, wenn der Besteller
1. eine juristische Person des öffentlichen Rechts oder ein öffentlich-rechtliches Sondervermögen ist, über deren Vermögen ein Insolvenzverfahren unzulässig ist, oder
2. eine natürliche Person ist und die Bauarbeiten zur Herstellung oder Instandsetzung eines Einfamilienhauses mit oder ohne Einliegerwohnung ausführen lässt.
Satz 1 Nr. 2 gilt nicht bei Betreuung des Bauvorhabens durch einen zur Verfügung über die Finanzierungsmittel des Bestellers ermächtigten Baubetreuer.

(7) Eine von den Vorschriften der Absätze 1 bis 5 abweichende Vereinbarung ist unwirksam.

§ 649 Kündigungsrecht des Bestellers

Der Besteller kann bis zur Vollendung des Werkes jederzeit den Vertrag kündigen. Kündigt der Besteller, so ist der Unternehmer berechtigt, die vereinbarte Vergütung zu verlangen; er muss sich jedoch dasjenige anrechnen lassen, was er infolge der Aufhebung des Vertrags an Aufwendungen erspart oder durch anderweitige Verwendung seiner Arbeitskraft erwirbt oder zu erwerben böswillig unterlässt. Es wird vermutet, dass danach dem Unternehmer 5 vom Hundert der auf den noch nicht erbrachten Teil der Werkleistung entfallenden vereinbarten Vergütung zustehen.

§ 650 Kostenanschlag

(1) Ist dem Vertrag ein Kostenanschlag zugrunde gelegt worden, ohne dass der Unternehmer die Gewähr für die Richtigkeit des Anschlags übernommen hat, und ergibt sich, dass das Werk nicht ohne eine wesentliche Überschreitung des Anschlags ausführbar ist, so steht dem Unternehmer, wenn der Besteller den Vertrag aus diesem Grund kündigt, nur der im § 645 Abs. 1 bestimmte Anspruch zu.

(2) Ist eine solche Überschreitung des Anschlags zu erwarten, so hat der Unternehmer dem Besteller unverzüglich Anzeige zu machen.

§ 651 Anwendung des Kaufrechts

Auf einen Vertrag, der die Lieferung herzustellender oder zu erzeugender beweglicher Sachen zum Gegenstand hat, finden die Vorschriften über den Kauf Anwendung. § 442 Abs. 1 Satz 1 findet bei diesen Verträgen auch Anwendung, wenn der Mangel auf den vom Besteller gelieferten Stoff zurückzuführen ist. Soweit es sich bei den herzustellenden oder zu erzeugenden beweglichen Sachen um nicht vertretbare Sachen handelt, sind auch die §§ 642, 643, 645, 649 und 650 mit der Maßgabe anzuwenden, dass an die Stelle der Abnahme der nach den §§ 446 und 447 maßgebliche Zeitpunkt tritt.

HOAI – Honorarordnung für Architekten und Ingenieure

HOAI Teil I – Allgemeine Vorschriften

§ 1 Anwendungsbereich

Diese Verordnung regelt die Berechnung der Entgelte für die Grundleistungen der Architekten und Architektinnen und der Ingenieure und Ingenieurinnen (Auftragnehmer oder Auftragnehmerinnen) mit Sitz im Inland, soweit die Grundleistungen durch diese Verordnung erfasst und vom Inland aus erbracht werden.

§ 2 Begriffsbestimmungen

(1) Objekte sind Gebäude, Innenräume, Freianlagen, Ingenieurbauwerke, Verkehrsanlagen. Objekte sind auch Tragwerke und Anlagen der Technischen Ausrüstung.

(2) Neubauten und Neuanlagen sind Objekte, die neu errichtet oder neu hergestellt werden.

(3) Wiederaufbauten sind Objekte, bei denen die zerstörten Teile auf noch vorhandenen Bau- oder Anlagenteilen wiederhergestellt werden. Wiederaufbauten gelten als Neubauten, sofern eine neue Planung erforderlich ist.

(4) Erweiterungsbauten sind Ergänzungen eines vorhandenen Objekts.

(5) Umbauten sind Umgestaltungen eines vorhandenen Objekts mit wesentlichen Eingriffen in Konstruktion oder Bestand.

(6) Modernisierungen sind bauliche Maßnahmen zur nachhaltigen Erhöhung des Gebrauchswertes eines Objekts, soweit diese Maßnahmen nicht unter Absatz 4, 5 oder 8 fallen.

(7) Mitzuverarbeitende Bausubstanz ist der Teil des zu planenden Objekts, der bereits durch Bauleistungen hergestellt ist und durch Planungs- oder Überwachungsleistungen technisch oder gestalterisch mitverarbeitet wird.

Instandsetzungen sind Maßnahmen zur Wiederherstellung des zum bestimmungsgemäßen Gebrauch geeigneten Zustandes (Soll-Zustandes) eines Objekts, soweit diese Maßnahmen nicht unter Absatz 3 fallen.

(8) Instandhaltungen sind Maßnahmen zur Erhaltung des Soll-Zustandes eines Objekts.

(9) Kostenschätzung ist die überschlägige Ermittlung der Kosten auf der Grundlage der Vorplanung. Die Kostenschätzung ist die vorläufige Grundlage für Finanzierungsüberlegungen. Der Kostenschätzung liegen zugrunde:

1. Vorplanungsergebnisse,
2. Mengenschätzungen,

3. erläuternde Angaben zu den planerischen Zusammenhängen, Vorgängen sowie Bedingungen und

4. Angaben zum Baugrundstück und zu dessen Erschließung.

Wird die Kostenschätzung nach § 4 Absatz 1 Satz 3 auf der Grundlage der DIN 276 in der Fassung vom Dezember 2008 (DIN 276-1:2008-12) erstellt, müssen die Gesamtkosten nach Kostengruppen mindestens bis zur ersten Ebene der Kostengliederung ermittelt werden.

(10) Kostenberechnung ist die Ermittlung der Kosten auf der Grundlage der Entwurfsplanung. Der Kostenberechnung liegen zugrunde:

1. durchgearbeitete Entwurfszeichnungen oder Detailzeichnungen wiederkehrender Raumgruppen,

2. Mengenberechnungen und

3. für die Berechnung und Beurteilung der Kosten relevante Erläuterungen.

Wird die Kostenberechnung nach § 4 Absatz 1 Satz 3 auf der Grundlage der DIN 276 erstellt, müssen die Gesamtkosten nach Kostengruppen mindestens bis zur zweiten Ebene der Kostengliederung ermittelt werden.

§ 3 Leistungen und Leistungsbilder

(1) Die Honorare für Grundleistungen der Flächen-, Objekt- und Fachplanung sind in den Teilen 2 bis 4 dieser Verordnung verbindlich geregelt. Die Honorare für Beratungsleistungen der Anlage 1 sind nicht verbindlich geregelt.

(2) Grundleistungen, die zur ordnungsgemäßen Erfüllung eines Auftrags im Allgemeinen erforderlich sind, sind in Leistungsbildern erfasst. Die Leistungsbilder gliedern sich in Leistungsphasen gemäß den Regelungen in den Teilen 2 bis 4.

(3) Die Aufzählung der Besonderen Leistungen in dieser Verordnung und in den Leistungsbildern ihrer Anlagen ist nicht abschließend. Die Besonderen Leistungen können auch für Leistungsbilder und Leistungsphasen, denen sie nicht zugeordnet sind, vereinbart werden, soweit sie dort keine Grundleistungen darstellen. Die Honorare für Besondere Leistungen können frei vereinbart werden.

(4) Die Wirtschaftlichkeit der Leistung ist stets zu beachten.

§ 4 Anrechenbare Kosten

(1) Anrechenbare Kosten sind Teil der Kosten für die Herstellung, den Umbau, die Modernisierung, Instandhaltung oder Instandsetzung von Objekten sowie für die damit zusammenhängenden Aufwendungen. Sie sind nach allgemein anerkannten Regeln der Technik oder nach Verwaltungsvorschriften (Kostenvorschriften) auf der Grundlage ortsüblicher Preise zu ermitteln. Wird in dieser Verordnung im Zusammenhang mit der Kostenermittlung die DIN 276 in Bezug genommen, so ist die Fassung vom Dezember 2008 (DIN 276-1:2008-12) bei der Ermittlung der anrechenbaren Kosten zugrunde zu legen. Umsatzsteuer, die auf die Kosten von Objekten entfällt, ist nicht Bestandteil der anrechenbaren Kosten.

(2) Die anrechenbaren Kosten richten sich nach den ortsüblichen Preisen, wenn der Auftraggeber

1. selbst Lieferungen oder Leistungen übernimmt,
2. von bauausführenden Unternehmen oder von Lieferanten sonst nicht übliche Vergünstigungen erhält,
3. Lieferungen oder Leistungen in Gegenrechnung ausführt oder
4. vorhandene oder vorbeschaffte Baustoffe oder Bauteile einbauen lässt.

(3) Der Umfang der mitzuverarbeitenden Bausubstanz im Sinne des § 2 Absatz 7 ist bei den anrechenbaren Kosten angemessen zu berücksichtigen. Umfang und Wert der mitzuverarbeitenden Bausubstanz sind zum Zeitpunkt der Kostenberechnung oder, sofern keine Kostenberechnung vorliegt, zum Zeitpunkt der Kostenschätzung objektbezogen zu ermitteln und schriftlich zu vereinbaren.

§ 5 Honorarzonen

(1) Die Objekt-, Bauleit- und Tragwerksplanung wird den folgenden Honorarzonen zugeordnet:

1. Honorarzone I: sehr geringe Planungsanforderungen,
2. Honorarzone II: geringe Planungsanforderungen,
3. Honorarzone III: durchschnittliche Planungsanforderungen,
4. Honorarzone IV: hohe Planungsanforderungen,
5. Honorarzone V: sehr hohe Planungsanforderungen.

(2) Flächenplanungen und die Planung der technischen Ausrüstung werden den folgenden Honorarzonen zugeordnet:

1. Honorarzone I: geringe Planungsanforderungen,
2. Honorarzone II: durchschnittliche Planungsanforderungen,
3. Honorarzone III: hohe Planungsanforderungen.

(3) Die Honorarzonen sind anhand der Bewertungsmerkmale in den Honorarregelungen der jeweiligen Leistungsbilder der Teile 2 bis 4 zu ermitteln. Die Zurechnung zu den einzelnen Honorarzonen ist nach Maßgabe der Bewertungsmerkmale und gegebenenfalls der Bewertungspunkte sowie unter Berücksichtigung der Regelbeispiele in den Objektlisten der Anlagen dieser Verordnung vorzunehmen.

§ 6 Grundlagen des Honorars

(1) Das Honorar für Leistungen nach dieser Verordnung richtet sich

1. für die Leistungsbilder des Teils 2 nach der Größe der Fläche und für die Leistungsbilder der Teile 3 und 4 nach den anrechenbaren Kosten des Objekts auf der Grundlage der Kostenberechnung oder, sofern keine Kostenberechnung vorliegt, auf der Grundlage der Kostenschätzung
2. nach dem Leistungsbild,

    3. nach der Honorarzone,

    4. nach der dazugehörigen Honorartafel.

(2) Honorare für Leistungen bei Umbauten und Modernisierungen gemäß § 2 Absatz 5 und Absatz 6 sind zu ermitteln nach

    1. den anrechenbaren Kosten,

    2. der Honorarzone, welcher der Umbau oder die Modernisierung in sinngemäßer Anwendung der Bewertungsmerkmale zuzuordnen ist,

    3. den Leistungsphasen,

    4. der Honorartafel und

    5. dem Umbau- oder Modernisierungszuschlag auf das Honorar.

Der Umbau- oder Modernisierungszuschlag ist unter Berücksichtigung des Schwierigkeitsgrads der Leistungen schriftlich zu vereinbaren. Die Höhe des Zuschlags auf das Honorar ist in den jeweiligen Honorarregelungen der Leistungsbilder der Teile 3 und 4 geregelt. Sofern keine schriftliche Vereinbarung getroffen wurde, wird unwiderleglich vermutet, dass ein Zuschlag von 20 Prozent ab einem durchschnittlichen Schwierigkeitsgrad vereinbart ist.

(3) Wenn zum Zeitpunkt der Beauftragung noch keine Planungen als Voraussetzung für eine Kostenschätzung oder Kostenberechnung vorliegen, können die Vertragsparteien abweichend von Absatz 1 schriftlich vereinbaren, dass das Honorar auf der Grundlage der anrechenbaren Kosten einer Baukostenvereinbarung nach den Vorschriften dieser Verordnung berechnet wird. Dabei werden nachprüfbare Baukosten einvernehmlich festgelegt.

§ 7 Honorarvereinbarung

(1) Das Honorar richtet sich nach der schriftlichen Vereinbarung, die die Vertragsparteien bei Auftragserteilung im Rahmen der durch diese Verordnung festgesetzten Mindest- und Höchstsätze treffen.

(2) Liegen die ermittelten anrechenbaren Kosten oder Flächen außerhalb der in don Honorartafeln dieser Verordnung festgelegten Honorarsätze, sind die Honorare frei vereinbar.

(3) Die in dieser Verordnung festgesetzten Mindestsätze können durch schriftliche Vereinbarung in Ausnahmefällen unterschritten werden.

(4) Die in dieser Verordnung festgesetzten Höchstsätze dürfen nur bei außergewöhnlichen oder ungewöhnlich lange dauernden Leistungen durch schriftliche Vereinbarung überschritten werden. Dabei bleiben Umstände, soweit sie bereits für die Einordnung in die Honorarzonen oder für die Einordnung in den Rahmen der Mindest- und Höchstsätze mitbestimmend gewesen sind, außer Betracht.

(5) Sofern nicht bei Auftragserteilung etwas anderes schriftlich vereinbart worden ist, wird unwiderleglich vermutet, dass die jeweiligen Mindestsätze gemäß Absatz 1 vereinbart sind.

(6) Für Planungsleistungen, die technisch-wirtschaftliche oder umweltverträgliche Lösungsmöglichkeiten nutzen und zu einer wesentlichen Kostensenkung ohne Verminderung des vertraglich festgelegten Standards führen, kann ein Erfolgshonorar schriftlich vereinbart werden. Das Erfolgshonorar kann bis zu 20 Prozent des vereinbarten Honorars betragen. Für den Fall, dass schriftlich festgelegte anrechenbare Kosten überschritten werden, kann ein Malus-Honorar in Höhe von bis zu 5 Prozent des Honorars schriftlich vereinbart werden.

§ 8 Berechnung des Honorars in besonderen Fällen

(1) Werden dem Auftragnehmer nicht alle Leistungsphasen eines Leistungsbildes übertragen, so dürfen nur die für die übertragenen Phasen vorgesehenen Prozentsätze berechnet und vereinbart werden. Die Vereinbarung hat schriftlich zu erfolgen.

(2) Werden dem Auftragnehmer nicht alle Grundleistungen einer Leistungsphase übertragen, so darf für die übertragenen Grundleistungen nur ein Honorar berechnet und vereinbart werden, das dem Anteil der übertragenen Grundleistungen an der gesamten Leistungsphase entspricht. Die Vereinbarung hat schriftlich zu erfolgen. Entsprechend ist zu verfahren, wenn dem Auftragnehmer wesentliche Teile von Grundleistungen nicht übertragen werden.

(3) Die gesonderte Vergütung eines zusätzlichen Koordinierungs- oder Einarbeitungsaufwands ist schriftlich zu vereinbaren.

§ 9 Berechnung des Honorars bei Beauftragung von Einzelleistungen

(1) Wird die Vorplanung oder Entwurfsplanung bei Gebäuden und Innenräumen, Freianlagen, Ingenieurbauwerken, Verkehrsanlagen, der Tragwerksplanung und der Technischen Ausrüstung als Einzelleistung in Auftrag gegeben, können für die Leistungsbewertung der jeweiligen Leistungsphase
   1. für die Vorplanung höchstens der Prozentsatz der Vorplanung und der Prozentsatz der Grundlagenermittlung herangezogen werden und
   2. für die Entwurfsplanung höchstens der Prozentsatz der Entwurfsplanung und der Prozentsatz der Vorplanung herangezogen werden.
   Die Vereinbarung hat schriftlich zu erfolgen.

(2) Zur Bauleitplanung ist Absatz 1 Satz 1 Nummer 2 für den Entwurf der öffentlichen Auslegung entsprechend anzuwenden. Bei der Landschaftsplanung ist Absatz 1 Satz 1 Nummer 1 für die vorläufige Fassung sowie Absatz 1 Satz 1 Nummer 2 für die abgestimmte Fassung entsprechend anzuwenden. Die Vereinbarung hat schriftlich zu erfolgen.

(3) Wird die Objektüberwachung bei der Technischen Ausrüstung oder bei Gebäuden als Einzelleistung in Auftrag gegeben, können für die Leistungsbewertung der Objektüberwachung höchstens der Prozentsatz der Objektüberwachung und die Prozentsätze der Grundlagenermittlung und Vorplanung herangezogen werden. Die Vereinbarung hat schriftlich zu erfolgen.

§ 10 Berechnung des Honorars bei vertraglichen Änderungen des Leistungsumfangs

(1) Einigen sich Auftraggeber und Auftragnehmer während der Laufzeit des Vertrages darauf, dass der Umfang der beauftragten Leistung geändert wird, und ändern sich dadurch die anrechenbaren Kosten oder Flächen, so ist die Honorarberechnungsgrundlage für die Grundleistungen, die infolge des veränderten Leistungsumfangs zu erbringen sind, durch schriftliche Vereinbarung anzupassen.

(2) Einigen sich Auftraggeber und Auftragnehmer über die Wiederholung von Grundleistungen, ohne dass sich dadurch die anrechenbaren Kosten oder Flächen ändern, ist das Honorar für diese Grundleistungen entsprechend ihrem Anteil an der jeweiligen Leistungsphase schriftlich zu vereinbaren.

§ 11 Auftrag für mehrere Objekte

(1) Umfasst ein Auftrag mehrere Objekte, so sind die Honorare vorbehaltlich der folgenden Absätze für jedes Objekt getrennt zu berechnen.

(2) Umfasst ein Auftrag mehrere vergleichbare Gebäude, Ingenieurbauwerke, Verkehrsanlagen oder Tragwerke mit weitgehend gleichartigen Planungsbedingungen, die derselben Honorarzone zuzuordnen sind und die im zeitlichen und örtlichen Zusammenhang als Teil einer Gesamtmaßnahme geplant und errichtet werden sollen, ist das Honorar nach der Summe der anrechenbaren Kosten zu berechnen.

(3) Umfasst ein Auftrag mehrere im Wesentlichen gleiche Gebäude, Ingenieurbauwerke, Verkehrsanlagen oder Tragwerke, die im zeitlichen oder örtlichen Zusammenhang unter gleichen baulichen Verhältnissen geplant und errichtet werden sollen, oder mehrere Objekte nach Typenplanung oder Serienbauten, so sind die Prozentsätze der Leistungsphasen 1 bis 6 für die erste bis vierte Wiederholung um 50 Prozent, für die fünfte bis siebte Wiederholung um 60 Prozent und ab der achten Wiederholung um 90 Prozent zu mindern.

(4) Umfasst ein Auftrag Grundleistungen, die bereits Gegenstand eines anderen Auftrages über ein gleiches Gebäude, Ingenieurbauwerk oder Tragwerk zwischen den Vertragsparteien waren, so ist Absatz 3 für die Prozentsätze der beauftragten Leistungsphasen in Bezug auf den neuen Auftrag auch dann anzuwenden, wenn die Grundleistungen nicht im zeitlichen oder örtlichen Zusammenhang erbracht werden sollen.

§ 12 Instandsetzungen und Instandhaltungen

(1) Honorare für Grundleistungen bei Instandsetzungen und Instandhaltungen von Objekten sind nach den anrechenbaren Kosten, der Honorarzone, den Leistungsphasen und der Honorartafel, der die Instandhaltungs- und Instandsetzungsmaßnahme zuzuordnen ist, zu ermitteln.

(2) Für Grundleistungen bei Instandsetzungen und Instandhaltungen von Objekten kann schriftlich vereinbart werden, dass der Prozentsatz für die Objektüberwachung oder Bauoberleitung um bis zu 50 Prozent der Bewertung dieser Leistungsphase erhöht wird.

§ 13 Interpolation

Die Mindest- und Höchstsätze für Zwischenstufen der in den Honorartafeln angegebenen anrechenbaren Kosten und Flächen sind durch lineare Interpolation zu ermitteln.

§ 14 Nebenkosten

(1) Der Auftragnehmer kann neben den Honoraren dieser Verordnung auch die für die Ausführung des Auftrags erforderlichen Nebenkosten in Rechnung stellen; ausgenommen sind die abziehbaren Vorsteuern gemäß § 15 Absatz 1 des Umsatzsteuergesetzes in der Fassung der Bekanntmachung vom 21. Februar 2005 (BGBl. I S. 386), das zuletzt durch Artikel 2 des Gesetzes vom 8. Mai 2012 (BGBl. I S. 1030) geändert worden ist. Die Vertragsparteien können bei Auftragserteilung schriftlich vereinbaren, dass abweichend von Satz 1 eine Erstattung ganz oder teilweise ausgeschlossen ist.

(2) Zu den Nebenkosten gehören insbesondere:
1. Versandkosten, Kosten für Datenübertragungen,
2. Kosten für Vervielfältigungen von Zeichnungen und schriftlichen Unterlagen sowie für die Anfertigung von Filmen und Fotos,
3. Kosten für ein Baustellenbüro einschließlich der Einrichtung, Beleuchtung und Beheizung,
4. Fahrtkosten für Reisen, die über einen Umkreis von 15 Kilometern um den Geschäftssitz des Auftragnehmers hinausgehen, in Höhe der steuerlich zulässigen Pauschalsätze, sofern nicht höhere Aufwendungen nachgewiesen werden,
5. Trennungsentschädigungen und Kosten für Familienheimfahrten in Höhe der steuerlich zulässigen Pauschalsätze, sofern nicht höhere Aufwendungen an Mitarbeiter oder Mitarbeiterinnen des Auftragnehmers auf Grund von tariflichen Vereinbarungen bezahlt werden,
6. Entschädigungen für den sonstigen Aufwand bei längeren Reisen nach Nummer 4, sofern die Entschädigungen vor der Geschäftsreise schriftlich vereinbart worden sind,
7. Entgelte für nicht dem Auftragnehmer obliegende Leistungen, die von ihm im Einvernehmen mit dem Auftraggeber Dritten übertragen worden sind.

(3) Nebenkosten können pauschal oder nach Einzelnachweis abgerechnet werden. Sie sind nach Einzelnachweis abzurechnen, sofern bei Auftragserteilung keine pauschale Abrechnung schriftlich vereinbart worden ist.

§ 15 Zahlungen

(1) Das Honorar wird fällig, wenn die Leistung abgenommen und eine prüffähige Honorarschlussrechnung überreicht worden ist, es sei denn, es wurde etwas anderes schriftlich vereinbart.

(2) Abschlagszahlungen können zu den schriftlich vereinbarten Zeitpunkten oder in angemessenen zeitlichen Abständen für nachgewiesene Leistungen gefordert werden.

(3) Die Nebenkosten sind auf Einzelnachweis oder bei pauschaler Abrechnung mit der Honorarrechnung fällig.

(4) Andere Zahlungsweisen können schriftlich vereinbart werden.

§ 16 Umsatzsteuer

(1) Der Auftragnehmer hat Anspruch auf Ersatz der gesetzlich geschuldeten Umsatzsteuer für nach dieser Verordnung abrechenbare Leistungen, sofern nicht die Kleinunternehmerregelung nach § 19 des Umsatzsteuergesetzes angewendet wird. Satz 1 ist auch hinsichtlich der um die nach § 15 des Umsatzsteuergesetzes abziehbaren Vorsteuer gekürzten Nebenkosten anzuwenden, die nach § 14 dieser Verordnung weiterberechenbar sind.

(2) Auslagen gehören nicht zum Entgelt für die Leistung des Auftragnehmers. Sie sind als durchlaufende Posten im umsatzsteuerrechtlichen Sinn einschließlich einer gegebenenfalls enthaltenen Umsatzsteuer weiter zu berechnen.

HOAI Teil II – Leistungen bei Gebäuden, Freianlagen und raumbildenden Ausbauten

§ 10 Grundlagen des Honorars

(1) Das Honorar für Grundleistungen bei Gebäuden, Freianlagen und raumbildenden Ausbauten richtet sich nach den anrechenbaren Kosten des Objekts, nach der Honorarzone, der das Objekt angehört, sowie bei Gebäuden und raumbildenden Ausbauten nach der Honorartafel in § 16 und bei Freianlagen nach der Honorartafel in § 17.

(2) Anrechenbare Kosten sind unter Zugrundelegung der Kostenermittlungsarten nach DIN 276 in der Fassung vom April 1981 (DIN 276) [zu beziehen durch Beuth Verlag GmbH, 10787 Berlin und 50672 Köln] zu ermitteln

1. für die Leistungsphasen 1 bis 4 nach der Kostenberechnung, solange diese nicht vorliegt, nach der Kostenschätzung;

2. für die Leistungsphasen 5 bis 7 nach dem Kostenanschlag, solange dieser nicht vorliegt, nach der Kostenberechnung;

3. für die Leistungsphasen 8 bis 9 nach der Kostenfeststellung, solange diese nicht vorliegt, nach dem Kostenanschlag.

(3) Als anrechenbare Kosten nach Absatz 2 gelten die ortsüblichen Preise, wenn der Auftraggeber

1. selbst Lieferungen oder Leistungen übernimmt,
2. von bauausführenden Unternehmen oder von Lieferern sonst nicht übliche Vergünstigungen erhält,
3. Lieferungen oder Leistungen in Gegenrechnung ausführt oder
4. vorhandene oder vorbeschaffte Baustoffe oder Bauteile einbauen lässt.

(3a) Vorhandene Bausubstanz, die technisch oder gestalterisch mitverarbeitet wird, ist bei den anrechenbaren Kosten angemessen zu berücksichtigen; der Umfang der Anrechnung bedarf der schriftlichen Vereinbarung.

(4) Anrechenbar sind für Grundleistungen bei Gebäuden und raumbildenden Ausbauten die Kosten für Installationen, zentrale Betriebstechnik und betriebliche Einbauten (DIN 276, Kostengruppen 3.2 bis 3.4 und 3.5.2 bis 3.5.4), die der Auftragnehmer fachlich nicht plant und deren Ausführung er fachlich auch nicht überwacht,

1. vollständig bis zu 25 v. H. der sonstigen anrechenbaren Kosten,
2. zur Hälfte mit dem 25 v. H. der sonstigen anrechenbaren Kosten übersteigenden Betrag.

Plant der Auftragnehmer die in Satz 1 genannten Gegenstände fachlich und/oder überwacht er fachlich deren Ausführung, so kann für diese Leistungen ein Honorar neben dem Honorar nach Satz 1 vereinbart werden.

(4a) Zu den anrechenbaren Kosten für Grundleistungen bei Freianlagen rechnen insbesondere auch die Kosten für folgende Bauwerke und Anlagen, soweit sie der Auftragnehmer plant oder ihre Ausführung überwacht:

1. Einzelgewässer mit überwiegend ökologischen und landschaftsgestalterischen Elementen,
2. Teiche ohne Dämme,
3. flächenhafter Erdbau zur Geländegestaltung,
4. einfache Durchlässe und Uferbefestigungen als Mittel zur Geländegestaltung, soweit keine Leistungen nach Teil VIII erforderlich sind,
5. Lärmschutzwälle als Mittel zur Geländegestaltung,
6. Stützbauwerke und Geländeabstützungen ohne Verkehrsbelastung als Mittel zur Geländegestaltung, soweit keine Leistungen nach § 63 Abs. 1 Nr. 3 bis 5 erforderlich sind,
7. Stege und Brücken, soweit keine Leistungen nach Teil VIII erforderlich sind,
8. Wege ohne Eignung für den regelmäßigen Fahrverkehr mit einfachen Entwässerungsverhältnissen sowie andere Wege und befestigte Flächen, die als Gestaltungselement der Freianlagen geplant werden und für die Leistungen nach Teil VII nicht erforderlich sind.

(5) Nicht anrechenbar sind für Grundleistungen bei Gebäuden und raumbildenden Ausbauten die Kosten für:

1. das Baugrundstück einschließlich der Kosten des Erwerbs und des Freimachens (DIN 276, Kostengruppen 1.1 bis 1.3),
2. das Herrichten des Grundstücks (DIN 276, Kostengruppe 1.4), soweit der Auftragnehmer es weder plant noch seine Ausführung überwacht,
3. die öffentliche Erschließung und andere einmalige Abgaben (DIN 276, Kostengruppen 2.1 und 2.3),
4. die nichtöffentliche Erschließung (DIN 276, Kostengruppe 2.2) sowie die Abwasser- und Versorgungsanlagen und die Verkehrsanlagen (DIN 276, Kostengruppen 5.3 und 5.7), soweit der Auftragnehmer sie weder plant noch ihre Ausführung überwacht,
5. die Außenanlagen (DIN 276, Kostengruppe 5), soweit nicht unter Nummer 4 erfasst,
6. Anlagen und Einrichtungen aller Art, die in DIN 276, Kostengruppen 4 oder 5.4 aufgeführt sind, sowie die nicht in DIN 276 aufgeführten, soweit der Auftragnehmer sie weder plant, noch bei ihrer Beschaffung mitwirkt, noch ihre Ausführung oder ihren Einbau überwacht,
7. Geräte und Wirtschaftsgegenstände, die nicht in DIN 276, Kostengruppen 4 und 5.4 aufgeführt sind, oder die der Auftraggeber ohne Mitwirkung des Auftragnehmers beschafft,
8. Kunstwerke, soweit sie nicht wesentliche Bestandteile des Objekts sind,
9. künstlerisch gestaltete Bauteile, soweit der Auftragnehmer sie weder plant noch ihre Ausführung überwacht,
10. die Kosten der Winterbauschutzvorkehrungen und sonstige zusätzliche Maßnahmen nach DIN 276, Kostengruppe 6; § 32 Abs. 4 bleibt unberührt,
11. Entschädigungen und Schadensersatzleistungen,
12. die Baunebenkosten (DIN 276, Kostengruppe 7),
13. fernmeldetechnische Einrichtungen und andere zentrale Einrichtungen der Fernmeldetechnik für Ortsvermittlungsstellen sowie Anlagen der Maschinentechnik, die nicht überwiegend der Ver- und Entsorgung des Gebäudes zu dienen bestimmt sind, soweit der Auftragnehmer diese fachlich nicht plant oder ihre Ausführung fachlich nicht überwacht; Absatz 4 bleibt unberührt.

(6) Nicht anrechenbar sind für Grundleistungen bei Freianlagen die Kosten für:

1. das Gebäude (DIN 276, Kostengruppe 3) sowie die in Absatz 5 Nr. 1 bis 4 und 6 bis 13 genannten Kosten,
2. den Unter- und Oberbau von Fußgängerbereichen nach § 14 Nr. 4, ausgenommen die Kosten für die Oberflächenbefestigung.

§ 11 Honorarzonen für Leistungen bei Gebäuden

(1) Die Honorarzone wird bei Gebäuden aufgrund folgender Bewertungsmerkmale ermittelt:

1. Honorarzone I:
   Gebäude mit sehr geringen Planungsanforderungen, das heißt mit
   - sehr geringen Anforderungen an die Einbindung in die Umgebung,
   - einem Funktionsbereich,
   - sehr geringen gestalterischen Anforderungen,
   - einfachsten Konstruktionen,
   - keiner oder einfacher technischer Ausrüstung,
   - keinem oder einfachem Ausbau;

2. Honorarzone II:
   Gebäude mit geringen Planungsanforderungen, das heißt mit
   - geringen Anforderungen an die Einbindung in die Umgebung,
   - wenigen Funktionsbereichen,
   - geringen gestalterischen Anforderungen,
   - einfachen Konstruktionen,
   - geringer technischer Ausrüstung,
   - geringem Ausbau;

3. Honorarzone III:
   Gebäude mit durchschnittlichen Planungsanforderungen, das heißt mit
   - durchschnittlichen Anforderungen an die Einbindung in die Umgebung,
   - mehreren einfachen Funktionsbereichen,
   - durchschnittlichen gestalterischen Anforderungen,
   - normalen oder gebräuchlichen Konstruktionen,
   - durchschnittlicher technischer Ausrüstung,
   - durchschnittlichem normalem Ausbau;

4. Honorarzone IV:
   Gebäude mit überdurchschnittlichen Planungsanforderungen, das heißt mit
   - überdurchschnittlichen Anforderungen an die Einbindung in die Umgebung,
   - mehreren Funktionsbereichen mit vielfältigen Beziehungen,
   - überdurchschnittlichen gestalterischen Anforderungen,
   - überdurchschnittlichen konstruktiven Anforderungen,
   - überdurchschnittlicher technischer Ausrüstung,
   - überdurchschnittlichem Ausbau;

5. Honorarzone V:
   Gebäude mit sehr hohen Planungsanforderungen, das heißt mit
   - sehr hohen Anforderungen an die Einbindung in die Umgebung,
   - einer Vielzahl von Funktionsbereichen mit umfassenden Beziehungen,
   - sehr hohen gestalterischen Anforderungen,
   - sehr hohen konstruktiven Ansprüchen,

- einer vielfältigen technischen Ausrüstung mit hohen technischen Ansprüchen,
- umfangreichem, qualitativ hervorragendem Ausbau.

(2) Sind für ein Gebäude Bewertungsmerkmale aus mehreren Honorarzonen anwendbar und bestehen deswegen Zweifel, welcher Honorarzone das Gebäude zugerechnet werden kann, so ist die Anzahl der Bewertungspunkte nach Absatz 3 zu ermitteln; das Gebäude ist nach der Summe der Bewertungspunkte folgenden Honorarzonen zuzurechnen:

1. Honorarzone I: Gebäude mit bis zu 10 Punkten,
2. Honorarzone II: Gebäude mit 11 bis 18 Punkten,
3. Honorarzone III: Gebäude mit 19 bis 26 Punkten,
4. Honorarzone IV: Gebäude mit 27 bis 34 Punkten,
5. Honorarzone V: Gebäude mit 35 bis 42 Punkten.

(3) Bei der Zurechnung eines Gebäudes in die Honorarzonen sind entsprechend dem Schwierigkeitsgrad der Planungsanforderungen die Bewertungsmerkmale Anforderungen an die Einbindung in die Umgebung, konstruktive Anforderungen, Technische Ausrüstung und Ausbau mit je bis zu sechs Punkten zu bewerten, die Bewertungsmerkmale Anzahl der Funktionsbereiche und gestalterische Anforderungen mit je bis zu neun Punkten.

§ 12 Objektliste für Gebäude

Nachstehende Gebäude werden nach Maßgabe der in § 11 genannten Merkmale in der Regel folgenden Honorarzonen zugerechnet:

1. Honorarzone I:
   Schlaf- und Unterkunftsbaracken und andere Behelfsbauten für vorübergehende Nutzung;
   Pausenhallen, Spielhallen, Liege- und Wandelhallen, Einstellhallen, Verbindungsgänge, Feldscheunen und andere einfache landwirtschaftliche Gebäude; Tribünenbauten, Wetterschutzhäuser;
2. Honorarzone II:
   Einfache Wohnbauten mit gemeinschaftlichen Sanitär- und Kücheneinrichtungen; Garagenbauten, Parkhäuser, Gewächshäuser; geschlossene, eingeschossige Hallen und Gebäude als selbständige Bauaufgabe, Kassengebäude, Bootshäuser; einfache Werkstätten ohne Kranbahnen; Verkaufslager, Unfall- und Sanitätswachen; Musikpavillons;
3. Honorarzone III:
   Wohnhäuser, Wohnheime und Heime mit durchschnittlicher Ausstattung; Kinderhorte, Kindergärten, Gemeinschaftsunterkünfte, Jugendherbergen, Grundschulen; Jugendfreizeitstätten, Jugendzentren, Bürgerhäuser, Studentenhäuser, Altentagesstätten und andere Betreuungseinrichtungen; Fertigungsgebäude der metallverarbeitenden Industrie, Druckereien, Kühlhäuser; Werkstätten, geschlossene Hallen und landwirtschaftliche Gebäude, soweit nicht in Honorarzone I, II oder IV erwähnt, Parkhäuser mit integrierten weiteren Nutzungsarten; Bürobauten mit durchschnittlicher

Ausstattung, Ladenbauten, Einkaufszentren, Märkte und Großmärkte, Messehallen, Gaststätten, Kantinen, Mensen, Wirtschaftsgebäude, Feuerwachen, Rettungsstationen, Ambulatorien, Pflegeheime ohne medizinisch-technische Ausrüstung, Hilfskrankenhäuser; Ausstellungsgebäude, Lichtspielhäuser; Turn- und Sportgebäude sowie -anlagen, soweit nicht in Honorarzone II oder IV erwähnt;

4. Honorarzone IV:
Wohnhäuser mit überdurchschnittlicher Ausstattung, Terrassen- und Hügelhäuser, planungsaufwendige Einfamilienhäuser mit entsprechendem Ausbau und Hausgruppen in planungsaufwendiger verdichteter Bauweise auf kleinen Grundstücken, Heime mit zusätzlichen medizinisch-technischen Einrichtungen; Zentralwerkstätten, Brauereien, Produktionsgebäude der Automobilindustrie, Kraftwerksgebäude; Schulen, ausgenommen Grundschulen; Bildungszentren, Volkshochschulen, Fachhochschulen, Hochschulen, Universitäten, Akademien, Hörsaalgebäude, Laborgebäude, Bibliotheken und Archive, Institutsgebäude für Lehre und Forschung, soweit nicht in Honorarzone V erwähnt; landwirtschaftliche Gebäude mit überdurchschnittlicher Ausstattung, Großküchen, Hotels, Banken, Kaufhäuser, Rathäuser, Parlaments- und Gerichtsgebäude sowie sonstige Gebäude für die Verwaltung mit überdurchschnittlicher Ausstattung; Krankenhäuser der Versorgungsstufe I und II, Fachkrankenhäuser, Krankenhäuser besonderer Zweckbestimmung, Therapie- und Rehabilitationseinrichtungen, Gebäude für Erholung, Kur und Genesung; Kirchen, Konzerthallen, Museen, Studiobühnen, Mehrzweckhallen für religiöse, kulturelle oder sportliche Zwecke; Hallenschwimmbäder, Sportleistungszentren, Großsportstätten;

5. Honorarzone V:
Krankenhäuser der Versorgungsstufe III, Universitätskliniken; Stahlwerksgebäude, Sintergebäude, Kokereien; Studios für Rundfunk, Fernsehen und Theater, Konzertgebäude, Theaterbauten, Kulissengebäude, Gebäude für die wissenschaftliche Forschung (experimentelle Fachrichtungen).

§ 13 Honorarzonen für Leistungen bei Freianlagen

(1) Die Honorarzone wird bei Freianlagen aufgrund folgender Bewertungsmerkmale ermittelt:

1. Honorarzone I:
Freianlagen mit sehr geringen Planungsanforderungen, das heißt mit
   - sehr geringen Anforderungen an die Einbindung in die Umgebung,
   - sehr geringen Anforderungen an Schutz, Pflege und Entwicklung von Natur und Landschaft,
   - einem Funktionsbereich,
   - sehr geringen gestalterischen Anforderungen,
   - keinen oder einfachsten Ver- und Entsorgungseinrichtungen;

2. Honorarzone II:
Freianlagen mit geringen Planungsanforderungen, das heißt mit

- geringen Anforderungen an die Einbindung in die Umgebung,
- geringen Anforderungen an Schutz, Pflege und Entwicklung von Natur und Landschaft,
- wenigen Funktionsbereichen,
- geringen gestalterischen Anforderungen,
- geringen Ansprüchen an Ver- und Entsorgung;

3. Honorarzone III:

Freianlagen mit durchschnittlichen Planungsanforderungen, das heißt mit
- durchschnittlichen Anforderungen an die Einbindung in die Umgebung,
- durchschnittlichen Anforderungen an Schutz, Pflege und Entwicklung von Natur und Landschaft,
- mehreren Funktionsbereichen mit einfachen Beziehungen,
- durchschnittlichen gestalterischen Anforderungen,
- normaler oder gebräuchlicher Ver- und Entsorgung;

4. Honorarzone IV:

Freianlagen mit überdurchschnittlichen Planungsanforderungen, das heißt mit
- überdurchschnittlichen Anforderungen an die Einbindung in die Umgebung,
- überdurchschnittlichen Anforderungen an Schutz, Pflege und Entwicklung von Natur und Landschaft,
- mehreren Funktionsbereichen mit vielfältigen Beziehungen,
- überdurchschnittlichen gestalterischen Anforderungen,
- einer über das Durchschnittliche hinausgehenden Ver- und Entsorgung;

5. Honorarzone V:

Freianlagen mit sehr hohen Planungsanforderungen, das heißt mit
- sehr hohen Anforderungen an die Einbindung in die Umgebung,
- sehr hohen Anforderungen an Schutz, Pflege und Entwicklung von Natur und Landschaft,
- einer Vielzahl von Funktionsbereichen mit umfassenden Beziehungen,
- sehr hohen gestalterischen Anforderungen,
- besonderen Anforderungen an die Ver- und Entsorgung aufgrund besonderer technischer Gegebenheiten.

(2) Sind für eine Freianlage Bewertungsmerkmale aus mehreren Honorarzonen anwendbar und bestehen deswegen Zweifel, welcher Honorarzone die Freianlage zugerechnet werden kann, so ist die Anzahl der Bewertungspunkte nach Absatz 3 zu ermitteln; die Freianlage ist nach der Summe der Bewertungspunkte folgenden Honorarzonen zuzurechnen:

1. Honorarzone I: Freianlagen mit bis zu 8 Punkten,
2. Honorarzone II: Freianlagen mit 9 bis 15 Punkten,
3. Honorarzone III: Freianlagen mit 16 bis 22 Punkten,
4. Honorarzone IV: Freianlagen mit 23 bis 29 Punkten,
5. Honorarzone V: Freianlagen mit 30 bis 36 Punkten.

(3) Bei der Zurechnung einer Freianlage in die Honorarzone sind entsprechend dem Schwierigkeitsgrad der Planungsanforderungen die Bewertungsmerkmale Anforderungen an die Einbindung in die Umgebung, an Schutz, Pflege und Entwicklung von Natur und Landschaft und der gestalterischen Anforderungen mit je bis zu acht Punkten, die Bewertungsmerkmale Anzahl der Funktionsbereiche sowie Ver- und Entsorgungseinrichtungen mit je bis zu sechs Punkten zu bewerten.

§ 14 Objektliste für Freianlagen

Nachstehende Freianlagen werden nach Maßgabe der in § 13 genannten Merkmale in der Regel folgenden Honorarzonen zugerechnet:

1. Honorarzone I:
   Geländegestaltungen mit Einsaaten in der freien Landschaft; Windschutzpflanzungen; Spielwiesen, Ski- und Rodelhänge ohne technische Einrichtungen;

2. Honorarzone II:
   Freiflächen mit einfachem Ausbau bei kleineren Siedlungen, bei Einzelbauwerken und bei landwirtschaftlichen Aussiedlungen; Begleitgrün an Verkehrsanlagen, soweit nicht in Honorarzone I oder III erwähnt; Grünverbindungen ohne besondere Ausstattung; Ballspielplätze (Bolzplätze); Ski- und Rodelhänge mit technischen Einrichtungen; Sportplätze ohne Laufbahnen oder ohne sonstige technische Einrichtungen; Geländegestaltungen und Pflanzungen für Deponien, Halden und Entnahmestellen; Pflanzungen in der freien Landschaft, soweit nicht in Honorarzone I erwähnt; Ortsrandeingrünungen;

3. Honorarzone III:
   Freiflächen bei privaten und öffentlichen Bauwerken, soweit nicht in Honorarzonen II, IV oder V erwähnt; Begleitgrün an Verkehrsanlagen mit erhöhten Anforderungen an Schutz, Pflege und Entwicklung von Natur und Landschaft; Flächen für den Arten- und Biotopschutz, soweit nicht in Honorarzone IV oder V erwähnt; Ehrenfriedhöfe, Ehrenmale; Kombinationsspielfelder, Sportanlagen Typ D und andere Sportanlagen, soweit nicht in Honorarzone II oder IV erwähnt; Camping-, Zelt- und Badeplätze, Kleingartenanlagen;

4. Honorarzone IV:
   Freiflächen mit besonderen topographischen oder räumlichen Verhältnissen bei privaten und öffentlichen Bauwerken; innerörtliche Grünzüge, Oberflächengestaltungen und Pflanzungen für Fußgängerbereiche; extensive Dachbegrünungen; Flächen für den Arten- und Biotopschutz mit differenzierten Gestaltungsansprüchen oder mit Biotopverbundfunktionen; Sportanlagen Typ A bis C, Spielplätze, Sportstadien, Freibäder, Golfplätze; Friedhöfe, Parkanlagen, Freilichtbühnen, Schulgärten, naturkundliche Lehrpfade und -gebiete;

5. Honorarzone V:
   Hausgärten und Gartenhöfe für hohe Repräsentationsansprüche, Terrassen- und Dachgärten, intensive Dachbegrünungen; Freiflächen im Zusammenhang mit historischen

Anlagen; historische Parkanlagen, Gärten und Plätze; botanische und zoologische Gärten; Freiflächen mit besonderer Ausstattung für hohe Benutzungsansprüche, Garten- und Hallenschauen.

§ 14a Honorarzonen und Leistungen bei raumbildenden Ausbauten

(1) Die Honorarzone wird bei raumbildenden Ausbauten aufgrund folgender Bewertungsmerkmale ermittelt:

1. Honorarzone I:

Raumbildende Ausbauten mit sehr geringen Planungsanforderungen, das heißt mit

- einem Funktionsbereich,
- sehr geringen Anforderungen an die Lichtgestaltung,
- sehr geringen Anforderungen an die Raum-Zuordnung und Raum-Proportionen,
- keiner oder einfacher Technischer Ausrüstung,
- sehr geringen Anforderungen an Farb- und Materialgestaltung,
- sehr geringen Anforderungen an die konstruktive Detailgestaltung;

2. Honorarzone II:

Raumbildende Ausbauten mit geringen Planungsanforderungen, das heißt mit
- wenigen Funktionsbereichen,
- geringen Anforderungen an die Lichtgestaltung,
- geringen Anforderungen an die Raum-Zuordnung und Raum-Proportionen,
- geringer Technischer Ausrüstung,
- geringen Anforderungen an Farb- und Materialgestaltung,
- geringen Anforderungen an die konstruktive Detailgestaltung;

3. Honorarzone III:

Raumbildende Ausbauten mit durchschnittlichen Planungsanforderungen, das heißt mit
- mehreren einfachen Funktionsbereichen,
- durchschnittlichen Anforderungen an die Lichtgestaltung,
- durchschnittlichen Anforderungen an die Raum-Zuordnung und Raum-Proportionen,
- durchschnittlicher Technischer Ausrüstung,
- durchschnittlichen Anforderungen an Farb- und Materialgestaltung,
- durchschnittlichen Anforderungen an die konstruktive Detailgestaltung;

4. Honorarzone IV:

Raumbildende Ausbauten mit überdurchschnittlichen Planungsanforderungen, das heißt mit
- mehreren Funktionsbereichen mit vielfältigen Beziehungen,
- überdurchschnittlichen Anforderungen an die Lichtgestaltung,

- überdurchschnittlichen Anforderungen an die Raum-Zuordnung und Raum-Proportionen,
- überdurchschnittlichen Anforderungen an die technische Ausrüstung,
- überdurchschnittlichen Anforderungen an die Farb- und Materialgestaltung,
- überdurchschnittlichen Anforderungen an die konstruktive Detailgestaltung;

5. Honorarzone V:
Raumbildende Ausbauten mit sehr hohen Planungsanforderungen, das heißt mit
- einer Vielzahl von Funktionsbereichen mit umfassenden Beziehungen,
- sehr hohen Anforderungen an die Lichtgestaltung,
- sehr hohen Anforderungen an die Raum-Zuordnung und Raum-Proportionen,
- einer vielfältigen Technischen Ausrüstung mit hohen technischen Ansprüchen,
- sehr hohen Anforderungen an die Farb- und Materialgestaltung,
- sehr hohen Anforderungen an die konstruktive Detailgestaltung.

(2) Sind für einen raumbildenden Ausbau Bewertungsmerkmale aus mehreren Honorarzonen anwendbar und bestehen deswegen Zweifel, welcher Honorarzone der raumbildende Ausbau zugerechnet werden kann, so ist die Anzahl der Bewertungspunkte nach Absatz 3 zu ermitteln; der raumbildende Ausbau ist nach der Summe der Bewertungspunkte folgenden Honorarzonen zuzurechnen:
1. Honorarzone I: Raumbildende Ausbauten mit bis zu 10 Punkten,
2. Honorarzone II: Raumbildende Ausbauten mit 11 bis 18 Punkten,
3. Honorarzone III: Raumbildende Ausbauten mit 19 bis 26 Punkten,
4. Honorarzone IV: Raumbildende Ausbauten mit 27 bis 34 Punkten,
5. Honorarzone V: Raumbildende Ausbauten mit 35 bis 42 Punkten.

(3) Bei der Zurechnung eines raumbildenden Ausbaus in die Honorarzonen sind entsprechend dem Schwierigkeitsgrad der Planungsanforderungen die Bewertungsmerkmale Anzahl der Funktionsbereiche, Anforderungen an die Lichtgestaltung, Anforderungen an die Raum-Zuordnung und Raum-Proportionen sowie Anforderungen an die technische Ausrüstung mit je bis zu sechs Punkten zu bewerten, die Bewertungsmerkmale Farb- und Materialgestaltung sowie konstruktive Detailgestaltung mit je bis zu neun Punkten.

§ 14b Objektliste für raumbildende Ausbauten

Nachstehende raumbildende Ausbauten werden nach Maßgabe der in § 14 a genannten Merkmale in der Regel folgenden Honorarzonen zugerechnet:

1. Honorarzone I:
Innere Verkehrsflächen, offene Pausen-, Spiel- und Liegehallen, einfachste Innenräume für vorübergehende Nutzung;

2. Honorarzone II:

Einfache Wohn-, Aufenthalts- und Büroräume, Werkstätten; Verkaufslager, Nebenräume in Sportanlagen, einfache Verkaufskioske; Innenräume, die unter Verwendung von serienmäßig hergestellten Möbeln und Ausstattungsgegenständen einfacher Qualität gestaltet werden;

3. Honorarzone III:

Aufenthalts-, Büro-, Freizeit-, Gaststätten-, Gruppen-, Wohn-, Sozial-, Versammlungs- und Verkaufsräume, Kantinen sowie Hotel-, Kranken-, Klassenzimmer und Bäder mit durchschnittlichem Ausbau, durchschnittlicher Ausstattung oder durchschnittlicher technischer Einrichtung; Messestände bei Verwendung von System- oder Modulbauteilen; Innenräume mit durchschnittlicher Gestaltung, die zum überwiegenden Teil unter Verwendung von serienmäßig hergestellten Möbeln und Ausstattungsgegenständen gestaltet werden;

4. Honorarzone IV:

Wohn-, Aufenthalts-, Behandlungs-, Verkaufs-, Arbeits-, Bibliotheks-, Sitzungs-, Gesellschafts-, Gaststätten-, Vortragsräume, Hörsäle, Ausstellungen, Messestände, Fachgeschäfte, soweit nicht in Honorarzone II oder III erwähnt; Empfangs- und Schalterhallen mit überdurchschnittlichem Ausbau, gehobener Ausstattung oder überdurchschnittlichen technischen Einrichtungen, z. B. in Krankenhäusern, Hotels, Banken, Kaufhäusern, Einkaufszentren oder Rathäusern; Parlaments- und Gerichtssäle, Mehrzweckhallen für religiöse, kulturelle oder sportliche Zwecke; Raumbildende Ausbauten von Schwimmbädern und Wirtschaftsküchen; Kirchen; Innenräume mit überdurchschnittlicher Gestaltung unter Mitverwendung von serienmäßig hergestellten Möbeln und Ausstattungsgegenständen gehobener Qualität;

5. Honorarzone V:

Konzert- und Theatersäle; Studioräume für Rundfunk, Fernsehen und Theater; Geschäfts- und Versammlungsräume mit anspruchsvollem Ausbau, aufwendiger Ausstattung oder sehr hohen technischen Ansprüchen; Innenräume der Repräsentationsbereiche mit anspruchsvollem Ausbau, aufwendiger Ausstattung oder mit besonderen Anforderungen an die technischen Einrichtungen.

§ 15 Leistungsbild für Gebäude, Freianlagen und raumbildende Ausbauten

(1) Das Leistungsbild Objektplanung umfasst die Leistungen der Auftragnehmer für Neubauten, Neuanlagen, Wiederaufbauten, Erweiterungsbauten, Umbauten, Modernisierungen, raumbildende Ausbauten, Instandhaltungen und Instandsetzungen. Die Grundleistungen sind in den in Absatz 2 aufgeführten Leistungsphasen 1 bis 9 zusammengefasst. Sie sind in der folgenden Tabelle für Gebäude und raumbildende Ausbauten in Vomhundertsätzen der Honorare des § 16 und für Freianlagen in Vomhundertsätzen der Honorare des § 17 bewertet.

	Bewertung der Grundleistungen in v. H. der Honorare		
	Gebäude	Freianlagen	Raumbildende Ausbauten
1. Grundlagenermittlung Ermitteln der Voraussetzungen zur Lösung der Bauaufgabe durch die Planung	3	3	3
2. Vorplanung (Projekt- und Planungsvorbereitung) Erarbeiten der wesentlichen Teile einer Lösung der Planungsaufgabe	7	10	7
3. Entwurfsplanung (System- und Integrationsplanung) Erarbeiten der endgültigen Lösung der Planungsaufgabe	11	15	14
4. Genehmigungsplanung Erarbeiten und Einreichen der Vorlagen für die erforderlichen Genehmigungen oder Zustimmungen	6	6	2
5. Ausführungsplanung Erarbeiten und Darstellen der ausführungsreifen Planungslösung	25	24	30
6. Vorbereitung der Vergabe Ermitteln der Mengen und Aufstellen von Leistungsverzeichnissen	10	7	7
7. Mitwirkung bei der Vergabe Ermitteln der Kosten und Mitwirkung bei der Auftragsvergabe	4	3	3
8. Objektüberwachung (Bauüberwachung) Überwachen der Ausführung des Objekts	31	29	31
9. Objektbetreuung und Dokumentation Überwachen der Beseitigung von Mängeln und Dokumentation des Gesamtergebnisses	3	3	

(2) Das Leistungsbild setzt sich wie folgt zusammen:

Grundleistung	Besondere Leistung
1. Grundlagenermittlung	
– Klären der Aufgabenstellung – Beraten zum gesamten Leistungsbedarf – Formulieren von Entscheidungshilfen für die Auswahl anderer an der Planung fachlich Beteiligter – Zusammenfassen der Ergebnisse	– Bestandsaufnahme – Standortanalyse – Betriebsplanung – Aufstellen eines Raumprogramms – Aufstellen eines Funktionsprogramms – Prüfen der Umwelterheblichkeit – Prüfen der Umweltverträglichkeit
2. Vorplanung (Projekt- und Planungsvorbereitung)	
– Analyse der Grundlagen – Abstimmen der Zielvorstellungen (Randbedingungen, Zielkonflikte) – Aufstellen eines planungsbezogenen Zielkatalogs (Programmziele) – Erarbeiten eines Planungskonzepts einschließlich Untersuchung der alternativen Lösungsmöglichkeiten nach gleichen Anforderungen mit zeichnerischer Darstellung und Bewertung, zum Beispiel versuchsweise zeichnerische Darstellungen, Strichskizzen, gegebenenfalls mit erläuternden Angaben – Integrieren der Leistungen anderer an der Planung fachlich Beteiligter – Klären und Erläutern der wesentlichen städtebaulichen, gestalterischen, funktionalen, technischen, bauphysikalischen, wirtschaftlichen, energiewirtschaftlichen (zum Beispiel hinsichtlich rationeller Energieverwendung und der Verwendung erneuerbarer Energien) und landschaftsökologischen Zusammenhänge, Vorgänge und Bedingungen, sowie der Belastung und Empfindlichkeit der betroffenen Ökosysteme – Vorverhandlungen mit Behörden und anderen an der Planung fachlich Beteiligten über die Genehmigungsfähigkeit – Bei Freianlagen: Erfassen, Bewerten und Erläutern der ökosystemaren Strukturen und Zusammenhänge, zum Beispiel Boden, Wasser, Klima, Luft, Pflanzen- und Tierwelt, sowie Darstellen der räumlichen und gestalterischen Konzeption mit erläuternden Angaben, insbesondere zur Geländegestaltung, Biotopverbesserung und -vernetzung, vorhandenen Vegetation, Neupflanzung, Flächenverteilung der Grün-, Verkehrs-, Wasser-, Spiel- und Sportflächen; ferner Klären der Randgestaltung und der Anbindung an die Umgebung – Kostenschätzung nach DIN 276 oder nach dem wohnungsrechtlichen Berechnungsrecht – Zusammenstellen aller Vorplanungsergebnisse	– Untersuchen von Lösungsmöglichkeiten nach grundsätzlich verschiedenen Anforderungen – Ergänzen der Vorplanungsunterlagen aufgrund besonderer Anforderungen – Aufstellen eines Finanzierungsplanes – Aufstellen einer Bauwerks- und Betriebs-Kosten-Nutzen-Analyse – Mitwirken bei der Kreditbeschaffung – Durchführen der Voranfrage (Bauanfrage) – Anfertigen von Darstellungen durch besondere Techniken, wie zum Beispiel Perspektiven, Muster, Modelle – Aufstellen eines Zeit- und Organisationsplanes – Ergänzen der Vorplanungsunterlagen hinsichtlich besonderer Maßnahmen zur Gebäude- und Bauteiloptimierung, die über das übliche Maß der Planungsleistungen hinausgehen, zur Verringerung des Energieverbrauchs sowie der Schadstoff- und CO_2-Emissionen und zur Nutzung erneuerbarer Energien in Abstimmung mit anderen an der Planung fachlich Beteiligten. Das übliche Maß ist für Maßnahmen zur Energieeinsparung durch die Erfüllung der Anforderungen gegeben, die sich aus Rechtsvorschriften und den allgemein anerkannten Regeln der Technik ergeben

Grundleistung	Besondere Leistung

3. Entwurfsplanung (System- und Integrationsplanung)

Grundleistung	Besondere Leistung
– Durcharbeiten des Planungskonzepts (stufenweise Erarbeitung einer zeichnerischen Lösung) unter Berücksichtigung städtebaulicher, gestalterischer, funktionaler, technischer, bauphysikalischer, wirtschaftlicher, energiewirtschaftlicher (zum Beispiel hinsichtlich rationeller Energieverwendung und der Verwendung erneuerbarer Energien) und landschaftsökologischer Anforderungen unter Verwendung der Beiträge anderer an der Planung fachlich Beteiligter bis zum vollständigen Entwurf – Integrieren der Leistungen anderer an der Planung fachlich Beteiligter – Objektbeschreibung mit Erläuterung von Ausgleichs- und Ersatzmaßnahmen nach Maßgabe der naturschutzrechtlichen Eingriffsregelung – Zeichnerische Darstellung des Gesamtentwurfs, zum Beispiel durchgearbeitete, vollständige Vorentwurfs- und/oder Entwurfszeichnungen (Maßstab nach Art und Größe des Bauvorhabens; bei Freianlagen: im Maßstab 1:500 bis 1:100, insbesondere mit Angaben zur Verbesserung der Biotopfunktion, zu Vermeidungs-, Schutz-, Pflege- und Entwicklungsmaßnahmen sowie zur differenzierten Bepflanzung; bei raumbildenden Ausbauten: im Maßstab 1:50 bis 1:20, insbesondere mit Einzelheiten der Wandabwicklungen, Farb-, Licht- und Materialgestaltung), gegebenenfalls auch Detailpläne mehrfach wiederkehrender Raumgruppen – Verhandlungen mit Behörden und anderen an der Planung fachlich Beteiligten über die Genehmigungsfähigkeit – Kostenberechnung nach DIN 276 oder nach dem wohnungsrechtlichen Berechnungsrecht – Kostenkontrolle durch Vergleich der Kostenberechnung mit der Kostenschätzung – Zusammenfassen aller Entwurfsunterlagen	– Analyse der Alternativen/Varianten und deren Wertung mit Kostenuntersuchung (Optimierung) – Wirtschaftlichkeitsberechnung – Kostenberechnung durch Aufstellen von Mengengerüsten oder Bauelementkatalog – Ausarbeiten besonderer Maßnahmen zur Gebäude- und Bauteiloptimierung, die über das übliche Maß der Planungsleistungen hinausgehen, zur Verringerung des Energieverbrauchs sowie der Schadstoff- und CO_2-Emission und zur Nutzung erneuerbarer Energien unter Verwendung der Beiträge anderer an der Planung fachlich Beteiligter. Das übliche Maß ist für Maßnahmen zur Energieeinsparung durch die Erfüllung der Anforderungen gegeben, die sich aus Rechtsvorschriften und den allgemein anerkannten Regeln der Technik ergeben

Grundleistung	Besondere Leistung
4. Genehmigungsplanung	
– Erarbeiten der Vorlagen für die nach den öffentlich-rechtlichen Vorschriften erforderlichen Genehmigungen oder Zustimmungen einschließlich der Anträge auf Ausnahmen und Befreiungen unter Verwendung der Beiträge anderer an der Planung fachlich Beteiligter sowie noch notwendiger Verhandlungen mit Behörden – Einreichen dieser Unterlagen – Vervollständigen und Anpassen der Planungsunterlagen, Beschreibungen und Berechnungen unter Verwendung der Beiträge anderer an der Planung fachlich Beteiligter – Bei Freianlagen und raumbildenden Ausbauten: Prüfen auf notwendige Genehmigungen, Einholen von Zustimmungen und Genehmigungen	– Mitwirken bei der Beschaffung der nachbarlichen Zustimmung – Erarbeiten von Unterlagen für besondere Prüfverfahren – Fachliche und organisatorische Unterstützung des Bauherrn im Widerspruchsverfahren, Klageverfahren oder ähnliches – Ändern der Genehmigungsunterlagen infolge von Umständen, die der Auftragnehmer nicht zu vertreten hat
5. Ausführungsplanung	
– Durcharbeiten der Ergebnisse der Leistungsphasen 3 und 4 (stufenweise Erarbeitung und Darstellung der Lösung) unter Berücksichtigung städtebaulicher, gestalterischer, funktionaler, technischer, bauphysikalischer, wirtschaftlicher, energiewirtschaftlicher (zum Beispiel hinsichtlich rationeller Energieverwendung und der Verwendung erneuerbarer Energien) und landschaftsökologischer Anforderungen unter Verwendung der Beiträge anderer an der Planung fachlich Beteiligter bis zur ausführungsreifen Lösung – Zeichnerische Darstellung des Objekts mit allen für die Ausführung notwendigen Einzelangaben, zum Beispiel endgültige, vollständige Ausführungs-, Detail- und Konstruktionszeichnungen im Maßstab 1:50 bis 1:1, bei Freianlagen je nach Art des Bauvorhabens im Maßstab 1:200 bis 1:50, insbesondere Bepflanzungspläne, mit den erforderlichen textlichen Ausführungen – Bei raumbildenden Ausbauten: Detaillierte Darstellung der Räume und Raumfolgen im Maßstab 1:25 bis 1:1, mit den erforderlichen textlichen Ausführungen; Materialbestimmung – Erarbeiten der Grundlagen für die anderen an der Planung fachlich Beteiligten und Integrierung ihrer Beiträge bis zur ausführungsreifen Lösung – Fortschreiben der Ausführungsplanung während der Objektausführung	– Aufstellen einer detaillierten Objektbeschreibung als Baubuch zur Grundlage der Leistungsbeschreibung mit Leistungsprogramm[a] – Aufstellen einer detaillierten Objektbeschreibung als Raumbuch zur Grundlage der Leistungsbeschreibung mit Leistungsprogramm[a] – Prüfen der vom bauausführenden Unternehmen aufgrund der Leistungsbeschreibung mit Leistungsprogramm ausgearbeiteten Ausführungspläne auf Übereinstimmung mit der Entwurfsplanung[a] – Erarbeiten von Detailmodellen – Prüfen und Anerkennen von Plänen Dritter nicht an der Planung fachlich Beteiligter auf Übereinstimmung mit den Ausführungsplänen (zum Beispiel Werkstattzeichnungen von Unternehmen, Aufstellungs- und Fundamentpläne von Maschinenlieferanten), soweit die Leistungen Anlagen betreffen, die in den anrechenbaren Kosten nicht erfasst sind

Grundleistung	Besondere Leistung
6. Vorbereitung der Vergabe	
– Ermitteln und Zusammenstellen von Mengen als Grundlage für das Aufstellen von Leistungsbeschreibungen unter Verwendung der Beiträge anderer an der Planung fachlich Beteiligter – Aufstellen von Leistungsbeschreibungen mit Leistungsverzeichnissen nach Leistungsbereichen – Abstimmen und Koordinieren der Leistungsbeschreibungen der an der Planung fachlich Beteiligten	– Aufstellen von Leistungsbeschreibungen mit Leistungsprogramm unter Bezug auf Baubuch/Raumbuch[a] – Aufstellen von alternativen Leistungsbeschreibungen für geschlossene Leistungsbereiche – Aufstellen von vergleichenden Kostenübersichten unter Auswertung der Beiträge anderer an der Planung fachlich Beteiligter
7. Mitwirkung bei der Vergabe	
– Zusammenstellen der Verdingungsunterlagen für alle Leistungsbereiche – Einholen von Angeboten – Prüfen und Werten der Angebote einschließlich Aufstellen eines Preisspiegels nach Teilleistungen unter Mitwirkung aller während der Leistungsphasen 6 und 7 fachlich Beteiligten – Abstimmen und Zusammenstellen der Leistungen der fachlich Beteiligten, die an der Vergabe mitwirken – Verhandlung mit Bietern – Kostenanschlag nach DIN 276 aus Einheits- oder Pauschalpreisen der Angebote – Kostenkontrolle durch den Vergleich des Kostenanschlages mit der Kostenberechnung – Mitwirken bei der Auftragserteilung	– Prüfen und Werten der Angebote aus Leistungsbeschreibung mit Leistungsprogramm einschließlich Preisspiegel[a] – Aufstellen, Prüfen und Werten von Preisspiegeln nach besonderen Anforderungen

Grundleistung	Besondere Leistung

8. Objektüberwachung (Bauüberwachung)

Grundleistung	Besondere Leistung
– Überwachen der Ausführung des Objekts auf Übereinstimmung mit der Baugenehmigung oder Zustimmung, den Ausführungsplänen und den Leistungsbeschreibungen sowie mit den allgemein anerkannten Regeln der Technik und den einschlägigen Vorschriften – Überwachen der Ausführung von Tragwerken nach § 63 Abs. 1 Nr. 1 und 2 auf Übereinstimmung mit dem Standsicherheitsnachweis – Koordinieren der an der Objektüberwachung fachlich Beteiligten – Überwachung und Detailkorrektur von Fertigteilen – Aufstellen und Überwachen eines Zeitplanes (Balkendiagramm) – Führen eines Bautagebuches – Gemeinsames Aufmaß mit den bauausführenden Unternehmen – Abnahme der Bauleistungen unter Mitwirkung anderer an der Planung und Objektüberwachung fachlich Beteiligter unter Feststellung von Mängeln – Rechnungsprüfung – Kostenfeststellung nach DIN 276 oder nach dem wohnungsrechtlichen Berechnungsrecht – Antrag auf behördliche Abnahmen und Teilnahme daran – Übergabe des Objekts einschließlich Zusammenstellung und Übergabe der erforderlichen Unterlagen, zum Beispiel Bedienungsanleitungen, Prüfprotokolle – Auflisten der Gewährleistungsfristen – Überwachen der Beseitigung der bei der Abnahme der Bauleistungen festgestellten Mängel – Kostenkontrolle durch Überprüfen der Leistungsabrechnung der bauausführenden Unternehmen im Vergleich zu den Vertragspreisen und dem Kostenanschlag	– Aufstellen, Überwachen und Fortschreiben eines Zahlungsplanes – Aufstellen, Überwachen und Fortschreiben von differenzierten Zeit-, Kosten- oder Kapazitätsplänen – Tätigkeit als verantwortlicher Bauleiter, soweit diese Tätigkeit nach jeweiligem Landesrecht über die Grundleistungen der Leistungsphase 8 hinausgeht

Grundleistung	Besondere Leistung
9. Objektbetreuung und Dokumentation	
– Objektbegehung zur Mängelfeststellung vor Ablauf der Verjährungsfristen der Gewährleistungsansprüche gegenüber den bauausführenden Unternehmen – Überwachen der Beseitigung von Mängeln, die innerhalb der Verjährungsfristen der Gewährleistungsansprüche, längstens jedoch bis zum Ablauf von fünf Jahren seit Abnahme der Bauleistungen auftreten – Mitwirken bei der Freigabe von Sicherheitsleistungen – Systematische Zusammenstellung der zeichnerischen Darstellungen und rechnerischen Ergebnisse des Objekts	– Erstellen von Bestandsplänen – Aufstellen von Ausrüstungs- und Inventarverzeichnissen – Erstellen von Wartungs- und Pflegeanweisungen – Objektbeobachtung – Objektverwaltung – Baubegehungen nach Übergabe – Überwachen der Wartungs- und Pflegeleistungen – Aufbereiten des Zahlenmaterials für eine Objektdatei – Ermittlung und Kostenfeststellung zu Kostenrichtwerten – Überprüfung der Bauwerks- und Betriebs-Kosten-Nutzen-Analyse

ᵃDiese Besondere Leistung wird bei Leistungsbeschreibung mit Leistungsprogramm ganz oder teilweise Grundleistung. In diesem Fall entfallen die entsprechenden Grundleistungen dieser Leistungsphase, soweit die Leistungsbeschreibung mit Leistungsprogramm angewandt wird.

(3) Wird das Überwachen der Herstellung des Objekts hinsichtlich der Einzelheiten der Gestaltung an einen Auftragnehmer in Auftrag gegeben, dem Grundleistungen nach den Leistungsphasen 1 bis 7, jedoch nicht nach der Leistungsphase 8, übertragen wurden, so kann für diese Leistung ein besonderes Honorar schriftlich vereinbart werden.

(4) Bei Umbauten und Modernisierungen im Sinne des § 3 Nr. 5 und 6 können neben den in Absatz 2 erwähnten Besonderen Leistungen insbesondere die nachstehenden Besonderen Leistungen vereinbart werden:

- maßliches, technisches und verformungsgerechtes Aufmaß
- Schadenskartierung
- Ermitteln von Schadensursachen
- Planen und Überwachen von Maßnahmen zum Schutz von vorhandener Substanz
- Organisation von Betreuungsmaßnahmen für Nutzer und andere Planungsbetroffene
- Mitwirken an Betreuungsmaßnahmen für Nutzer und andere Planungsbetroffene
- Wirkungskontrollen von Planungsansatz und Maßnahmen im Hinblick auf die Nutzer, zum Beispiel durch Befragen.

§ 16 Honorartafel für Grundleistungen bei Gebäuden und raumbildenden Ausbauten

(1) Die Mindest- und Höchstsätze der Honorare für die in § 15 aufgeführten Grundleistungen bei Gebäuden und raumbildenden Ausbauten sind in der nachfolgenden Honorartafel festgesetzt.

(2) Das Honorar für Grundleistungen bei Gebäuden und raumbildenden Ausbauten, deren anrechenbare Kosten unter 25.565 Euro liegen, kann als Pauschalhonorar oder als Zeithonorar nach § 6 berechnet werden, höchstens jedoch bis zu den in der Honorartafel nach Absatz 1 für anrechenbare Kosten von 25.565 Euro festgesetzten Höchstsätzen. Als Mindestsätze gelten die Stundensätze nach § 6 Abs. 2, höchstens jedoch die in der Honorartafel nach Absatz 1 für anrechenbare Kosten von 25.565 Euro festgesetzten Mindestsätze.

(3) Das Honorar für Gebäude und raumbildende Ausbauten, deren anrechenbare Kosten über 25.564.594 Euro liegen, kann frei vereinbart werden.

§ 17 Honorartafel für Grundleistungen bei Freianlagen

(1) Die Mindest- und Höchstsätze der Honorare für die in § 15 aufgeführten Grundleistungen bei Freianlagen sind in der nachfolgenden Honorartafel festgesetzt.

(2) § 16 Abs. 2 und 3 gilt sinngemäß.

(3) Werden Ingenieurbauwerke und Verkehrsanlagen, die innerhalb von Freianlagen liegen, von dem Auftragnehmer gestalterisch in die Umgebung eingebunden, dem Grundleistungen bei Freianlagen übertragen sind, so kann ein Honorar für diese Leistungen schriftlich vereinbart werden. Honoraransprüche nach Teil VII bleiben unberührt.

§ 18 Auftrag über Gebäude und Freianlagen

Honorare für Grundleistungen für Gebäude und für Grundleistungen für Freianlagen sind getrennt zu berechnen. Dies gilt nicht, wenn die getrennte Berechnung weniger als 7500 Euro anrechenbare Kosten zum Gegenstand hätte; § 10 Abs. 5 Nr. 5 und Abs. 6 findet insoweit keine Anwendung.

§ 19 Vorplanung, Entwurfsplanung und Objektüberwachung als Einzelleistung

(1) Wird die Anfertigung der Vorplanung (Leistungsphase 2 des § 15) oder der Entwurfsplanung (Leistungsphase 3 des § 15) bei Gebäuden als Einzelleistung in Auftrag gegeben, so können hierfür anstelle der in § 15 Abs. 1 festgesetzten Vomhundertsätze folgende Vomhundertsätze der Honorare nach § 16 vereinbart werden:

1. für die Vorplanung bis zu 10 v. H.,
2. für die Entwurfsplanung bis zu 18 v. H.

(2) Wird die Anfertigung der Vorplanung (Leistungsphase 2 des § 15) oder der Entwurfsplanung (Leistungsphase 3 des § 15) bei Freianlagen als Einzelleistung in Auftrag gegeben, so können hierfür anstelle der in § 15 Abs. 1 festgesetzten Vomhundertsätze folgende Vomhundertsätze der Honorare nach § 17 vereinbart werden:
1. für die Vorplanung bis zu 15 v. H.,
2. für die Entwurfsplanung bis zu 25 v. H.

(3) Wird die Anfertigung der Vorplanung (Leistungsphase 2 des § 15) oder der Entwurfsplanung (Leistungsphase 3 des § 15) bei raumbildenden Ausbauten als Einzelleistung in Auftrag gegeben, so können hierfür anstelle der in § 15 Abs. 1 festgesetzten Vomhundertsätze folgende Vomhundertsätze der Honorare nach § 16 vereinbart werden:
1. für die Vorplanung bis zu 10 v. H.,
2. für die Entwurfsplanung bis zu 21 v. H.

(4) Wird die Objektüberwachung (Leistungsphase 8 des § 15) bei Gebäuden als Einzelleistung in Auftrag gegeben, so können hierfür anstelle der Mindestsätze nach den §§ 15 und 16 folgende Vomhundertsätze der anrechenbaren Kosten nach § 10 berechnet werden:
1. 2,1 v. H. bei Gebäuden der Honorarzone 2,
2. 2,3 v. H. bei Gebäuden der Honorarzone 3,
3. 2,5 v. H. bei Gebäuden der Honorarzone 4,
4. 2,7 v. H. bei Gebäuden der Honorarzone 5.

§ 20 Mehrere Vor- und Entwurfsplanungen

Werden für dasselbe Gebäude auf Veranlassung des Auftraggebers mehrere Vor- oder Entwurfsplanungen nach grundsätzlich verschiedenen Anforderungen gefertigt, so können für die umfassendste Vor- oder Entwurfsplanung die vollen Vomhundertsätze dieser Leistungsphase nach § 15, außerdem für jede andere Vor- oder Entwurfsplanung die Hälfte dieser Vomhundertsätze berechnet werden. Satz 1 gilt entsprechend für Freianlagen und raumbildende Ausbauten.

§ 21 Zeitliche Trennung der Ausführung

Wird ein Auftrag, der ein oder mehrere Gebäude umfasst, nicht einheitlich in einem Zuge, sondern abschnittsweise in größeren Zeitabständen ausgeführt, so ist für die das ganze Gebäude oder das ganze Bauvorhaben betreffenden, zusammenhängend durchgeführten Leistungen das anteilige Honorar zu berechnen, das sich nach den gesamten anrechenbaren Kosten ergibt. Das Honorar für die restlichen Leistungen ist jeweils nach den anrechenbaren Kosten der einzelnen Bauabschnitte zu berechnen. Die Sätze 1 und 2 gelten entsprechend für Freianlagen und raumbildende Ausbauten.

§ 22 Auftrag für mehrere Gebäude

(1) Umfasst ein Auftrag mehrere Gebäude, so sind die Honorare vorbehaltlich der nachfolgenden Absätze für jedes Gebäude getrennt zu berechnen.

(2) Umfasst ein Auftrag mehrere gleiche, spiegelgleiche oder im wesentlichen gleichartige Gebäude, die im zeitlichen oder örtlichen Zusammenhang und unter gleichen
baulichen Verhältnissen errichtet werden sollen, oder Gebäude nach Typenplanung
oder Serienbauten, so sind für die 1. bis 4. Wiederholung die Vomhundertsätze der
Leistungsphasen 1 bis 7 in § 15 um 50 vom Hundert, von der 5. Wiederholung an
um 60 vom Hundert zu mindern. Als gleich gelten Gebäude, die nach dem gleichen
Entwurf ausgeführt werden. Als Serienbauten gelten Gebäude, die nach einem im
Wesentlichen gleichen Entwurf ausgeführt werden.

(3) Erteilen mehrere Auftraggeber einem Auftragnehmer Aufträge über Gebäude, die
gleich, spiegelgleich oder im wesentlichen gleichartig sind und die im zeitlichen oder
örtlichen Zusammenhang und unter gleichen baulichen Verhältnissen errichtet werden sollen, so findet Absatz 2 mit der Maßgabe entsprechende Anwendung, dass der
Auftragnehmer die Honorarminderungen gleichmäßig auf alle Auftraggeber verteilt.

(4) Umfasst ein Auftrag Leistungen, die bereits Gegenstand eines anderen Auftrags für
ein Gebäude nach gleichem oder spiegelgleichem Entwurf zwischen den Vertragsparteien waren, so findet Absatz 2 auch dann entsprechende Anwendung, wenn die
Leistungen nicht im zeitlichen oder örtlichen Zusammenhang erbracht werden sollen.

§ 23 Verschiedene Leistungen an einem Gebäude HOAI

(1) Werden Leistungen bei Wiederaufbauten, Erweiterungsbauten, Umbauten oder raumbildenden Ausbauten (§ 3 Nr. 3 bis 5 und 7) gleichzeitig durchgeführt, so sind die
anrechenbaren Kosten für jede einzelne Leistung festzustellen und das Honorar danach getrennt zu berechnen. § 25 Abs. 1 bleibt unberührt.

(2) Soweit sich der Umfang jeder einzelnen Leistung durch die gleichzeitige Durchführung der Leistungen nach Absatz 1 mindert, ist dies bei der Berechnung des Honorars
entsprechend zu berücksichtigen.

§ 24 Umbauten und Modernisierungen von Gebäuden

(1) Honorare für Leistungen bei Umbauten und Modernisierungen im Sinne des § 3 Nr. 5
und 6 sind nach den anrechenbaren Kosten nach § 10, der Honorarzone, der der Umbau oder die Modernisierung bei sinngemäßer Anwendung des § 11 zuzuordnen ist,
den Leistungsphasen des § 15 und der Honorartafel des § 16 mit der Maßgabe zu
ermitteln, dass eine Erhöhung der Honorare um einen Vomhundertsatz schriftlich
zu vereinbaren ist. Bei der Vereinbarung der Höhe des Zuschlags ist insbesondere
der Schwierigkeitsgrad der Leistungen zu berücksichtigen. Bei durchschnittlichem
Schwierigkeitsgrad der Leistungen kann ein Zuschlag von 20 bis 33 vom Hundert
vereinbart werden. Sofern nicht etwas anderes schriftlich vereinbart ist, gilt ab durchschnittlichem Schwierigkeitsgrad ein Zuschlag von 20 vom Hundert als vereinbart.

(2) Werden bei Umbauten und Modernisierungen im Sinne des § 3 Nr. 5 und 6 erhöhte Anforderungen in der Leistungsphase 1 bei der Klärung der Maßnahmen und Erkundung der Substanz, oder in der Leistungsphase 2 bei der Beurteilung der vorhandenen Substanz auf ihre Eignung zur Übernahme in die Planung oder in der Leistungsphase 8 gestellt, so können die Vertragsparteien anstelle der Vereinbarung eines Zuschlags nach Absatz 1 schriftlich vereinbaren, dass die Grundleistungen für diese Leistungsphasen höher bewertet werden, als in § 15 Abs. 1 vorgeschrieben ist.

§ 25 Leistungen des raumbildenden Ausbaues

(1) Werden Leistungen des raumbildenden Ausbaus in Gebäuden, die neugebaut, wiederaufgebaut, erweitert oder umgebaut werden, einem Auftragnehmer übertragen, dem auch Grundleistungen für diese Gebäude nach § 15 übertragen werden, so kann für die Leistungen des raumbildenden Ausbaus ein besonderes Honorar nicht berechnet werden. Diese Leistungen sind bei der Vereinbarung des Honorars für die Grundleistungen für Gebäude im Rahmen der für diese Leistungen festgesetzten Mindest- und Höchstsätze zu berücksichtigen.

(2) Für Leistungen des raumbildenden Ausbaus in bestehenden Gebäuden ist eine Erhöhung der Honorare um einen Vomhundertsatz schriftlich zu vereinbaren. Bei der Vereinbarung der Höhe des Zuschlags ist insbesondere der Schwierigkeitsgrad der Leistungen zu berücksichtigen. Bei durchschnittlichem Schwierigkeitsgrad der Leistungen kann ein Zuschlag von 25 bis 50 vom Hundert vereinbart werden. Sofern nicht etwas anderes schriftlich vereinbart ist, gilt ab durchschnittlichem Schwierigkeitsgrad ein Zuschlag von 25 vom Hundert als vereinbart.

§ 26 Einrichtungsgegenstände und integrierte Werbeanlagen

Honorare für Leistungen bei Einrichtungsgegenständen und integrierten Werbeanlagen können als Pauschalhonorar frei vereinbart werden. Wird ein Pauschalhonorar nicht bei Auftragserteilung schriftlich vereinbart, so ist das Honorar als Zeithonorar nach § 6 zu berechnen.

§ 27 Instandhaltungen und Instandsetzungen

Honorare für Leistungen bei Instandhaltungen und Instandsetzungen sind nach den anrechenbaren Kosten nach § 10, der Honorarzone, der das Gebäude nach den §§ 11 und 12 zuzuordnen ist, den Leistungsphasen des § 15 und der Honorartafel des § 16 mit der Maßgabe zu ermitteln, dass eine Erhöhung des Vomhundertsatzes für die Bauüberwachung (Leistungsphase 8 des § 15) um bis zu 50 vom Hundert vereinbart werden kann.

Teil 2 Flächenplanung

Abschnitt 1 Bauleitplanung

§ 17 Anwendungsbereich

(1) Leistungen der Bauleitplanung umfassen die Vorbereitung der Aufstellung von Flächennutzungs- und Bebauungsplänen im Sinne des § 1 Absatz 2 des Baugesetzbuches in der Fassung der Bekanntmachung vom 23. September 2004 (BGBl. I S. 2414), das zuletzt durch Artikel 1 des Gesetzes vom 22. Juli 2011 (BGBl. I S. 1509) geändert worden ist, die erforderlichen Ausarbeitungen und Planfassungen sowie die Mitwirkung beim Verfahren.

(2) Honorare für Leistungen beim Städtebaulichen Entwurf können als Besondere Leistungen frei vereinbart werden.

§ 18 Leistungsbild Flächennutzungsplan

(1) Die Grundleistungen bei Flächennutzungsplänen sind in drei Leistungsphasen unterteilt und werden wie folgt in Prozentsätzen der Honorare des § 20 bewertet:
1. für die Leistungsphase 1 (Vorentwurf für die frühzeitigen Beteiligungen)
   Vorentwurf für die frühzeitigen Beteiligungen nach den Bestimmungen des Baugesetzbuches mit 60 Prozent,
2. für die Leistungsphase 2 (Entwurf zur öffentlichen Auslegung)
   Entwurf für die öffentliche Auslegung nach den Bestimmungen des Baugesetzbuches mit 30 Prozent,
3. für die Leistungsphase 3 (Plan zur Beschlussfassung)
   Plan für den Beschluss durch die Gemeinde mit 10 Prozent.
   Der Vorentwurf, Entwurf oder Plan ist jeweils in der vorgeschriebenen Fassung mit Begründung anzufertigen.

(2) Anlage 2 regelt, welche Grundleistungen jede Leistungsphase umfasst. Anlage 9 enthält Beispiele für Besondere Leistungen.

§ 19 Leistungsbild Bebauungsplan

(1) Die Grundleistungen bei Bebauungsplänen sind in drei Leistungsphasen unterteilt und werden wie folgt in Prozentsätzen der Honorare des § 21 bewertet:
1. für die Leistungsphase 1 (Vorentwurf für die frühzeitigen Beteiligungen)
   Vorentwurf für die frühzeitigen Beteiligungen nach den Bestimmungen des Baugesetzbuches mit 60 Prozent,
2. für die Leistungsphase 2 (Entwurf zur öffentlichen Auslegung)
   Entwurf für die öffentliche Auslegung nach den Bestimmungen des Baugesetzbuches mit 30 Prozent,

3. für die Leistungsphase 3 (Plan zur Beschlussfassung)
   Plan für den Beschluss durch die Gemeinde mit 10 Prozent.
   Der Vorentwurf, Entwurf oder Plan ist jeweils in der vorgeschriebenen Fassung
   mit Begründung anzufertigen.
(2) Anlage 3 regelt, welche Grundleistungen jede Leistungsphase umfasst. Anlage 9 enthält Beispiele für Besondere Leistungen.

§ 20 Honorare für Leistungen bei Flächennutzungsplänen

(1) Die Mindest- und Höchstsätze der Honorare für die in § 18 und Anlage 2 aufgeführten Grundleistungen bei Flächennutzungsplänen sind in der folgenden Honorartafel
   festgesetzt:

Flächen in Hektar	Honorarzone I geringe Anforderungen		Honorarzone II durchschnittliche Anforderungen		Honorarzone III hohe Anforderungen	
	Von	Bis	Von	Bis	Von	Bis
	Euro		Euro		Euro	
1000	70.439	85.269	85.269	100.098	100.098	114.927
1250	78.957	95.579	95.579	112.202	112.202	128.824
1500	86.492	104.700	104.700	122.909	122.909	141.118
1750	93.260	112.894	112.894	132.527	132.527	152.161
2000	99.407	120.334	120.334	141.262	141.262	162.190
2500	111.311	134.745	134.745	158.178	158.178	181.612
3000	121.868	147.525	147.525	186.707	186.707	198.838
3500	131.387	159.047	159.047	186.707	186.707	214.367
4000	140.069	169.557	169.557	199.045	199.045	228.533
5000	155.461	188.190	188.190	220.918	220.918	253.647
6000	168.813	204.352	204.352	239.892	239.892	275.431
7000	180.589	218.607	218.607	256.626	256.626	294.645
8000	191.097	231.328	231.328	271.559	271.559	311.790
9000	200.556	242.779	242.779	285.001	285.001	327.224
10.000	209.126	253.153	253.153	297.179	297.179	341.206
11.000	216.893	262.555	262.555	308.217	308.217	353.878
12.000	223.912	271.052	271.052	318.191	318.191	365.331
13.000	230.331	278.822	278.822	327.313	327.313	375.804
14.000	236.214	285.944	285.944	335.673	335.673	385.402
15.000	241.614	292.480	292.480	343.346	343.346	394.213

(2) Das Honorar für die Aufstellung von Flächennutzungsplänen ist nach der Fläche des Plangebiets in Hektar und nach der Honorarzone zu berechnen.

(3) Welchen Honorarzonen die Grundleistungen zugeordnet werden, richtet sich nach folgenden Bewertungsmerkmalen:

1. zentralörtliche Bedeutung und Gemeindestruktur,
2. Nutzungsvielfalt und Nutzungsdichte,
3. Einwohnerstruktur, Einwohnerentwicklung und Gemeinbedarfsstandorte,
4. Verkehr und Infrastruktur,
5. Topografie, Geologie und Kulturlandschaft,
6. Klima-, Natur- und Umweltschutz.

(4) Sind auf einen Flächennutzungsplan Bewertungsmerkmale aus mehreren Honorarzonen anwendbar und bestehen deswegen Zweifel, welcher Honorarzone der Flächennutzungsplan zugeordnet werden kann, so ist zunächst die Anzahl der Bewertungspunkte zu ermitteln. Zur Ermittlung der Bewertungspunkte werden die Bewertungsmerkmale wie folgt gewichtet:

1. geringe Anforderungen: 1 Punkt,
2. durchschnittliche Anforderungen: 2 Punkte,
3. hohe Anforderungen: 3 Punkte.

(5) Der Flächennutzungsplan ist anhand der nach Absatz 4 ermittelten Bewertungspunkte einer der Honorarzonen zuzuordnen:

1. Honorarzone I: bis zu 9 Punkte,
2. Honorarzone II: 10 bis 14 Punkte,
3. Honorarzone III: 15 bis 18 Punkte.

(6) Werden Teilflächen bereits aufgestellter Flächennutzungspläne (Planausschnitte) geändert oder überarbeitet, so ist das Honorar frei zu vereinbaren.

§ 21 Honorare für Leistungen bei Bebauungsplänen

(1) Die Mindest- und Höchstsätze der Honorare für die in § 19 und Anlage 3 aufgeführten Grundleistungen bei Bebauungsplänen sind in der folgenden Honorartafel festgesetzt:

Fläche in Hektar	Honorarzone I geringe Anforderungen		Honorarzone II durchschnittliche Anforderungen		Honorarzone III hohe Anforderungen	
	Von	Bis	Von	Bis	Von	Bis
	Euro		Euro		Euro	
0,5	5000	5335	5335	7838	7838	10.341
1	5000	8799	8799	12.926	12.926	17.054
2	7699	14.502	14.502	21.305	21.305	28.109
3	10.306	19.413	19.413	28.521	28.521	37.628
4	12.669	23.866	23.866	35.062	35.062	46.258
5	14.864	28.000	28.000	41.135	41.135	54.271
6	16.931	31.893	31.893	46.856	46.856	61.818
7	18.896	35.595	35.595	52.294	52.294	68.992
8	20.776	39.137	39.137	57.497	57.497	75.857
9	22.584	42.542	42.542	62.501	62.501	82.459
10	24.330	45.830	45.830	67.331	67.331	88.831
15	32.325	60.892	60.892	89.458	89.458	118.025
20	39.427	74.270	74.270	109.113	109.113	143.956
25	46.385	87.376	87.376	128.366	128.366	169.357
30	52.975	99.791	99.791	146.606	146.606	193.422
40	65.342	123.086	123.086	180.830	180.830	238.574
50	76.901	144.860	144.860	212.819	212.819	280.778
60	87.599	165.012	165.012	242.425	242.425	319.838
80	107.471	202.445	202.445	297.419	297.419	392.393
100	125.791	236.955	236.955	348.119	348.119	459.282

(2) Das Honorar für die Aufstellung von Bebauungsplänen ist nach der Fläche des Plangebiets in Hektar und nach der Honorarzone zu berechnen.

(3) Welchen Honorarzonen die Grundleistungen zugeordnet werden, richtet sich nach folgenden Bewertungsmerkmalen:

1. Nutzungsvielfalt und Nutzungsdichte,
2. Baustruktur und Baudichte,
3. Gestaltung und Denkmalschutz,
4. Verkehr und Infrastruktur,
5. Topografie und Landschaft,
6. Klima-, Natur- und Umweltschutz.

(4) Für die Ermittlung der Honorarzone bei Bebauungsplänen ist § 20 Absatz 4 und 5 entsprechend anzuwenden.

(5) Wird die Größe des Plangebiets im förmlichen Verfahren während der Leistungserbringung geändert, so ist das Honorar für die Leistungsphasen, die bis zur Änderung noch nicht erbracht sind, nach der geänderten Größe des Plangebiets zu berechnen.

Abschnitt 2 Landschaftsplanung

§ 22 Anwendungsbereich

(1) Landschaftsplanerische Leistungen umfassen das Vorbereiten und das Erstellen der für die Pläne nach Absatz 2 erforderlichen Ausarbeitungen.

(2) Die Bestimmungen dieses Abschnitts sind für folgende Pläne anzuwenden:
   1. Landschaftspläne
   2. Grünordnungspläne und landschaftsplanerische Fachbeiträge,
   3. Landschaftsrahmenpläne,
   4. Landschaftspflegerische Begleitpläne,
   5. Pflege- und Entwicklungspläne.

§ 23 Leistungsbild Landschaftsplan

(1) Die Grundleistungen bei Landschaftsplänen sind in vier Leistungsphasen unterteilt und werden wie folgt in Prozentsätzen der Honorare des § 28 bewertet:
   1. für die Leistungsphase 1 (Klären der Aufgabenstellung und Ermitteln des Leistungsumfangs) mit 3 Prozent,
   2. für die Leistungsphase 2 (Ermittlung der Planungsgrundlagen) mit 37 Prozent,
   3. für die Leistungsphase 3 (Vorläufige Fassung) mit 50 Prozent,
   4. für die Leistungsphase 4 (Abgestimmte Fassung) mit 10 Prozent.

(2) Anlage 4 regelt die Grundleistungen jeder Leistungsphase. Anlage 9 enthält Beispiele für Besondere Leistungen.

§ 24 Leistungsbild Grünordnungsplan

(1) Die Grundleistungen bei Grünordnungsplänen und Landschaftsplanerischen Fachbeiträgen sind in vier Leistungsphasen zusammengefasst und werden wie folgt in Prozentsätzen der Honorare des § 29 bewertet:
   1. für die Leistungsphase 1 (Klären der Aufgabenstellung und Ermitteln des Leistungsumfangs) mit 3 Prozent,
   2. für die Leistungsphase 2 (Ermittlung der Planungsgrundlagen) mit 37 Prozent,
   3. für die Leistungsphase 3 (Vorläufige Fassung) mit 50 Prozent,
   4. für die Leistungsphase 4 (Abgestimmte Fassung) mit 10 Prozent.

(2) Anlage 5 regelt die Grundleistungen jeder Leistungsphase. Anlage 9 enthält Beispiele für Besondere Leistungen.

§ 25 Leistungsbild Landschaftsrahmenplan

(1) Die Grundleistungen bei Landschaftsrahmenplänen sind in vier Leistungsphasen unterteilt und werden wie folgt in Prozentsätzen der Honorare des § 30 bewertet:

1. für die Leistungsphase 1 (Klären der Aufgabenstellung und Ermitteln des Leistungsumfangs) mit 3 Prozent,
2. für die Leistungsphase 2 (Ermitteln und Bewerten der Planungsgrundlagen) mit 37 Prozent,
3. für die Leistungsphase 3 (Vorläufige Fassung) mit 50 Prozent,
4. für die Leistungsphase 4 (Abgestimmte Fassung) mit 10 Prozent.

(2) Anlage 6 regelt die Grundleistungen jeder Leistungsphase. Anlage 9 enthält Beispiele für Besondere Leistungen.

§ 26 Leistungsbild Landschaftspflegerischer Begleitplan

(1) Die Grundleistungen bei Landschaftspflegerischen Begleitplänen sind in vier Leistungsphasen unterteilt und werden wie folgt in Prozentsätzen der Honorare des § 31 bewertet:
1. für die Leistungsphase 1 (Klären der Aufgabenstellung und Ermitteln des Leistungsumfangs) mit 3 Prozent,
2. für die Leistungsphase 2 (Ermitteln und Bewerten der Planungsgrundlagen) mit 37 Prozent,
3. für die Leistungsphase 4 (Vorläufige Fassung) mit 50 Prozent,
4. für die Leistungsphase 4 (Abgestimmte Fassung) mit 10 Prozent.

(2) Anlage 7 regelt die Grundleistungen jeder Leistungsphase. Anlage 9 enthält Beispiele für Besondere Leistungen.

§ 27 Leistungsbild Pflege- und Entwicklungsplan

(1) Die Grundleistungen bei Pflege- und Entwicklungsplänen sind in vier Leistungsphasen zusammengefasst und werden wie folgt in Prozentsätzen der Honorare des § 32 bewertet:
1. für die Leistungsphase 1 (Zusammenstellen der Ausgangsbedingungen) mit 3 Prozent,
2. für die Leistungsphase 2 (Ermitteln der Planungsgrundlagen) mit 37 Prozent,
3. für die Leistungsphase 3 (Vorläufige Fassung) mit 50 Prozent und
4. für die Leistungsphase 4 (Abgestimmte Fassung) mit 10 Prozent.

(2) Anlage 8 regelt die Grundleistungen jeder Leistungsphase. Anlage 9 enthält Beispiele für Besondere Leistungen.

§ 28 Honorare für Grundleistungen bei Landschaftsplänen

(1) Die Mindest- und Höchstsätze der Honorare für die in § 23 und Anlage 4 aufgeführten Grundleistungen bei Landschaftsplänen sind in der folgenden Honorartafel festgesetzt:

Fläche in Hektar	Honorarzone I geringe Anforderungen		Honorarzone II durchschnittliche Anforderungen		Honorarzone III hohe Anforderungen	
	Von Euro	Bis	Von Euro	Bis	Von Euro	Bis
1000	23.403	27.963	27.963	32.826	32.826	37.385
1250	26.560	31.735	31.735	37.254	37.254	42.428
1500	29.445	35.182	35.182	41.300	41.300	47.036
1750	32.119	38.375	38.375	45.049	45.049	51.306
2000	34.620	41.364	41.364	48.558	48.558	55.302
2500	39.212	46.851	46.851	54.999	54.999	62.638
3000	43.374	51.824	51.824	60.837	60.837	69.286
3500	47.199	56.393	56.393	66.201	66.201	75.396
4000	50.747	60.633	60.633	71.178	71.178	81.064
5000	57.180	68.319	68.319	80.200	80.200	91.339
6000	63.562	75.944	75.944	89.151	89.151	101.533
7000	69.505	83.045	83.045	97.487	97.487	111.027
8000	75.095	89.724	89.724	105.329	105.329	119.958
9000	80.394	96.055	96.055	112.761	112.761	128.422
10.000	85.445	102.090	102.090	119.845	119.845	136.490
11.000	89.986	107.516	107.516	126.214	126.214	143.744
12.000	94.309	112.681	112.681	132.278	132.278	150.650
13.000	98.438	117.615	117.615	138.069	138.069	157.246
14.000	102.392	122.339	122.339	143.615	143.615	163.562
15.000	106.187	126.873	126.873	148.938	148.938	169.623

(2) Das Honorar für die Aufstellung von Landschaftsplänen ist nach der Fläche des Planungsgebiets in Hektar und nach der Honorarzone zu berechnen.

(3) Welchen Honorarzonen die Grundleistungen zugeordnet werden, richtet sich nach folgenden Bewertungsmerkmalen:

1. topographische Verhältnisse,
2. Flächennutzung,
3. Landschaftsbild,
4. Anforderungen an Umweltsicherung und Umweltschutz,
5. ökologische Verhältnisse,
6. Bevölkerungsdichte.

(4) Sind auf einen Landschaftsplan Bewertungsmerkmale aus mehreren Honorarzonen anwendbar und bestehen deswegen Zweifel, welcher Honorarzone der Landschaftsplan zugeordnet werden kann, so ist zunächst die Anzahl der Bewertungspunkte zu ermitteln Zur Ermittlung der Bewertungspunkte werden die Bewertungsmerkmale wie folgt gewichtet:

1. die Bewertungsmerkmale gemäß Absatz 3 Nummern 1, 2, 3 und 6 mit je bis zu 6 Punkten und

2. die Bewertungsmerkmale gemäß Absatz 3 Nummern 4 und 5 und mit je bis zu 9 Punkten.

(5) Der Landschaftsplan ist anhand der nach Absatz 4 ermittelten Bewertungspunkte einer der Honorarzonen zuzuordnen:

1. Honorarzone I: bis zu 16 Punkte,

2. Honorarzone II: 17 bis 30 Punkte,

3. Honorarzone III: 31 bis 42 Punkte.

(6) Werden Teilflächen bereits aufgestellter Landschaftspläne (Planausschnitte) geändert oder überarbeitet, so ist das Honorar frei zu vereinbaren.

§ 29 Honorare für Grundleistungen bei Grünordnungsplänen

(1) Die Mindest- und Höchstsätze der Honorare für die in § 24 und Anlage 5 aufgeführten Grundleistungen bei Grünordnungsplänen sind in der folgenden Honorartafel festgesetzt:

Fläche in Hektar	Honorarzone I geringe Anforderungen		Honorarzone II durchschnittliche Anforderungen		Honorarzone III hohe Anforderungen	
	Von	Bis	Von	Bis	Von	Bis
	Euro		Euro		Euro	
1,5	5219	6067	6067	6980	6980	7828
2	6008	6985	6985	8036	8036	9013
3	7450	8661	8661	9965	9965	11.175
4	8770	10.195	10.195	11.730	11.730	13.155
5	10.006	11.632	11.632	13.383	13.383	15.009
10	15.445	17.955	17.955	20.658	20.658	23.167
15	20.183	23.462	23.462	26.994	26.994	30.274
20	24.513	28.496	28.496	32.785	32.785	36.769
25	28.560	33.201	33.201	38.199	38.199	42.840
30	32.394	37.658	37.658	43.326	43.326	48.590
40	39.580	46.011	46.011	52.938	52.938	59.370
50	46.282	53.803	53.803	61.902	61.902	69.423
75	61.579	71.586	71.586	82.362	82.362	92.369
100	75.430	87.687	87.687	100.887	100.887	113.145
125	88.255	102.597	102.597	118.042	118.042	132.383
150	100.288	116.585	116.585	134.136	134.136	150.433
175	111.675	129.822	129.822	149.366	149.366	167.513
200	122.516	142.425	142.425	163.866	163.866	183.774
225	133.555	155.258	155.258	178.630	178.630	200.333
250	144.284	167.730	167.730	192.980	192.980	216.426

(2) Das Honorar für Grundleistungen bei Grünordnungsplänen ist nach der Fläche des Planungsgebiets in Hektar und nach der Honorarzone zu berechnen.

(3) Welchen Honorarzonen die Grundleistungen zugeordnet werden, richtet sich nach folgenden Bewertungsmerkmalen:

1. Topographie,
2. ökologische Verhältnisse,
3. Flächennutzungen und Schutzgebiete,
4. Umwelt-, Klima-, Denkmal- und Naturschutz,
5. Erholungsvorsorge,
6. Anforderung an die Freiraumgestaltung.

(4) Sind auf einen Grünordnungsplan Bewertungsmerkmale aus mehreren Honorarzonen anwendbar und bestehen deswegen Zweifel, welcher Honorarzone der Grünordnungsplan zugeordnet werden kann, so ist zunächst die Anzahl der Bewertungspunkte zu ermitteln. Zur Ermittlung der Bewertungspunkte werden die Bewertungsmerkmale wie folgt gewichtet:

1. die Bewertungsmerkmale gemäß Absatz 3 Nummer 1, 2, 3 und 5 mit je bis zu 6 Punkten und
2. die Bewertungsmerkmale gemäß Absatz 3 Nummer 4 und 6 mit je bis zu 9 Punkten.

(5) Der Grünordnungsplan ist anhand der nach Absatz 4 ermittelten Bewertungspunkte einer der Honorarzonen zuzuordnen:

1. Honorarzone I: bis zu 16 Punkte,
2. Honorarzone II: 17 bis 30 Punkte,
3. Honorarzone III: 31 bis 42 Punkte.

(6) Wird die Größe des Planungsgebiets während der Leistungserbringung geändert, so ist das Honorar für die Leistungsphasen, die bis zur Änderung noch nicht erbracht sind, nach der geänderten Größe des Planungsgebiets zu berechnen.

§ 30 Honorare für Grundleistungen bei Landschaftsrahmenplänen

(1) Die Mindest- und Höchstsätze der Honorare für die in § 25 und Anlage 6 aufgeführten Grundleistungen bei Landschaftsrahmenplänen sind in der folgenden Honorartafel festgesetzt.

Fläche in Hektar	Honorarzone I geringe Anforderungen		Honorarzone II durchschnittliche Anforderungen		Honorarzone III hohe Anforderungen	
	Von	Bis	Von	Bis	Von	Bis
	Euro		Euro		Euro	
5000	61.880	71.935	71.935	82.764	82.764	92.820
6000	67.933	78.973	78.973	90.861	90.861	101.900
7000	73.473	85.413	85.413	98.270	98.270	110.210
8000	78.600	91.373	91.373	105.128	105.128	117.901
9000	83.385	96.936	96.936	111.528	111.528	125.078
10.000	87.880	102.161	102.161	117.540	117.540	131.820
12.000	96.149	111.773	111.773	128.599	128.599	144.223
14.000	103.631	120.471	120.471	138.607	138.607	155.447
16.000	110.477	128.430	128.430	147.763	147.763	165.716
18.000	116.791	135.769	135.769	156.208	156.208	175.186
20.000	122.649	142.580	142.580	164.043	164.043	183.974
25.000	138.047	160.480	160.480	184.638	184.638	207.070
30.000	152.052	176.761	176.761	203.370	203.370	228.078
40.000	177.097	205.875	205.875	236.867	236.867	265.645
50.000	199.330	231.721	231.721	266.604	266.604	298.995
60.000	219.553	255.230	255.230	293.652	293.652	329.329
70.000	238.243	276.958	276.958	318.650	318.650	357.365
80.000	253.946	295.212	295.212	339.652	339.652	380.918
90.000	268.420	312.038	312.038	359.011	359.011	402.630
100.000	281.843	327.643	327.643	376.965	376.965	422.765

(2) Das Honorar für Grundleistungen bei Landschaftsrahmenplänen ist nach der Fläche des Planungsgebiets in Hektar und nach der Honorarzone zu berechnen.

(3) Welchen Honorarzonen die Grundleistungen zugeordnet werden, richtet sich nach folgenden Bewertungsmerkmalen:

1. topographische Verhältnisse,
2. Raumnutzung und Bevölkerungsdichte,
3. Landschaftsbild,
4. Anforderungen an Umweltsicherung, Klima- und Naturschutz,
5. ökologische Verhältnisse,
6. Freiraumsicherung und Erholung.

(4) Sind für einen Landschaftsrahmenplan Bewertungsmerkmale aus mehreren Honorarzonen anwendbar und bestehen deswegen Zweifel, welcher Honorarzone der Landschaftsrahmenplan zugeordnet werden kann, so ist zunächst die Anzahl der Bewertungspunkte zu ermitteln. Zur Ermittlung der Bewertungspunkte werden die Bewertungsmerkmale wie folgt gewichtet:

1. die Bewertungsmerkmale gemäß Absatz 3 Nummer 1, 2, 3 und 6 mit je bis zu 6 Punkten und

2. die Bewertungsmerkmale gemäß Absatz 3 Nummer 4 und 5 mit je bis zu 9 Punkten.

(5) Der Landschaftsrahmenplan ist anhand der nach Absatz 4 ermittelten Bewertungspunkte einer der Honorarzonen zuzuordnen:

1. Honorarzone I: bis zu 16 Punkte,

2. Honorarzone II: 17 bis 30 Punkte,

3. Honorarzone III: 31 bis 42 Punkte.

(6) Wird die Größe des Planungsgebiets während der Leistungserbringung geändert, so ist das Honorar für die Leistungsphasen, die bis zur Änderung noch nicht erbracht sind, nach der geänderten Größe des Planungsgebiets zu berechnen.

§ 31 Honorare für Grundleistungen bei Landschaftspflegerischen Begleitplänen

(1) Die Mindest- und Höchstsätze der Honorare für die in § 26 und Anlage 7 aufgeführten Grundleistungen bei Landschaftspflegerischen Begleitplänen sind in der folgenden Honorartafel festgesetzt:

Fläche in Hektar	Honorarzone I geringe Anforderungen		Honorarzone II durchschnittliche Anforderungen		Honorarzone III hohe Anforderungen	
	Von	Bis	Von	Bis	Von	Bis
	Euro		Euro		Euro	
6	5324	6189	6189	7121	7121	7986
8	6130	7126	7126	8199	8199	9195
12	7600	8836	8836	10.166	10.166	11.401
16	8947	10.401	10.401	11.966	11.966	13.420
20	10.207	11.866	11.866	13.652	13.652	15.311
40	15.755	18.315	18.315	21.072	21.072	23.632
100	29.126	33.859	33.859	38.956	38.956	43.689
200	47.180	54.846	54.846	63.103	63.103	70.769
300	62.748	72.944	72.944	83.925	83.925	94.121
400	76.829	89.314	89.314	102.759	102.759	115.244
500	89.855	104.456	104.456	120.181	120.181	134.782
600	102.062	118.647	118.647	136.508	136.508	153.093
700	113.602	132.062	132.062	151.942	151.942	170.402
800	124.575	144.819	144.819	166.620	166.620	186.863
1200	167.729	194.985	194.985	224.338	224.338	251.594
1600	207.279	240.961	240.961	277.235	277.235	310.918
2000	244.349	284.056	284.056	326.817	326.817	366.524
2400	279.559	324.987	324.987	373.910	373.910	419.338
3200	343.814	399.683	399.683	459.851	459.851	515.720
4000	400.847	465.985	465.985	536.133	536.133	601.270

(2) Das Honorar für Grundleistungen bei Landschaftpflegerischen Begleitplänen ist nach der Fläche des Planungsgebiets in Hektar und nach der Honorarzone zu berechnen.

(3) Welchen Honorarzonen die Grundleistungen zugeordnet werden, richtet sich nach folgenden Bewertungsmerkmalen:

1. ökologisch bedeutsame Strukturen und Schutzgebiete,
2. Landschaftsbild und Erholungsnutzung,
3. Nutzungsansprüche,
4. Anforderungen an die Gestaltung von Landschaft und Freiraum,
5. Empfindlichkeit gegenüber Umweltbelastungen und Beeinträchtigungen von Natur und Landschaft,
6. potenzielle Beeinträchtigungsintensität der Maßnahme.

(4) Sind für einen Landschaftpflegerischen Begleitplan Bewertungsmerkmale aus mehreren Honorarzonen anwendbar und bestehen deswegen Zweifel, welcher Honorarzone der Landschaftpflegerische Begleitplan zugeordnet werden kann, so ist zunächst die Anzahl der Bewertungspunkte zu ermitteln. Zur Ermittlung der Bewertungspunkte werden die Bewertungsmerkmale wie folgt gewichtet:

1. die Bewertungsmerkmale gemäß Absatz 3 Nummer 1, 2, 3 und 4 mit je bis zu 6 Punkten und
2. die Bewertungsmerkmale gemäß Absatz 3 Nummer 5 und 6 mit je bis zu 9 Punkten.

(5) Der Landschaftpflegerische Begleitplan ist anhand der nach Absatz 4 ermittelten Bewertungspunkte einer der Honorarzonen zuzuordnen:

1. Honorarzone I: bis zu 16 Punkte,
2. Honorarzone II: 17 bis 30 Punkte,
3. Honorarzone III: 31 bis 42 Punkte.

(6) Wird die Größe des Planungsgebiets während der Leistungserbringung geändert, so ist das Honorar für die Leistungsphasen, die bis zur Änderung noch nicht erbracht sind, nach der geänderten Größe des Planungsgebiets zu berechnen.

§ 32 Honorare für Grundleistungen bei Pflege- und Entwicklungsplänen

(1) Die Mindest- und Höchstsätze der Honorare für die in § 27 aufgeführten Grundleistungen bei Pflege- und Entwicklungsplänen sind in der folgenden Honorartafel festgesetzt:

Fläche in Hektar	Honorarzone I geringe Anforderungen		Honorarzone II durchschnittliche Anforderungen		Honorarzone III hohe Anforderungen	
	Von Euro	Bis	Von Euro	Bis	Von Euro	Bis
5	3852	7704	7704	11.556	11.556	15.408
10	4802	9603	9603	14.405	14.405	19.207
15	5481	10.963	10.963	16.444	16.444	21.925
20	6029	12.058	12.058	18.087	18.087	24.116
30	6906	13.813	13.813	20.719	20.719	27.626
40	7612	15.225	15.225	22.837	22.837	30.450
50	8213	16.425	16.425	24.638	24.638	32.851
75	9433	18.866	18.866	28.298	28.298	37.731
100	10.408	20.816	20.816	31.224	31.224	41.633
150	11.949	23.899	23.899	35.848	35.848	47.798
200	13.165	26.330	26.330	39.495	39.495	52.660
300	15.318	30.636	30.636	45.954	45.954	61.272
400	17.087	34.174	34.174	51.262	51.262	68.349
500	18.621	37.242	37.242	55.863	55.863	74.484
750	21.833	43.666	43.666	65.500	65.500	87.333
1000	24.507	49.014	49.014	73.522	73.522	98.029
1500	28.966	57.932	57.932	86.898	86.898	115.864
2500	36.065	72.131	72.131	108.196	108.196	144.261
5000	49.288	98.575	98.575	147.863	147.863	197.150
10.000	69.015	138.029	138.029	207.044	207.044	276.058

(2) Das Honorar für Grundleistungen bei Pflege- und Entwicklungsplänen ist nach der Fläche des Planungsgebiets in Hektar und nach der Honorarzone zu berechnen.

(3) Welchen Honorarzonen die Grundleistungen zugeordnet werden, richtet sich nach folgenden Bewertungsmerkmalen:

1. fachliche Vorgaben,
2. Differenziertheit des floristischen Inventars oder der Pflanzengesellschaften,
3. Differenziertheit des faunistischen Inventars,
4. Beeinträchtigungen oder Schädigungen von Naturhaushalt und Landschaftsbild,
5. Aufwand für die Festlegung von Zielaussagen sowie für Pflege- und Entwicklungsmaßnahmen.

(4) Sind für einen Pflege- und Entwicklungsplan Bewertungsmerkmale aus mehreren Honorarzonen anwendbar und bestehen deswegen Zweifel, welcher Honorarzone der Pflege- und Entwicklungsplan zugeordnet werden kann, so ist zunächst die Anzahl der Bewertungspunkte zu ermitteln. Zur Ermittlung der Bewertungspunkte werden die Bewertungsmerkmale wie folgt gewichtet:

1. das Bewertungsmerkmal gemäß Absatz 3 Nummer 1 mit bis zu 4 Punkten,

2. die Bewertungsmerkmale gemäß Absatz 3 Nummer 4 und 5 mit je bis zu 6 Punkten und

3. die Bewertungsmerkmale gemäß Absatz 3 Nummer 2 und 3 mit je bis zu 9 Punkten.

(5) Der Pflege- und Entwicklungsplan ist anhand der nach Absatz 4 ermittelten Bewertungspunkte einer der Honorarzonen zuzuordnen:

1. Honorarzone I: bis zu 13 Punkte,

2. Honorarzone II: 14 bis 24 Punkte,

3. Honorarzone III: 25 bis 34 Punkte.

(6) Wird die Größe des Planungsgebiets während der Leistungserbringung geändert, so ist das Honorar für die Leistungsphasen, die bis zur Änderung noch nicht erbracht sind, nach der geänderten Größe des Planungsgebiets zu berechnen.

Teil 3 Objektplanung

Abschnitt 1 Gebäude Innenräume

§ 33 Besondere Grundlagen des Honorars

(1) Für Grundleistungen bei Gebäuden und Innenräumen sind die Kosten der Baukonstruktion anrechenbar.

(2) Für Grundleistungen bei Gebäuden und Innenräumen sind auch die Kosten für Technische Anlagen, die der Auftragnehmer nicht fachlich plant oder deren Ausführung er nicht fachlich überwacht,

1. vollständig anrechenbar bis zu einem Betrag von 25 Prozent der sonstigen anrechenbaren Kosten und

2. zur Hälfte anrechenbar mit dem Betrag, der 25 Prozent der sonstigen anrechenbaren Kosten übersteigt.

(3) Nicht anrechenbar sind insbesondere die Kosten für das Herrichten, für die nichtöffentliche Erschließung sowie für Leistungen zur Ausstattung und zu Kunstwerken, soweit der Auftragnehmer die Leistungen weder plant noch bei der Beschaffung mitwirkt oder ihre Ausführung oder ihren Einbau fachlich überwacht.

§ 34 Leistungsbild Gebäude und Innenräume

(1) Das Leistungsbild Gebäude und Innenräume umfasst Leistungen für Neubauten, Neuanlagen, Wiederaufbauten, Erweiterungsbauten, Umbauten, Modernisierungen, Instandsetzungen und Instandhaltungen.

(2) Leistungen für Innenräume sind die Gestaltung oder Erstellung von Innenräumen ohne wesentliche Eingriffe in Bestand oder Konstruktion.

(3) Die Grundleistungen sind in neun Leistungsphasen unterteilt und werden wie folgt in Prozentsätzen der Honorare des § 35 bewertet:

1. für die Leistungsphase 1 (Grundlagenermittlung) mit je 2 Prozent für Gebäude und Innenräume,

2. für die Leistungsphase 2 (Vorplanung) mit je 7 Prozent für Gebäude und Innenräume,

3. für die Leistungsphase 3 (Entwurfsplanung) mit 15 Prozent für Gebäude und Innenräume,

4. für die Leistungsphase 4 (Genehmigungsplanung) mit 3 Prozent für Gebäude und 2 Prozent für Innenräume,

5. für die Leistungsphase 5 (Ausführungsplanung) mit 25 Prozent für Gebäude und 30 Prozent für Innenräume,

6. für die Leistungsphase 6 (Vorbereitung der Vergabe) mit 10 Prozent für Gebäude und 7 Prozent für Innenräume,

7. für die Leistungsphase 7 (Mitwirkung bei der Vergabe) mit 4 Prozent für Gebäude und 3 Prozent für Innenräume,

8. für die Leistungsphase 8 (Objektüberwachung – Bauüberwachung und Dokumentation) mit 32 Prozent für Gebäude und Innenräume,

9. für die Leistungsphase 9 (Objektbetreuung) mit je 2 Prozent für Gebäude und Innenräume.

(4) Anlage 10 Nummer 10.1 regelt die Grundleistungen jeder Leistungsphase und enthält Beispiele für Besondere Leistungen.

§ 35 Honorare für Grundleistungen bei Gebäuden und Innenräumen

(1) Die Mindest- und Höchstsätze der Honorare für die in § 34 und der Anlage 10, Nummer 10.1 aufgeführten Grundleistungen für Gebäude und Innenräume sind in der folgenden Honorartafel festgesetzt.

Anrechenbare Kosten in Euro	Honorarzone I sehr geringe Anforderungen		Honorarzone II geringe Anforderungen		Honorarzone III durchschnittliche Anforderungen	
	Von	Bis	Von	Bis	Von	Bis
	Euro		Euro		Euro	
25.000	3120	3657	3657	4339	4339	5412
35.000	4217	4942	4942	5865	5865	7315
50.000	5804	6801	6801	8071	8071	10.066
75.000	8342	9776	9776	11.601	11.601	14.469
100.000	10.790	12.644	12.644	15.005	15.005	18.713
150.000	15.500	18.164	18.164	21.555	21.555	26.883
200.000	20.037	23.480	23.480	27.863	27.863	34.751
300.000	28.750	33.692	33.692	39.981	39.981	49.864
500.000	45.232	53.006	53.006	62.900	62.900	78.449
750.000	64.666	75.781	75.781	89.927	89.927	112.156
1.000.000	83.182	97.479	97.479	115.675	115.675	144.268
1.500.000	119.307	139.813	139.813	165.911	165.911	206.923
2.000.000	153.965	180.428	180.428	214.108	214.108	267.034
3.000.000	220.161	258.002	258.002	306.162	306.162	381.843
5.000.000	343.879	402.984	402.984	478.207	478.207	596.416
7.500.000	493.923	578.816	578.816	686.862	686.862	856.648
10.000.000	638.277	747.981	747.981	887.604	887.604	1.107.012
15.000.000	915.129	1.072.416	1.072.416	1.272.601	1.272.601	1.587.176
20.000.000	1.180.414	1.383.298	1.383.298	1.641.513	1.641.513	2.047.281
25.000.000	1.436.874	1.683.837	1.683.837	1.998.153	1.998.153	2.492.079

Anrechenbare Kosten in Euro	Honorarzone IV hohe Anforderungen		Honorarzone V sehr hohe Anforderungen	
	Von	Bis	Von	Bis
	Euro		Euro	
25.000	5412	6094	6094	6631
35.000	7315	8237	8237	8962
50.000	10.066	11.336	11.336	12.333
75.000	14.469	16.293	16.293	17.727
100.000	18.713	21.074	21.074	22.928
150.000	26.883	30.274	30.274	32.938
200.000	34.751	39.134	39.134	42.578
300.000	49.864	56.153	56.153	61.095
500.000	78.449	88.343	88.343	96.118
750.000	112.156	126.301	126.301	137.416
1.000.000	144.268	162.464	162.464	176.761
1.500.000	206.923	233.022	233.022	253.527
2.000.000	267.034	300.714	300.714	327.177
3.000.000	381.843	430.003	430.003	467.843
5.000.000	596.416	671.640	671.640	730.744
7.500.000	856.648	964.694	964.694	1.049.587
10.000.000	1.107.012	1.246.635	1.246.635	1.356.339
15.000.000	1.587.176	1.787.360	1.787.360	1.944.648
20.000.000	2.047.281	2.305.496	2.305.496	2.508.380
25.000.000	2.492.079	2.806.395	2.806.395	3.053.358

(2) Welchen Honorarzonen die Grundleistungen für Gebäude zugeordnet werden, richtet sich nach folgenden Bewertungsmerkmalen:
   1. Anforderungen an die Einbindung in die Umgebung,
   2. Anzahl der Funktionsbereiche,
   3. gestalterische Anforderungen,
   4. konstruktive Anforderungen,
   5. technische Ausrüstung,
   6. Ausbau.
(3) Welchen Honorarzonen die Grundleistungen für Innenräume zugeordnet werden, richtet sich nach folgenden Bewertungsmerkmalen:
   1. Anzahl der Funktionsbereiche,
   2. Anforderungen an die Lichtgestaltung,
   3. Anforderungen an die Raum-Zuordnung und Raum-Proportion,
   4. technische Ausrüstung,
   5. Farb- und Materialgestaltung,
   6. konstruktive Detailgestaltung.
(4) Sind für ein Gebäude Bewertungsmerkmale aus mehreren Honorarzonen anwendbar und bestehen deswegen Zweifel, welcher Honorarzone das Gebäude oder der Innen-

raum zugeordnet werden kann, so ist zunächst die Anzahl der Bewertungspunkte zu ermitteln. Zur Ermittlung der Bewertungspunkte werden die Bewertungsmerkmale wie folgt gewichtet:

1. die Bewertungsmerkmale gemäß Absatz 2 Nummer 1, 4 bis 6 mit je bis zu 6 Punkten und

2. die Bewertungsmerkmale gemäß Absatz 2 Nummer 2 und 3 mit je bis zu 9 Punkten.

(5) Sind für Innenräume Bewertungsmerkmale aus mehreren Honorarzonen anwendbar und bestehen deswegen Zweifel, welcher Honorarzone das Gebäude oder der Innenraum zugeordnet werden kann, so ist zunächst die Anzahl der Bewertungspunkte zu ermitteln. Zur Ermittlung der Bewertungspunkte werden die Bewertungsmerkmale wie folgt gewichtet:

1. die Bewertungsmerkmale gemäß Absatz 3 Nummer 1 bis 4 mit je bis zu 6 Punkten und

2. die Bewertungsmerkmale gemäß Absatz 3 Nummer 5 und 6 mit je bis zu 9 Punkten.

(6) Das Gebäude oder der Innenraum ist anhand der nach Absatz 5 ermittelten Bewertungspunkte einer der Honorarzonen zuzuordnen:

1. Honorarzone I: bis zu 10 Punkte,

2. Honorarzone II: 11 bis 18 Punkte,

3. Honorarzone III: 19 bis 26 Punkte,

4. Honorarzone IV: 27 bis 34 Punkte,

5. Honorarzone V: 35 bis 42 Punkte.

(7) Für die Zuordnung zu den Honorarzonen ist die Objektliste der Anlage 10, Nummer 10.2 und Nummer 10.3, zu berücksichtigen.

§ 36 Umbauten und Modernisierungen von Gebäuden und Innenräumen

(1) Für Umbauten und Modernisierungen von Gebäuden kann bei einem durchschnittlichen Schwierigkeitsgrad ein Zuschlag gemäß § 6 Absatz 2 Satz 3 bis 33 Prozent auf das ermittelte Honorar schriftlich vereinbart werden.

(2) Für Umbauten und Modernisierungen von Innenräumen in Gebäuden kann bei einem durchschnittlichen Schwierigkeitsgrad ein Zuschlag gemäß § 6 Absatz 2 Satz 3 bis 50 Prozent auf das ermittelte Honorar schriftlich vereinbart werden.

§ 37 Aufträge für Gebäude und Freianlagen oder für Gebäude und Innenräume

(1) § 11 Absatz 1 ist nicht anzuwenden, wenn die getrennte Berechnung der Honorare für Freianlagen weniger als 7500 Euro anrechenbare Kosten ergeben würde.

(2) Werden Grundleistungen für Innenräume in Gebäuden, die neu gebaut, wiederaufgebaut, erweitert oder umgebaut werden, einem Auftragnehmer übertragen, dem auch Grundleistungen für dieses Gebäude nach § 34 übertragen werden, so sind die Grundleistungen für Innenräume im Rahmen der festgesetzten Mindest- und Höchstsätze

bei der Vereinbarung des Honorars für die Grundleistungen am Gebäude zu berücksichtigen. Ein gesondertes Honorar nach § 11 Absatz 1 darf für die Grundleistungen für Innenräume nicht berechnet werden.

Abschnitt 2 Freianlagen

§ 38 Besondere Grundlagen des Honorars

(1) Für Grundleistungen bei Freianlagen sind die Kosten für Außenanlagen anrechenbar, insbesondere für folgende Bauwerke und Anlagen, soweit diese durch den Auftragnehmer geplant oder überwacht werden:
1. Einzelgewässer mit überwiegend ökologischen und landschaftsgestalterischen Elementen,
2. Teiche ohne Dämme,
3. flächenhafter Erdbau zur Geländegestaltung,
4. einfache Durchlässe und Uferbefestigungen als Mittel zur Geländegestaltung, soweit keine Grundleistungen nach Teil 4 Abschn. 1 erforderlich sind,
5. Lärmschutzwälle als Mittel zur Geländegestaltung,
6. Stützbauwerke und Geländeabstützungen ohne Verkehrsbelastung als Mittel zur Geländegestaltung, soweit keine Tragwerke mit durchschnittlichem Schwierigkeitsgrad erforderlich sind,
7. Stege und Brücken, soweit keine Grundleistungen nach Teil 4 Abschn. 1 erforderlich sind,
8. Wege ohne Eignung für den regelmäßigen Fahrverkehr mit einfachen Entwässerungsverhältnissen sowie andere Wege und befestigte Flächen, die als Gestaltungselement der Freianlagen geplant werden und für die keine Grundleistungen nach Teil 3 Abschn. 3 und 4 erforderlich sind.
(2) Nicht anrechenbar sind für Grundleistungen bei Freianlagen die Kosten für
1. das Gebäude sowie die in § 33 Absatz 3 genannten Kosten und
2. den Unter- und Oberbau von Fußgängerbereichen, ausgenommen die Kosten für die Oberflächenbefestigung.

§ 39 Leistungsbild Freianlagen

(1) Freianlagen sind planerisch gestaltete Freiflächen und Freiräume sowie entsprechend gestaltete Anlagen in Verbindung mit Bauwerken oder in Bauwerken und landschaftspflegerische Freianlagenplanungen in Verbindung mit Objekten.
(2) § 34 Absatz 1 gilt entsprechend.
(3) Die Grundleistungen bei Freianlagen sind in neun Leistungsphasen unterteilt und werden wie folgt in Prozentsätzen der Honorare des § 40 bewertet:
1. für die Leistungsphase 1 (Grundlagenermittlung) mit 3 Prozent,
2. für die Leistungsphase 2 (Vorplanung) mit 10 Prozent,

3. für die Leistungsphase 3 (Entwurfsplanung) mit 16 Prozent,

4. für die Leistungsphase 4 (Genehmigungsplanung) mit 4 Prozent,

5. für die Leistungsphase 5 (Ausführungsplanung) mit 25 Prozent,

6. für die Leistungsphase 6 (Vorbereitung der Vergabe) mit 7 Prozent,

7. für die Leistungsphase 7 (Mitwirkung bei der Vergabe) mit 3 Prozent,

8. für die Leistungsphase 8 (Objektüberwachung – Bauüberwachung und Dokumentation) mit 30 Prozent und

9. für die Leistungsphase 9 (Objektbetreuung) mit 2 Prozent.

(4) Anlage 11 Nummer 11.1 regelt die Grundleistungen jeder Leistungsphase und enthält Beispiele für Besondere Leistungen.

§ 40 Honorare für Grundleistungen bei Freianlagen

(1) Die Mindest- und Höchstsätze der Honorare für die in § 39 und der Anlage 11 Nummer 11.1 aufgeführten Grundleistungen für Freianlagen sind in der folgenden Honorartafel festgesetzt:

Anrechenbare Kosten in Euro	Honorarzone I sehr geringe Anforderungen		Honorarzone II geringe Anforderungen		Honorarzone III durchschnittliche Anforderungen	
	Von	Bis	Von	Bis	Von	Bis
	Euro		Euro		Euro	
20.000	3643	4348	4348	5229	5229	6521
25.000	4406	5259	5259	6325	6325	7888
30.000	5147	6143	6143	7388	7388	9215
35.000	5870	7006	7006	8426	8426	10.508
40.000	6577	7850	7850	9441	9441	11.774
50.000	7953	9492	9492	11.416	11.416	14.238
60.000	9287	11.085	11.085	13.332	13.332	16.627
75.000	11.227	13.400	13.400	16.116	16.116	20.100
100.000	14.332	17.106	17.106	20.574	20.574	25.659
125.000	17.315	20.666	20.666	24.855	24.855	30.999
150.000	20.201	24.111	24.111	28.998	28.998	36.166
200.000	25.746	30.729	30.729	36.958	36.958	46.094
250.000	31.053	37.063	37.063	44.576	44.576	55.594
350.000	41.147	49.111	49.111	59.066	59.066	73.667
500.000	55.300	66.004	66.004	79.383	79.383	99.006
650.000	69.114	82.491	82.491	99.212	99.212	123.736
800.000	82.430	98.384	98.384	118.326	118.326	147.576
1.000.000	99.578	118.851	118.851	142.942	142.942	178.276
1.250.000	120.238	143.510	143.510	172.600	172.600	215.265
1.500.000	140.204	167.340	167.340	201.261	201.261	251.011

Anrechenbare Kosten in Euro	Honorarzone IV hohe Anforderungen		Honorarzone V sehr hohe Anforderungen	
	Von	Bis	Von	Bis
	Euro		Euro	
20.000	6521	7403	7403	8108
25.000	7888	8954	8954	9807
30.000	9215	10.460	10.460	11.456
35.000	10.508	11.928	11.928	13.064
40.000	11.774	13.365	13.365	14.638
50.000	14.238	16.162	16.162	17.701
60.000	16.627	18.874	18.874	20.672
75.000	20.100	22.816	22.816	24.989
100.000	25.659	29.127	29.127	31.901
125.000	30.999	35.188	35.188	38.539
150.000	36.166	41.053	41.053	44.963
200.000	46.094	52.323	52.323	57.306
250.000	55.594	63.107	63.107	69.117
350.000	73.667	83.622	83.622	91.586
500.000	99.006	112.385	112.385	123.088
650.000	123.736	140.457	140.457	153.834
800.000	147.576	167.518	167.518	183.472
1.000.000	178.276	202.368	202.368	221.641
1.250.000	215.265	244.355	244.355	267.627
1.500.000	251.011	284.931	284.931	312.067

(2) Welchen Honorarzonen die Grundleistungen zugeordnet werden, richtet sich nach folgenden Bewertungsmerkmalen:
   1. Anforderungen an die Einbindung in die Umgebung,
   2. Anforderungen an Schutz, Pflege und Entwicklung von Natur und Landschaft,
   3. Anzahl der Funktionsbereiche,
   4. gestalterische Anforderungen,
   5. Ver- und Entsorgungseinrichtungen.

(3) Sind für eine Freianlage Bewertungsmerkmale aus mehreren Honorarzonen anwendbar und bestehen deswegen Zweifel, welcher Honorarzone die Freianlage zugeordnet werden kann, so ist zunächst die Anzahl der Bewertungspunkte zu ermitteln. Zur Ermittlung der Bewertungspunkte werden die Bewertungsmerkmale wie folgt gewichtet:
   1. die Bewertungsmerkmale gemäß Absatz 2 Nummer 1, 2 und 4 mit je bis zu 8 Punkten,
   2. die Bewertungsmerkmale gemäß Absatz 2 Nummer 3 und 5 mit je bis zu 6 Punkten.

(4) Die Freianlage ist anhand der nach Absatz 3 ermittelten Bewertungspunkte einer der Honorarzonen zuzuordnen:

1. Honorarzone I: bis zu 8 Punkte,
2. Honorarzone II: 9 bis 15 Punkte,
3. Honorarzone III: 16 bis 22 Punkte,
4. Honorarzone IV: 23 bis 29 Punkte,
5. Honorarzone V: 30 bis 36 Punkte.

(5) Für die Zuordnung zu den Honorarzonen ist die Objektliste der Anlage 11 Nummer 11.2 zu berücksichtigen.

(6) § 36 Absatz 1 ist für Freianlagen entsprechend anzuwenden.

VOB/B – Vergabe- und Vertragsordnung für Bauleistungen

Vergabe- und Vertragsordnung für Bauleistungen (VOB)

Teil B

Allgemeine Vertragsbedingungen für die Ausführung von Bauleistungen

– Ausgabe 2016 –

§ 1 Art und Umfang der Leistung

(1) Die auszuführende Leistung wird nach Art und Umfang durch den Vertrag bestimmt. Als Bestandteil des Vertrags gelten auch die Allgemeinen Technischen Vertragsbedingungen für Bauleistungen (VOB/C).

(2) Bei Widersprüchen im Vertrag gelten nacheinander:

1. die Leistungsbeschreibung,
2. die Besonderen Vertragsbedingungen,
3. etwaige Zusätzliche Vertragsbedingungen,
4. etwaige Zusätzliche Technische Vertragsbedingungen,
5. die Allgemeinen Technischen Vertragsbedingungen für Bauleistungen,
6. die Allgemeinen Vertragsbedingungen für die Ausführung von Bauleistungen

(3) Änderungen des Bauentwurfs anzuordnen, bleibt dem Auftraggeber vorbehalten.

(4) Nicht vereinbarte Leistungen, die zur Ausführung der vertraglichen Leistung erforderlich werden, hat der Auftragnehmer auf Verlangen des Auftraggebers mit auszuführen, außer wenn sein Betrieb auf derartige Leistungen nicht eingerichtet ist. Andere Leistungen können dem Auftragnehmer nur mit seiner Zustimmung übertragen werden.

§ 2 Vergütung

(1) Durch die vereinbarten Preise werden alle Leistungen abgegolten, die nach der Leistungsbeschreibung, den Besonderen Vertragsbedingungen, den Zusätzlichen Vertragsbedingungen, den Zusätzlichen Technischen Vertragsbedingungen, den Allgemeinen Technischen Vertragsbedingungen für Bauleistungen und der gewerblichen Verkehrssitte zur vertraglichen Leistung gehören.

(2) Die Vergütung wird nach den vertraglichen Einheitspreisen und den tatsächlich ausgeführten Leistungen berechnet, wenn keine andere Berechnungsart (z. B. durch Pauschalsumme, nach Stundenlohnsätzen, nach Selbstkosten) vereinbart ist.

(3) 1. Weicht die ausgeführte Menge der unter einem Einheitspreis erfassten Leistung oder Teilleistung um nicht mehr als 10 v. H. von dem im Vertrag vorgesehenen Umfang ab, so gilt der vertragliche Einheitspreis.

   2. Für die über 10 v. H. hinausgehende Überschreitung des Mengenansatzes ist auf Verlangen ein neuer Preis unter Berücksichtigung der Mehr- oder Minderkosten zu vereinbaren.

   3. Bei einer über 10 v. H. hinausgehenden Unterschreitung des Mengenansatzes ist auf Verlangen der Einheitspreis für die tatsächlich ausgeführte Menge der Leistung oder Teilleistung zu erhöhen, soweit der Auftragnehmer nicht durch Erhöhung der Mengen bei anderen Ordnungszahlen (Positionen) oder in anderer Weise einen Ausgleich erhält. Die Erhöhung des Einheitspreises soll im Wesentlichen dem Mehrbetrag entsprechen, der sich durch Verteilung der Baustelleneinrichtungs- und Baustellengemeinkosten und der Allgemeinen Geschäftskosten auf die verringerte Menge ergibt. Die Umsatzsteuer wird entsprechend dem neuen Preis vergütet.

   4. Sind von der unter einem Einheitspreis erfassten Leistung oder Teilleistung andere Leistungen abhängig, für die eine Pauschalsumme vereinbart ist, so kann mit der Änderung des Einheitspreises auch eine angemessene Änderung der Pauschalsumme gefordert werden.

(4) Werden im Vertrag ausbedungene Leistungen des Auftragnehmers vom Auftraggeber selbst übernommen (z. B. Lieferung von Bau-, Bauhilfs- und Betriebsstoffen), so gilt, wenn nichts anderes vereinbart wird, § 8 Absatz 1 Nummer 2 entsprechend.

(5) Werden durch Änderung des Bauentwurfs oder andere Anordnungen des Auftraggebers die Grundlagen des Preises für eine im Vertrag vorgesehene Leistung geändert, so ist ein neuer Preis unter Berücksichtigung der Mehr- oder Minderkosten zu vereinbaren. Die Vereinbarung soll vor der Ausführung getroffen werden.

(6) 1. Wird eine im Vertrag nicht vorgesehene Leistung gefordert, so hat der Auftragnehmer Anspruch auf besondere Vergütung. Er muss jedoch den Anspruch dem Auftraggeber ankündigen, bevor er mit der Ausführung der Leistung beginnt.

   2. Die Vergütung bestimmt sich nach den Grundlagen der Preisermittlung für die vertragliche Leistung und den besonderen Kosten der geforderten Leistung. Sie ist möglichst vor Beginn der Ausführung zu vereinbaren.

(7) 1. Ist als Vergütung der Leistung eine Pauschalsumme vereinbart, so bleibt die Vergütung unverändert. Weicht jedoch die ausgeführte Leistung von der vertraglich vorgesehenen Leistung so erheblich ab, dass ein Festhalten an der Pauschalsumme nicht zumutbar ist (§ 313 BGB), so ist auf Verlangen ein Ausgleich unter Berücksichtigung der Mehr- oder Minderkosten zu gewähren. Für die Bemessung des Ausgleichs ist von den Grundlagen der Preisermittlung auszugehen.

   2. Die Regelungen der Absatz 4, 5 und 6 gelten auch bei Vereinbarung einer Pauschalsumme.

   3. Wenn nichts anderes vereinbart ist, gelten die Nummern 1 und 2 auch für Pauschalsummen, die für Teile der Leistung vereinbart sind; Absatz 3 Nummer 4 bleibt unberührt.

(8) 1. Leistungen, die der Auftragnehmer ohne Auftrag oder unter eigenmächtiger Abweichung vom Auftrag ausführt, werden nicht vergütet. Der Auftragnehmer hat sie auf Verlangen innerhalb einer angemessenen Frist zu beseitigen; sonst kann es auf seine Kosten geschehen. Er haftet außerdem für andere Schäden, die dem Auftraggeber hieraus entstehen.

   2. Eine Vergütung steht dem Auftragnehmer jedoch zu, wenn der Auftraggeber solche Leistungen nachträglich anerkennt. Eine Vergütung steht ihm auch zu, wenn die Leistungen für die Erfüllung des Vertrags notwendig waren, dem mutmaßlichen Willen des Auftraggebers entsprachen und ihm unverzüglich angezeigt wurden. Soweit dem Auftragnehmer eine Vergütung zusteht, gelten die Berechnungsgrundlagen für geänderte oder zusätzliche Leistungen der Absätze 5 oder 6 entsprechend.

   3. Die Vorschriften des BGB über die Geschäftsführung ohne Auftrag (§§ 677 ff. BGB) bleiben unberührt.

(9) 1. Verlangt der Auftraggeber Zeichnungen, Berechnungen oder andere Unterlagen, die der Auftragnehmer nach dem Vertrag, besonders den Technischen Vertragsbedingungen oder der gewerblichen Verkehrssitte, nicht zu beschaffen hat, so hat er sie zu vergüten.

   2. Lässt er vom Auftragnehmer nicht aufgestellte technische Berechnungen durch den Auftragnehmer nachprüfen, so hat er die Kosten zu tragen.

(10) Stundenlohnarbeiten werden nur vergütet, wenn sie als solche vor ihrem Beginn ausdrücklich vereinbart worden sind (§ 15).

§ 3 Ausführungsunterlagen

(1) Die für die Ausführung nötigen Unterlagen sind dem Auftragnehmer unentgeltlich und rechtzeitig zu übergeben.

(2) Das Abstecken der Hauptachsen der baulichen Anlagen, ebenso der Grenzen des Geländes, das dem Auftragnehmer zur Verfügung gestellt wird, und das Schaffen der notwendigen Höhenfestpunkte in unmittelbarer Nähe der baulichen Anlagen sind Sache des Auftraggebers.

(3) Die vom Auftraggeber zur Verfügung gestellten Geländeaufnahmen und Absteckungen und die übrigen für die Ausführung übergebenen Unterlagen sind für den Auftragnehmer maßgebend. Jedoch hat er sie, soweit es zur ordnungsgemäßen Vertragserfüllung gehört, auf etwaige Unstimmigkeiten zu überprüfen und den Auftraggeber auf entdeckte oder vermutete Mängel hinzuweisen.

(4) Vor Beginn der Arbeiten ist, soweit notwendig, der Zustand der Straßen und Geländeoberfläche, der Vorfluter und Vorflutleitungen, ferner der baulichen Anlagen im Baubereich in einer Niederschrift festzuhalten, die vom Auftraggeber und Auftragnehmer anzuerkennen ist.

(5) Zeichnungen, Berechnungen, Nachprüfungen von Berechnungen oder andere Unterlagen, die der Auftragnehmer nach dem Vertrag, besonders den Technischen Vertragsbedingungen, oder der gewerblichen Verkehrssitte oder auf besonderes Verlangen des Auftraggebers (§ 2 Absatz 9) zu beschaffen hat, sind dem Auftraggeber nach Aufforderung rechtzeitig vorzulegen.

(6) 1. Die in Absatz 5 genannten Unterlagen dürfen ohne Genehmigung ihres Urhebers nicht veröffentlicht, vervielfältigt, geändert oder für einen anderen als den vereinbarten Zweck benutzt werden.

2. An DV-Programmen hat der Auftraggeber das Recht zur Nutzung mit den vereinbarten Leistungsmerkmalen in unveränderter Form auf den festgelegten Geräten. Der Auftraggeber darf zum Zwecke der Datensicherung zwei Kopien herstellen. Diese müssen alle Identifikationsmerkmale enthalten. Der Verbleib der Kopien ist auf Verlangen nachzuweisen.

3. Der Auftragnehmer bleibt unbeschadet des Nutzungsrechts des Auftraggebers zur Nutzung der Unterlagen und der DV-Programme berechtigt.

§ 4 Ausführung

(1) 1. Der Auftraggeber hat für die Aufrechterhaltung der allgemeinen Ordnung auf der Baustelle zu sorgen und das Zusammenwirken der verschiedenen Unternehmer zu regeln. Er hat die erforderlichen öffentlich-rechtlichen Genehmigungen und Erlaubnisse – z. B. nach dem Baurecht, dem Straßenverkehrsrecht, dem Wasserrecht, dem Gewerberecht – herbeizuführen.

2. Der Auftraggeber hat das Recht, die vertragsgemäße Ausführung der Leistung zu überwachen. Hierzu hat er Zutritt zu den Arbeitsplätzen, Werkstätten und Lagerräumen, wo die vertragliche Leistung oder Teile von ihr hergestellt oder die hierfür bestimmten Stoffe und Bauteile gelagert werden. Auf Verlangen sind ihm die Werkzeichnungen oder andere Ausführungsunterlagen sowie die Ergebnisse von Güteprüfungen zur Einsicht vorzulegen und die erforderlichen Auskünfte zu erteilen, wenn hierdurch keine Geschäftsgeheimnisse preisgegeben werden. Als Geschäftsgeheimnis bezeichnete Auskünfte und Unterlagen hat er vertraulich zu behandeln.

3. Der Auftraggeber ist befugt, unter Wahrung der dem Auftragnehmer zustehenden Leitung (Absatz 2) Anordnungen zu treffen, die zur vertragsgemäßen Ausführung der Leistung notwendig sind. Die Anordnungen sind grundsätzlich nur dem Auftragnehmer oder seinem für die Leitung der Ausführung bestellten Vertreter zu erteilen, außer wenn Gefahr im Verzug ist. Dem Auftraggeber ist mitzuteilen, wer jeweils als Vertreter des Auftragnehmers für die Leitung der Ausführung bestellt ist.

4. Hält der Auftragnehmer die Anordnungen des Auftraggebers für unberechtigt oder unzweckmäßig, so hat er seine Bedenken geltend zu machen, die Anordnungen jedoch auf Verlangen auszuführen, wenn nicht gesetzliche oder behördliche Bestimmungen entgegenstehen. Wenn dadurch eine ungerechtfertigte Erschwerung verursacht wird, hat der Auftraggeber die Mehrkosten zu tragen.

(2) 1. Der Auftragnehmer hat die Leistung unter eigener Verantwortung nach dem Vertrag auszuführen. Dabei hat er die anerkannten Regeln der Technik und die gesetzlichen und behördlichen Bestimmungen zu beachten. Es ist seine Sache, die Ausführung seiner vertraglichen Leistung zu leiten und für Ordnung auf seiner Arbeitsstelle zu sorgen.

2. Er ist für die Erfüllung der gesetzlichen, behördlichen und berufsgenossenschaftlichen Verpflichtungen gegenüber seinen Arbeitnehmern allein verantwortlich. Es ist ausschließlich seine Aufgabe, die Vereinbarungen und Maßnahmen zu treffen, die sein Verhältnis zu den Arbeitnehmern regeln.

(3) Hat der Auftragnehmer Bedenken gegen die vorgesehene Art der Ausführung (auch wegen der Sicherung gegen Unfallgefahren), gegen die Güte der vom Auftraggeber gelieferten Stoffe oder Bauteile oder gegen die Leistungen anderer Unternehmer, so hat er sie dem Auftraggeber unverzüglich – möglichst schon vor Beginn der Arbeiten – schriftlich mitzuteilen; der Auftraggeber bleibt jedoch für seine Angaben, Anordnungen oder Lieferungen verantwortlich.

(4) Der Auftraggeber hat, wenn nichts anderes vereinbart ist, dem Auftragnehmer unentgeltlich zur Benutzung oder Mitbenutzung zu überlassen:

1. die notwendigen Lager- und Arbeitsplätze auf der Baustelle,

2. vorhandene Zufahrtswege und Anschlussgleise,

3. vorhandene Anschlüsse für Wasser und Energie. Die Kosten für den Verbrauch und den Messer oder Zähler trägt der Auftragnehmer, mehrere Auftragnehmer tragen sie anteilig.

(5) Der Auftragnehmer hat die von ihm ausgeführten Leistungen und die ihm für die Ausführung übergebenen Gegenstände bis zur Abnahme vor Beschädigung und Diebstahl zu schützen. Auf Verlangen des Auftraggebers hat er sie vor Winterschäden und Grundwasser zu schützen, ferner Schnee und Eis zu beseitigen. Obliegt ihm die Verpflichtung nach Satz 2 nicht schon nach dem Vertrag, so regelt sich die Vergütung nach § 2 Absatz 6.

(6) Stoffe oder Bauteile, die dem Vertrag oder den Proben nicht entsprechen, sind auf Anordnung des Auftraggebers innerhalb einer von ihm bestimmten Frist von der Baustelle zu entfernen. Geschieht es nicht, so können sie auf Kosten des Auftragnehmers entfernt oder für seine Rechnung veräußert werden.

(7) Leistungen, die schon während der Ausführung als mangelhaft oder vertragswidrig erkannt werden, hat der Auftragnehmer auf eigene Kosten durch mangelfreie zu ersetzen. Hat der Auftragnehmer den Mangel oder die Vertragswidrigkeit zu vertreten, so hat er auch den daraus entstehenden Schaden zu ersetzen. Kommt der Auftragnehmer der Pflicht zur Beseitigung des Mangels nicht nach, so kann ihm der Auftraggeber eine angemessene Frist zur Beseitigung des Mangels setzen und erklären, dass er nach fruchtlosem Ablauf der Frist den Vertrag kündigen werde (§ 8 Absatz 3).

(8) 1. Der Auftragnehmer hat die Leistung im eigenen Betrieb auszuführen. Mit schriftlicher Zustimmung des Auftraggebers darf er sie an Nachunternehmer übertragen. Die Zustimmung ist nicht notwendig bei Leistungen, auf die der Betrieb des Auftragnehmers nicht eingerichtet ist. Erbringt der Auftragnehmer ohne schriftliche Zustimmung des Auftraggebers Leistungen nicht im eigenen Betrieb, obwohl sein Betrieb darauf eingerichtet ist, kann der Auftraggeber ihm eine angemessene Frist zur Aufnahme der Leistung im eigenen Betrieb setzen und erklären, dass er nach fruchtlosem Ablauf der Frist den Vertrag kündigen werde (§ 8 Absatz 3).

     2. Der Auftragnehmer hat bei der Weitervergabe von Bauleistungen an Nachunternehmer die Vergabe- und Vertragsordnung für Bauleistungen Teile B und C zugrunde zu legen.

     3. Der Auftragnehmer hat dem Auftraggeber die Nachunternehmer und deren Nachunternehmer ohne Aufforderung spätestens bis zum Leistungsbeginn des Nachunternehmers mit Namen, gesetzlichen Vertretern und Kontaktdaten bekannt zu geben. Auf Verlangen des Auftraggebers hat der Auftragnehmer für seine Nachunternehmer Erklärungen und Nachweise zur Eignung vorzulegen.

(9) Werden bei Ausführung der Leistung auf einem Grundstück Gegenstände von Altertums, Kunst- oder wissenschaftlichem Wert entdeckt, so hat der Auftragnehmer vor jedem weiteren Aufdecken oder Ändern dem Auftraggeber den Fund anzuzeigen und ihm die Gegenstände nach näherer Weisung abzuliefern. Die Vergütung etwaiger Mehrkosten regelt sich nach § 2 Absatz 6. Die Rechte des Entdeckers (§ 984 BGB) hat der Auftraggeber.

(10) Der Zustand von Teilen der Leistung ist auf Verlangen gemeinsam von Auftraggeber und Auftragnehmer festzustellen, wenn diese Teile der Leistung durch die weitere Ausführung der Prüfung und Feststellung entzogen werden. Das Ergebnis ist schriftlich niederzulegen.

§ 5 Ausführungsfristen

(1) Die Ausführung ist nach den verbindlichen Fristen (Vertragsfristen) zu beginnen, angemessen zu fördern und zu vollenden. In einem Bauzeitenplan enthaltene Einzelfristen gelten nur dann als Vertragsfristen, wenn dies im Vertrag ausdrücklich vereinbart ist.

(2) Ist für den Beginn der Ausführung keine Frist vereinbart, so hat der Auftraggeber dem Auftragnehmer auf Verlangen Auskunft über den voraussichtlichen Beginn zu erteilen. Der Auftragnehmer hat innerhalb von 12 Werktagen nach Aufforderung zu beginnen. Der Beginn der Ausführung ist dem Auftraggeber anzuzeigen.

(3) Wenn Arbeitskräfte, Geräte, Gerüste, Stoffe oder Bauteile so unzureichend sind, dass die Ausführungsfristen offenbar nicht eingehalten werden können, muss der Auftragnehmer auf Verlangen unverzüglich Abhilfe schaffen.

(4) Verzögert der Auftragnehmer den Beginn der Ausführung, gerät er mit der Vollendung in Verzug, oder kommt er der in Absatz 3 erwähnten Verpflichtung nicht nach, so kann der Auftraggeber bei Aufrechterhaltung des Vertrages Schadensersatz nach § 6 Absatz 6 verlangen oder dem Auftragnehmer eine angemessene Frist zur Vertragserfüllung setzen und erklären, dass er nach fruchtlosem Ablauf der Frist den Vertrag kündigen werde (§ 8 Absatz 3).

§ 6 Behinderung und Unterbrechung der Ausführung

(1) Glaubt sich der Auftragnehmer in der ordnungsgemäßen Ausführung der Leistung behindert, so hat er es dem Auftraggeber unverzüglich schriftlich anzuzeigen. Unterlässt er die Anzeige, so hat er nur dann Anspruch auf Berücksichtigung der hindernden Umstände, wenn dem Auftraggeber offenkundig die Tatsache und deren hindernde Wirkung bekannt waren.

(2) 1. Ausführungsfristen werden verlängert, soweit die Behinderung verursacht ist:
   a) durch einen Umstand aus dem Risikobereich des Auftraggebers,
   b) durch Streik oder eine von der Berufsvertretung der Arbeitgeber angeordnete Aussperrung im Betrieb des Auftragnehmers oder in einem unmittelbar für ihn arbeitenden Betrieb,
   c) durch höhere Gewalt oder andere für den Auftragnehmer unabwendbare Umstände.

   2. Witterungseinflüsse während der Ausführungszeit, mit denen bei Abgabe des Angebots normalerweise gerechnet werden musste, gelten nicht als Behinderung.

(3) Der Auftragnehmer hat alles zu tun, was ihm billigerweise zugemutet werden kann, um die Weiterführung der Arbeiten zu ermöglichen. Sobald die hindernden Umstände wegfallen, hat er ohne weiteres und unverzüglich die Arbeiten wieder aufzunehmen und den Auftraggeber davon zu benachrichtigen.

(4) Die Fristverlängerung wird berechnet nach der Dauer der Behinderung mit einem Zuschlag für die Wiederaufnahme der Arbeiten und die etwaige Verschiebung in eine ungünstigere Jahreszeit.

(5) Wird die Ausführung für voraussichtlich längere Dauer unterbrochen, ohne dass die Leistung dauernd unmöglich wird, so sind die ausgeführten Leistungen nach den Vertragspreisen abzurechnen und außerdem die Kosten zu vergüten, die dem Auftragnehmer bereits entstanden und in den Vertragspreisen des nicht ausgeführten Teils der Leistung enthalten sind.

(6) Sind die hindernden Umstände von einem Vertragsteil zu vertreten, so hat der andere Teil Anspruch auf Ersatz des nachweislich entstandenen Schadens, des entgangenen Gewinns aber nur bei Vorsatz oder grober Fahrlässigkeit. Im Übrigen bleibt der Anspruch des Auftragnehmers auf angemessene Entschädigung nach § 642 BGB unberührt, sofern die Anzeige nach Absatz 1 Satz 1 erfolgt oder wenn Offenkundigkeit nach Absatz 1 Satz 2 gegeben ist.

(7) Dauert eine Unterbrechung länger als 3 Monate, so kann jeder Teil nach Ablauf dieser Zeit den Vertrag schriftlich kündigen. Die Abrechnung regelt sich nach den Absätzen 5 und 6; wenn der Auftragnehmer die Unterbrechung nicht zu vertreten hat, sind auch die Kosten der Baustellenräumung zu vergüten, soweit sie nicht in der Vergütung für die bereits ausgeführten Leistungen enthalten sind.

§ 7 Verteilung der Gefahr

(1) Wird die ganz oder teilweise ausgeführte Leistung vor der Abnahme durch höhere Gewalt, Krieg, Aufruhr oder andere objektiv unabwendbare vom Auftragnehmer nicht zu vertretende Umstände beschädigt oder zerstört, so hat dieser für die ausgeführten Teile der Leistung die Ansprüche nach § 6 Absatz 5; für andere Schäden besteht keine gegenseitige Ersatzpflicht.

(2) Zu der ganz oder teilweise ausgeführten Leistung gehören alle mit der baulichen Anlage unmittelbar verbundenen, in ihre Substanz eingegangenen Leistungen, unabhängig von deren Fertigstellungsgrad.

(3) Zu der ganz oder teilweise ausgeführten Leistung gehören nicht die noch nicht eingebauten Stoffe und Bauteile sowie die Baustelleneinrichtung und Absteckungen. Zu der ganz oder teilweise ausgeführten Leistung gehören ebenfalls nicht Hilfskonstruktionen und Gerüste, auch wenn diese als Besondere Leistung oder selbständig vergeben sind.

§ 8 Kündigung durch den Auftraggeber

(1) 1. Der Auftraggeber kann bis zur Vollendung der Leistung jederzeit den Vertrag kündigen.

2. Dem Auftragnehmer steht die vereinbarte Vergütung zu. Er muss sich jedoch anrechnen lassen, was er infolge der Aufhebung des Vertrags an Kosten erspart oder

durch anderweitige Verwendung seiner Arbeitskraft und seines Betriebs erwirbt oder zu erwerben böswillig unterlässt (§ 649 BGB).

(2) 1. Der Auftraggeber kann den Vertrag kündigen, wenn der Auftragnehmer seine Zahlungen einstellt, von ihm oder zulässigerweise vom Auftraggeber oder einem anderen Gläubiger das Insolvenzverfahren (§§ 14 und 15 InsO) beziehungsweise ein vergleichbares gesetzliches Verfahren beantragt ist, ein solches Verfahren eröffnet wird oder dessen Eröffnung mangels Masse abgelehnt wird.

2. Die ausgeführten Leistungen sind nach § 6 Absatz 5 abzurechnen. Der Auftraggeber kann Schadensersatz wegen Nichterfüllung des Restes verlangen.

(3) 1. Der Auftraggeber kann den Vertrag kündigen, wenn in den Fällen des § 4 Absätze 7 und 8 Nummer 1 und des § 5 Absatz 4 die gesetzte Frist fruchtlos abgelaufen ist. Die Kündigung kann auf einen in sich abgeschlossenen Teil der vertraglichen Leistung beschränkt werden.

2. Nach der Kündigung ist der Auftraggeber berechtigt, den noch nicht vollendeten Teil der Leistung zu Lasten des Auftragnehmers durch einen Dritten ausführen zu lassen, doch bleiben seine Ansprüche auf Ersatz des etwa entstehenden weiteren Schadens bestehen. Er ist auch berechtigt, auf die weitere Ausführung zu verzichten und Schadensersatz wegen Nichterfüllung zu verlangen, wenn die Ausführung aus den Gründen, die zur Kündigung geführt haben, für ihn kein Interesse mehr hat.

3. Für die Weiterführung der Arbeiten kann der Auftraggeber Geräte, Gerüste, auf der Baustelle vorhandene andere Einrichtungen und angelieferte Stoffe und Bauteile gegen angemessene Vergütung in Anspruch nehmen.

4. Der Auftraggeber hat dem Auftragnehmer eine Aufstellung über die entstandenen Mehrkosten und über seine anderen Ansprüche spätestens binnen 12 Werktagen nach Abrechnung mit dem Dritten zuzusenden.

(4) Der Auftraggeber kann den Vertrag kündigen,

1. wenn der Auftragnehmer aus Anlass der Vergabe eine Abrede getroffen hatte, die eine unzulässige Wettbewerbsbeschränkung darstellt. Absatz 3 Nummer 1 Satz 2 und Nummer 2 bis 4 gilt entsprechend.

2. sofern dieser im Anwendungsbereich des 4. Teils des GWB geschlossen wurde,

   a) wenn der Auftragnehmer wegen eines zwingenden Ausschlussgrundes zum Zeitpunkt des Zuschlags nicht hätte beauftragt werden dürfen. Absatz 3 Nummer 1 Satz 2 und Nummer 2 bis 4 gilt entsprechend.

   b) bei wesentlicher Änderung des Vertrages oder bei Feststellung einer schweren Verletzung der Verträge über die Europäische Union und die Arbeitsweise der Europäischen Union durch den Europäischen Gerichtshof. Die ausgeführten Leistungen sind nach § 6 Absatz 5 abzurechnen. Etwaige Schadensersatzansprüche der Parteien bleiben unberührt.

Die Kündigung ist innerhalb von 12 Werktagen nach Bekanntwerden des Kündigungsgrundes auszusprechen.

(5) Sofern der Auftragnehmer die Leistung, ungeachtet des Anwendungsbereichs des 4. Teils des GWB, ganz oder teilweise an Nachunternehmer weitervergeben hat, steht auch ihm das Kündigungsrecht gemäß Absatz 4 Nummer 2 Buchstabe b zu, wenn der ihn als Auftragnehmer verpflichtende Vertrag (Hauptauftrag) gemäß Absatz 4 Nummer 2 Buchstabe b gekündigt wurde. Entsprechendes gilt für jeden Auftraggeber der Nachunternehmerkette, sofern sein jeweiliger Auftraggeber den Vertrag gemäß Satz 1 gekündigt hat.

(6) Die Kündigung ist schriftlich zu erklären.

(7) Der Auftragnehmer kann Aufmaß und Abnahme der von ihm ausgeführten Leistungen alsbald nach der Kündigung verlangen; er hat unverzüglich eine prüfbare Rechnung über die ausgeführten Leistungen vorzulegen.

(8) Eine wegen Verzugs verwirkte, nach Zeit bemessene Vertragsstrafe kann nur für die Zeit bis zum Tag der Kündigung des Vertrags gefordert werden.

§ 9 Kündigung durch den Auftragnehmer

(1) Der Auftragnehmer kann den Vertrag kündigen:
1. wenn der Auftraggeber eine ihm obliegende Handlung unterlässt und dadurch den Auftragnehmer außerstande setzt, die Leistung auszuführen (Annahmeverzug nach §§ 293 ff. BGB),
2. wenn der Auftraggeber eine fällige Zahlung nicht leistet oder sonst in Schuldnerverzug gerät.

(2) Die Kündigung ist schriftlich zu erklären. Sie ist erst zulässig, wenn der Auftragnehmer dem Auftraggeber ohne Erfolg eine angemessene Frist zur Vertragserfüllung gesetzt und erklärt hat, dass er nach fruchtlosem Ablauf der Frist den Vertrag kündigen werde.

(3) Die bisherigen Leistungen sind nach den Vertragspreisen abzurechnen. Außerdem hat der Auftragnehmer Anspruch auf angemessene Entschädigung nach § 642 BGB; etwaige weitergehende Ansprüche des Auftragnehmers bleiben unberührt.

§ 10 Haftung der Vertragsparteien

(1) Die Vertragsparteien haften einander für eigenes Verschulden sowie für das Verschulden ihrer gesetzlichen Vertreter und der Personen, deren sie sich zur Erfüllung ihrer Verbindlichkeiten bedienen (§§ 276, 278 BGB).

(2) 1. Entsteht einem Dritten im Zusammenhang mit der Leistung ein Schaden, für den auf Grund gesetzlicher Haftpflichtbestimmungen beide Vertragsparteien haften, so gelten für den Ausgleich zwischen den Vertragsparteien die allgemeinen gesetzlichen Bestimmungen, soweit im Einzelfall nichts anderes vereinbart ist. Soweit der Schaden des Dritten nur die Folge einer Maßnahme ist, die der Auftraggeber in dieser Form angeordnet hat, trägt er den Schaden allein, wenn ihn der Auftragnehmer auf die mit der angeordneten Ausführung verbundene Gefahr nach § 4 Absatz 3 hingewiesen hat.

2. Der Auftragnehmer trägt den Schaden allein, soweit er ihn durch Versicherung seiner gesetzlichen Haftpflicht gedeckt hat oder durch eine solche zu tarifmäßigen, nicht auf außergewöhnliche Verhältnisse abgestellten Prämien und Prämienzuschlägen bei einem im Inland zum Geschäftsbetrieb zugelassenen Versicherer hätte decken können.

(3) Ist der Auftragnehmer einem Dritten nach den §§ 823 ff. BGB zu Schadensersatz verpflichtet wegen unbefugten Betretens oder Beschädigung angrenzender Grundstücke, wegen Entnahme oder Auflagerung von Boden oder anderen Gegenständen außerhalb der vom Auftraggeber dazu angewiesenen Flächen oder wegen der Folgen eigenmächtiger Versperrung von Wegen oder Wasserläufen, so trägt er im Verhältnis zum Auftraggeber den Schaden allein.

(4) Für die Verletzung gewerblicher Schutzrechte haftet im Verhältnis der Vertragsparteien zueinander der Auftragnehmer allein, wenn er selbst das geschützte Verfahren oder die Verwendung geschützter Gegenstände angeboten oder wenn der Auftraggeber die Verwendung vorgeschrieben und auf das Schutzrecht hingewiesen hat.

(5) Ist eine Vertragspartei gegenüber der anderen nach den Absätzen 2, 3 oder 4 von der Ausgleichspflicht befreit, so gilt diese Befreiung auch zugunsten ihrer gesetzlichen Vertreter und Erfüllungsgehilfen, wenn sie nicht vorsätzlich oder grob fahrlässig gehandelt haben.

(6) Soweit eine Vertragspartei von dem Dritten für einen Schaden in Anspruch genommen wird, den nach den Absätzen 2, 3 oder 4 die andere Vertragspartei zu tragen hat, kann sie verlangen, dass ihre Vertragspartei sie von der Verbindlichkeit gegenüber dem Dritten befreit. Sie darf den Anspruch des Dritten nicht anerkennen oder befriedigen, ohne der anderen Vertragspartei vorher Gelegenheit zur Äußerung gegeben zu haben.

§ 11 Vertragsstrafe

(1) Wenn Vertragsstrafen vereinbart sind, gelten die §§ 339 bis 345 BGB.

(2) Ist die Vertragsstrafe für den Fall vereinbart, dass der Auftragnehmer nicht in der vorgesehenen Frist erfüllt, so wird sie fällig, wenn der Auftragnehmer in Verzug gerät.

(3) Ist die Vertragsstrafe nach Tagen bemessen, so zählen nur Werktage; ist sie nach Wochen bemessen, so wird jeder Werktag angefangener Wochen als 1/6 Woche gerechnet.

(4) Hat der Auftraggeber die Leistung abgenommen, so kann er die Strafe nur verlangen, wenn er dies bei der Abnahme vorbehalten hat.

§ 12 Abnahme

(1) Verlangt der Auftragnehmer nach der Fertigstellung – gegebenenfalls auch vor Ablauf der vereinbarten Ausführungsfrist – die Abnahme der Leistung, so hat sie der Auftraggeber binnen 12 Werktagen durchzuführen; eine andere Frist kann vereinbart werden.

(2) Auf Verlangen sind in sich abgeschlossene Teile der Leistung besonders abzunehmen.

(3) Wegen wesentlicher Mängel kann die Abnahme bis zur Beseitigung verweigert werden.

(4) 1. Eine förmliche Abnahme hat stattzufinden, wenn eine Vertragspartei es verlangt. Jede Partei kann auf ihre Kosten einen Sachverständigen zuziehen. Der Befund ist in gemeinsamer Verhandlung schriftlich niederzulegen. In die Niederschrift sind etwaige Vorbehalte wegen bekannter Mängel und wegen Vertragsstrafen aufzunehmen, ebenso etwaige Einwendungen des Auftragnehmers. Jede Partei erhält eine Ausfertigung.

2. Die förmliche Abnahme kann in Abwesenheit des Auftragnehmers stattfinden, wenn der Termin vereinbart war oder der Auftraggeber mit genügender Frist dazu eingeladen hatte. Das Ergebnis der Abnahme ist dem Auftragnehmer alsbald mitzuteilen.

(5) 1. Wird keine Abnahme verlangt, so gilt die Leistung als abgenommen mit Ablauf von 12 Werktagen nach schriftlicher Mitteilung über die Fertigstellung der Leistung.

2. Wird keine Abnahme verlangt und hat der Auftraggeber die Leistung oder einen Teil der Leistung in Benutzung genommen, so gilt die Abnahme nach Ablauf von 6 Werktagen nach Beginn der Benutzung als erfolgt, wenn nichts anderes vereinbart ist. Die Benutzung von Teilen einer baulichen Anlage zur Weiterführung der Arbeiten gilt nicht als Abnahme.

3. Vorbehalte wegen bekannter Mängel oder wegen Vertragsstrafen hat der Auftraggeber spätestens zu den in den Nummern 1 und 2 bezeichneten Zeitpunkten geltend zu machen.

(6) Mit der Abnahme geht die Gefahr auf den Auftraggeber über, soweit er sie nicht schon nach § 7 trägt.

§ 13 Mängelansprüche

(1) Der Auftragnehmer hat dem Auftraggeber seine Leistung zum Zeitpunkt der Abnahme frei von Sachmängeln zu verschaffen. Die Leistung ist zur Zeit der Abnahme frei von Sachmängeln, wenn sie die vereinbarte Beschaffenheit hat und den anerkannten Regeln der Technik entspricht. Ist die Beschaffenheit nicht vereinbart, so ist die Leistung zur Zeit der Abnahme frei von Sachmängeln,

1. wenn sie sich für die nach dem Vertrag vorausgesetzte, sonst

2. für die gewöhnliche Verwendung eignet und eine Beschaffenheit aufweist, die bei Werken der gleichen Art üblich ist und die der Auftraggeber nach der Art der Leistung erwarten kann.

(2) Bei Leistungen nach Probe gelten die Eigenschaften der Probe als vereinbarte Beschaffenheit, soweit nicht Abweichungen nach der Verkehrssitte als bedeutungslos anzusehen sind. Dies gilt auch für Proben, die erst nach Vertragsabschluss als solche anerkannt sind.

(3) Ist ein Mangel zurückzuführen auf die Leistungsbeschreibung oder auf Anordnungen des Auftraggebers, auf die von diesem gelieferten oder vorgeschriebenen Stoffe oder Bauteile oder die Beschaffenheit der Vorleistung eines anderen Unternehmers, haftet der Auftragnehmer, es sei denn, er hat die ihm nach § 4 Absatz 3 obliegende Mitteilung gemacht.

(4) 1. Ist für Mängelansprüche keine Verjährungsfrist im Vertrag vereinbart, so beträgt sie für Bauwerke 4 Jahre, für andere Werke, deren Erfolg in der Herstellung, Wartung oder Veränderung einer Sache besteht, und für die vom Feuer berührten Teile von Feuerungsanlagen 2 Jahre. Abweichend von Satz 1 beträgt die Verjährungsfrist für feuerberührte und abgasdämmende Teile von industriellen Feuerungsanlagen 1 Jahr.

2. Ist für Teile von maschinellen und elektrotechnischen/elektronischen Anlagen, bei denen die Wartung Einfluss auf Sicherheit und Funktionsfähigkeit hat, nichts anderes vereinbart, beträgt für diese Anlagenteile die Verjährungsfrist für Mängelansprüche abweichend von Nummer 1 zwei Jahre, wenn der Auftraggeber sich dafür entschieden hat, dem Auftragnehmer die Wartung für die Dauer der Verjährungsfrist nicht zu übertragen; dies gilt auch, wenn für weitere Leistungen eine andere Verjährungsfrist vereinbart ist.

3. Die Frist beginnt mit der Abnahme der gesamten Leistung; nur für in sich abgeschlossene Teile der Leistung beginnt sie mit der Teilabnahme (§ 12 Absatz 2).

(5) 1. Der Auftragnehmer ist verpflichtet, alle während der Verjährungsfrist hervortretenden Mängel, die auf vertragswidrige Leistung zurückzuführen sind, auf seine Kosten zu beseitigen, wenn es der Auftraggeber vor Ablauf der Frist schriftlich verlangt. Der Anspruch auf Beseitigung der gerügten Mängel verjährt in 2 Jahren, gerechnet vom Zugang des schriftlichen Verlangens an, jedoch nicht vor Ablauf der Regelfristen nach Absatz 4 oder der an ihrer Stelle vereinbarten Frist. Nach Abnahme der Mängelbeseitigungsleistung beginnt für diese Leistung eine Verjährungsfrist von 2 Jahren neu, die jedoch nicht vor Ablauf der Regelfristen nach Absatz 4 oder der an ihrer Stelle vereinbarten Frist endet.

2. Kommt der Auftragnehmer der Aufforderung zur Mängelbeseitigung in einer vom Auftraggeber gesetzten angemessenen Frist nicht nach, so kann der Auftraggeber die Mängel auf Kosten des Auftragnehmers beseitigen lassen.

(6) Ist die Beseitigung des Mangels für den Auftraggeber unzumutbar oder ist sie unmöglich oder würde sie einen unverhältnismäßig hohen Aufwand erfordern und wird sie deshalb vom Auftragnehmer verweigert, so kann der Auftraggeber durch Erklärung gegenüber dem Auftragnehmer die Vergütung mindern (§ 638 BGB).

(7) 1. Der Auftragnehmer haftet bei schuldhaft verursachten Mängeln für Schäden aus der Verletzung des Lebens, des Körpers oder der Gesundheit.

2. Bei vorsätzlich oder grob fahrlässig verursachten Mängeln haftet er für alle Schäden.

3. Im Übrigen ist dem Auftraggeber der Schaden an der baulichen Anlage zu ersetzen, zu deren Herstellung, Instandhaltung oder Änderung die Leistung dient, wenn ein wesentlicher Mangel vorliegt, der die Gebrauchsfähigkeit erheblich beeinträchtigt und auf ein Verschulden des Auftragnehmers zurückzuführen ist. Einen darüber hinausgehenden Schaden hat der Auftragnehmer nur dann zu ersetzen,

   a) wenn der Mangel auf einem Verstoß gegen die anerkannten Regeln der Technik beruht,

   b) wenn der Mangel in dem Fehlen einer vertraglich vereinbarten Beschaffenheit besteht oder

   c) soweit der Auftragnehmer den Schaden durch Versicherung seiner gesetzlichen Haftpflicht gedeckt hat oder durch eine solche zu tarifmäßigen, nicht auf außergewöhnliche Verhältnisse abgestellten Prämien und Prämienzuschlägen bei einem im Inland zum Geschäftsbetrieb zugelassenen Versicherer hätte decken können.

4. Abweichend von Absatz 4 gelten die gesetzlichen Verjährungsfristen, soweit sich der Auftragnehmer nach Nummer 3 durch Versicherung geschützt hat oder hätte schützen können oder soweit ein besonderer Versicherungsschutz vereinbart ist.

5. Eine Einschränkung oder Erweiterung der Haftung kann in begründeten Sonderfällen vereinbart werden.

§ 14 Abrechnung

(1) Der Auftragnehmer hat seine Leistungen prüfbar abzurechnen. Er hat die Rechnungen übersichtlich aufzustellen und dabei die Reihenfolge der Posten einzuhalten und die in den Vertragsbestandteilen enthaltenen Bezeichnungen zu verwenden. Die zum Nachweis von Art und Umfang der Leistung erforderlichen Mengenberechnungen, Zeichnungen und andere Belege sind beizufügen. Änderungen und Ergänzungen des Vertrags sind in der Rechnung besonders kenntlich zu machen; sie sind auf Verlangen getrennt abzurechnen.

(2) Die für die Abrechnung notwendigen Feststellungen sind dem Fortgang der Leistung entsprechend möglichst gemeinsam vorzunehmen. Die Abrechnungsbestimmungen in den Technischen Vertragsbedingungen und den anderen Vertragsunterlagen sind zu beachten. Für Leistungen, die bei Weiterführung der Arbeiten nur schwer feststellbar sind, hat der Auftragnehmer rechtzeitig gemeinsame Feststellungen zu beantragen.

(3) Die Schlussrechnung muss bei Leistungen mit einer vertraglichen Ausführungsfrist von höchstens 3 Monaten spätestens 12 Werktage nach Fertigstellung eingereicht werden, wenn nichts anderes vereinbart ist; diese Frist wird um je 6 Werktage für je weitere 3 Monate Ausführungsfrist verlängert.

(4) Reicht der Auftragnehmer eine prüfbare Rechnung nicht ein, obwohl ihm der Auftraggeber dafür eine angemessene Frist gesetzt hat, so kann sie der Auftraggeber selbst auf Kosten des Auftragnehmers aufstellen.

§ 15 Stundenlohnarbeiten

(1) 1. Stundenlohnarbeiten werden nach den vertraglichen Vereinbarungen abgerechnet.

2. Soweit für die Vergütung keine Vereinbarungen getroffen worden sind, gilt die ortsübliche Vergütung. Ist diese nicht zu ermitteln, so werden die Aufwendungen des Auftragnehmers für Lohn- und Gehaltskosten der Baustelle, Lohn- und Gehaltsnebenkosten der Baustelle, Stoffkosten der Baustelle, Kosten der Einrichtungen, Geräte, Maschinen und maschinellen Anlagen der Baustelle, Fracht-, Fuhr- und Ladekosten, Sozialkassenbeiträge und Sonderkosten, die bei wirtschaftlicher Betriebsführung entstehen, mit angemessenen Zuschlägen für Gemeinkosten und Gewinn (einschließlich allgemeinem Unternehmerwagnis) zuzüglich Umsatzsteuer vergütet.

(2) Verlangt der Auftraggeber, dass die Stundenlohnarbeiten durch einen Polier oder eine andere Aufsichtsperson beaufsichtigt werden, oder ist die Aufsicht nach den einschlägigen Unfallverhütungsvorschriften notwendig, so gilt Absatz 1 entsprechend.

(3) Dem Auftraggeber ist die Ausführung von Stundenlohnarbeiten vor Beginn anzuzeigen. Über die geleisteten Arbeitsstunden und den dabei erforderlichen, besonders zu vergütenden Aufwand für den Verbrauch von Stoffen, für Vorhaltung von Einrichtungen, Geräten, Maschinen und maschinellen Anlagen, für Frachten, Fuhr- und Ladeleistungen sowie etwaige Sonderkosten sind, wenn nichts anderes vereinbart ist, je nach der Verkehrssitte werktäglich oder wöchentlich Listen (Stundenlohnzettel) einzureichen. Der Auftraggeber hat die von ihm bescheinigten Stundenlohnzettel unverzüglich, spätestens jedoch innerhalb von 6 Werktagen nach Zugang, zurückzugeben. Dabei kann er Einwendungen auf den Stundenlohnzetteln oder gesondert schriftlich erheben. Nicht fristgemäß zurückgegebene Stundenlohnzettel gelten als anerkannt.

(4) Stundenlohnrechnungen sind alsbald nach Abschluss der Stundenlohnarbeiten, längstens jedoch in Abständen von 4 Wochen, einzureichen. Für die Zahlung gilt § 16.

(5) Wenn Stundenlohnarbeiten zwar vereinbart waren, über den Umfang der Stundenlohnleistungen aber mangels rechtzeitiger Vorlage der Stundenlohnzettel Zweifel bestehen, so kann der Auftraggeber verlangen, dass für die nachweisbar ausgeführten Leistungen eine Vergütung vereinbart wird, die nach Maßgabe von Absatz 1 Nummer 2 für einen wirtschaftlich vertretbaren Aufwand an Arbeitszeit und Verbrauch von Stoffen, für Vorhaltung von Einrichtungen, Geräten, Maschinen und maschinellen Anlagen, für Frachten, Fuhr- und Ladeleistungen sowie etwaige Sonderkosten ermittelt wird.

§ 16 Zahlung

(1) 1. Abschlagszahlungen sind auf Antrag in möglichst kurzen Zeitabständen oder zu den vereinbarten Zeitpunkten zu gewähren, und zwar in Höhe des Wertes der jeweils nachgewiesenen vertragsgemäßen Leistungen einschließlich des ausgewiesenen, darauf entfallenden Umsatzsteuerbetrages. Die Leistungen sind durch eine prüfbare Aufstellung nachzuweisen, die eine rasche und sichere Beurteilung der Leistungen ermöglichen muss. Als Leistungen gelten hierbei auch die für die geforderte Leistung eigens angefertigten und bereitgestellten Bauteile sowie die auf der Baustelle angelieferten Stoffe und Bauteile, wenn dem Auftraggeber nach seiner Wahl das Eigentum an ihnen übertragen ist oder entsprechende Sicherheit gegeben wird.

2. Gegenforderungen können einbehalten werden. Andere Einbehalte sind nur in den im Vertrag und in den gesetzlichen Bestimmungen vorgesehenen Fällen zulässig.

3. Ansprüche auf Abschlagszahlungen werden binnen 21 Tagen nach Zugang der Aufstellung fällig.

4. Die Abschlagszahlungen sind ohne Einfluss auf die Haftung des Auftragnehmers; sie gelten nicht als Abnahme von Teilen der Leistung.

(2) 1. Vorauszahlungen können auch nach Vertragsabschluss vereinbart werden; hierfür ist auf Verlangen des Auftraggebers ausreichende Sicherheit zu leisten. Diese Vorauszahlungen sind, sofern nichts anderes vereinbart wird, mit 3 v. H. über dem Basiszinssatz des § 247 BGB zu verzinsen.

2. Vorauszahlungen sind auf die nächstfälligen Zahlungen anzurechnen, soweit damit Leistungen abzugelten sind, für welche die Vorauszahlungen gewährt worden sind.

(3) 1. Der Anspruch auf Schlusszahlung wird alsbald nach Prüfung und Feststellung fällig, spätestens innerhalb von 30 Tagen nach Zugang der Schlussrechnung. Die Frist verlängert sich auf höchstens 60 Tage, wenn sie aufgrund der besonderen Natur oder Merkmale der Vereinbarung sachlich gerechtfertigt ist und ausdrücklich vereinbart wurde. Werden Einwendungen gegen die Prüfbarkeit unter Angabe der Gründe nicht bis zum Ablauf der jeweiligen Frist erhoben, kann der Auftraggeber sich nicht mehr auf die fehlende Prüfbarkeit berufen. Die Prüfung der Schlussrechnung ist nach Möglichkeit zu beschleunigen. Verzögert sie sich, so ist das unbestrittene Guthaben als Abschlagszahlung sofort zu zahlen.

2. Die vorbehaltlose Annahme der Schlusszahlung schließt Nachforderungen aus, wenn der Auftragnehmer über die Schlusszahlung schriftlich unterrichtet und auf die Ausschlusswirkung hingewiesen wurde.

3. Einer Schlusszahlung steht es gleich, wenn der Auftraggeber unter Hinweis auf geleistete Zahlungen weitere Zahlungen endgültig und schriftlich ablehnt.

4. Auch früher gestellte, aber unerledigte Forderungen werden ausgeschlossen, wenn sie nicht nochmals vorbehalten werden.

5. Ein Vorbehalt ist innerhalb von 28 Tagen nach Zugang der Mitteilung nach den Nummern 2 und 3 über die Schlusszahlung zu erklären. Er wird hinfällig, wenn nicht innerhalb von weiteren 28 Tagen – beginnend am Tag nach Ablauf der in Satz 1 genannten 28 Tage – eine prüfbare Rechnung über die vorbehaltenen Forderungen eingereicht oder, wenn das nicht möglich ist, der Vorbehalt eingehend begründet wird.

6. Die Ausschlussfristen gelten nicht für ein Verlangen nach Richtigstellung der Schlussrechnung und -zahlung wegen Aufmaß-, Rechen- und Übertragungsfehlern.

(4) In sich abgeschlossene Teile der Leistung können nach Teilabnahme ohne Rücksicht auf die Vollendung der übrigen Leistungen endgültig festgestellt und bezahlt werden.

(5) 1. Alle Zahlungen sind aufs Äußerste zu beschleunigen.

2. Nicht vereinbarte Skontoabzüge sind unzulässig.

3. Zahlt der Auftraggeber bei Fälligkeit nicht, so kann ihm der Auftragnehmer eine angemessene Nachfrist setzen. Zahlt er auch innerhalb der Nachfrist nicht, so hat der Auftragnehmer vom Ende der Nachfrist an Anspruch auf Zinsen in Höhe der in § 288 Absatz 2 BGB angegebenen Zinssätze, wenn er nicht einen höheren Verzugsschaden nachweist. Der Auftraggeber kommt jedoch, ohne dass es einer Nachfristsetzung bedarf, spätestens 30 Tage nach Zugang der Rechnung oder der Aufstellung bei Abschlagszahlungen in Zahlungsverzug, wenn der Auftragnehmer seine vertraglichen und gesetzlichen Verpflichtungen erfüllt und den fälligen Entgeltbetrag nicht rechtzeitig erhalten hat, es sei denn, der Auftraggeber ist für den Zahlungsverzug nicht verantwortlich. Die Frist verlängert sich auf höchstens 60 Tage, wenn sie aufgrund der besonderen Natur oder Merkmale der Vereinbarung sachlich gerechtfertigt ist und ausdrücklich vereinbart wurde.

4. Der Auftragnehmer darf die Arbeiten bei Zahlungsverzug bis zur Zahlung einstellen, sofern eine dem Auftraggeber zuvor gesetzte angemessene Frist erfolglos verstrichen ist.

(6) Der Auftraggeber ist berechtigt, zur Erfüllung seiner Verpflichtungen aus den Absätzen 1 bis 5 Zahlungen an Gläubiger des Auftragnehmers zu leisten, soweit sie an der Ausführung der vertraglichen Leistung des Auftragnehmers aufgrund eines mit diesem abgeschlossenen Dienst- oder Werkvertrags beteiligt sind, wegen Zahlungsverzugs des Auftragnehmers die Fortsetzung ihrer Leistung zu Recht verweigern und die Direktzahlung die Fortsetzung der Leistung sicherstellen soll. Der Auftragnehmer ist verpflichtet, sich auf Verlangen des Auftraggebers innerhalb einer von diesem gesetzten Frist darüber zu erklären, ob und inwieweit er die Forderungen seiner Gläubiger anerkennt; wird diese Erklärung nicht rechtzeitig abgegeben, so gelten die Voraussetzungen für die Direktzahlung als anerkannt.

§ 17 Sicherheitsleistung

(1) 1. Wenn Sicherheitsleistung vereinbart ist, gelten die §§ 232 bis 240 BGB, soweit sich aus den nachstehenden Bestimmungen nichts anderes ergibt.

   2. Die Sicherheit dient dazu, die vertragsgemäße Ausführung der Leistung und die Mängelansprüche sicherzustellen.

(2) Wenn im Vertrag nichts anderes vereinbart ist, kann Sicherheit durch Einbehalt oder Hinterlegung von Geld oder durch Bürgschaft eines Kreditinstituts oder Kreditversicherers geleistet werden, sofern das Kreditinstitut oder der Kreditversicherer

   1. in der Europäischen Gemeinschaft oder

   2. in einem Staat der Vertragsparteien des Abkommens über den Europäischen Wirtschaftsraum oder

   3. in einem Staat der Vertragsparteien des WTO-Übereinkommens über das öffentliche Beschaffungswesen

zugelassen ist.

(3) Der Auftragnehmer hat die Wahl unter den verschiedenen Arten der Sicherheit; er kann eine Sicherheit durch eine andere ersetzen.

(4) Bei Sicherheitsleistung durch Bürgschaft ist Voraussetzung, dass der Auftraggeber den Bürgen als tauglich anerkannt hat. Die Bürgschaftserklärung ist schriftlich unter Verzicht auf die Einrede der Vorausklage abzugeben (§ 771 BGB); sie darf nicht auf bestimmte Zeit begrenzt und muss nach Vorschrift des Auftraggebers ausgestellt sein. Der Auftraggeber kann als Sicherheit keine Bürgschaft fordern, die den Bürgen zur Zahlung auf erstes Anfordern verpflichtet.

(5) Wird Sicherheit durch Hinterlegung von Geld geleistet, so hat der Auftragnehmer den Betrag bei einem zu vereinbarenden Geldinstitut auf ein Sperrkonto einzuzahlen, über das beide nur gemeinsam verfügen können („Und-Konto"). Etwaige Zinsen stehen dem Auftragnehmer zu.

(6) 1. Soll der Auftraggeber vereinbarungsgemäß die Sicherheit in Teilbeträgen von seinen Zahlungen einbehalten, so darf er jeweils die Zahlung um höchstens 10 v. H. kürzen, bis die vereinbarte Sicherheitssumme erreicht ist. Sofern Rechnungen ohne Umsatzsteuer gemäß § 13 b UStG gestellt werden, bleibt die Umsatzsteuer bei der Berechnung des Sicherheitseinbehalts unberücksichtigt. Den jeweils einbehaltenen Betrag hat er dem Auftragnehmer mitzuteilen und binnen 18 Werktagen nach dieser Mitteilung auf ein Sperrkonto bei dem vereinbarten Geldinstitut einzuzahlen. Gleichzeitig muss er veranlassen, dass dieses Geldinstitut den Auftragnehmer von der Einzahlung des Sicherheitsbetrags benachrichtigt. Absatz 5 gilt entsprechend.

   2. Bei kleineren oder kurzfristigen Aufträgen ist es zulässig, dass der Auftraggeber den einbehaltenen Sicherheitsbetrag erst bei der Schlusszahlung auf ein Sperrkonto einzahlt.

3. Zahlt der Auftraggeber den einbehaltenen Betrag nicht rechtzeitig ein, so kann ihm der Auftragnehmer hierfür eine angemessene Nachfrist setzen. Lässt der Auftraggeber auch diese verstreichen, so kann der Auftragnehmer die sofortige Auszahlung des einbehaltenen Betrags verlangen und braucht dann keine Sicherheit mehr zu leisten.

4. Öffentliche Auftraggeber sind berechtigt, den als Sicherheit einbehaltenen Betrag auf eigenes Verwahrgeldkonto zu nehmen; der Betrag wird nicht verzinst.

(7) Der Auftragnehmer hat die Sicherheit binnen 18 Werktagen nach Vertragsabschluss zu leisten, wenn nichts anderes vereinbart ist. Soweit er diese Verpflichtung nicht erfüllt hat, ist der Auftraggeber berechtigt, vom Guthaben des Auftragnehmers einen Betrag in Höhe der vereinbarten Sicherheit einzubehalten. Im Übrigen gelten die Absätze 5 und 6 außer Nummer 1 Satz 1 entsprechend.

(8) 1. Der Auftraggeber hat eine nicht verwertete Sicherheit für die Vertragserfüllung zum vereinbarten Zeitpunkt, spätestens nach Abnahme und Stellung der Sicherheit für Mängelansprüche zurückzugeben, es sei denn, dass Ansprüche des Auftraggebers, die nicht von der gestellten Sicherheit für Mängelansprüche umfasst sind, noch nicht erfüllt sind. Dann darf er für diese Vertragserfüllungsansprüche einen entsprechenden Teil der Sicherheit zurückhalten.

2. Der Auftraggeber hat eine nicht verwertete Sicherheit für Mängelansprüche nach Ablauf von 2 Jahren zurückzugeben, sofern kein anderer Rückgabezeitpunkt vereinbart worden ist. Soweit jedoch zu diesem Zeitpunkt seine geltend gemachten Ansprüche noch nicht erfüllt sind, darf er einen entsprechenden Teil der Sicherheit zurückhalten.

§ 18 Streitigkeiten

(1) Liegen die Voraussetzungen für eine Gerichtsstandvereinbarung nach § 38 Zivilprozessordnung vor, richtet sich der Gerichtsstand für Streitigkeiten aus dem Vertrag nach dem Sitz der für die Prozessvertretung des Auftraggebers zuständigen Stelle, wenn nichts anderes vereinbart ist. Sie ist dem Auftragnehmer auf Verlangen mitzuteilen.

(2) 1. Entstehen bei Verträgen mit Behörden Meinungsverschiedenheiten, so soll der Auftragnehmer zunächst die der auftraggebenden Stelle unmittelbar vorgesetzte Stelle anrufen. Diese soll dem Auftragnehmer Gelegenheit zur mündlichen Aussprache geben und ihn möglichst innerhalb von 2 Monaten nach der Anrufung schriftlich bescheiden und dabei auf die Rechtsfolgen des Satzes 3 hinweisen. Die Entscheidung gilt als anerkannt, wenn der Auftragnehmer nicht innerhalb von 3 Monaten nach Eingang des Bescheides schriftlich Einspruch beim Auftraggeber erhebt und dieser ihn auf die Ausschlussfrist hingewiesen hat.

2. Mit dem Eingang des schriftlichen Antrages auf Durchführung eines Verfahrens nach Nummer 1 wird die Verjährung des in diesem Antrag geltend gemachten Anspruchs gehemmt. Wollen Auftraggeber oder Auftragnehmer das Verfahren nicht weiter betreiben, teilen sie dies dem jeweils anderen Teil schriftlich mit. Die Hemmung endet 3 Monate nach Zugang des schriftlichen Bescheides oder der Mitteilung nach Satz 2.

(3) Daneben kann ein Verfahren zur Streitbeilegung vereinbart werden. Die Vereinbarung sollte mit Vertragsabschluss erfolgen.

(4) Bei Meinungsverschiedenheiten über die Eigenschaft von Stoffen und Bauteilen, für die allgemein gültige Prüfungsverfahren bestehen, und über die Zulässigkeit oder Zuverlässigkeit der bei der Prüfung verwendeten Maschinen oder angewendeten Prüfungsverfahren kann jede Vertragspartei nach vorheriger Benachrichtigung der anderen Vertragspartei die materialtechnische Untersuchung durch eine staatliche oder staatlich anerkannte Materialprüfungsstelle vornehmen lassen; deren Feststellungen sind verbindlich. Die Kosten trägt der unterliegende Teil.

(5) Streitfälle berechtigen den Auftragnehmer nicht, die Arbeiten einzustellen.

Sachverzeichnis

2-Wochen-Klausel, 126

A
Ablaufreihenfolge, 217
Abmahnung, 267
Abnahme, 85
  ausdrückliche, 97, 108
  behördliche, 95
  fiktive, 109, 114
  förmliche, 99, 108
  konkludente, 97, 98, 108, 113
  stillschweigende, 97
  technische, 94
  von Wohnungseigentum, 113
Abnahmebegehung, 99, 101, 126
Abnahmeerklärung, 102
Abnahmefiktion, 103
Abnahmepflicht, 103
Abnahmeprotokoll, 99, 101, 102, 126
Abnahmereife, 103
Abnahmetermin, 100
Abnahmeverweigerung, 122
Abrechnung, 133, 135
  bei Vertragsabweichung, 165
  nach REB, 151
  verschiedener Vertragstypen, 140
Abrechnungsvorschrift, 144
Abrechnungszeichnung, 149
Abschlagsrechnung, 137, 139, 162, 248, 263
Abschlagszahlung, 137, 139, 249
Allgemeine Geschäftsbedingungen, 210
  zur Abnahme, 114
Allgemeine Geschäftskosten (AGK), 190, 199, 214
Allgemeine Technische Vertragsbedingungen (ATV), 143, 144

Anerkenntnis, 212
Angebotskalkulation, 191
Angebotspreis, 189
Angebotssumme, 199
Ankündigung, 207
  von Mehrkosten, 208
Anordnung, 10
Anordnungsprinzip, 205
Anspruchsvoraussetzung, 208
Arbeitsschutz, 21
Aufmaß, 133, 152, 154–156
  gemeinsames, 134, 154–156
Aufsichtspflicht, 5
Auftragskalkulation, 191, 203, 208, 211
Aufwandsvertrag, 142
Ausfallrisiko, 264
Ausgleichsanspruch, 197
Ausgleichsberechnung, 194, 197
Ausschluss, 269
Ausschreibungsunterlagen, 189

B
Bauelement, 204
Bauentwurf, 201, 216
  Änderung, 186, 201
Bauhandwerkersicherung, 268
Bauhandwerkersicherungshypothek, 265
Bauleiter, 207
Baustellengemeinkosten, 190, 193, 194, 197, 199
Bautagebuch, 8, 11
Bau-Ist, 186
Bau-Soll, 186, 187
Bauzeit
  Isolierte Anordnung zur, 216
Behinderung, 10, 217, 218

Behinderungsanzeige, 217
Benutzung, 111
Besondere Leistung, 6, 144
Bestimmtheit, 240
Bezugsleistung, 205
Bezugssystem, 203–205
Bindungswirkung, 261

D

Deckungsanteil, 194
Deckungsbeitrag, 190, 192–194, 196
Detail-Pauschalpreisvertrag, 209
Dokumentation, 16
Druckzuschlag, 89

E

Einheitspreis, 200
    Anpassung, 197
    modifizierter, 197
    neuer, 194
Einheitspreisvertrag, 141
Einzelkosten der Teilleistungen, 190
Erfolgshonorar, 241, 244
Erfüllungswirkung, 87
Ergebnisprotokoll, 94
Ermittlungssystem, 205

F

Fälligkeit, 251, 258
    der Vergütung, 277
Fertigstellungsbescheinigung, 105
Fertigstellungsmitteilung, 109
Formblatt, 192
Fotodokumentation, 19
Frist, 163

G

Gefahrtragung, 278
Gemeinschaftseigentum, 113
Geschäftsführung
    ohne Auftrag, 213
Geschäftsgrundlage
    Wegfall der, 243
Gewährleistungsverzicht, 128
Global-Pauschalpreisvertrag, 209
    einfacher, 209
    komplexer, 209, 210

H

Hauptunternehmer, 116

Herausnahme
    einer Leistung, 197
Herstellkosten, 190, 199
Höchstsatz
    Überschreitung, 246
Höchstsatzüberschreitung, 240
Honorarkürzung, 254
Honorarrahmen, 240
Honorarschlussrechnung, 253, 255
Honorartafel, 257
Honorarvereinbarung, 238
Honorarzone, 257

K

Kalkulation, 189, 197, 203
    Hinterlegen der, 191
Kalkulationsirrtum, 192
Kalkulationsverfahren, 189
Komplettheitsklausel, 210
Konkretisierung, 201
Kooperationspflicht, 203
Koordinationsaufgabe, 6
Kosten
    anrechenbare, 256
Kostenanschlag, 273, 280
Kostenart, 190, 197
Kostenermittlung, 256
Kostentragung, 271
Kündigung, 130

L

Leistung
    modifizierte, 205
    nachgewiesene, 249
    zusätzliche, 206, 208
Leistungsabweichung, 186
Leistungsbeschreibung
    alternative, 303
Leistungserbringung
    ohne Anordnung, 211
Leistungsfortschritt, 249
Leistungsgefahr
    Übergang der, 91
Leistungsmodifikation, 211, 215
Leistungsvertrag, 141
Leistungsverweigerungsrecht, 89, 203

M

Mängelanspruch, 92

Mangelfolge, 125
Mangelrüge, 101, 125
Mangelursache, 125
Marktpreis, 191
Mengenabweichung, 193, 210, 215
Mengendifferenz, 194
Mengenermittlung, 149
Mengenermittlungsrisiko, 209
Mengenmehrung, 193, 195, 197
Mengenminderung, 193–195, 197
Mindermenge, 194
Minderung, 128
Minderwert, 128
Mindestsatz
    Unterschreitung, 245
Mitwirkungspflichtverletzung, 219

N
Nacherfüllung, 128
Nachtrag, 185, 215
    Abwehr, 185
Nachtragsmanagement, 185
Nachunternehmer, 116
Nebenleistung, 144
Null-Menge, 195

O
Ordnungsstruktur, 16

P
Parteisachverständiger, 101
Pauschalhonorar, 241, 242
Pauschalpreisvertrag, 209
Pauschalvertrag, 211
Planungsfehler, 192
Planungsmangel, 210
Planungsrisiko, 210
Planverwaltung, 18
Protokoll, 13
Prüfbarkeit
    einer Rechnung, 159
    einerAbrechnung, 159
Prüffähigkeit, 255
    einer Rechnung, 161
    mangelnde, 257
Prüfvermerk, 156

R
Rechnungsart, 135
Rechnungsprüfung, 134, 157–160

    Ergebnis, 163
Rechtsfolge, 258
Regelung für die elektronische Bauabrechnung
    (REB), 151
Rücktritt, 128

S
Sachverständige, 101
Schadensersatz, 128, 218
Schlussrechnung, 136, 161, 253
Schlussrechnungsprüfung, 99
Schriftform, 239
Schutzpflicht
    Entfall der, 92
Selbstkosten, 190
Selbstkostenerstattungsvertrag, 143
Selbstübernahme, 199
Sicherheit, 21, 264
Sicherheitsleistung, 270
Sicherungshypothek, 267
    des Bauunternehmers, 278
Sondereigentum, 113
Stundenlohnvertrag, 142
Subunternehmer, 115
Symptom, 125
Symptomkenntnis, 126

T
Teilabnahme, 112
Teilkündigung, 197
Teilschlussrechnung, 136, 161, 263
Telefax, 239

U
Umlagekalkulation, 190, 192
Unternehmerpfandrecht, 278

V
Vergütung, 212, 237
    Art der, 240
    Verzinsung der, 89
Vergütungsanspruch, 200
Vergütungsgefahr
    Übergang der, 91
Vergütungspflichtigkeit, 189
Verjährung, 252, 258
Vertragspreis, 205
Vertragspreisfaktor, 205
Vertragspreisniveau, 203, 211
Vertragspreisniveaufaktor, 204, 205

Vertragsstrafe, 129
Vollmacht, 207
Vorauszahlung, 247
Vorbehalt, 125–128
Vormerkung, 267

W

Wagnis und Gewinn, 190, 199
Wertsteigerung, 269
Wetter, 11
Wohnungseigentum, 113

Z

Zahlungsbürgschaft, 264
Zahlungsmodalität, 247
Zahlungsplan, 137, 250
Zeithonorar, 241, 244
Zusatzauftrag, 207
Zuschlag, 191
Zuschlagskalkulation, 191, 192
Zuschlagssatz, 190, 191
Zustandsfeststellung, 94